DER MODELLBAU

die Modell- und Schablonenformerei

Von

Richard Löwer

Mit 669 Abbildungen
im Text

Berlin
Verlag von Julius Springer
1931

ISBN-13: 978-3-642-90060-0 e-ISBN-13: 978-3-642-91917-6
DOI: 10.1007/978-3-642-91917-6

Softcover reprint of the hardcover 1st edition 1931

Vorwort.

Die in der Sammlung „Werkstattbücher“ enthaltenen und von mir verfaßten beiden Hefte über Modelltischlerei haben in den Fachkreisen freundliche Aufnahme und weite Verbreitung erfahren. Dieser Erfolg hat mich ermutigt, dieses etwas größere, auf eigenen langjährigen Erfahrungen in der Praxis beruhende Werk als Ergänzung herauszugeben.

Der erste Teil behandelt allgemeine Fragen und gibt auch praktische Winke zur Verhütung von Unfällen bei der Bedienung der Holzbearbeitungsmaschinen. Der zweite Teil befaßt sich eingehend mit dem Modellbau und der Modellformerei. Der dritte Teil umfaßt Schablonenarbeiten im Modellbau und behandelt dabei die Schablonenformerei.

In meiner jahrzehntelangen Berufstätigkeit in der Großindustrie habe ich so viele praktische Erfahrungen gesammelt, daß ich auf die Wiedergabe von anderem, als dem eignen, schon in der Literatur veröffentlichten Material verzichten konnte. Mein Buch bringt nur Beispiele aus der Praxis, also Arbeiten, welche tatsächlich ausgeführt wurden. Lediglich die Abbildungen der modernen Holzbearbeitungsmaschinen wurden mir von Gebrüder Schmaltz, Offenbach a. Main, zur Verfügung gestellt, wofür an dieser Stelle bestens gedankt sei.

Mein Buch gibt den technischen Angestellten und dem technischen Nachwuchs ein klares Bild über den Modellbau und die Formerei und eignet sich auch sehr für den Berufsschulunterricht.

Ich hoffe, daß es zur Ertüchtigung unseres technischen Nachwuchses beiträgt, und glaube, daß es bei der Festsetzung von Modellakkorden auch den Kalkulatoren eine gute Unterlage ist.

Frankfurt a. Main, im November 1930.

Der Verfasser.

Inhaltsverzeichnis.

Erster Teil.

Allgemeines.

Zweiter Teil.

Modelle und Modellformerei.

Dritter Teil.

Schablonenarbeiten im Modellbau und Schablonenformerei.

Erster Teil.

Allgemeines.

1. Klasseneinteilung der Holzmodelle.

Der Unterausschuß „Modelle und Zubehör“ des „Gina“ hat nach langwierigen Arbeiten Unterlagen festgelegt, welche für den gesamten Modellbau von einschneidender Bedeutung sind. Man hat die Modelle in drei Klassen eingeteilt, so daß dem Besteller die Möglichkeit gegeben ist, sich für die gute oder billigere Arbeit zu entscheiden.

Wenn nun die bevorstehende Klasseneinteilung der Modelle tatsächlich durchgesetzt und eine Gesundung im Modellbau erreicht werden soll, so sind in erster Linie die Verbraucher genau zu unterrichten, welchen Zweck die Klasseneinteilung der Modelle hat und wie sie sich auf die Güte der Arbeit auswirkt.

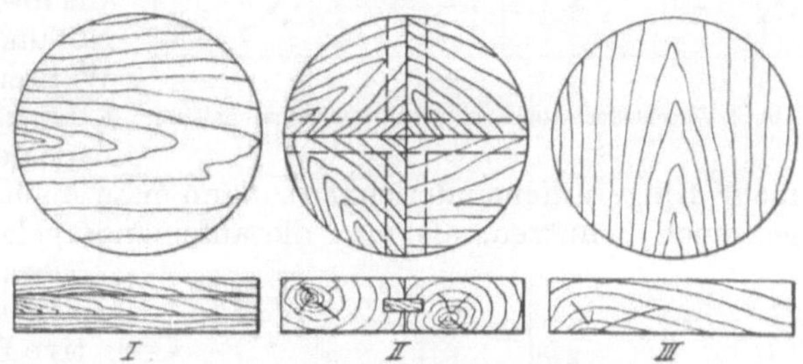

Abb. 1. Aufbau runder Scheiben.

Zu den Abnehmern von Modellen gehören nicht nur Gießereien, sondern in erster Linie auch Maschinenfabriken, welche keine eigenen Gießereien haben. Jeder einzelne Abnehmer, ob Geschäfts- oder Privatmann, ist bestrebt, für wenig Geld gute Ware zu kaufen. Die Klasseneinteilung der Modelle erfordert aber auch von dem Hersteller größte Vorsicht bei der Abgabe eines Angebots, wenn er Unannehmlichkeiten aus dem Wege gehen will; auf der anderen Seite jedoch bringen sie dem reellen Geschäftsmann insofern einen Vorteil, als er eine Waffe gegenüber minderwertigen Konkurrenzangeboten erhält; denn er kann nun seine Ware in verschiedenen Ausführungen und zu verschiedenen Preisen anbieten, und der Besteller erhält ein besseres Bild über die zu liefernde Ware.

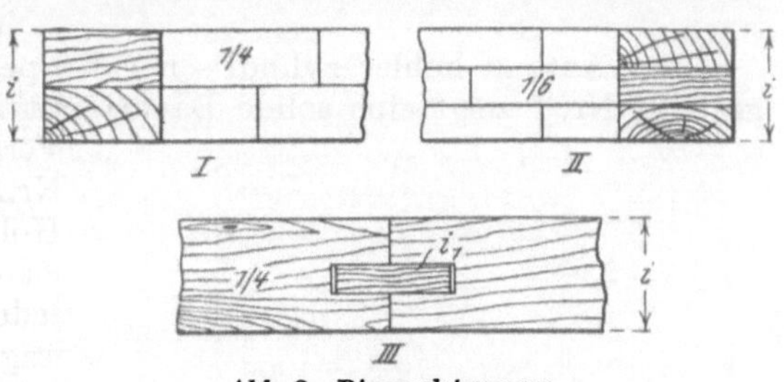

Abb. 2. Ringverleimungen.

Ob und inwieweit die Industrie von dieser Neuerung Gebrauch machen wird, bleibt der Zukunft überlassen. An Hand einiger Abbildungen soll die Herstellung von Modellen nach verschiedenen Güteklassen erläutert werden.

Abb. 1 zeigt den Aufbau einer runden Scheibe, welche man in drei Ausführungen anfertigen kann. Nr. *I* zeigt die Scheibe in Ausführung nach Modellklasse I aus drei Stärken (gesperrt) verleimt. Nr. *II* zeigt die gleiche Scheibe aus vier Sektoren in Nut und Feder verleimt (Modellklasse II). Je nach der Größe des Durchmessers wird man die Zahl der Sektoren erhöhen, um möglichst wenig Hirn- oder Kopfholz zu bekommen. Je spitzer der Winkel der Sektoren, um so weniger Kopfholz wird in Erscheinung treten. Nr. *III* zeigt die Ausführung der Scheibe nach Modellklasse III aus einer einzigen Stärke. Während Klasse I und II für Dauergebrauch zu benutzen sind, eignet sich Aufbau nach Klasse III höchstens für einige Abgüsse, da das Holz sich verzieht, sobald es mit dem feuchten Formsand in Berührung kommt.

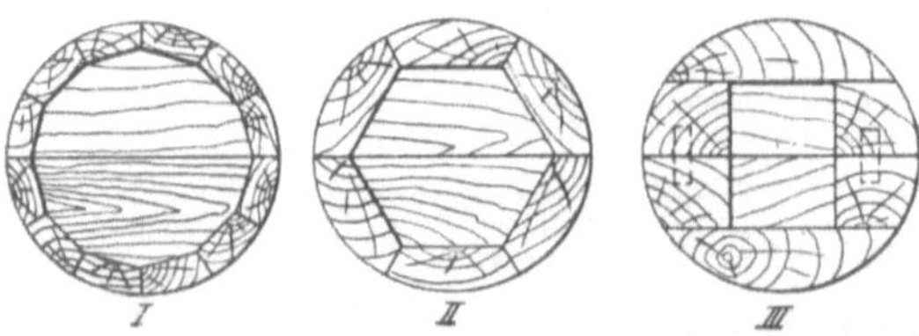

Abb. 3. Aufbau hohler zylindrischer Körper.

In Abb. 2 ist der Aufbau der Ringverleimungen nach Klasse I bis III dargestellt. In *I* ist der Ring aus zwei Dicken verleimt, Nr. *II* zeigt einen solchen aus drei Dicken und Nr. *III* einen auf Nut und Feder zusammengebauten Ring. Während Nr. *II* unbedingt die einwandfreie und sicherste Verleimung ist (je nach der Höhe i wird man entsprechend mehr Ringe aufeinanderleimen), kann man auch Nr. *I* noch insofern für Dauergebrauch benutzen, als man die aufeinandergeleimten Segmenten mittels Holzschrauben vor dem Auseinandergehen sichert. Nr. *III* indessen ist eine primitive Bauart. Wenn auch die Langholzfedern i_1 einen gewissen Halt verbürgen, so wird sich doch der ohne weitere Aufleimungen versteifte Ring beim Gebrauch im feuchten Formsand sehr bald verziehen und als Modell oder als Modellteil unbrauchbar werden.

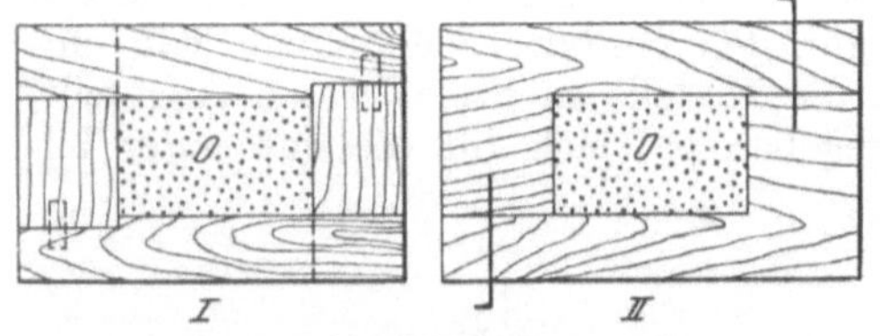

Abb. 4. Verschiedenartige Ausführung von Kernschnallen.

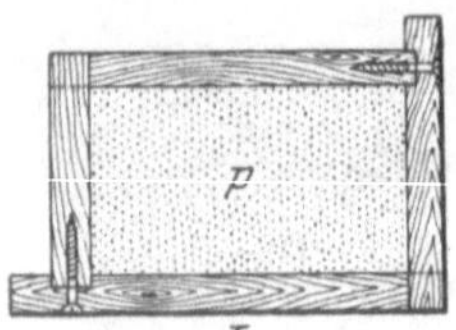

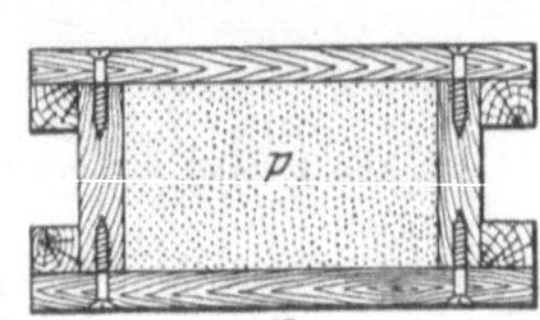

Abb. 5. Zusammenbau von einem rechteckigen Kernkasten in zwei Ausführungen.

Der Aufbau hohler zylindrischer Körper ist in drei Arten auf Abb. 3 dargestellt. Nr. *I* zeigt eine solide Bauart mit zwölf schmalen Dauben, Nr. *II* eine Verleimung mit sechs Dauben, während Nr. *III* eine Hohlverleimung mit massiven Holzstücken wiedergibt. Bei Nr. *I* und *II* ist die Bauart grundsätzlich die gleiche; jedoch sind schmale Dauben insofern günstiger, als sie bei der Trocknung weniger schwinden und auch eine bessere Holzausnutzung ermöglichen als die breiten Dauben bei Nr. *II*. Je größer also der Durchmesser der Trommel, um so mehr Dauben wird man verwenden.

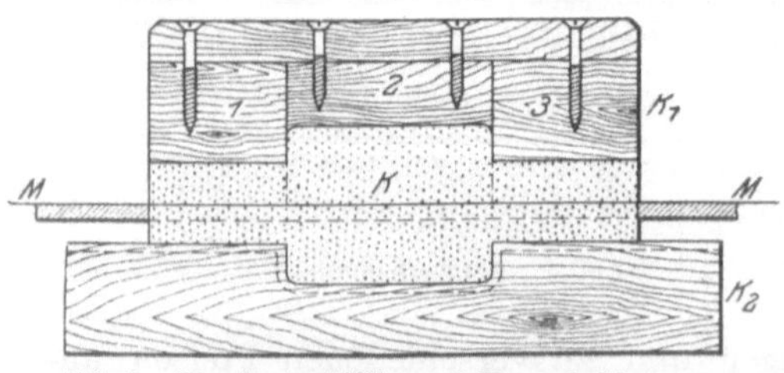

Abb. 6. Kernkastenhälfte und Kernschablone zu einem abgesetzten runden Kern.

Abb. 4 zeigt in zwei Arten den Aufbau von Kernschnallen mit eingestampften Kernen *o*. Während Nr. *I* unbedingt als sachgemäße Arbeit anzusprechen ist, kann man aber auch in einer Kernschnalle nach Ausführung *II* schon eine größere Anzahl Kerne ausstampfen, ohne Gefahr zu laufen, daß die Schnalle ungenau wird.

Eine ähnliche Bauart, jedoch für höhere und größere Kerne, zeigt Abb. 5. In Nr. *I* sind zwei voneinander unabhängige, zusammengezinkte Winkel, welche mittels Nuten ineinander verbunden und verschraubt sind, ersichtlich. Diese Bauart ist als unbedingt zuverlässig anzusprechen, da sich der zusammengeschraubte Kernkasten nicht über Eck verstampfen kann und somit der aufgestampfte Kern p genau winklig wird. Weniger vorteilhaft ist die Ausführung Nr. *II*. Für Dauergebrauch kann sie nicht in Frage kommen, und man wird sie nur bei Modellen für Klasse II und III anwenden.

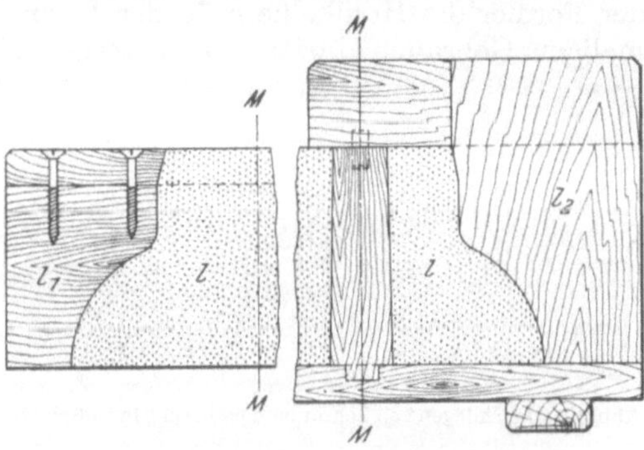

Abb. 7. Kernkastenhälfte und Kernschablone zum Stehendschablonieren eines runden Kernes.

Bei der Klasseneinteilung der Modelle muß natürlich immer erwogen werden, ob man nicht bei Bestellung eines Modells nach Klasse III (billigste Ausführung) einen Nachteil hat bzw. ob nicht nachher höhere Former- und Kernmacherlöhne ausgegeben werden müssen, ob man also nicht besser dabei gefahren wäre, wenn man ein Modell mit dazugehörigen Kernkasten nach Klasse I (beste Ausführung) bestellt hätte. Abb. 6 gibt ein typisches Beispiel hiervon. Bei Modellbestellung Klasse I würde ein aus drei Teilen (*1*, *2* und *3*) zusammengesetzter und stabil zusammengebauter Kernkasten k_1 mitgeliefert, in welchem sich die Kerne k sauber aufstampfen lassen. Die untere Hälfte der Abbildung zeigt ein Kernbrett k_2, mit welchem die Kerne auf der Kerndrehbank hergestellt werden. Die Herstellung derartig kleiner und schwacher Kerne (etwa unter 100 mm Durchmesser) auf Kerndrehbänken ist immer teurer als das Aufstampfen solcher Kerne in Kernkästen. Was also auf der einen Seite vielleicht an Modellkosten gespart wird, legt man auf der anderen Seite an Kernmacherlohn zu.

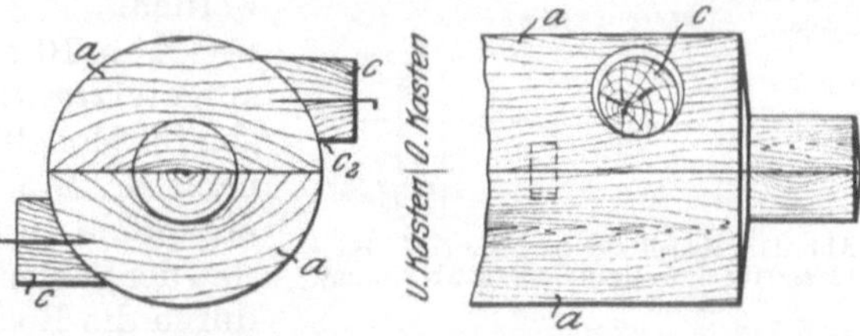

Abb. 8. Verbilligte Modellherstellung für 1—2 maliges Formen.

Dasselbe Verhältnis wie bei Abb. 6 finden wir auch in Abb. 7, wo die linke Seite eine Kernkastenhälfte l_1 mit eingestampftem Kern l, rechts eine Schabloniervorrichtung l_2 zur Herstellung des Kernes ohne Kerndrehbank zeigt. Die Kernkastenausführung (linke Seite) käme für Modellklasse I in Frage, während die Schabloniervorrichtung (rechte Hälfte der Abbildung) der Modellklasse II und III vorbehalten ist. Weiter muß berücksichtigt werden, daß schablonierte Kerne fast durchweg in Lehm hergestellt werden, mithin auch mehr Kernmacherlohn in Frage kommt.

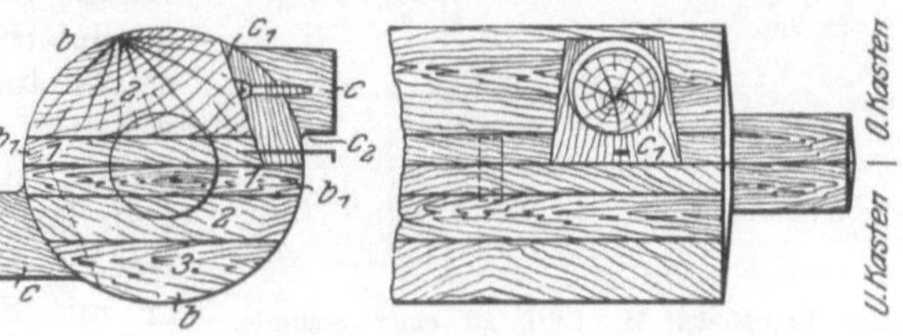

Abb. 9. Für Dauergebrauch gebautes Modell.

Abb. 8 zeigt eine verbilligte Modellherstellung nach Klasse II bzw. III. Das Büchsenmodell besteht aus den beiden Modellhälften a. Diese würde man in

Klasse II vielleicht aus Erlenholz, in Klasse III hingegen aus Kiefernholz anfertigen. Die Teilflächen des Modells haben keine Hartholzauflage, und auch die Nocken c sind nur angesteckt, so daß immer mit der Möglichkeit des Verstampfens der Nocken gerechnet werden muß. Bei dieser Befestigungsart der Nocken muß der Former die Hohlkehle c_2 in der Form anschneiden. Für einen ein- oder zweimaligen Gebrauch dürfte ein derartiges Modell immerhin genügen. Die Modellausführung Klasse I würde etwa Abb. 9 entsprechen. Hier sind die halben Modellkörper b aus zwei bzw. drei Stärken verleimt, wobei Stärke b_1 aus einer Hartholzauflage besteht, während zu *2* bzw. *3* Erlenholz verwendet werden sollte. Die Nocken c sind auf einer lösbaren Platte c_1 befestigt, so daß sich der Nocken selbst in der Form nie verstampfen kann. Der Sicherungsstift in der Platte c_1 dient zum Halt der losen Modellteile beim Transport oder Lagern. Die Hohlkehle c_2 ist eine Lederhohlkehle.

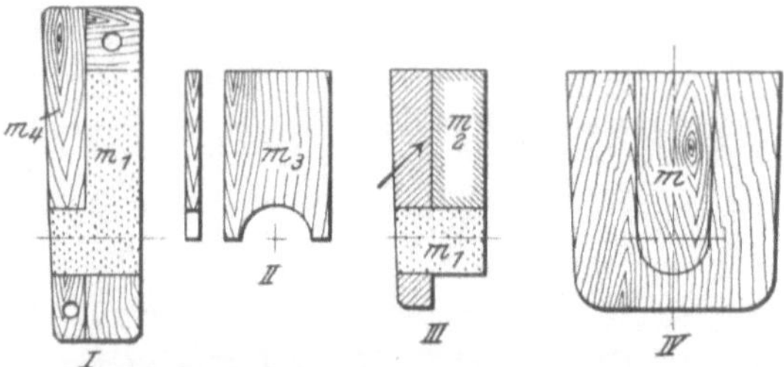

Abb. 10. Das Einlegen von Schraubenlochkernen in Fußplatten.

Auch beim Einlegen von Schraubenlochkernen, welche meistens durch Schleifmarken geführt werden, kann durch sachgemäße Modellarbeit dem Former die Arbeit erleichtert werden.

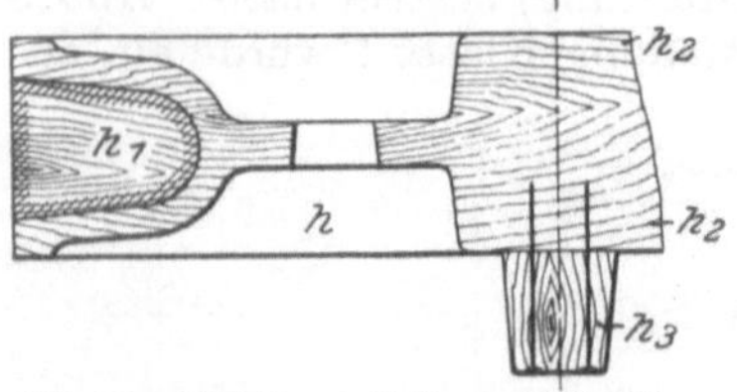

Abb. 11. Modell zur Seilrolle (III. Güteklasse) für einmaligen Gebrauch bestimmt.

Abb. 10 zeigt bei *IV* ein Modellunterteil mit aufgesetzter Schleifkernmarke m. Bei Ausführungen für Modellklasse I kann nur ein Kernkasten m_4 nach Nr. *I* in Frage kommen. Dieser Kernkasten entspricht in seinen inneren Abmessungen m_1 genau der Schleifmarke m zuzüglich des Durchbruches durch die Bodenplatte. Bei Ausführungen für Modellklasse II verzichtet man auf den Kernkasten nach Nr. *I*, man wird auf die Kernmarke m lediglich den Durchmesser des Kernes schwarz markieren und den übrigen Teil der Schleifmarke schwarz stricheln. Bei dieser Ausführung muß der Former, wenn er den Kern m_1 (*III*) eingelegt hat, die verbleibende Öffnung m_2 zustampfen. Hierzu soll man dem Former ein Brett m_3 mitliefern, welches er an der durch Pfeil gezeichneten Stelle auf den Kern m_1 ansetzt, wobei er besser die Öffnung m_2 zustreichen kann. Allerdings werden nur in den seltensten Fällen derartige Brettstücke mitgeliefert, und man überläßt es dem Former, wie er mit dem Einlegen der Schraubenloch kerne fertig wird.

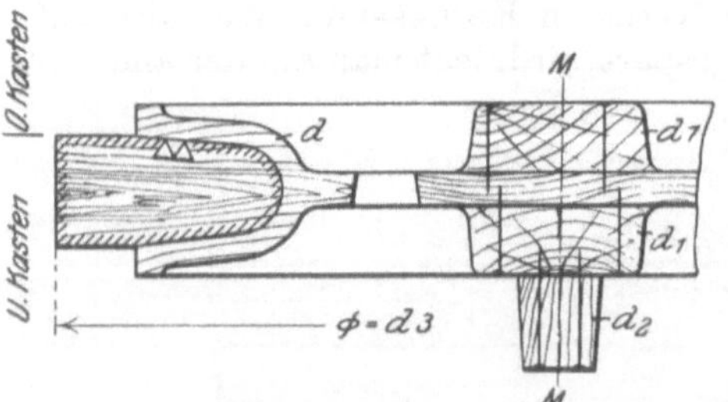

Abb. 12. Modell II. Güte zu einer Seilrolle.

In der Herstellung von Seilrollenmodellen läßt sich wieder in ganz markanter Weise die Klasseneinteilung der Modelle wiedergeben. Abb. 11 zeigt ein Seilrollenmodell, wo der Hauptkörper h einschließlich der Naben h_2 aus einem vollen Stück Holz ausgedreht sind und die Kernmarke h_3 einfach aufgenagelt ist. Die Aussparung h_1 für das Seil muß nach diesem Modell in der Dreherei ausgedreht werden. Gießereitechnisch ist diese Modellausführung falsch; denn die sehr starke äußere Ummantelung der Seilrolle dürfte ohne Kern wohl kaum rein werden, so daß die Gefahr besteht, daß die Abgüsse unbrauchbar werden. Ganz abgesehen von dem Fehlen des Kernes h_1 eignet sich ein Seilrollenmodell in dieser Bauart nur für einmaligen Gebrauch und nur für eine Seilrolle von kleinem Durchmesser. Abb. 12 zeigt ein Seilrollenmodell II. Güte. Hierbei ist der eigentliche Modellkörper aus einem Stück hergestellt, während die Naben d_1 und die Kernmarke d_2 aufgenagelt sind. Der äußere Laufkranz ist mit einer Kernmarke versehen zum Einlegen eines Kernes, damit die Scheibe bei d dicht wird.

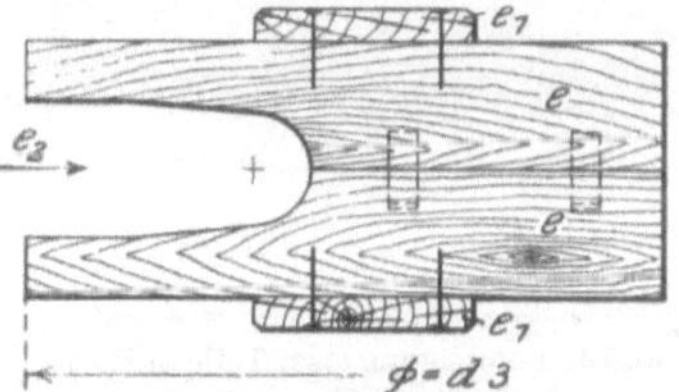

Abb. 13. Verbilligte Kernkastenherstellung zum Modell nach Abb. 12.

Abb. 13 zeigt den zum Modell nach Abb. 12 gehörigen Kernkasten e, welcher durch die Leisten e_1 verstärkt ist. Man kann hierbei je nach dem Durchmesser d_3 einen $^1/_1$-, $^1/_2$-, $^1/_4$-, $^1/_6$- oder $^1/_8$-Kernkasten anfertigen. Der Kern wird in der Pfeilrichtung e_2 aufgestampft. Die Ausführung kann als Klasse II bezeichnet werden, also für Einzelabgüsse, vielleicht fünf bis sechs Stück, welche hintereinander geformt werden; sobald ein derartig zusammengebautes Modell oder ein so zusammengebauter Kernkasten einige Zeit unbenutzt liegt, schwindet das Holz und die Modellteile werden ungenau.

Abb. 14 gibt den Aufbau des Dauermodells nach Klasse I zu der Seilrolle wieder. Hierbei besteht der Modellkörper aus dem durchgehenden Boden (*3*), welchem beiderseits Segmentringe (*1*, *2*, *4* und *5*) aufgeleimt sind. Die Naben f_1 und Kernmarken f_2 und f_3 werden gesondert gedreht und in den Hauptkörper eingefalzt bzw. mittels Zapfen verbunden. Bei diesem Modellaufbau ist auch die Kernführung anders als bei Abb. 12. Der Aufbau des Kernkastens zum Modell nach Abb. 14 ist in Abb. 15 ersichtlich. Dieser Kernkasten setzt sich zusammen aus dem Boden t mit aufgeleimter Scheibe t_1 und Verstärkungsleisten t_4. Der äußere Kranz t_2 ist aus Segmenten versetzt aufeinandergeleimt, in den Kernkastenboden t eingefalzt und aufgeschraubt. Dieser Aufbau des Kernkastens ist sehr solide; bei sachlicher Behandlung können in einem derartigen Kernkasten Hunderte von Kernen aufgestampft werden. Gegenüber dem Kernkasten nach Abb. 13 hat dieser noch den Vorteil, daß er nicht in seitlicher Richtung aufgestampft wird, sondern von oben, wie die Pfeilrichtung angibt.

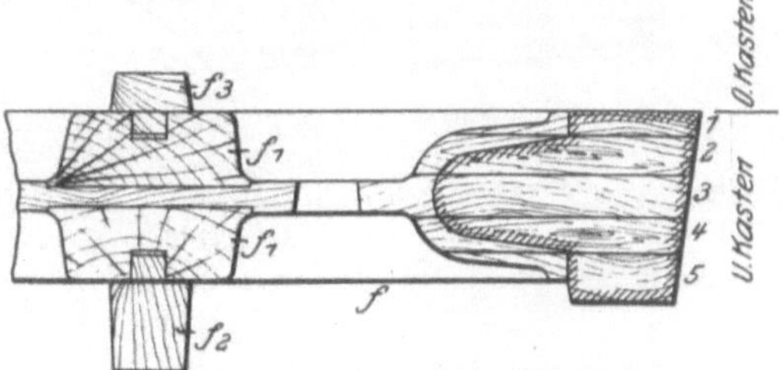

Abb. 14. Dauermodell zur Seilrolle (zum dauernden Gebrauch). Güteklasse I.

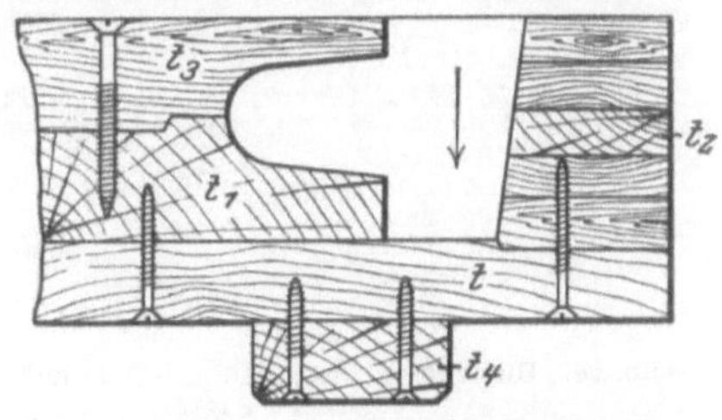

Abb. 15. Kernkasten für Dauergebrauch zum Modell nach Abb. 14.

Die Befestigung loser Teile in Kernkästen läßt sich ebenfalls verschiedenartig ausführen. Abb. 16 links zeigt eine Kernkastenhälfte n_1 mit aufgestampftem Kern n. Bei diesem Kernkasten ist die lose Scheibe n_2 nur angesteckt, was keine Gewähr dafür bietet, daß sich die Scheibe nicht beim Aufstampfen des Kernes versetzt. Diese Ausführung entspricht Modellklasse II oder III, zumal auch der Kernkasten selbst nicht verstärkt und vor dem Verziehen geschützt ist. Auf der entgegengesetzten Seite ist ein stabil gebauter Kernkasten wiedergegeben, der von außen verstärkt und in dem der Nocken n_2 in Form eines Holzzapfens hergestellt ist, welcher, wenn der Kern aufgestampft ist, in der Pfeilrichtung herausgezogen werden kann. Diese Ausführung würde der Modellklasse I entsprechen.

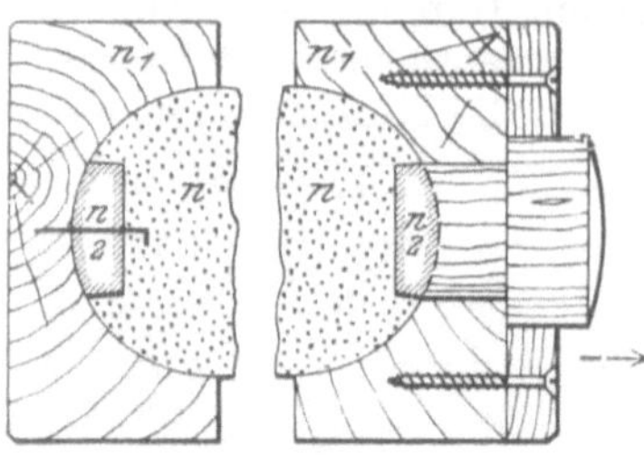

Abb. 16. Befestigung loser Teile in Kernkästen.

Krümmerkerne können auf zwei Arten hergestellt werden. Abb. 17 zeigt links einen aus den Teilen *1*, *2* und *3* zusammengesetzten Kernkasten mit aufgestampftem Kern q. Diese Ausführung entspricht Klasse I, während die rechte Seite der Abbildung die schablonenmäßige Herstellung der Kerne wiedergibt. Hierzu ist nur ein Schablonenbrett q_3 und eine Schablone q_4 nötig, wobei Kante q_1 an der Kante q_2 geführt wird. Die beiden Kernhälften werden dann aufeinandergeschwärzt. Letztere Ausführung kann nur für Klasse II oder III in Betracht kommen.

Abb. 18 zeigt zum Schluß noch drei Modellausführungen zu einem Rohrmodell. Nr. *I* dieser Abbildung zeigt ein komplettes Holzmodell für Modellklasse I, Nr. *III* zeigt ein Lehmmodell mit aufgesetzten Holzflanschen u und Nr. *II* ein Skelettmodell, bestehend aus den Holzteilen r und dem eingestampften Formsand s. Man kann nach den Ausführungen *II* und *III* auch mehrere Formen herrichten, wenn man das Lehm- bzw. Skelettmodell einigermaßen schont.

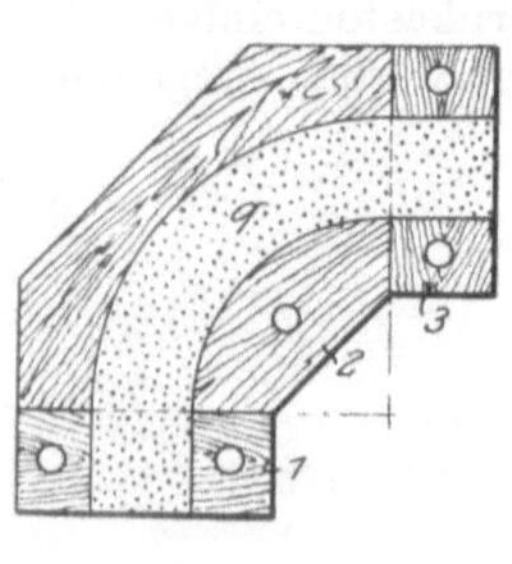

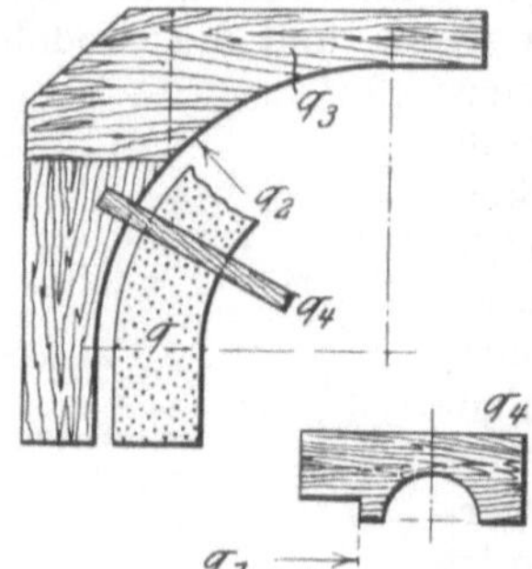

Abb. 17. Herstellung von Krümmerkernen auf zwei Arten.

Schon diese wenigen Ausführungen zeigen, daß die Klasseneinteilung der Modelle gerade nicht so sehr einfach ist, und daß in dieser Hinsicht weitestgehende Aufklärungsarbeiten darüber nötig sind, welchen Zweck die Klasseneinteilung der Modelle überhaupt hat. Auch der Modellbauer bzw. -lieferant soll vor Annahme eines Auftrages dem Kunden klipp und klar auseinandersetzen, welche Arbeiten in den einzelnen Klassen geliefert werden. Auch hier dürfte es in der ersten Zeit, wie bei allen Neuerscheinungen, nicht ohne Schwierigkeiten abgehen; jedoch bei gutem Willen auf beiden Seiten und im Interesse der Wirtschaft kann diese Neuerung nur begrüßt werden, denn sie bringt Licht in die Dunkelheit des Modellbaues mit seinen Auswüchsen in der Preisfrage.

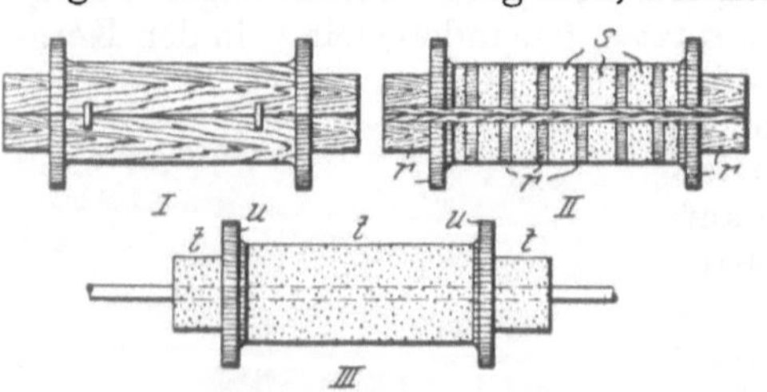

Abb. 18. Herstellung eines Rohrmodells auf drei verschiedene Arten.

2. Der Modelleinkauf.

Bei Modellbestellungen, welche in den meisten Fällen vom rein kaufmännischen Standpunkte aus vorgenommen werden, wird die „Klasseneinteilung der Modelle“ wie vorher behandelt, fast überhaupt nicht berücksichtigt.

Billig, gut und brauchbar sind drei Faktoren, welche sich nicht so einfach im Modellbau verwirklichen lassen. Es ist wohl zu verstehen, wenn in der heutigen Zeit Sparmaßnahmen ergriffen werden; wenn man aber an der verkehrten Seite spart, so bucht man keinen Gewinn, sondern einen Verlust.

Die Erfahrungen haben gelehrt, daß man nur ein einwandfreies Modellangebot erhalten kann, wenn man dem Modellbauer genaue Angaben macht, wie er sein Modell zu bauen hat, welche Holzstärken zu verwenden sind, wieviel Kernkasten bzw. Schablonenbretter in Frage kommen usw. Erst wenn dieser Weg beschritten wird und der Kaufmann, Techniker und Praktiker sachlich zusammenarbeiten, wird manche Unannehmlichkeit im Modellbau aus dem Weg geräumt werden. Die gemachten Angaben werden bestätigt, wenn man durch die einzelnen Modellbauwerkstätten geht und sieht, wieviel Leute oftmals mit Modellreparaturen beschäftigt sind. Je nach der Größe eines Modells können zwischen Güteklasse I und III Preisunterschiede bis zu 50% und noch mehr in Erscheinung treten. Für die Güte des Modells ist in erster Linie dessen Lebensdauer, also Widerstandsfähigkeit, ausschlaggebend. Maßhaltigkeit und Formgerechtigkeit sind Grundbedingungen bei jedem Modell. Wenn man ein billiges Modell einkauft, kann man Abgüsse in großer Anzahl nicht darüber herstellen.

Nicht der Modellbau ist unproduktiv, sondern nur die Modellausbesserungsarbeiten sind als unproduktiv zu bezeichnen.

Wenn man heute von maßgebenden Stellen aus, wie vom „Deutschen Ausschuß für technisches Schulwesen“, des „Deutschen Formermeisterbundes“, des „Verbandes deutscher Modellfabrikanten“ usw., die Lehrlingsausbildung und somit die Bildung des Nachwuchses auf neue Grundlagen stellt, also auf Erzeugung von Qualitätsarbeit hinarbeitet, so ist es Pflicht der interessierten Stellen, diese Maßnahme auch tatsächlich zu unterstützen und der Schundarbeit keinen Vorschub zu leisten.

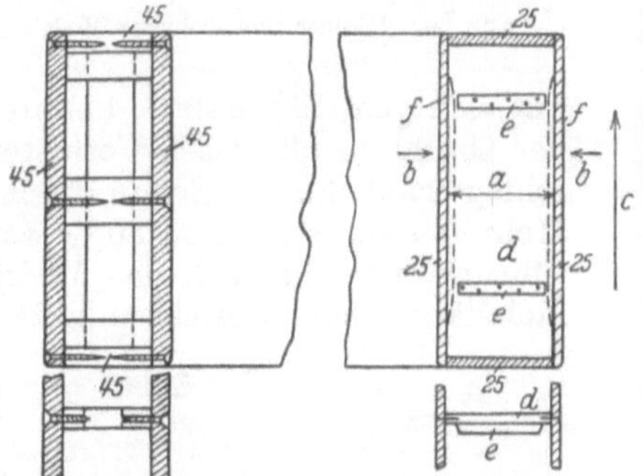

Abb. 19. Folgen falscher Hohlverbauung.

Wie manchmal auf dem Gebiete des Modellbaues gesündigt wird, zeigt z. B. ein Fall, der sich vor vielen Jahren in einer der größten rheinischen Gießereien ereignet hat. Angeliefert wurde ein großes Maschinenbettmodell, dessen beide seitliche Wangen nach Abb. 19, rechte Hälfte, zusammengebaut waren; die Holzstärke der Umwandung *f* betrug 25 mm; die Verbaustücke *d* waren voll, also verleimte Bretter, welche durch die Querleisten *e* verstärkt wurden. Nun ereignete sich folgendes: Das angelieferte Modell wurde auf die Richtigkeit der Maße hin nachgeprüft und zwei Formern übergeben. Da es sich um eine größere Form handelte, wurde sie mittels Luftdruckstampfer aufgestampft, und hierbei wurden die Seiten *f* in der Pfeilrichtung *b* hohlgestampft, so daß sich das Modell trotz Verwendung von zwei elektrischen Kranen in der Pfeilrichtung *c* nicht aus der Form heben ließ. Es gab nur zwei Auswege: entweder mußte man die teuere Form opfern oder das Modell innerhalb der Form so gut als möglich auseinandernehmen. Letzteres wurde vorgenommen, und dabei bekam man einen Einblick, wie unsolide dieses an sich allerdings billige Modell zusammengebaut war. Die Verbaustücke *d*, welche durch die Querleisten *e* an den oberen und unteren Enden vor dem Zusammentrocknen geschützt waren, arbeiteten in der Mitte um so mehr, so daß sie die Form annahmen, wie bei Abb. 19 rechts punktiert ist. Die Seitenwände *f*, welche durch Leim und Nägel mit den Verbaustücken *d* fest verbunden waren, zogen sich infolgedessen, wie schon erwähnt, in der Pfeilrichtung *b* nach innen. Da nur 25 mm starkes Holz verwendet wurde, tat auch der Luftdruckstampfer noch sein Teil, und die freitragenden Flächen wurden zwischen den Verbaustücken noch mehr hohlgestampft. Neben dem Auseinandernehmen des Modells erforderte natürlich das Auspolieren der Form bedeutende Zeit, da durch die hohlgestampften Flächen in der Form alle ausgebaucht waren und selbstredend mittels Richtscheit geradegezogen werden mußten. Nun mußte in der Modellwerkstatt das Modell von Grund auf neu aufgebaut werden, und zwar stabil (Abb. 19 links). Es wurde für die Umwandung 45 mm starkes Holz verwendet und die Verbaustücke in Rahmenform hergestellt, so daß ein Verziehen vollständig ausgeschlossen war.

Die Firma dürfte sich wohl an dem Modellieferanten soweit als angängig schadlos gehalten haben; aber den Produktionsverlust, welchen alle diese Umstände

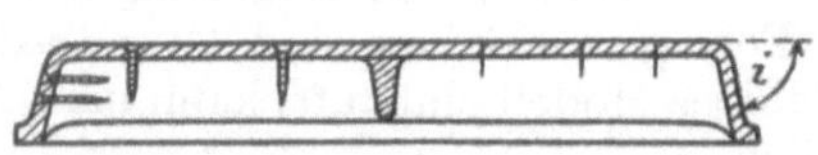

Abb. 20. Falscher und richtiger Modellaufbau.

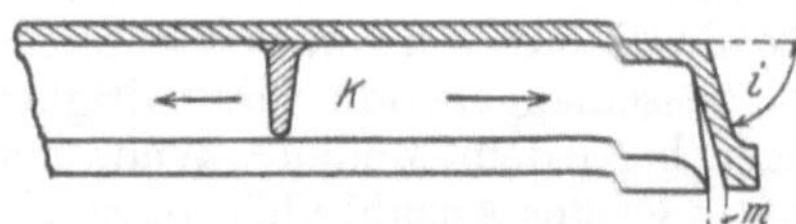

Abb. 21. Folgen des billigen Modelleinkaufs.

mit sich gebracht haben, konnte sie wohl kaum in Rechnung stellen. Hier war der Grund zu all diesen Verlusten der, daß man dem billigsten Angebot den Zuschlag erteilt hatte. Schon durch die Verwendung von 25 mm starkem Holz statt Holz von 45 mm waren 80% weniger Holz am Modell als bei einer soliden Ausführung, und da auch das Modell nicht so zusammengebaut wurde, wie es von fachmännischem Gesichtspunkte aus nötig gewesen wäre, so war es nicht zu verwundern, wenn das Modell 50% billiger war als das teuerste, aber vielleicht reellste Angebot.

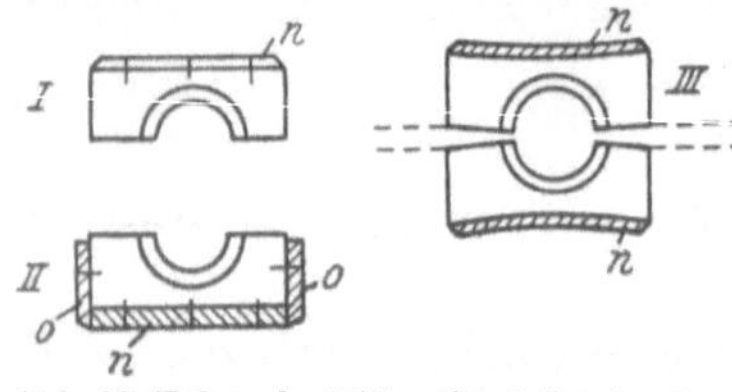

Abb. 22. Folgen des billigen Modelleinkaufs.

Einen weiteren Mißstand findet man viel bei Grundplattenmodellen. Rippen in Grundplattenmodellen sollen stets eingeschraubt werden, wie Abb. 20, links zeigt; verwendet man, um eine Verbilligung der Fabrikation zu erzielen, Nägel, wie Abb. 20 rechts zeigt, so ist eine Gewähr dafür, daß der Neigungswinkel *i* stehenbleibt, nie geboten. Man sieht die Folgen in Abb. 21, wo durch Auseinanderstampfen in der Pfeilrichtung *k*, weil die verwendeten Nägel ihren Zweck nicht erfüllen, eine Sperrfuge *m* entsteht und der Neigungswinkel *i* somit seine Stellung ändert.

Auch bei Kernkästen stößt man oft auf unsachgemäße Arbeit. Wenn schon im Modellbau auf die Behandlung in der Gießerei Rücksicht genommen werden muß, so trifft dieses bei Kernkästen besonders zu, weil gerade sie durch das Losklopfen der Kerne sehr stark beansprucht werden. In Abb. 22, *I* ist ein billigst hergestellter Kernkasten wiedergegeben, mit dünnem, zu schwachem Holz für den eigentlichen Kernkasten ebenso wie für die Verdopplung *n*. Die Folgen sind in Abb. 22, *III* zu sehen: die Kernkastenhälften verziehen sich vollständig, so daß der Kernkasten unbrauchbar wird. Würde man etwas stärkeres Holz für den Kernkasten wie für die Verdopplung *n* verwenden und die einzelnen Kernkastenteile nochmals seitlich durch Leisten *o* versteifen (Abb. 22, *II*), so wäre ein Verziehen der Kernkastenhälften ausgeschlossen.

Alle in den Abbildungen gezeigten Mängel sind Gießereifachleuten hinreichend bekannt, dagegen weniger dem Gießereikaufmann. Man arbeitet in gutem Glauben, zum Nutzen der Firma zu handeln; in Wirklichkeit schädigt man sie aber unbewußt, weil man nicht über die nötigen praktischen Erfahrungen verfügt. Es soll dies kein Vorwurf gegenüber den Kaufleuten sein; sondern die Gründe liegen in dem falschen Geschäftsprinzip.

Modellbau und sonstige maschinelle Konstruktionen werden leider in der Praxis ganz verschieden behandelt. Wenn eine Fabrik einen Kessel in Auftrag gibt, so ist auf der Zeichnung jeder Niet, die Blechstärke, Größe und genauer Aufbau angegeben, ebenso wie der Probedruck genau vorgeschrieben wird. Bei derartigen Lieferungen gibt es keine Abweichungen; bei der Ausführung kann nur die Leistungsfähigkeit eines Werkes auf die Preisstellung einwirken, und diese Leistungsfähigkeit besteht eben in der maschinellen Einrichtung und in der Ausnutzung der vorhandenen technischen und praktischen Arbeitskräfte.

Ganz anders liegen die Dinge im Modellbau. Die Zeichnung gibt dem Modellbauer wohl Maße und Form des Gußstückes an; wie er sein Modell zusammenbaut, welche Holzstärken und sonstige Rohstoffe er verwendet, bleibt ihm in den meisten Fällen überlassen, und hier liegt der schwerwiegende Punkt, wo sich die solide und die unsachgemäße Arbeit scheidet.

3. Aushebe- und Losschlagvorrichtungen und Modellverstärkungen.

Aushebe- und Losschlagvorrichtungen werden vom Privatmodellbau nur an Modellen angebracht, wenn auf der Bestellung besonders darauf hingewiesen wird, und werden diese auch besonders in Rechnung gestellt. Zu einem ordnungsgemäßen Modell gehören auch die genannten Vorrichtungen. In den meisten Fällen werden Aushebe- und Losschlageisen vom Besteller in eigener Werkstatt angebracht. Dieses Verfahren steigert die Geschäftsunkosten, denn man gibt ein neuangeliefertes Modell nochmals in Arbeit.

Aushebe- und Losschlageisen sind von Fabriken für Modellbedarf als Handelsware erhältlich, so daß sie auch der Privatmodellbau beziehen kann.

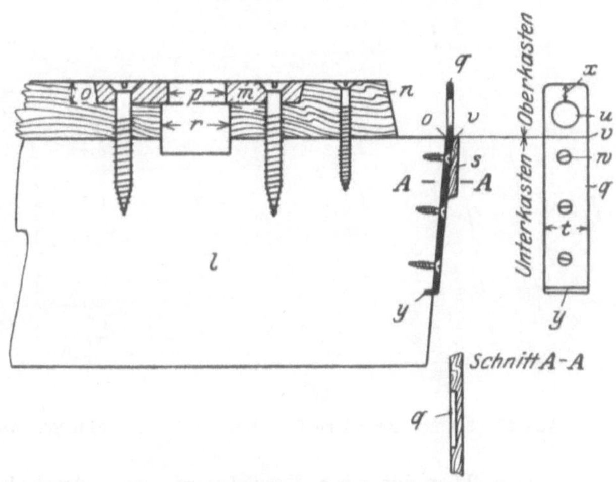

Abb. 23. Losschlage- und Aushebeeisen.

Abb. 23 gibt eine Losschlage- und Aushebevorrichtung wieder. Es ist ein von allen Seiten geschlossenes Kastenmodell *l* angenommen, wo die Kastentrennung gleichzeitig die Oberkante des Modells, der Oberkasten also glatt ist.

Man verfährt hier am besten so, daß man auf die Oberfläche des Modells einen Klotz *n* aufleimt und verschraubt. In diesen Klotz wird eine rechteckige oder viereckige Platte *m* eingelassen, deren Stärke *o* 10—12 mm ist. Diese Eisenplatte muß mit kräftigen Holzschrauben befestigt sein. Das in dem Klotz *n* befindliche Loch *r* soll mindestens 10 mm im Durchmesser größer sein als das Loch *p* in der Platte *m*. Beim Losschlagen steckt der Former seine Eisenstange in das Loch *p*, schlägt von allen Seiten unten gegen die Stange an und lockert auf diese Weise das Modell. Die Vertiefung von Klotz *n* wird im Oberkasten dann zugedämmt. Befinden sich nach dem Oberkasten zu Kernmarken, so läßt man diese am Modell lose (also aufdübeln) und bringt die Losschlagevorrichtung nach Abb. 23 unter den Kernmarken an, und zwar derart, daß man das Losschlageeisen *m* in den oberen Boden des Modells einläßt und das Loch *r* entweder an- oder durchbohrt.

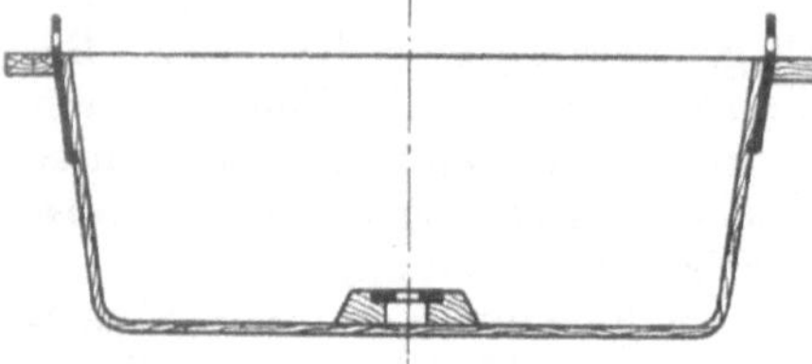

Abb. 24. Losschlage- und Aushebevorrichtung an einem hohlen Modell (Grundplatte).

Die Aushebevorrichtung besteht in diesem Fall aus vier an über Kreuz angebrachten Flacheisen *q*. Die Stärke des Flacheisens genügt mit 3—4 mm vollauf. Das Flacheisen bekommt bei *v* eine Kröpfung, damit es winklig zur Oberfläche steht, und hat am unteren Ende eine Nase *y*, welche in das Modell eingelassen wird; diese Nase *y* ist erforderlich, damit das gesamte Modellgewicht beim Ausheben nicht allein an den Holzschrauben *w* hängt. Die Breite *t* des Flacheisens wählt man in der Regel mit 50 mm, da am oberen Ende ein Loch zum Einhängen des S-Hakens von mindestens 30 mm Durchmesser sein soll. Seitlich des Loches würden also noch rund 10 mm Material bleiben. Da das Aushebeeisen auf Zug beansprucht wird, muß das Maß *x* jedoch mindestens 20 mm sein. Falls das Modell eine Sockelleiste hat, ist das Aushebeeisen, wie Schnitt *A—A* zeigt, einzulassen.

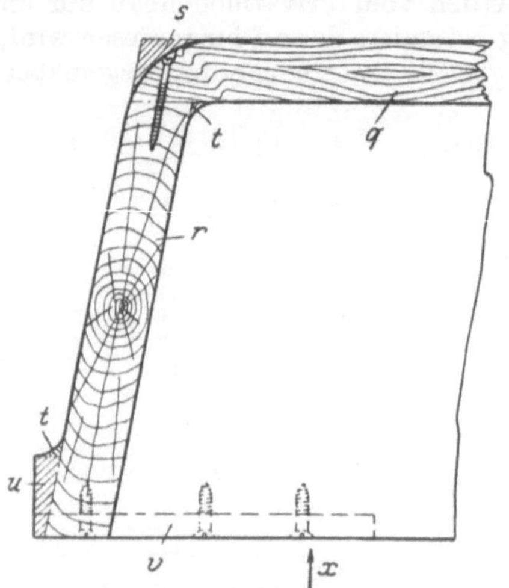

Abb. 25. Schnitt durch eine Grundplatte.

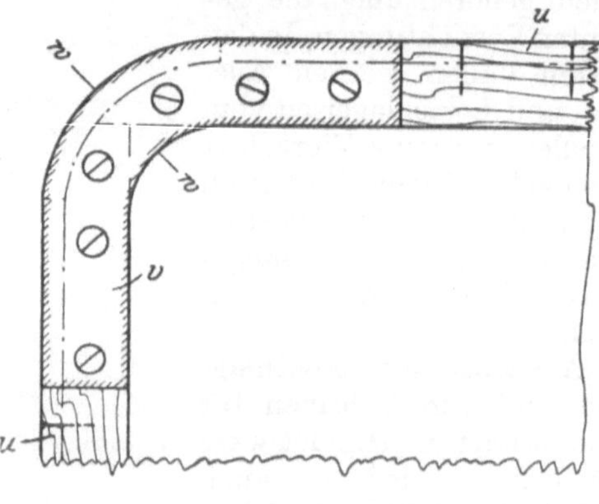

Abb. 26. Ansicht in der Pfeilrichtung *x* in Abb. 25.

Abb. 24 zeigt eine Losschlage- und Aushebevorrichtung an einem hohlen Modell (Grundplatte) mit nicht allzu großer Wandstärke. Die Vorrichtung ist die gleiche wie bei Abb. 23, nur sitzt die Losschlagevorrichtung tiefer und muß ebenfalls im Oberkasten zugedämmt werden.

Abb. 25 zeigt den Schnitt durch eine Grundplatte. Die vier Seitenwände *r* sind oben durch den Boden *q* fest verbunden; man leimt den Boden auf, rundet die Kanten *s* ab und zieht dann zur Sicherheit dünne Holzschrauben ein, da ja in diesem Falle genügend Holz vorhanden ist. *u* ist die Sockelleiste der Platte, die besonders aufgeleimt wird, *t* sind Lederhohlkehlen in Größe der vorgeschriebenen Maße.

Abb. 26 zeigt die Ansicht der Grundplatte Abb. 25 in der Pfeilrichtung x. Die Praxis hat gelehrt, daß derartige Grundplattenmodelle an der Verbindungsstelle w—w ihren Halt verlieren und dadurch dauernde und erhebliche Modellkosten entstehen. Hier sollte man die Kosten nicht scheuen und an diesen Stellen eiserne Winkel v (wie bei Abb. 26 schraffiert) einlassen und verschrauben. Diese vier Winkel an den Ecken geben dem Modell genügend Widerstandsfähigkeit, so daß es in der Gießerei ruhig eine unsanfte Behandlung vertragen kann. Auch für den Modelltransport, insbesondere von größeren Modellen, ist ihre Festigkeit von großer Wichtigkeit, und es zeigt sich immer wieder, daß z. B. hervorstehende Modellteile am stärksten der Beschädigung ausgesetzt sind. Auch hier gibt es Mittel und Wege, diesem Übel entgegenzutreten.

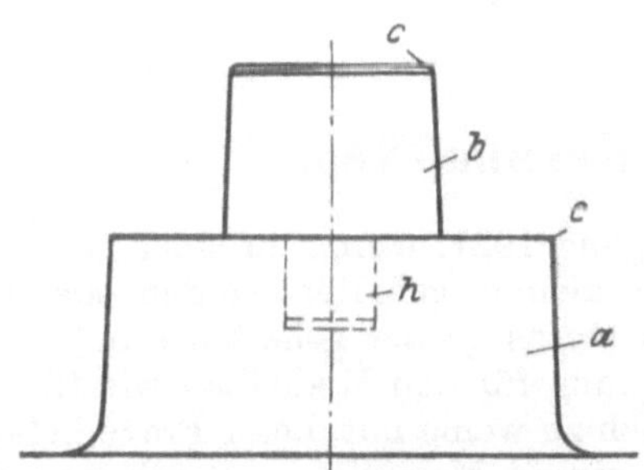

Abb. 27. Nabe mit eingeleimter Kernmarke.

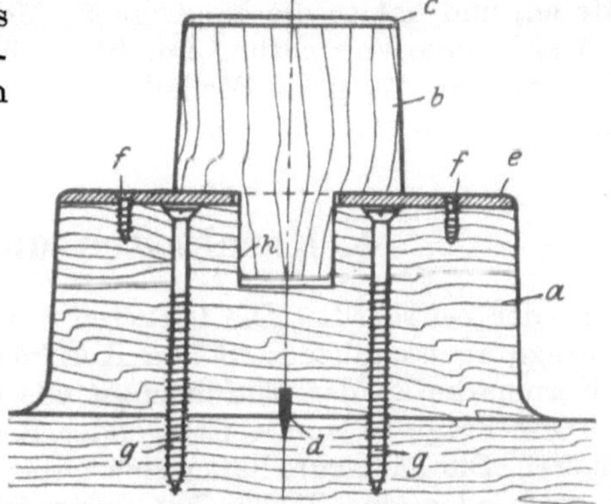

Abb. 28. Mit Blechscheibe verstärkte Nabe.

Abb. 27 zeigt eine im Modellbau übliche Nabe a mit eingesetzter Kernmarke b. In der Regel werden die Kanten c stark beschädigt. Bei den Kernmarken sollte man stets die obere Kante c anfassen, einmal, damit die Kante nicht splittert, außerdem läßt sich die Kernmarke leichter aus der Form heben.

Abb. 28 zeigt die gleiche Nabe, vor dem Verstoßen der Kante c geschützt. Man setzt auf die Nabe a eine Blechscheibe e von rund 3 mm Stärke. In der Mitte der Scheibe befindet sich ein Loch gleich dem Zapfendurchmesser $h + {}^1/_2$ mm. Das Aufsetzen der Nabe auf das Modell geschieht wie folgt: Sobald die Nabe auf der Holzdrehbank fertiggestellt ist, schlägt der Modellbauer einen Stift d in der Mitte der Nabe ein, feilt ihn spitz zu, um die Nabe beim Befestigen auf dem Modell gleich in die richtige Lage zu bekommen. Alsdann werden zwei oder vier Holzschrauben g eingezogen und dann erst Blechscheiben e mit vier bis sechs Holzschrauben auf der Nabe befestigt. Das Einsetzen der Kernmarke b geschieht zuletzt. Die Holznabe a muß am Modell entsprechend der Scheibenstärke e niedriger gehalten werden. Die ersten Versuche dieser Art habe ich vor etwa zwanzig Jahren an Kalanderständermodellen vornehmen lassen, wo sämtliche vorstehenden Naben und die langen Führungskernmarken mit Blech von 5 mm Stärke beschlagen wurden.

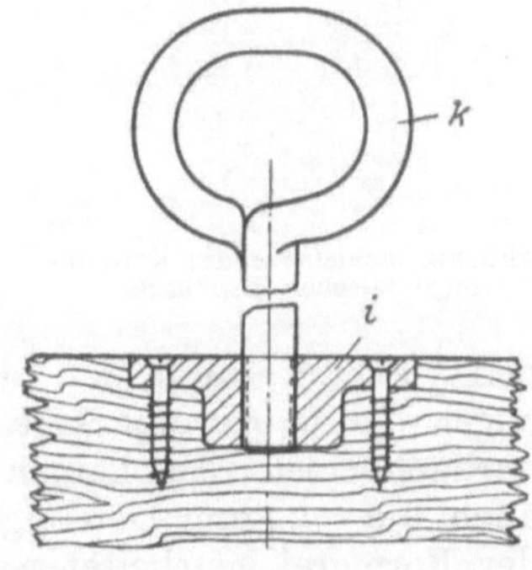

Abb. 29. Modellaushebevorrichtung.

Selbstredend verteuern sich dadurch die Modellkosten erheblich, aber diese Verteuerung wird durch Fortfall der laufenden Instandsetzungskosten bald aufgewogen.

Abb. 29 zeigt eine im Handel erhältliche Aushebevorrichtung für mittlere Modelle; die Vorrichtung besteht aus einer runden Gußscheibe *i* mit angegossenem Nocken; das durch *i* gehende Loch ist mit Gewinde versehen. Der Aushebegriff *k* ist am oberen Ende zusammengeschweißt und hat am unteren Ende ein Gewinde, das dem Gewinde in der Platte *i* entspricht. Der Former schraubt also, sobald er das Modell aus der Form ausheben will, die in Frage kommende Anzahl der Griffe ein und hat so die Möglichkeit, Modell und Form zu schonen. Allerdings eignet sich diese Vorrichtung nur für nicht allzu schwere Modelle, da ja die vier Holzschrauben das ganze Modellgewicht zu tragen haben. Für schwere Modelle eignen sich besser Aushebeeisen nach Abb. 23 und 24.

4. Kernkasten und Kernmarken.

In der Zeitschrift „Die Gießerei", Jahrgang 1921, wurde in einer Nummer die Frage angeschnitten: Sollen Kernkästen kleiner gehalten werden oder soll die Kernmarke an der Einführungsstelle des Kerns größer gehalten sein?

Diese Frage ist von weittragender Bedeutung für den Modellbau wie für die Formerei. Die Fachleute haben sich bisher noch zu wenig mit dieser Frage befaßt, und bald jeder Modellbauer hat darin seine eigene Meinung, und selbst in der Gießerei überläßt man diese Arbeit dem Modellbauer. Auf diesem Gebiete nahm ich Gelegenheit, mich mit tüchtigen Praktikern in Verbindung zu setzen. Das Resultat war sehr auseinandergehend. Bei der einen Gießerei wird verlangt, daß man den Kernkasten mindestens 1 mm, ja sogar $1^1/_2$ mm, kleiner halten soll; wendet man dieses Verfahren dann auch in einer anderen Gießerei an, so kann es passieren, daß man das Modell zurückbekommt mit dem Bemerken, die Kernmarken seien 1—$1^1/_2$ mm kleiner als der Kern und infolgedessen seien soundso viele Abgüsse Ausschuß geworden.

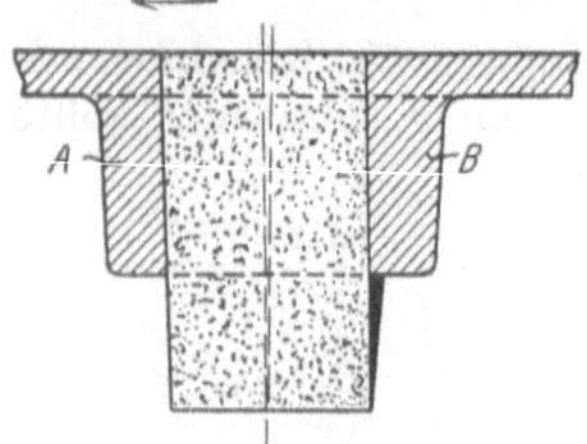

Abb. 30. Schiefsitzender Kern infolge falscher Kernmarke.

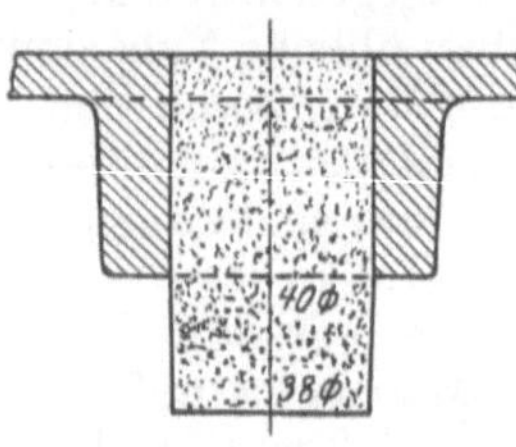

Abb. 31. Geradesitzender Kern bei richtiger Kernmarke.

Man sieht also, daß durch derartig auseinandergehende Anschauungen oft ganz unhaltbare Zustände entstehen können. Schon durch den dreimaligen Lackanstrich wird der Kernkasten innen enger und die Kernmarke außen etwas stärker, so daß schon eine gewisse Toleranz vorhanden ist. Auf keinen Fall darf aber eine Differenz von $1^1/_2$ mm sein, wenn auch auf $^1/_{10}$ mm Genauigkeit natürlich weder in der Modellwerkstatt noch in der Formerei gearbeitet werden kann.

Eine andere, gleichfalls sehr wichtige Frage ist die: Wie soll die Kernmarke kegelig gehalten sein? Auch hierüber gehen die Ansichten sehr weit auseinander. Die Frage ist die, wenn z. B. im Gußstück ein Bohrloch von 40 mm verlangt wird, soll die Kernmarke am Modell 42 mm Durchmesser haben und sich auf 40 mm verjüngen oder soll sie sich von 40 mm auf 38 mm Durchmesser verjüngen? Wenn man zu dieser Frage Stellung nehmen will, so muß man zwischen Unter- und Oberkastenkernmarke unterscheiden, weil in dieser Frage zwischen beiden Kernmarkenarten in dieser Beziehung ein Unterschied gemacht werden muß.

An einer Platte hatte ich versuchsweise eine Unterkastenkernmarke von 42 mm auf 40 mm anbringen lassen; in diese Kernmarke sollte ein 40-mm-Kern eingeführt werden. Das Endergebnis war, wie Abb. 30 zeigt, daß der Kern oben zu viel Luft hatte und beim Gießen nach der Seite gedrückt wurde, weil er im Oberkasten keine Führung hatte, die Wandstärke wurde ungleichmäßig, wie *A* und *B* zeigen; der Vorzeichner kam beim Anreißen nicht aus, da sich das Mittel in der Pfeilrichtung verschoben hatte, und das Gußstück wurde Ausschuß. Richtig ist, wie erwähnt, in einem solchen Falle, den Kern am Modell auf Maß zu halten. Abb. 31 zeigt den auf diese Art eingesetzten Kern. Der Former braucht dann nur am unteren Ende des Kerns etwas zu feilen und kann den Kern stramm einsetzen. Wegen des Nachfeilens der Kerne durch die Former braucht man nicht allzu ängstlich zu sein; denn es gehört zum Formerberuf, auch einmal einen nichtpassenden Kern passend zu feilen.

Abb. 32 zeigt eine sehr stark kegelig gehaltene Kernmarke im Oberkasten mit genauem Maß am Aufsatz. Gießereitechnisch ist dieses Verfahren unbedingt richtig, aber für die Praxis sind damit verschiedene Nachteile verknüpft. Man kann den Kern in dieser Form auf zweierlei Weise herstellen. Entweder der Former bekommt einen auf der Kernmaschine zylindrisch hergestellten Kern

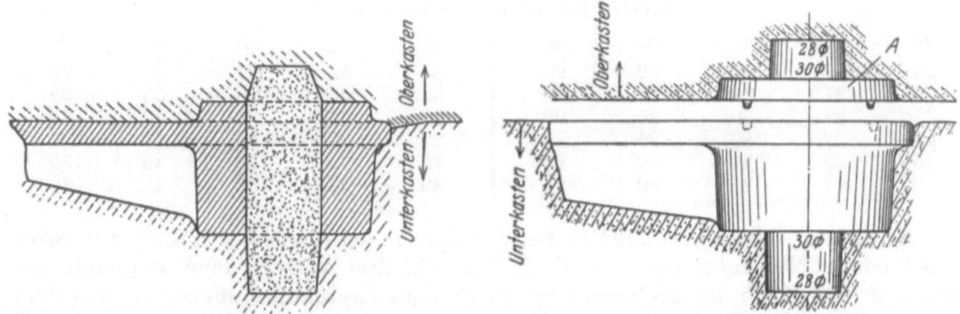

Abb. 32. Im Oberkasten stark kegelig gehaltene Kernmarke.

Abb. 33. Nach dem Oberkasten gehender loser Modellteil.

und muß dann das in den Oberkasten einzuführende Ende stark nachfeilen, was für ihn einen Zeitverlust bedeutet, oder man fertigt den Kern in einem besonderen Kernkasten an, was wieder unnötige Modellkosten verursacht und die bewährten Kernmaschinen vollständig ausschalten würde. Es gibt aber hierfür noch eine wesentlich bessere und auch gießereitechnisch richtige Lösung, nämlich alles, was in den Oberkasten hineingeht, am Modell loslassen und aufdübeln, wie es in Abb. 32 dargestellt ist. Das ist die einzig richtige Lösung, da man die Kerne nicht übermäßig stark kegelig zu halten braucht und somit jederzeit Kerne, welche auf der Maschine hergestellt sind, verwenden kann. Bezüglich der Konisität der Oberkastenkernmarke verweise ich auf „Falsch und Richtig“ S. 24.

Leider verfahren eine große Anzahl Firmen nach Abb. 32, lassen also besondere Kernkasten für die dargestellte Kernform anfertigen. Dieses Verfahren entspringt meist persönlichen Gedankengängen, und es beachtet nicht, ob Nachteile dadurch entstehen. Es ist ein Unding, auf der einen Seite durch Formmaschinen und andere maschinelle Einrichtung die Formerei billiger zu gestalten und dann auf der anderen Seite durch Einführung eigener unpraktischer Verfahren, also durch unnötige Steigerung der Modellkosten, dann Gewinn wieder als Verlust zu buchen.

5. Normung von Kernmarken und Naben.

Wenn es im Modellbau Teile gibt, welche man gegebenenfalls normalisieren kann, so fallen in erster Linie Kernmarken und Naben darunter, weil diese Modelleinzelteile auch laufend in jeder Modellbauwerkstatt benötigt werden.

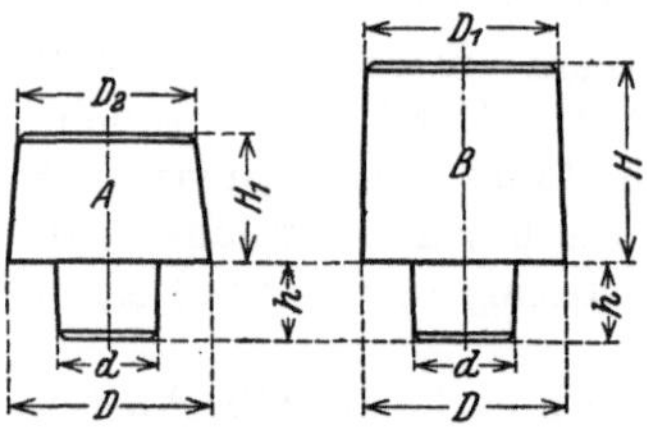

Es soll hier ein Vorschlag unterbreitet werden, der sich in einer größeren Maschinenfabrik sehr gut bewährt hat.

Abb. 34 zeigt zwei normalisierte Kernmarken. *A* ist die Oberkastenkernmarke, *B* die Unterkastenkernmarke.

Abb. 34. Normalisierte Kernmarken.

Bekanntlich wird in der Praxis die nach dem Oberkasten zu festsitzende Oberkastenkernmarke niedriger und etwas stärker kegelig gehalten als die Unterkastenkernmarke. Es dürften sich etwa nachfolgende Abmessungen als Normen empfehlen:

A. Oberkastenkernmarken:

D	D_2	d	H_1	h	D	D_2	d	H_1	h
25	22	20	20	20	55	52	25	35	25
30	27	20	25	20	60	57	25	35	25
35	32	20	25	20	65	62	25	40	25
40	37	20	25	20	70	67	30	40	30
45	42	25	30	25	75	72	30	40	30
50	47	25	30	25	80	77	30	40	30

Bei diesen Kastenkernmarken beträgt der Anzug durchweg 3 mm; auf zwölf verschiedene Nabendurchmesser D finden wir drei verschiedene Zapfendurchmesser d; die Höhe des Zapfens h ist gleich dem Zapfendurchmesser d, was dem allgemeinen Gebrauch entspricht. Bis jetzt hält man sich überhaupt nicht an einen bestimmten Zapfendurchmesser; jeder einzelne Arbeiter setzt in der Regel den Durchmesser selbständig nach eigenem Ermessen und nach den vorhandenen Bohrern fest, was natürlich für die gesamte Gießereipraxis nachteilig ist.

B. Unterkastenkernmarken:

D	D_1	d	H	h	D	D_1	d	H	h
25	24	20	30	20	55	54	25	55	25
30	29	20	35	20	60	59	25	60	25
35	34	20	40	20	65	64	25	60	25
40	39	20	45	20	70	69	30	60	30
45	44	25	50	25	75	74	30	60	30
50	49	25	50	25	80	79	30	60	30

Bei den Unterkastenkernmarken entsprechen die Maße d und h denen der Oberkastenkernmarken; also werden dieselben Bohrer verwendet, und man kommt für die Bohrung von Nabenzapfen mit drei Sonderbohrern aus. Dadurch, daß man diese Kernmarken nun als Massenartikel herstellen kann, würde man erheblich an Löhnen und Werkstoffen sparen. Kleinere Kernmarken als solche mit 25 mm Durchmesser auf Vorrat zu drehen, erscheint nicht angebracht, da man Bohrungen bis 25 mm in den meisten Fällen aus dem Vollen bohrt. Desgleichen erscheint es nicht wünschenswert, größere Kernmarken als 80 mm Durchmesser auf Vorrat zu arbeiten, weil der Bedarf daran nicht sehr groß ist. Abb. 35 zeigt vorrätige Kernmarken in einer Modellwerkstatt.

Abb. 36 zeigt zwei lose auf ein Armkreuz oder eine volle Platte *B* aufzusteckende Naben *A*. Hier erscheint es angebracht, den Durchmesser der Bohrung *D* als Norm mit 40 mm und den Durchmesser der Zapfen D_1 mit schwach 40 mm anzusetzen, so daß die Naben *A* lose, aber doch gut sitzend, hineingesteckt werden können.

Abb. 35. Vorrätige Kernmarken im Regal, nach Größen geordnet.

Bekanntlich müssen Naben an Riemscheibenmodellen sehr oft ausgewechselt werden. Die meisten Modelläger sitzen voller Naben; aber meistens paßt die Führung der Nabe nicht. Durch die Normalisierung muß erreicht werden, daß an einem Modell, z. B. einer Riemscheibe mit 100-mm-Nabe und 50-mm-Kernmarke, die Nabe oder Kernmarke in jeder beliebigen Gießerei bei Bedarf ohne weiteres ausgewechselt werden kann; dadurch würden viel Zeit und viele unnötige Transportkosten erspart.

Diese Vorschläge können vielleicht als Richtlinie für die Normungsarbeiten dienen, und es wäre erwünscht, daß maßgebende Stellen die Anregung aufnehmen; dadurch könnten viel Löhne und Holzkosten gespart werden. Diese Angaben stellen nur einen gemachten Versuch auf dem Wege der Normalisierung dar, weil man bis heute hierin keinerlei Richtlinien kennt.

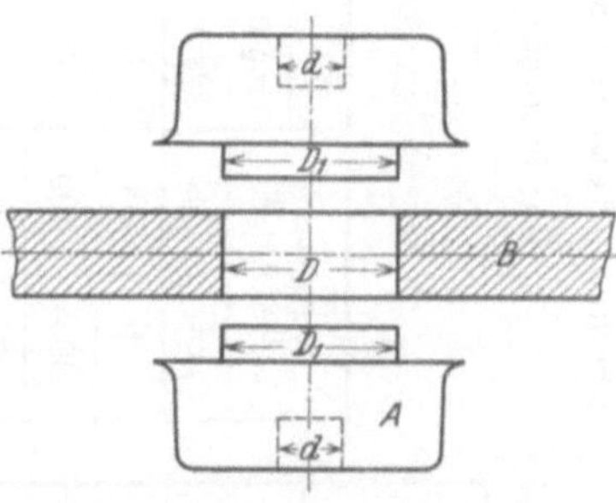

Abb. 36. Normale Befestigung von Naben.

6. Bearbeitungszugabetabellen.

Eine bisher noch ungelöste Frage im Modellbau ist die Frage der Bearbeitungszugabetabellen. Diese Tabellen wird man wohl niemals einheitlich aufstellen können, weil hierbei stets der Maschinenpark eines Betriebes in Betracht gezogen werden muß. Die beigefügte Tabelle 1 kann also nicht als allgemein gelten, sondern sie ist die Tabelle einer süddeutschen Maschinenfabrik und hat sich durchschnittlich nach mehrfachen Änderungen bewährt. Es dürfte sich jedoch kaum ein Fachmann finden, der allein die Verantwortung für eine derartige Tabelle übernehmen würde, weil die Verantwortung hierbei zu groß ist und nur wo Massenartikel, also Maschinenguß in Frage kommt, kann man sich evtl. auf Bearbeitungszugabetabellen für den Modellbau festlegen.

Tabelle 1. Bearbeitungszugabe für Guß.

1. Für Naß-Schleifen (Fläche).

Fläche Breite = B von	bis	Länge = L von 0 bis 250	255 500	505 800	805 1000	über 1000
0	50	1	2	3	4	5
55	300	2	2	3	4	5
305	600	3	3	3	4	5
605	1000	4	4	4	4	5
über 1000		5	5	5	5	5

2. Für leichten Guß (Fläche).

Fläche Breite = B von	bis	Länge = L von 0 bis 50	55 200	über 200
0	200	3	4	
205	400	4	4	
über 400				

3. Für schweren Guß (Fläche).

Fläche Breite = B von	bis	Länge = L von 0 bis 200	205 500	505 1000	über 1000
0	200	5	7,5	10	15
205	500	7,5	7,5	10	15
505	1000	10	10	10	15
über 1000		15	15	15	15

4. Für leichten Guß (glatte Bhrg. u. Ø).

Bohrung oder Ø von	bis	Länge = L von 20 bis 100	105 250	255 450	455 670	675 1000	über 1000
20	50	2,5	4	5	7,5	10	12,5
55	120	4	4	5	7,5	10	12,5
125	250	5	5	5	7,5	10	12,5
255	480	7,5	7,5	7,5	7,5	10	12,5
485	850	10	10	10	10	10	12,5
855	1000	12,5	12,5	12,5	12,5	12,5	12,5
über 1000		15	15	15	15	15	15

5. Für leichten Guß (abgesetzte Bhrg. u. Ø).

Bohrung oder Ø von	bis	Länge = L von 20 bis 80	85 160	165 250	255 380	385 540	545 770	775 1000	über 1000
20	50	2	3	4	5	6	7	8	9
55	100	3	3	4	5	6	7	8	9
105	180	4	4	4	5	6	7	8	9
185	220	5	5	5	5	6	7	8	9
225	560	6	6	6	6	6	7	8	9
565	960	7	7	7	7	7	7	8	9
965	1000	8	8	8	8	8	8	8	9
über 1000		9	9	9	9	9	9	9	9

6. Für schweren Guß (Bhrg. u. Ø).

Bohrung oder Ø von	bis	Länge = L von 50 bis 200	205 500	505 1000	über 1000
20	300	5	7,5	10	15
305	700	7,5	7,5	10	15
705	1000	10	10	10	15
über 1000		15	15	15	15

Sind die zu bearbeitenden Flächen oder Ø im Modell geteilt, so sind mindestens 10% für Bearbeitung mehr zuzugeben.

7. Formgerechte Konstruktionen.

Nur zu oft wird die Arbeit des Modellbauers noch durch unsachliche Konstruktionen in modelltechnischer Hinsicht erschwert. Über falsche Konstruktionen in gießtechnischer Hinsicht wird laufend berichtet; es sollen hier lediglich einige Beispiele angeführt werden, welche dem Modellbauer und auch dem Former die Arbeit erschweren.

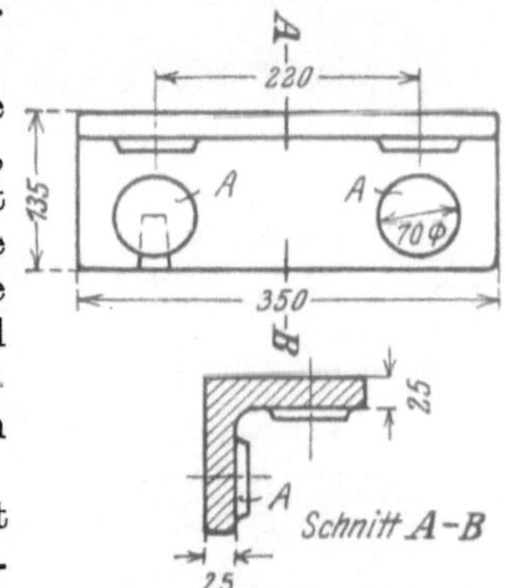

Abb. 37. Spannwinkel.

Die heutige Wirtschaftslage erfordert eine restlose Ausnutzung der Arbeitskräfte, dieses bedingt wieder, daß die Konstruktionen bzw. das Modell so gebaut sein sollen, daß dem Former bei seiner Arbeit keine Schwierigkeiten entstehen. Leider findet man heute noch eine große Anzahl Maschinenfabriken, welche, weil sie keine eigene Gießerei besitzen, auch keine gießereitechnische Zeitschrift halten, dieses insbesondere zum Schaden der werdenden Konstrukteure.

Aber nicht nur für Büros ist eine derartige Zeitschrift unentbehrlich, sondern auch für die einzelnen Betriebsabteilungen; insbesondere sollte den Modellbauwerkstätten eine Gießereizeitung nicht vorenthalten werden.

Abb. 37 zeigt einen Spannwinkel, dessen beide Schenkel je zwei Scheiben tragen. Das Modell läßt sich ohne weiteres gießereitechnisch ausführen, indem man Scheibe *A* lose läßt, damit sie der Former einziehen kann.

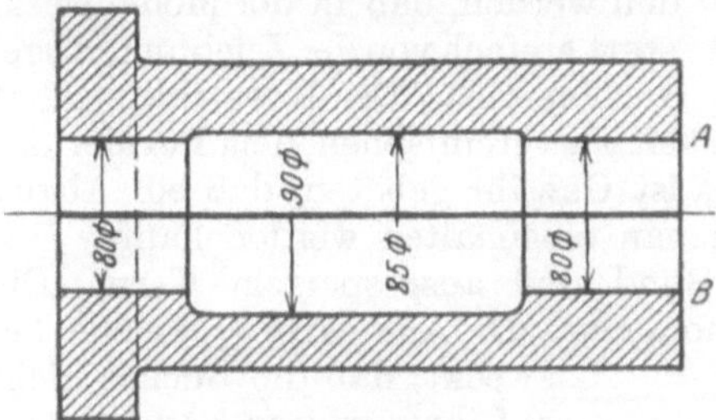

Abb. 38. Lagerbüchse.

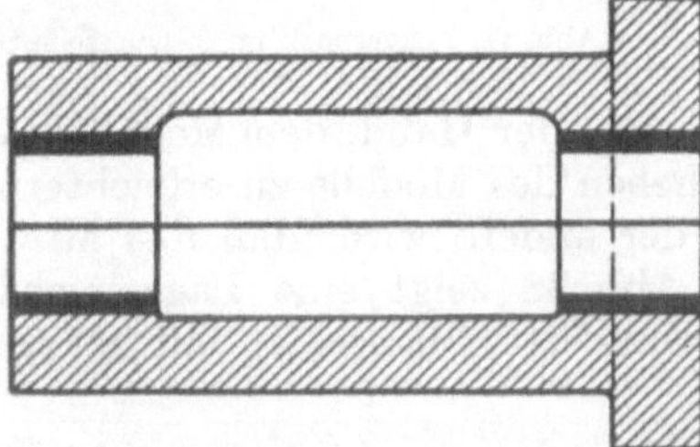
Abb. 39. In Büchse nach Abb. 38 eingezeichnete Bearbeitungszugabe.

An und für sich wäre dagegen nichts einzuwenden, wenn der Modellbauer diese Scheiben immer mit Schwalbenschwanzführungen versehen würde. Leider geschieht dies in den wenigsten Fällen. Man bohrt ein Loch in die Scheiben und steckt dieselben mit einem Drahtstift fest. Man überläßt eben einfach dem Former die Arbeit und wundert sich nachher, wenn die Scheiben versetzt sind, was durch das Einstampfen des Modells fast unvermeidlich ist. Da das eingeschriebene Maß von 220 mm eingehalten werden muß, werden bei einem Verestzen der Scheiben die Löcher aus der Mitte derselben kommen. Sollte es sich nun um mehrere Abgüsse des Modells handeln, wird das Bild noch anders, es wird unter Umständen jeder Abguß anders ausfallen.

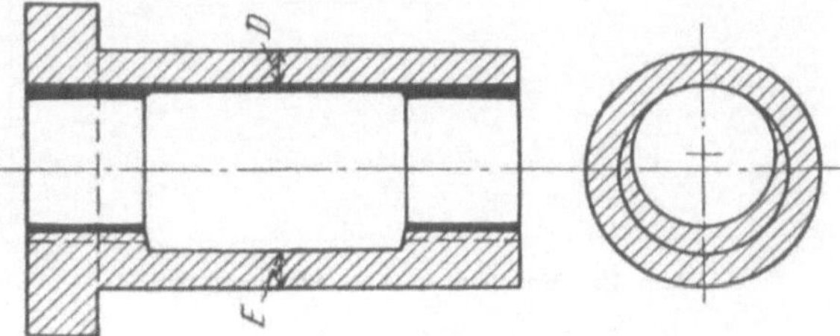

Abb. 40. Folgen eines schief eingelegten Kernes.

Bedingt es die Konstruktion, daß unbedingt Scheiben an dieser Stelle sitzen müssen, so muß der Modellbauer auf alle Fälle dafür sorgen, daß sich die Scheiben beim Einstampfen nicht versetzen, in diesem Falle müßten also die Scheiben mit Schwalbenschwanzführungen, wie links angegeben, versehen sein.

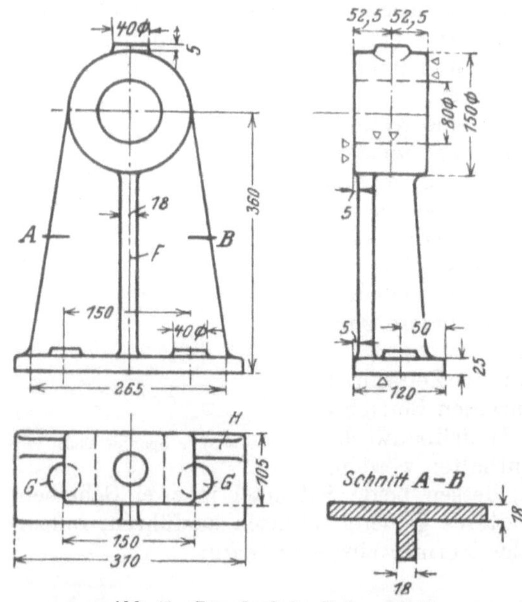

Abb. 41. Lagerbock im T-Querschnitt.

Bei diesem Spannwinkel ist es konstruktiv nicht erforderlich, daß gerade Scheiben an dieser Stelle sitzen, und hier kann der Konstrukteur schon Abhilfe schaffen, wenn er statt der beiden Scheiben *A* eine andere Ausführung vorsieht und an diese Stelle zwei Lappen setzt. Bedingung ist, daß auch hier gleich das Einformen des Modells berücksichtigt wird, die Lappen also von 70 auf 74 mm nach oben kegelig anlaufen. Wenn nun seitens der Modellwerkstatt verlangt werden sollte, daß sie derartige formtechnische Änderungen ohne weiteres vornimmt, so kann vom rein technischen Standpunkte jedoch nicht zugestanden werden, daß in der Modellwerkstatt einfach von der Zeichnung abgewichen wird. Der Konstrukteur hat es aber in der Hand, dem Modellbauer die Arbeit zu vereinfachen, dem Former das Ausheben des Modells zu erleichtern, und es ist Gewähr geboten, daß ein Abguß wie der andere wird, daß das Mittelmaß genau eingehalten werden kann.

Abb. 38 zeigt eine Lagerbüchse mit Bund und ausgespartem Kern. Die Bohrung der Büchse ist mit 80 mm angenommen, die Aussparung, welche bezweckt, daß die Büchse nicht auf ihrer ganzen Länge trägt, hat bei Ansicht „*A*“ 85 mm Durchmesser, bei „*B*“ 90 mm Durchmesser. Abb. 39 zeigt an der schwarz bezeichneten Stelle die Zugabe zum Ausbohren. Handelt es sich um eine Gußbüchse, wäre mit 10 mm im Durchmesser, bei einer Rotgußbüchse mit 5 mm im Durchmesser zu rechnen.

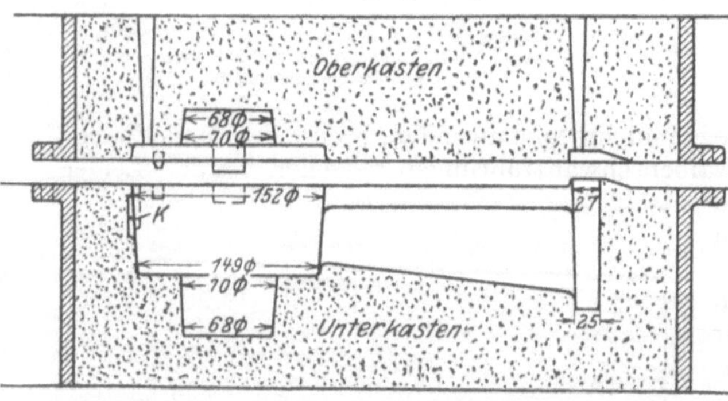

Abb. 42. Modell nach Abb. 43 eingeformt.

Man soll mit der Bearbeitungszugabe nicht zu ängstlich sein, denn gerade hier fehlt oftmals das Verständnis. Man will möglichst wenig Bearbeitungszugabe, um z. B. in der Dreherei wirtschaftlicher zu arbeiten, vergißt dabei aber, daß einmal der Former mit einer losen Masse, mit Sand arbeitet, zum anderen, daß es bedeutend besser ist, der Stahl schneidet beim Drehen ins volle Fleisch, als daß er über die Kruste kratzt; denn darunter leidet der Stahl, und eine solche Arbeitsweise ist niemals wirtschaftlich.

Zur Herstellung abgesetzter Kerne, wie die zum Gußstück nach Abb. 39 benötigt werden, kann der Modellbauer zwei Wege einschlagen. Entweder fertigt er, wie schon vorher erwähnt, einen Kernkasten an, oder aber er macht ein sog. Kernbrett, und der Kern wird auf der Kerndrehbank gedreht, wie Abb. 6 zeigt. Letzteres Verfahren soll jedoch nur bei größeren und einzelnen Kernen angewandt werden, da ein Kern schneller in dem Kernkasten aufgestampft als auf der Kerndrehbank gedreht ist.

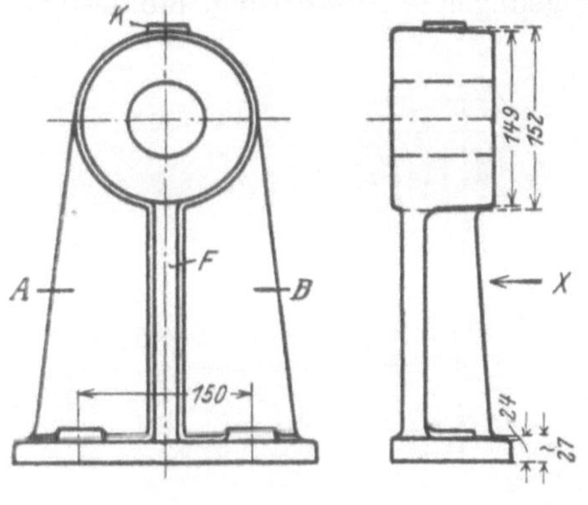

Wir haben nun nach Abb. 38 bei „*A*“ 5 mm, bei „*B*“ 10 mm Aussparung im Durchmesser. Was ist nun das Richtige in bezug auf die Formerei und mechanische Bearbeitung?

Legt sich der Kern nur etwas schief, so bekommen wir ein Bild, wie Abb. 40

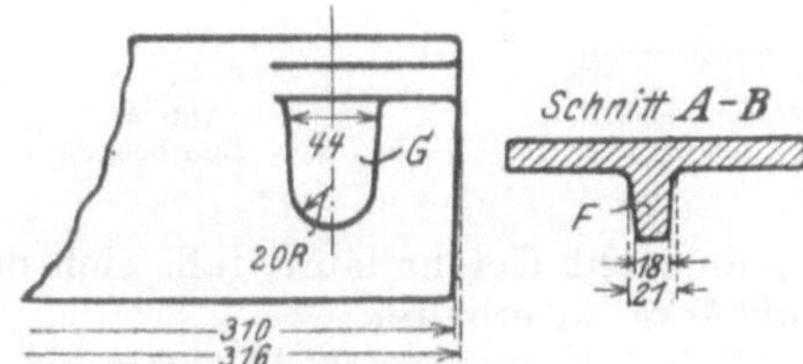

Abb. 43. Formgerechtes Modell.

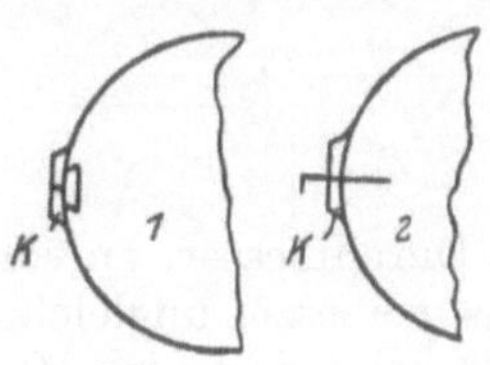

Abb. 44. Befestigung der Nabe *K* am Modell nach Abb. 43.

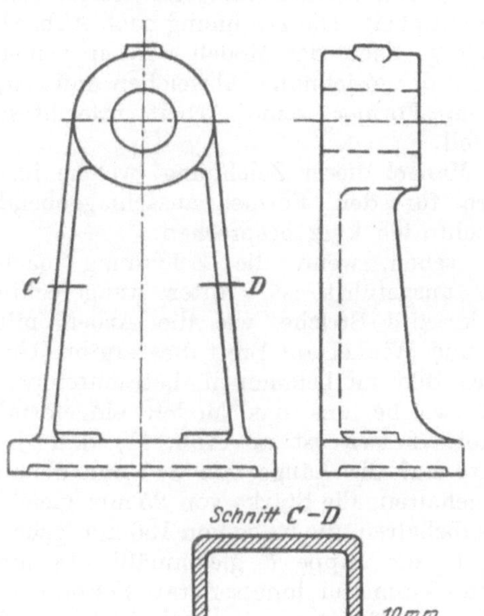

Abb. 45. Lagerbock im U-Querschnitt.

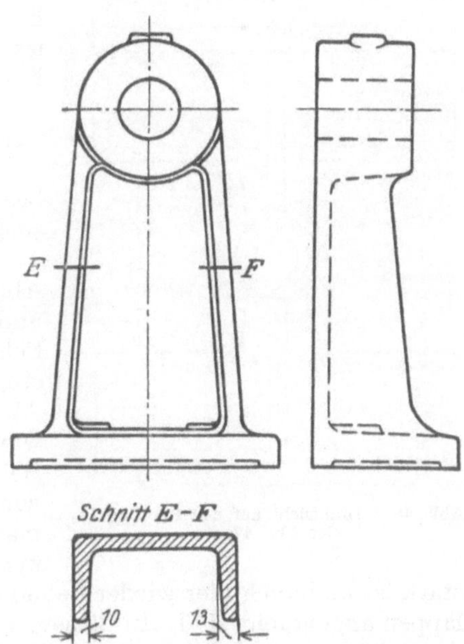

Abb. 46. Modell zum Lagerbock nach Abb. 45.

zeigt. Hier sehen wir, daß, wenn die Büchse bearbeitet ist, auf der einen Seite die Aussparung vollständig fehlt, auf der anderen Seite aber um so tiefer ist.

Diese Erscheinungen treten zutage, wenn die Aussparung zu knapp gehalten wird. Auch hier ist es ohne weiteres Sache des Konstrukteurs, vorausgesetzt, daß genügend Wandstärke vorhanden ist, für genügende Aussparung, mindestens

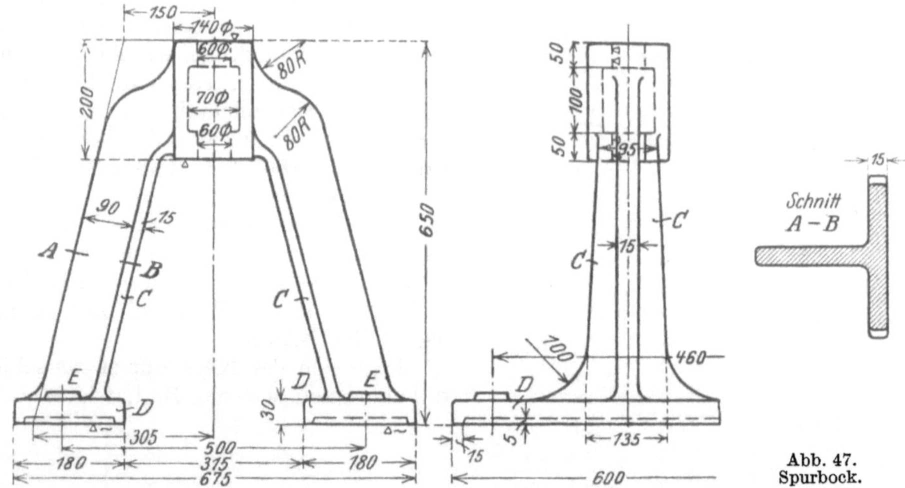

Abb. 47. Spurbock.

10 mm im Durchmesser, zu sorgen, damit man nicht Gefahr läuft, falls sich der Kern etwas versetzt, ungleichmäßige Wandstärke zu erhalten.

Abb. 41 zeigt einen im Maschinenbau üblichen Lagerbock im T-Querschnitt. Auch hier entsprechen die Werkstattzeichnungen in den wenigsten Fällen der Formgerechtigkeit. Die Zeichnung nach Abb. 41 ist unrichtig, denn das Modell wird in seiner Form von der Zeichnung abweichen müssen, wenn dem Former seine Arbeit erleichtert werden soll.

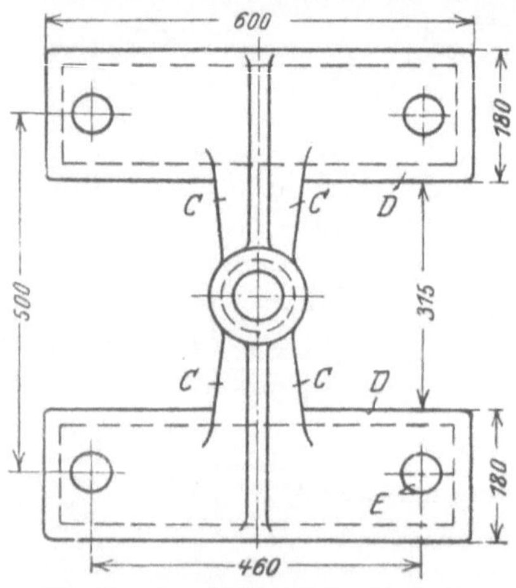

Abb. 48. Draufsicht auf den Spurbock der Abb. 47.

Die Mängel dieser Zeichnung, welche insbesondere für den Former ausschlaggebend sind, möchte ich kurz besprechen.

Wir sehen, wenn die Zeichnung nach Abb. 41 ausgeführt ist, lauter waagerechte und senkrechte Striche, wie die Arbeit mit Schiene und Winkel am Brett dies ergibt. Um ein klares Bild zu bekommen, betrachten wir Abb. 42, welche uns das Modell eingeformt wiedergibt. Falsch ist an Abb. 41, daß die Sohlplatte auf die Länge von 310 mm genau winklig gehalten, die Stärke von 25 mm gleichmäßig beibehalten, die Nabe von 150 mm genau zylindrisch, die Rippe *F* gleichmäßig 18 mm stark ist und auch hier wieder Scheiben von 40 mm Durchmesser statt Schraubenlappen angebracht sind. In diesem Falle lassen sich ohne weiteres die Scheiben *G* durch Lappen, welche an der Wand *H* anlaufen, ersetzen, um einmal dem Former unnötige Arbeit zu ersparen und andererseits zu verhüten, daß beim Bohren der Schraubenlöcher letztere durch etwaiges Versetzen der Scheiben *G* nicht einseitig zu sitzen kommen. Ein Modell nach Abb. 41 wäre für den Former unmöglich zum Gebrauch, da beim Ausheben des Modells aus der Form letzteres so festsitzen würde, daß dieser Arbeitsprozeß ohne Beschädigung der Form überhaupt nicht ausführbar wäre.

Abb. 43 zeigt eine formgerechte Konstruktionszeichnung. Wird das Modell hiernach angefertigt, so läßt es sich gut formen, da alle in den Unterkasten gehende

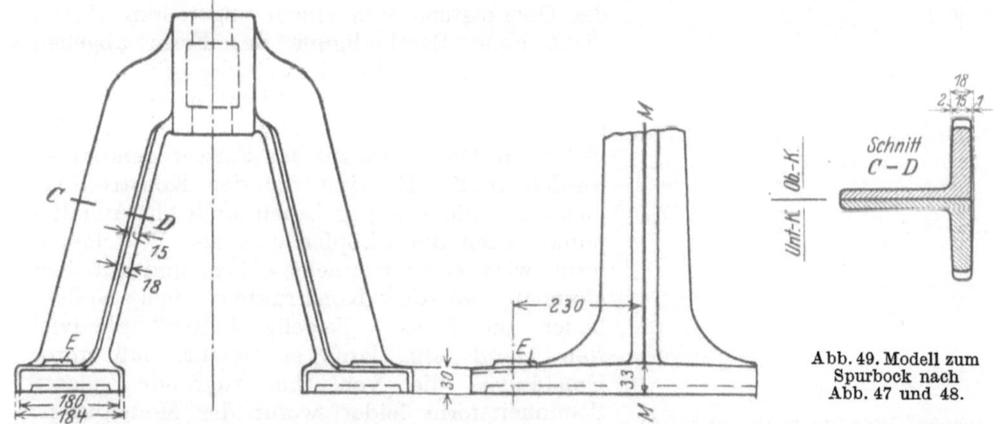

Abb. 49. Modell zum Spurbock nach Abb. 47 und 48.

Teile (vgl. Abb. 42) gut konisch gehalten sind. Rippe *F* ist 18 mm auf 21 mm, die Sohlplatte 24 mm auf 27 mm in der Dicke und in der Länge 310 mm auf 316 mm gehalten, statt der Scheiben *G* finden wir Lappen, welche am Modell fest angebracht sind, nur der Nocken *K* muß lose bleiben und ist mit Schwalbenschwanzführung zu versehen (s. Abb. 44/*I*). Die Befestigung nach Abb. 44/*II* ist falsch. Das Modell hebt sich, wenn alle Teile auf Anzug gehalten sind, gut aus, dem Former wird Flickarbeit erspart, Form und Abguß werden sauber.

Was für den Lagerbock im T-Querschnitt gilt, ist auch für den Lagerbock im U-Querschnitt maßgebend (s. Abb. 45 u. 46).

Abb. 47 zeigt einen Spurbock, 650 mm Höhe, 675 mm auf 600 mm äußere Fußmaße. Auch hier ist die Zeichnung aus formtechnischen Gründen falsch. Die Rippen *C* und Fußplatten *D* sind nicht kegelig gehalten. Die zwei Sohlplatten von 600 mm Länge müssen zur Hälfte, also mit 300 mm, in den Oberkasten und zur anderen Hälfte in den Unterkasten eingeformt werden (Abb. 51). Es dürfte ausgeschlossen sein, das Modell in einer Höhe von 300 mm ohne Schwierigkeiten aus der Form zu heben, wenn das Modell nicht genügend kegelig gehalten ist.

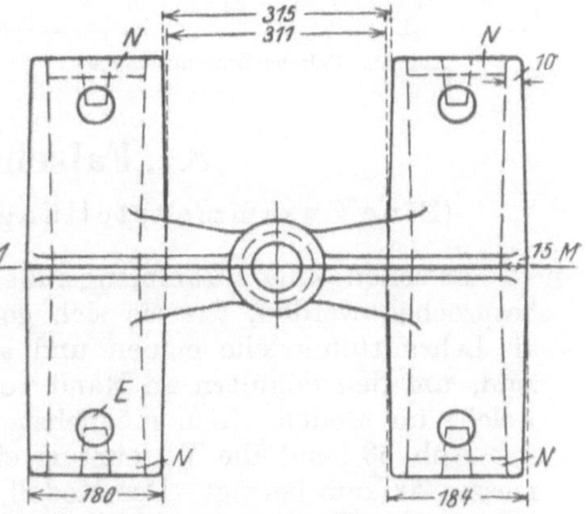

Abb. 50. Draufsicht auf das Modell nach Abb. 49.

Das Modell nach Abb. 47 und 48 muß, da es zweiteilig gehalten wird, von der Mitte aus nach zwei Seiten konisch gehalten werden (Abb. 49 und 50), also nicht wie die Lagerböcke nach Abb. 41 und 45, welche einseitig konisch gehalten sind.

Bei dem Lagerbock Abb. 49 und 50 findet die Teilung des Modells auf der Schnittlinie *M* : *M* statt. Die Entfernung von Mitte zu Mitte Schraube beträgt

460 mm, das sind bis Teilfuge oder Mitte Modell 230 mm. Hier ist es nicht angebracht, Lappen nach Abb. 52 vorzusehen, da diese zu lang, die Schönheitsform des Gußstückes also beeinträchtigen würden.

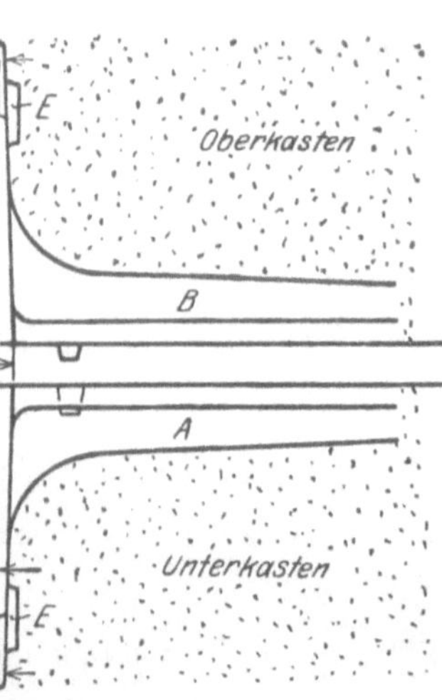

Abb. 51. Modell nach Abb. 49 und 50 eingeformt.

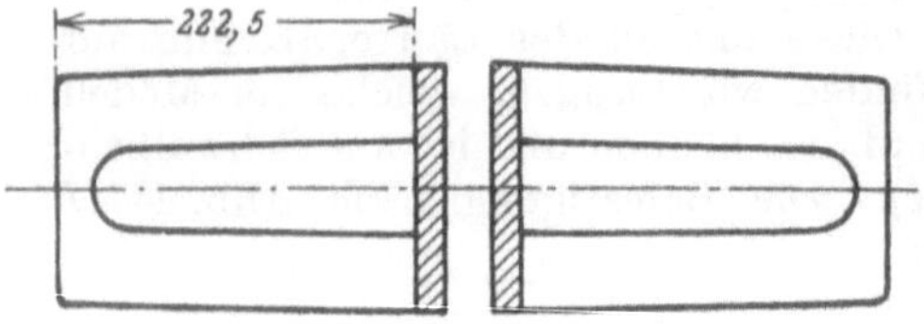

Abb. 51 zeigt dieses zweiteilige Modell eingeformt, wobei jede Hälfte für sich aus dem Formkasten ausgehoben wird. Da ein Abheben des Oberkastens von einem ungeteilten Modell nicht ohne Beschädigung der Form abgehen dürfte, muß das Modell zweiteilig sein.

Aus den gegebenen Beispielen ist ersichtlich, daß bei der Anfertigung von Modellen viel mehr Rücksicht auf das Formen genommen werden muß. Es sind für den Konstrukteur nicht nur die ihm gegebenen Maße ein Anhaltspunkt, auch die schöpferische, also Schönheitsform, wird er in Betracht ziehen, und mit dem Moment, wo der Konstrukteur dem Modellbauer im Punkt „kegelig halten" allzuviel freie Hand läßt, läuft er Gefahr, daß unter Umständen die von ihm zugrunde gelegte Schönheitsform leidet, wofür der Modellbauer, wenn er nach eigenem Ermessen handeln muß, niemals zur Rechenschaft gezogen werden kann. Der Arbeiter soll von der Zeichnung ablesen können und nicht unnötige Zeit verwenden zum Zusammenzählen der Einzelmaße und zum stundenlangen Nachdenken, wie er sein Modell bauen muß, weil der Konstrukteur keine Rücksicht auf die Formerei genommen hat.

222,5

Abb. 52. Falsche Schraubenlappen.

8. „Falsch" und „richtig".

(Eine Zusammenstellung für den Fachschulunterricht.)

Es sollen, kurz zusammengefaßt, einige Beispiele über „falsch" und „richtig" besprochen werden, wie sie sich ganz besonders für den Berufsschulunterricht als Lehrmittelmodelle eignen und auch bereits in mehreren Schulen eingeführt sind, um den Schülern an Hand von Teilmodellen Fehler vor Augen zu führen, welche im Modellaufbau möglichst vermieden werden sollen.

Abb. 53 zeigt die Verleimung eines Büchsenmodells, dessen äußerer Durchmesser 200 mm beträgt. Das Modell wird aus formtechnischen Gründen zweiteilig hergestellt. Im verleimten, also unbearbeiteten Zustande muß der Arbeitszugabe wegen jede Modellhälfte mindestens 105 mm zeigen. Man kann nun bei der Herstellung dieses Modells verschiedene Wege beschreiten (s. „Klasseneinteilung der Holzmodelle"), nämlich beispielsweise die beiden Modellhälften B aus etwa 110 mm starkem Holz aufeinanderdübeln und dann den Modellkörper A aus diesen beiden Hölzern herstellen, oder aber man wählt schwächere Hölzer und verleimt jede Modellhälfte noch einmal (bei B gezeichnet). Die erste Ausführung ist nicht richtig, weil sich die Modellhälften mit der Zeit werfen werden und damit unbrauchbar werden. Die Verleimung nach B ist richtig. Hier sind die beiden aufeinandergedübelten inneren Bretter nur 40 mm und die äußeren Bretter 65 mm stark gehalten. Bei C sind dagegen die inneren Bretter je 75 mm und die äußeren Bretter 30 mm stark. Auch diese Ausführung muß als falsch bezeichnet werden, weil nach dem Abschneiden der Ecken a und bei dem fertig bearbeiteten Modell die aufgeleimten Stücke von 30 mm zu viel an Stärke verlieren und sich sehr bald von der unteren Platte von 75 mm loslösen werden.

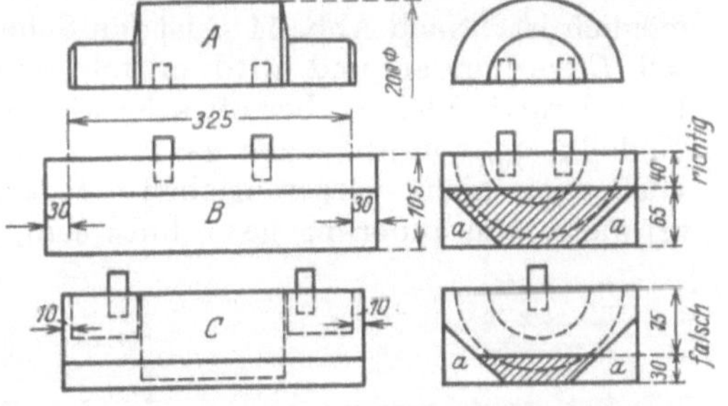

Abb. 53. Verleimung massiver Büchsenmodelle.

Sehr häufig findet man, daß Modellbauer zwecks Bearbeitung der Modelle auf der Holzdrehbank die Hölzer auf jeder Seite etwa 10 mm länger lassen als bei C ersichtlich ist und nachher auf beiden Enden und in der Mitte eine Papierfuge verleimen. Diese Ausführung ist nicht vorteilhaft, denn je nach dem Durchmesser des Modells und der Geschwindigkeit, mit welcher das Modell auf der Holzdrehbank bearbeitet wird, bildet eine Papierfuge eine Gefahrenquelle. Aus diesem Grunde wird man an beiden Enden noch Bleche befestigen oder Wellblechnägel einschlagen müssen, was aber Zeit und Geld kostet. Viel besser ist es, nach Abb. B zu verfahren und die beiden Enden etwa 30—40 mm länger zu halten, die Enden beim Zurichten zum Drehen mit Leim zu bestreichen und die Modellhälften zu einem Ganzen zu verbinden. Man läuft so niemals Gefahr, daß beim Drehen die Modellhälften auseinanderfliegen. Ist nun das Modell fertig bearbeitet, dann werden die Enden, wie Abb. 103 zeigt, abgeschnitten, und das Modell geht auseinander. Man hat dann eine saubere Modellteilfläche, während man bei einer Papierverleimung erst noch Papier und Leim von den Teilflächen sauber zu entfernen hat, eine Arbeit, die sorgfältig vorgenommen werden muß, da der Leim sich im Formsand allmählich loslöst und die Gefahr besteht, daß die Modellteilflächen durch den festgeklebten Formsand ungenau werden.

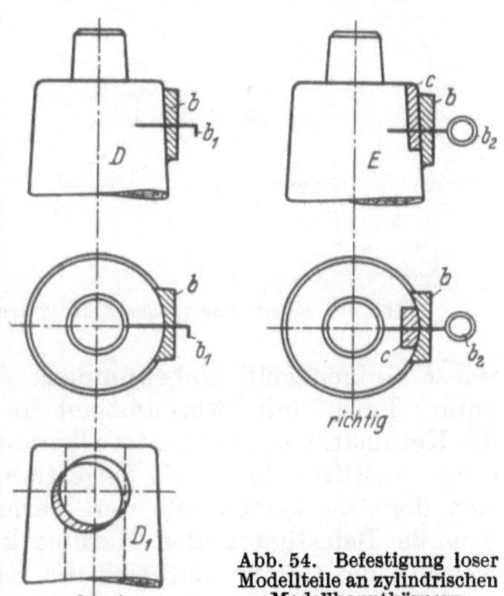

Abb. 54. Befestigung loser Modellteile an zylindrischen Modellhauptkörpern.

Beim Herrichten des Modells soll man auch niemals die Modelldübel genau auf die Mitte setzen, etwa wie bei C ersichtlich, sondern immer versetzen, wie bei B zu sehen; damit wird ausgeschlossen, daß die beiden Modellhälften in der Formerei falsch aufeinandergesetzt werden können.

Bei der Befestigung loser Scheiben oder Nocken wird im Modellbau ebenfalls noch sehr viel gesündigt. Bei Abb. 54 finden wir an dem Modellteil D eine mittels Drahtstift b_1 angesteckte Scheibe b. Wenn nun der Former beim Aufstampfen des Modells den Stift b_1 entfernen muß, sitzt die Scheibe b lose in der Form und muß sich beim Weiteraufstampfen der Form versetzen, wie bei D_1 ersichtlich ist. Muß nun das Maß auf Mitte Scheibe genau eingehalten werden, so kommt das Loch vollständig einseitig zu sitzen. Im günstigsten Falle leidet nur das

Aussehen des Gußstückes, im anderen entsteht Nacharbeit, bzw. das Stück wird Ausschuß. Eine derartige unsachgemäße Arbeit verteuert die Gestehungskosten der Modelle und muß vom wirtschaftlichen Standpunkte aus unbedingt verworfen werden. In den Betriebswerkstätten hört man nur zu oft, die Nabe sei verstampft, arbeitet aber einfach weiter, anstatt das Übel an der Wurzel zu erfassen und das Modell nach *E* ändern zu lassen, so daß ein Verstampfen der Scheibe *b* nicht möglich ist. Nach Abb. 54 *E* ist die Scheibe *b* mittels Führung *c* mit dem Modellteil *E* verbunden und wird mittels einer Ösenschraube b_2 nochmals gesichert. Eine derartig kleine, aber oft sehr wichtige Arbeit wird in den meisten Fällen bei Modellkostenvoranschlägen gar nicht mit einkalkuliert und leider auch von den Gießereien nicht vorgeschrieben. Jeder lose Modellteil muß am Modell durch schwarze Umränderung gezeichnet sein, damit der Former sofort sieht, daß am Modell ein Teil fehlt, und auch der Modellverwalter wird beim Abliefern des Modells auf den Modellboden sofort den fehlenden Teil reklamieren bzw. neu ersetzen lassen und nicht erst warten, bis das Modell wieder zur Gießerei kommt. Da die Führung *c* auf der Scheibe *b* nach Abb. 54 *E* nur eine schmale Aufleimfläche hat, sollte der Teil *c* noch durch kleine Holzschrauben auf *b* aufgeschraubt werden.

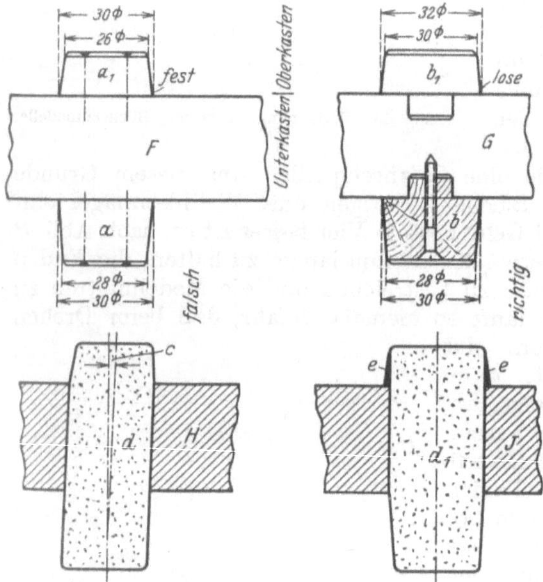

Abb. 55. Befestigung runder Kernmarken.

Sehr wichtig für die Formerei ist die Herstellung der Kernmarken, und mancher Fehlabguß muß auf unsachgemäße Ausführung von Kernmarken (s. S. 12) zurückgeführt werden. Abb. 55 zeigt bei *F* zwei runde Kernmarken *a* und a_1 für einen 30 mm runden Kern. Der Modellbauer hat die beiden Kernmarken einfach auf den Modellteil *F* aufgenagelt, unbekümmert darum, welche Folgen seine Arbeit zeitigen kann. Es ist mit Bestimmtheit in diesem Falle anzunehmen, daß der Former die Kernmarke a_1, welche im Oberkasten liegt, vom Modell lose macht und einfach etwas anstiftet, bis er sie beigestampft hat und dann den Nagel entfernt, damit sich der Oberkasten mit der Kernmarke besser abhebt. Durch diese unsachgemäße Befestigung der Kernmarke a_1 durch den Former besteht nun ohne weiteres die Gefahr, daß sich die Kernmarke im Oberkasten verstampft, und in achtzig von hundert Fällen wird dies eintreten. Die Folge ist, daß der Kern *d*, wie bei *H* ersichtlich ist, schief im Gußstück zu sitzen kommt und das Gußstück dadurch Ausschuß wird, daß sich die Achse der Bohrung um das Maß *c* versetzt hat. Da es weiterhin zur Gepflogenheit des Formerberufes gehört, alle Kerne nach dem Oberkasten zu abzufeilen, wird unter Umständen, selbst wenn der Former die Kernmarke a_1 nicht verstampft, der Kern doch noch in die Form schief zu liegen kommen, weil die Oberkastenkernmarke a_1 im Durchmesser nicht richtig gehalten ist. In einem solchen Falle muß der Former den Kern *d* abfeilen, weil er doch den Oberkasten über den Kern führen muß. Wenn nun die Kernmarke denselben Durchmesser wie der Kern hat, am Modell festsitzt und dann nach oben auf 26 mm zuläuft, kann man keine saubere Arbeit verlangen, weil der Former zu viel auf sich selbst angewiesen ist und das allzu starke Nachfeilen der Kerne zu Ungenauigkeiten führen muß. Ein derartiges Modell ist für Massenherstellung zu verwerfen, wenn die Oberkastenkernmarke nicht mit in den Oberkasten geht (sonst wird nach Abb. 33 verfahren), denn es bietet keine Gewähr für einwandfreie Arbeit. Schon das Ausbohren eines schiefsitzenden Loches ist verdrießlich, erfordert unnötige Kosten, und schließlich wird die Bohrung doch allermeist nicht sauber. Eine sachgemäße Modellausführung finden wir auch bei *G*. Hier ist die lose Oberkastenkernmarke b_1 durch einen angedrehten Zapfen mit dem Modellteil *G* verbunden und kann durch eine Ösenschraube gesichert werden. Die Unterkastenkernmarke *b* ist ebenfalls mittels Zapfens mit dem Modellteil *G* verbunden und festgeschraubt. Während nun die Kernmarke *b* einen Durchmesser von 30/28 mm hat, ist der Durchmesser der Oberkastenkernmarke b_1 32/30 mm, ein Verfahren, was sichnur bei Oberkastenkernmarken bewährt hat. Der Former braucht also den einzusetzenden Kern d_1 nach dem Oberkasten hin nicht abzufeilen, sondern der Oberkasten läßt sich gut über den Kern führen; der Kern selbst hat aber oben bei 30 mm Durchmesser die richtige Führung. Beim Ausgießen der Form entsteht nur die Gußnaht *e*, welche mit Leichtigkeit beim Verputzen des Gußstückes zu entfernen ist. Einen weiteren Vorteil bieten die an die Kernmarken angedrehten Befestigungszapfen insofern, als man jederzeit die Kernmarken, größer oder kleiner, auswechseln kann (s. „Normung von Kernmarken und Naben“, S. 14).

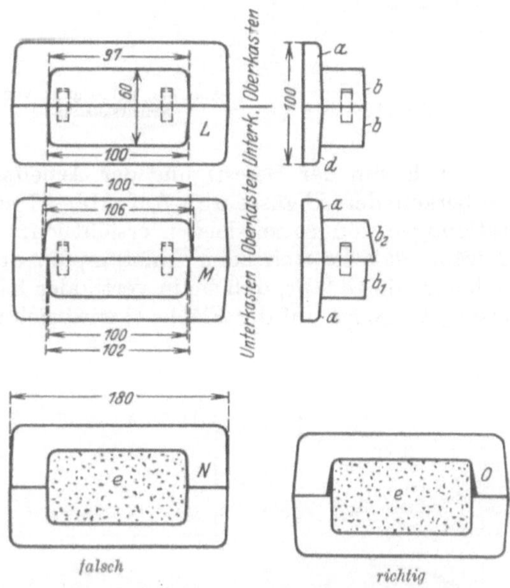

Abb. 56. Befestigung rechteckiger Kernmarken.

Was von runden Kernmarken berichtet wurde, gilt auch zum Teil von rechteckigen Kernführungen. Aus Abb. 56 sind die verschiedenartigen Ausführungen dieser Kernmarken ersichtlich. So sehen wir bei *L* die untere Kernmarkenhälfte genau winklig, während die obere Kernmarkenhälfte nur wenig kegelig gehalten ist. Da das Kernmaß 100 × 60 mm beträgt, muß der Former diesen rechteckigen Kern wieder nach dem Oberkasten zu abfeilen, was Zeitverlust bedeutet und auch die Genauigkeit des Gußstückes beeinflußt. Bei *M* hingegen finden wir wieder die richtige Modellausführung. Während bei *N* der Kern *e* stramm im Oberkasten sitzt, hat er bei *O* unten seine korrekte Führung und der Oberkasten läßt sich ohne Schwierigkeiten aufsetzen. Während nun bei *L* die Modellflanschen *a* gut der Formrichtung entsprechend kegelig gehalten sind, sind die Kernmarken *b* nur verhältnismäßig wenig konisch gehalten; bei *M* ist die Kernmarke b_1 nach dem Unterkasten zu weniger konisch gehalten als die Kernführung b_2 nach dem Oberkasten. Wenn man in der Praxis derartige Mängel rügt, wird man leicht der Nörgelei beschuldigt. Die Schuld liegt hier in den meisten Fällen beim Besteller, weil er es versäumt hat, genau vorzuschreiben, wie das Modell ausgeführt werden muß. Verständnislos werden ja leider sehr oft von den Einkaufsabteilungen die Modelle an den Billigsten vergeben, da man eben an Modellkosten sparen will und nicht berücksichtigt, welche Mehrkosten entstehen, wenn hinterher der Former bei vielleicht zwanzig Abgüssen an jedem Abguß entsprechende Mehrarbeit zu leisten hat. Diese Mehrarbeit tritt ja nicht direkt in Erscheinung und fällt darum nicht auf, aber in Wirklichkeit muß die Firma diese Mehrarbeit laufend zahlen, wenn sie nicht vorzieht, das Modell in eigener Werkstatt umändern zulassen. Das Umändern „darf aber nicht viel kosten", heißt es dann, und auch hier geht dann die Schieberei wieder weiter, weil in den meisten Modellwerkstätten im Lohn gearbeitet wird und das klare Bild der Modellkosten verschwimmt (vgl. „Modelleinkauf", S. 6).

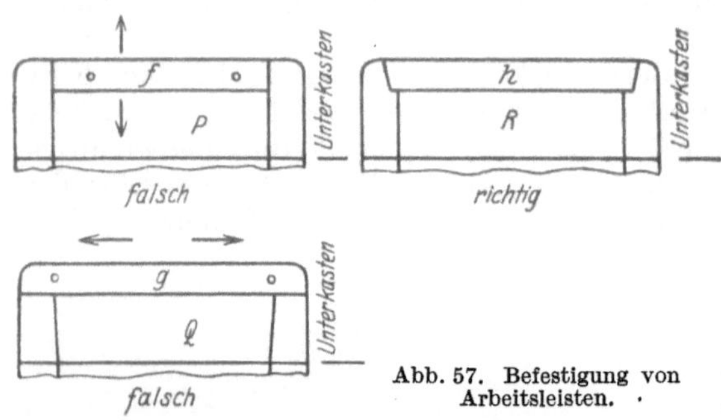

Abb. 57. Befestigung von Arbeitsleisten.

Auch von der Befestigung der Arbeitsleisten am Modell hängt vielfach die Sauberkeit der Abgüsse ab. Auf Abb. 57 sind bei P, Q und R verschiedene Befestigungen von Arbeitsleisten ersichtlich. Die Arbeitsleiste f bei P bietet keine Gewähr, daß sie sich beim Aufstampfen der Form nicht verstampft; es besteht vielmehr die Gefahr, daß sie in vertikaler Richtung verstampft wird. Die Arbeitsleiste g hingegen auf der Fläche Q wird sich in horizontaler Richtung verstampfen. Eine sichere Befestigungsart von Arbeitsleisten finden wir bei R. Hier ist die waagerechte Arbeitsleiste h in die senkrechte Arbeitsleisten eingesetzt; ein Versetzen oder Verstampfen ist dadurch ausgeschlossen. Die ordnungsgemäße Befestigung der Arbeitsleisten bei R kostet aber nicht mehr als die unsachgemäßen Befestigungen bei P und Q.

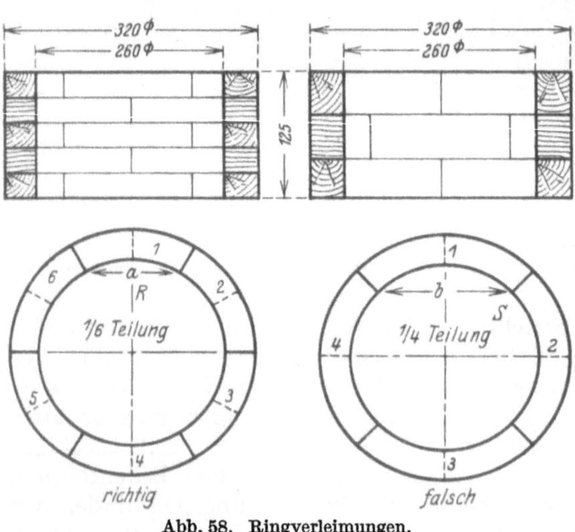

Abb. 58. Ringverleimungen.

Eine weitere wichtige Rolle im Modellbau spielen die verschiedenen Arten von Ringverleimungen. Die Anzahl der Segmente und deren Höhe richtet sich stets nach dem Durchmesser und der Höhe des zu verleimenden Ringes. Bei der Verleimung von Ringen soll die niedrigste Segmentenzahl nicht unter vier sein, bei großen Ringen geht man bis zu sechzehn und noch mehr Segmenten.

Abb. 58 zeigt die Verleimung eines Ringes von 320/260 mm Durchmesser bei R in richtiger und bei S in falscher Ausführung. Bei R sind bei einer Höhe von 125 mm fünf Ringe zu je sechs Segmenten vorgesehen, es ist also eine sog. Sechsteilung vorgenommen, bei S dagegen sind auf dieselbe Höhe nur drei Ringe aufeinandergeleimt, außerdem besteht hier jeder Ring nur aus vier Segmenten.

Je mehr Einzelringe aufeinandergeleimt sind, je dünner die Holzstärke und je mehr Segmente auf den Einzelring kommen, um so sauberer wird der fertige Ring. Bei *R* mit Sechstelteilung tritt das Kopf- oder Hirnholz bei *a* viel weniger in Erscheinung als bei der Viertelteilung bei *b*. Da die Segmentbreite nur 30 mm beträgt, wird bei dauernder Benutzung des Modells der Ring *S*, da er nur aus drei Dicken aufeinandergeleimt ist, sehr bald seinen Halt verlieren. Nichts ist bei der Herstellung der Form unangenehmer, als wenn an einem Modell sich Kopfholz zeigt. Kennzeichen des Kopfholzes sind stets rauhe Stellen am Modell. Diese rauhen Stellen reißen aber in der Form den Sand mit, beschädigen also die Form. Auch hier geht also das billige Modell auf Kosten des Formers.

Will man volle runde Scheiben vor dem Verziehen schützen, so bedient man sich bis etwa 40 mm Scheibenstärke der Sektorenverleimung, wie auf Abb. 59, ersichtlich ist. Bis etwa 250 mm Durchmesser genügt das stumpfe Zusammenstoßen der Sektoren *a* noch. Anders ist es jedoch bei größeren Scheiben. Man muß mit der Umdrehungszahl der Bank rechnen, auf welcher die Scheibe abgedreht wird; da Holzdrehbänke um so sauberer Arbeit leisten, je schneller sie laufen, ist Vorsicht geboten, daß beim Abdrehen der Scheibe kein Sektorenstück losfliegt. Man wird also zur Sicherung, die einzelnen Sektoren mittels Nut und Feder, wie *i* bei Abb. 59 zeigt, verbinden. Eine derartige Verbindung schließt jede Gefahr aus. Eine häufig vorkommende falsche Herstellung sei noch erwähnt, nämlich die, daß große Scheiben nicht mittels Nut und Feder verleimt werden, sondern daß man die Scheiben stumpf, wie auf Abb. 59 links ersichtlich, verleimt und das große, runde Werkstück so auf eine große Planscheibe spannt, daß jedes Sektorenstück mit ein paar Holzschrauben mit der Planscheibe verbunden wird, damit es nicht losfliegen kann. Schließlich werden die Fugen verstiftet. Eine derartige Arbeit sollte man nicht als Modellarbeit abliefern, schon deswegen nicht, weil beim eventuellen späteren Abdrehen auf kleineren Durchmesser das Werkzeug durch die von Farbe verdeckten Nägel schwer beschädigt wird. Die Herstellung der Nut- und Federverbindung nach Abb. 59 rechts ist eine rein maschinelle Arbeit und steigert die Modellkosten wenig. Bei Scheibenverleimungen greift man zu Sektoren nur bis etwa 40 mm Stärke, was darüber ist, wird entweder hohl oder in drei Stärken verleimt.

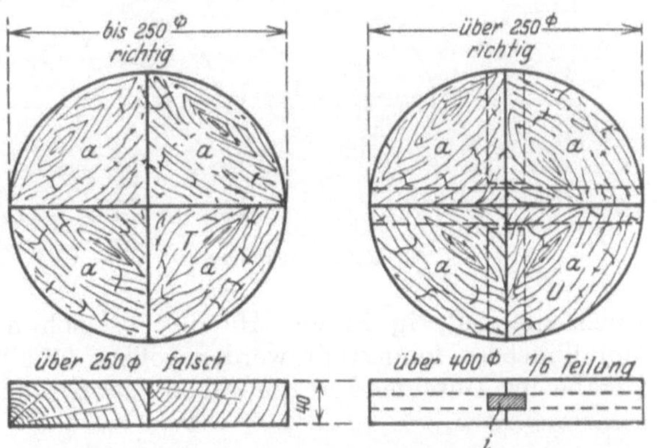

Abb. 59. Sektoren- oder Vollsegmentenverleimungen.

Nicht selten kommt es vor, daß Hohlräume, welche mittels Kern hergestellt werden, im Gußstück nicht richtig ausgeführt sind, d. h. daß die Kerne einseitig oder versetzt liegen. In den meisten Fällen wird dem Former hierbei die Schuld zugeschoben, und doch liegt in achtzig von hundert Fällen die Schuld am Modell, weil der Modellbauer den Kern nicht ordnungsmäßig arretiert hat. Man kennt verschiedene Arten von Arretierungen; die wichtigsten sind aus Abb. 60 bei *V*, *W* und *X* ersichtlich. Die am meisten gebrauchte Kernarretierung ist leider die bei *k* gezeigte, die unbedingt als falsch anzusehen ist, weil die Kante k_1 niemals scharf im Kern ausfällt; wird die Kante gar noch abgefeilt, dann kann sich der

Kern natürlich leicht in der Pfeilrichtung k_2 verschieben. Anders und richtiger ist die Ausführung bei W. Hier wird der schraffierte Teil l aus der Kernmarke ausgeschnitten und in den Kernkasten eingesetzt. Wird nun der Kern scharf an die rechtwinklige Kante in der Form angelegt, so muß der Kern richtig zu liegen kommen. Eine andere, ebenfalls richtige Ausführung zeigt m bei X, Abb. 60. Hierbei muß der angesetzte und schraffierte Teil m im Kernkasten herausgestochen werden. Diese Art Kernarretierung kommt bei liegenden Kernen zur Anwendung,

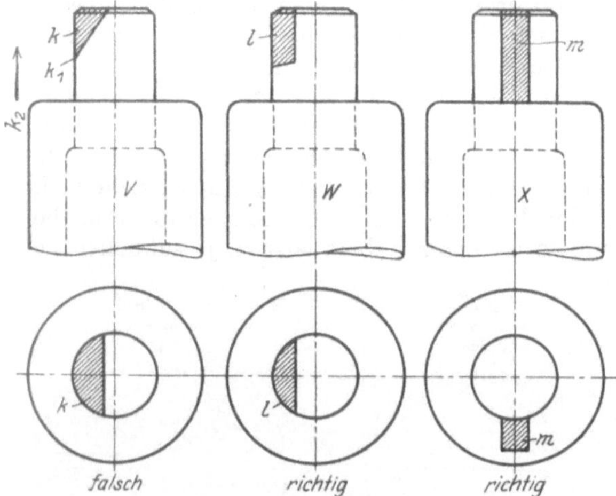

Abb. 60. Kernarretierungen.

Der Herstellung runder Modellhauptkörper muß ebenfalls größte Aufmerksamkeit zugewendet werden. Verzieht sich oder trocknet ein runder Modellkörper. dann ist es sehr schwer, einen solchen Modellteil wieder ordnungsgemäß herzustellen. Die Verleimung runder Modellkörper geht verschiedenartig vor sich; stets ist der Durchmesser ausschlaggebend. Abb. 61 zeigt drei Arten des Aufbaues von runden Modellkörpern. Bei A ist eine massive Verleimung gezeigt, welche bis etwa 125 mm Durchmesser angewendet werden kann. Es darf natürlich nur ganz trockenes Holz verwendet werden. Es kommen hier in erster Linie Büchsenmodelle in Frage. Handelt es sich nun um ein Modell, über welches Metallbüchsen hergestellt werden sollen, und ist nur etwa 3 mm Bearbeitungszugabe im Durchmesser zugegeben, dann darf das Modell nicht viel trocknen, da sonst das Modell unbrauchbar wird und durch ein anderes ersetzt werden muß. Dübel soll man auf den Modellteilflächen nicht von der Mitte aus symmetrisch setzen, da es sonst sehr leicht vorkommt, daß die Modellhälften nicht richtig aufeinander zu sitzen kommen und die Abgüsse dann versetzt sind. Bei Durchmessern von über 125 mm

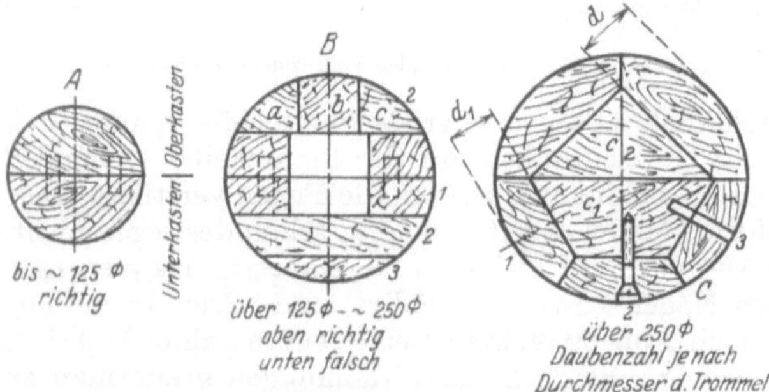

Abb. 61. Verleimung runder Körper.

bis etwa 250 mm verleimt man nach Abb. 61 B oben. Bei dieser Ausführung sind die Stücke *1* als Rahmen zu bauen und auf diese Rahmen das fehlende Holz *2* aufzuleimen. Hier wird nur vielfach der Fehler gemacht, daß man nach B unten verfährt und noch zwei Holzstärken *2* und *3* in Brettform aufleimt. Diese Ausführung ist falsch, weil dann, wenn die aufgeleimten Bretter nicht ganz trocken sind und zu arbeiten anfangen, sich die Fugen lösen werden und das Modell dann stark an Genauigkeit verliert. Besser ist es, wenn man, wie B oben zeigt, arbeitet, indem man das obere Brett *2* aus drei einzelnen Streifen a, b und c in der Breite verleimt. Da schmale Streifen

Holz nicht so stark dem Trocknungsprozeß unterworfen sind als breitere Brettstücke, ist diese Verleimung in modelltechnischer Hinsicht bedeutend besser.

Bei Durchmessern über 250 mm soll man zur Daubenverleimung übergehen. Hier richtet sich wieder die Anzahl der Dauben nach dem Durchmesser des Modellkörpers. Je mehr Dauben im Umfang, um so günstiger schneidet man mit der Holzstärke ab. Bei *C* unten ist eine Trommelhälfte mit drei Dauben *1*, *2* und *3* ersichtlich; bei *1* ist die Daube geleimt und genagelt, eine Ausführung, welche verworfen werden muß, weil keine Gewähr vorhanden ist, daß sich die Dauben beim Abdrehen der Trommel auf der Holzdrehbank lösen und wobei Unfälle nicht ausgeschlossen sind. Die Daube Nr. *2* ist aufgeschraubt. Dieses ist die allgemein übliche, also gebräuchlichste Ausführung. Die Schrauben müssen hierbei natürlich so tief versenkt werden, daß man beim Abdrehen die Werkzeuge nicht beschädigt. Nr. *3* zeigt eine aufgeleimte Daube, welche mittels eingesetzten Hartholzstiftes gesichert ist. Auch diese Ausführung kann man anwenden, jedoch ist Bedingung, daß die eingeleimten Holzstifte nicht zu schwach sind und stramm in das vorgebohrte Loch passen, da sonst ihr Zweck verfehlt ist. Während nun bei *C* unten drei Dauben auf der halben Trommel sitzen, finden wir bei *C* oben nur zwei Dauben auf der Trommelhälfte. Letztere Ausführung hat den Nachteil, daß man stärkeres Holz bei den Dauben verwenden muß, wie die Stärken *d* zeigen. Neben den Kopfstücken c_1 und c_2 müssen, der Trommellänge entsprechend, noch eins oder mehrere Zwischenstücke der gleichen Form mit eingebaut werden.

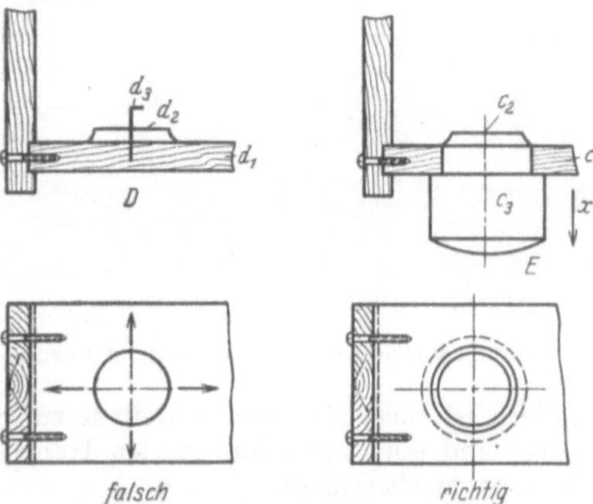

Abb. 62. Befestigung loser Kernkastenteile.

Vielfach findet man in Hohlräumen von Gußstücken Naben oder Flächen, welche mit den eingeschriebenen Maßen nicht übereinstimmen, also versetzt sind. Auch hier liegt in den meisten Fällen die Schuld am Modellbauer, weil er bei der Befestigung der betreffenden Teile nicht die nötige Sorgfalt angewendet hat. Auf Abb. 62 ist bei *D* die Scheibe d_2 mittels Drahtstift d_3 an die Kernkastenwand d_1 angesteckt. Da nun der Former den Stift d_3 beim Aufstampfen des Kernkastens aus der Scheibe d_2 entfernen muß, wird sich die Scheibe, auch bei noch so vorsichtiger Arbeit des Kernmachers, immer in den angegebenen Pfeilrichtungen verstampfen; kommt durch Mitte Scheibe eine Bohrung, so verliert das Gußstück zum mindesten an Ansehen, häufig wird es Ausschuß. Die richtige Ausführung der Befestigung loser Kernkastenteile finden wir bei *E* der gleichen Abbildung. Hierbei ist die Scheibe c_2 an den Stopfen c_3 mit angedreht. Die Kernkastenwand bekommt eine entsprechende Bohrung; da der Stopfen c_3 mit einem Ansatz versehen ist, kommt er stets in die richtige Lage zu sitzen. Der Kernmacher zieht den Stopfen, sobald der Kernkasten aufgestampft ist, in der Pfeilrichtung x ab und die Arbeit ist ordnungsgemäß ausgeführt (s. „Klasseneinteilung der Holzmodelle“, S. 6, Abb. 16).

Kernkastenflächen befestigt man in der Regel durch Schwalbenschwanzführungen, etwa wie Abb. 54 *E* zeigt. Auch bei Kernkästen ist es erforderlich, alle losen Teile vor dem Verlieren durch Holzschrauben zu sichern; weiter muß auch jeder losgehende Modellteil im Kernkasten schwarz angezeichnet werden.

Das Anreißen von Zahnmitten auf Kegelräder in zwei Ausführungen ist aus Abb. 63 ersichtlich. Zu den schwierigsten Arbeiten des Modellbaues zählt immer noch die Anfertigung rohlaufender Zahnräder, besonders von Schnecken- und konischen Rädern, soweit diese nicht auf der Maschine geformt werden. Skizze *A* auf Abb. 63 zeigt das sachgemäße Anreißen von Zahnmitten auf ein Kegelrad. Der Modellbauer dreht in den Hauptkörper ein Loch *c* und benutzt dieses Loch einmal zum Befestigen der Kernmarke, zum anderen zur Führung des Vierkantholzes *b*. Dieses Holz *b* wird entsprechend der Schräge des Modellkörpers genau auf die Hälfte ausgeschnitten und eine Leiste *a* an dieses Holz befestigt. Nachdem nun der Modellbauer die einzelnen Zahnmitten *1—6* usw. übertragen hat, wird das Lineal *a* durch Drehung des Holzes *b* an den einzelnen Punkten angelegt. Auf diese Weise lassen sich die Zahnmitten korrekt auf den Modellhauptkörper übertragen.

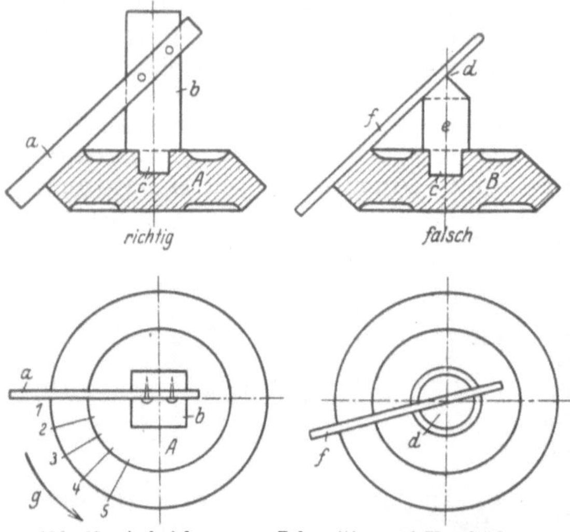

Abb. 63. Aufzeichnen von Zahnmitten auf Kegelräder.

Falsch ist das Anzeichnen von Zahnmitten nach Ausführung *B*. Bei dieser Ausführung dreht sich der Modellbauer einen Dorn *e* spitz zu, schlägt oben einen Stift als Spitze ein und zeichnet dann über die Spitze *d* die Zahnmitten an. Ganz besonders bei kleinen Kegelrädern ist diese Art von Anreißen zu verwerfen, weil hierzu schon ein scharfes Auge und eine besonders ruhige Hand gehört. Eine Gewähr für genaue Arbeit besteht hierbei nicht.

Die Befestigung runder Flanschen an Modellkörper geht in vielen Fällen auch nicht so vor sich, wie es in bezug auf die Güte der Arbeit verlangt werden sollte. Abb. 64 zeigt die Befestigung von Flanschen an Rohrkörper in zwei Ausführungen. Bei *C* ist der Flansch *h* aus einer vollen Scheibe herausgedreht und stumpf an den Modellkörper mittels Drahtstifte *k* befestigt. Eine derartige Befestigung von Flanschen ist sehr unsachgemäß, weil sich der Flansch mit der Zeit lockert und beim Aufstampfen in der Form sich in der angegebenen Pfeilrichtung *m* verstampft. Dies hat wieder zur Folge, daß der Flansch, wenn er bearbeitet ist, ungleichmäßig stark ausfällt und unter Umständen zu schwach wird.

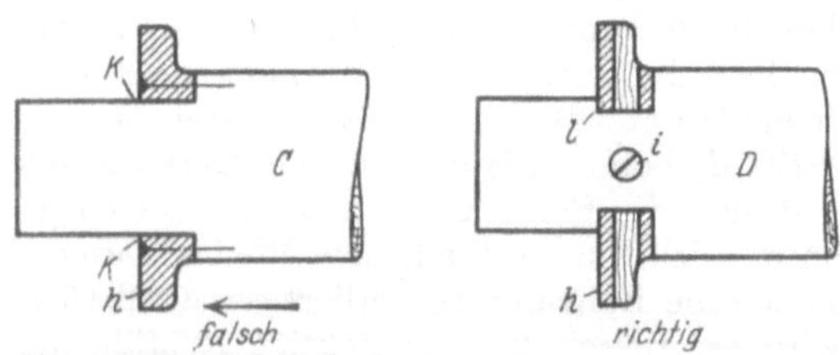

Abb. 64. Befestigung runder Modellflanschen.

Bei *D* hingegen finden wir den Flansch *h* aus drei Stärken verleimt und in den Modellhauptkörper eingesetzt, ferner mit einer Holzschraube *i* gesichert. Der Falz *l* bietet Gewähr, daß sich der Flansch nach keiner Richtung hin verstampfen läßt. Die Mehrkosten der Ausführung *D* gegenüber der Ausführung *C* sind derart minimal, daß sie schon bei den ersten zwei bis drei Abgüssen durch einwandfreien sauberen Guß gedeckt sind.

Abb. 65 zeigt die Befestigung von runden Ecken in flachen Modellteilen. Auch hier tritt wieder das „falsch und richtig“ in Erscheinung. Bei dem Winkel E ist die Hohlkehle von 50 mm Radius stumpf in die Ecke eingeleimt. Da das Holz in der Richtung o läuft, tritt bei m Kurzholz in Erscheinung. Dieses Kurzholz hat keinen Halt und bröckelt los, was bedingt, daß die Hohlkehle unsauber wird. Gerade auf das Neueinsetzen derartiger Hohlkehlen wird ein großer Teil der Modellreparaturkosten gebucht.

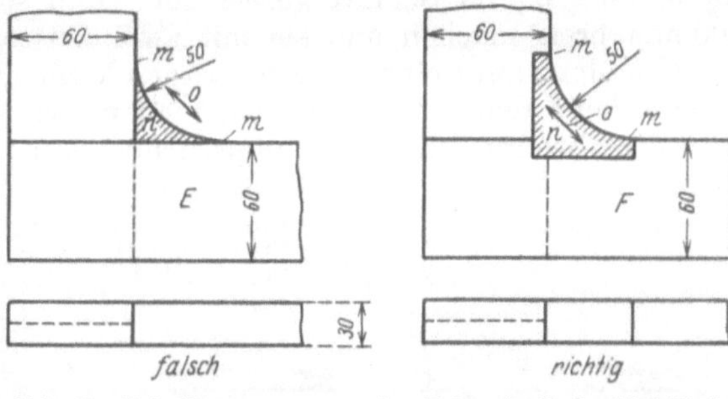

Abb. 65. Befestigungen von runden Ecken in flache Modellteile.

Eine sachgemäße und saubere Ausführung zeigt Abb. 65 F. Hier ist die Hohlkehle n in die beiden Schenkel des Rahmens eingelassen. Das Kurzholz tritt also bei m nicht scharf in Erscheinung; da die Ecke gut eingeleimt wird, muß bei sachgemäßer Arbeit eine saubere Hohlkehle in Erscheinung treten. Handelt es sich um Rahmenstärken von über 50 mm, dann leimt man die Hohlkehle m als Langholz in die Ecke ein, da dann die Ausführung sauberer wird. Ein Vernageln von Hohlkehlen soll man möglichst vermeiden, weil dadurch die aufgeleimten Flächen splittern und unsauber werden.

Formen, welche stehend ausgegossen werden, werden fast durchweg mit verlorenen Köpfen und Kernschlüssel versehen. Erstere haben den Zweck, einen einwandfreien und dichten Guß zu erzielen, letztere sollen bewirken, daß der hängende Kern in der richtigen Lage bleibt. Abb. 66 zeigt eine falsche und eine richtige Ausführung von Kernschlüsseln. Bei Abb. 66 G ist die Länge p, welche als Kernmarke der Bohrung anzusprechen ist, zu kurz gehalten, und es besteht die Gefahr, daß das am Kernschlüssel t hängende Gewicht den Zwischenraum p durchdrückt, da das Stück in der Pfeilrichtung q gegossen wird. Ferner wird der eigentliche Kern von 100 mm Durchmesser gerade durch den verlorenen Kopf r durchgeführt, was auch nicht zweckmäßig erscheint.

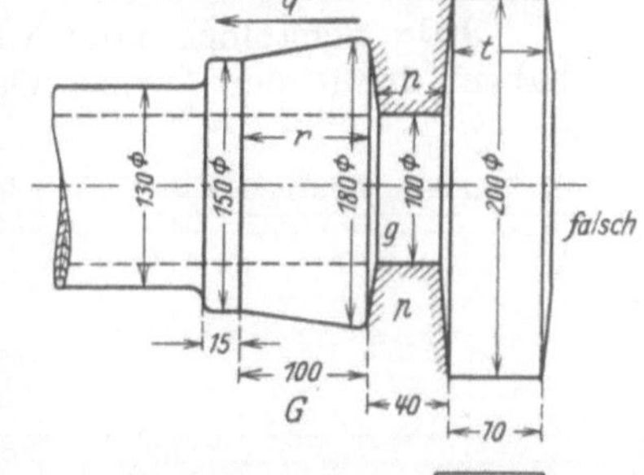

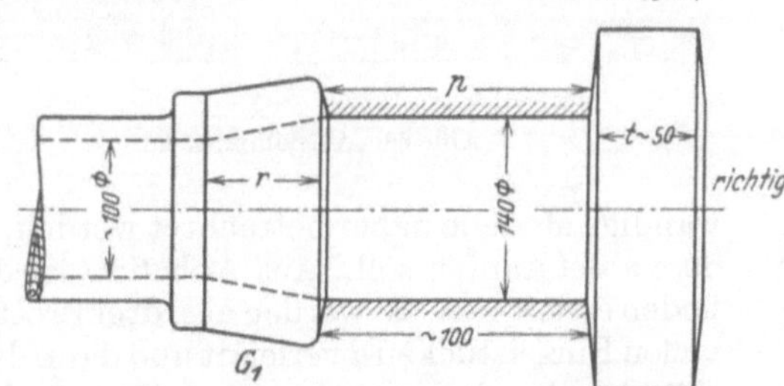

Abb. 66. Anbringen von verlorenen Köpfen und Kernschlüsseln.

Bei G_1, Abb. 66, finden wir die richtige Ausführung. Hier ist der Kernschlüssel t nur etwa 50 mm hoch, dagegen die eigentliche Kernführung p etwa 100 mm lang gehalten. Der Sand, welcher also in dem Zwischenraum p eingestampft ist, wird nicht durchsacken. Im verlorenen Kopf r läuft der Bohrungskern von 100 auf 140 mm Durchmesser zu; das Eisen kann sich also beim Ausgießen der Form noch besser setzen. Die Ausführungen der Abb. 66 zeigen, daß man anstatt eines unsachgemäßen Modells für dieselben Kosten auch ein sachgemäßes Modell bekommen kann.

Abb. 67 zeigt zwei Schablonen H und H_1 für ein und denselben Zweck. Leider wird hier der Fehler nur zu oft gemacht, daß man Schablonen für Schablonenarbeiten (keine Kernschablonen) einfach in der Ausführung *H* als glattes Brett liefert, die Spindelstärke gleich an der Schablone abschneidet und dann die Spindelstärke auf die Schablone schreibt. Die Schneidkante *c* der Schablone wird außerdem meist zu dünn beigearbeitet. Die Schneidkanten von Schablonen soll man nicht dünner als 4 mm und nicht zu stark kegelig halten, sondern etwa so, wie bei H_1 im Schnitt gezeichnet. Man soll Schablonenbretter nicht unter 200 mm breit machen und sie mit zwei Leisten *a* versehen, damit der Former die Schablone am Spindelarm befestigen kann. Die Löcher *b* läßt sich der Former entsprechend den Schrauben in der Schreinerei einbohren. Auf jeder Schablone muß die Mittellinie sichtbar aufgezeichnet sein; der Former selbst sollte sich erst die Spindelstärke von dem Schablonenbrett abschneiden lassen, wenn er weiß, wie stark die Spindel ist. Für Kernschablonen kann man Kiefernholz verwenden, für Schablonen, welche der Former zum Ausziehen von Formen verwendet, benutzt man auch in den meisten Fällen Kiefernholz; für Lehmformerei, wo es sich meistens um größere Schablonen handelt, empfiehlt es sich, Karoline- oder Pitchpineholz zu verwenden und die Schneidkanten *c*, wie bei c_1 markiert, mit Blech zu beschlagen.

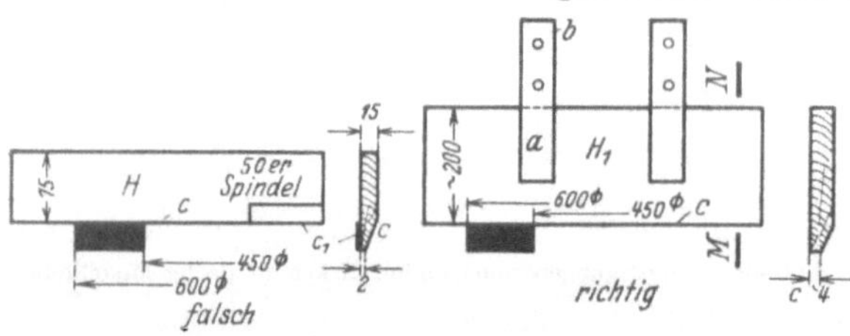

Abb. 67. Herstellung von Schablonen.

Jede Schablone muß wenigstens 1—2 Durchmessermasse auf dem Brett haben, damit der Former Gelegenheit hat, seine Form auf Richtigkeit hin zu prüfen. Die Eisenstärke bei der Außenschablone ist schwarz zu markieren, wie bei H_1 ersichtlich.

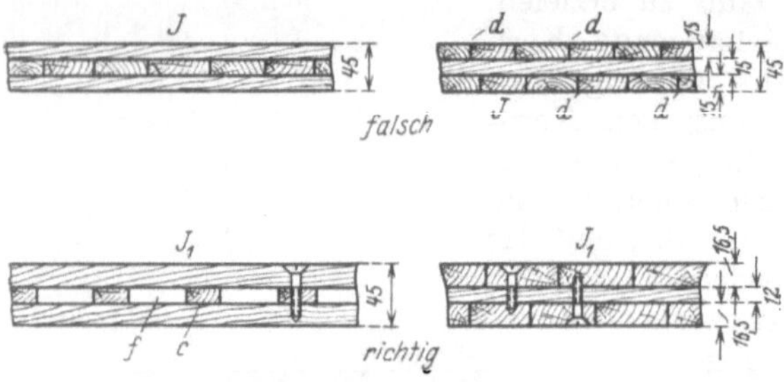

Abb. 68. Aufstampfböden.

Bei der Herstellung von Aufstampfböden kann man auch verschiedene Wege einschlagen. Der glatte, einfache Aufstampfboden mit Querleisten soll hier nicht weiter behandelt werden, weil diese Art Böden genügend bekannt sind. Es sollen lediglich die Aufstampfböden für dünnwandige Modelle näher betrachtet werden, weil man dünnwandige Modelle nicht anders aufstampfen soll. Aus Abb. 68 *J* ist der aus drei Stärken verleimte Aufstampfboden ersichtlich. Es werden also drei Bretter in der bestimmten Größe aus möglichst vielen Einzelstücken *d* verleimt und dann die mittlere Lage entgegengesetzt der Faserrichtung des oberen und unteren Brettes dazwischengeleimt. Heute verwendet man zum Teil schon Sperrholz, welches in Stärken von 42—45 mm schon im Handel käuflich ist. Allerdings ist heute Sperrhoiz noch sehr teuer. Einen brauchbaren und festen Aufstampfboden zeigt uns Abb. 68 bei J_1. Hier sind zwischen das obere und untere Brett einzelne Leisten *e* entgegengesetzt der Faserrichtung des unteren und oberen Brettes laufend dazwischengeleimt und verschraubt. Da nun zwischen den einzelnen Leisten *e* die Zwischenräume *f* entstehen, kann sich der Boden nicht verziehen. Diese Art der Aufstampfböden hat sich gut bewährt. Der aus drei Stärken verleimte Aufstampfboden *J* bietet keine Gewähr, daß er stehenbleibt, denn lösen sich die einzelnen Fugen, dann fangen die Bretter an zu arbeiten, und man hat dann sehr viel Nacharbeit. Da sich auch der feine Sand und Staub in die Poren des Holzes setzt, werden außerdem noch unnötig die Werkzeuge beschädigt.

Beim Aufpassen von Scheiben auf Modellkörper werden im Modellbau auch noch sehr viel Fehler gemacht bzw. wird nicht vorteilhaft gearbeitet. Abb. 69 zeigt bei *K* eine runde Scheibe von 100 mm Durchmesser, welche 40 mm außer der Mitte auf einen runden Körper aufzupassen ist. Häufig geht nun der Modellbauer so vor, daß er sich eine Scheibe von etwa 50 mm Stärke dreht und dann die gedrehte Scheibe mit vieler Mühe an den Modellkörper auf die Entfernung von 165 mm anpaßt. In einem solchen Falle muß also der Modellbauer den schraffierten Teil *g* an der Scheibe K_1 abstechen und abfeilen. Da sich dieses Werkstück sehr schlecht einspannen läßt, ist diese Art des Aufpassens der Scheiben sehr umständlich und unwirtschaftlich. Abb. 69 zeigt bei K_2 die richtige Ausführung derartiger Scheiben. Der Modellbauer richtet sich ein viereckiges Stück Holz von 115×115 mm zu, schneidet auf der Bandsäge den Radius von 150 mm so ein, daß Mitte des Holzes noch etwa 10 mm Verbindung bleiben, schneidet das Vierkantholz rund zu, befestigt es auf der Planscheibe und dreht es entsprechend dem vorgeschriebenen Durchmesser von 100 mm ab. Nun wird die runde Scheibe in den Holzarbeiterschraubstock gespannt und der Radius von 150 mm bei der Entfernung von 10 mm durchgeschnitten; die Scheibe muß bei sauberer Arbeit genau auf das Modellteil passen.

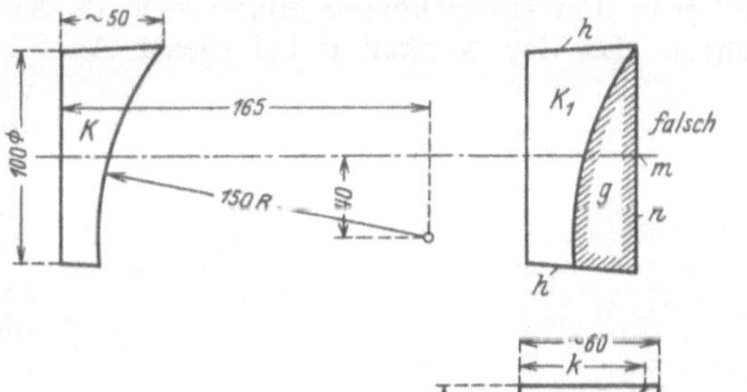

Abb. 69. Die Anfertigung außer der Mitte sitzender Scheibennocken.

Was von den Scheiben gilt, bezieht sich auch auf die Langholznocken, wie aus Abb. 70 ersichtlich ist. Bei *L* finden wir einen Nocken, welcher genau Mitte Modellhauptkörper zu sitzen kommt und aufgeschraubt werden kann. L_1 zeigt den Nocken in Langholz von 55 mm Vierkant zugerichtet. L_2 zeigt nun einen Langholznocken, welcher 20 mm außer der Mitte zu sitzen kommt. Hier wird der Nocken bis auf die Linie *a—a* gedreht, das Vierkant im Modellkörper eingelassen und der schraffierte Teil am Modell beigestochen, wie auch bei Abb. 70 ersichtlich ist.

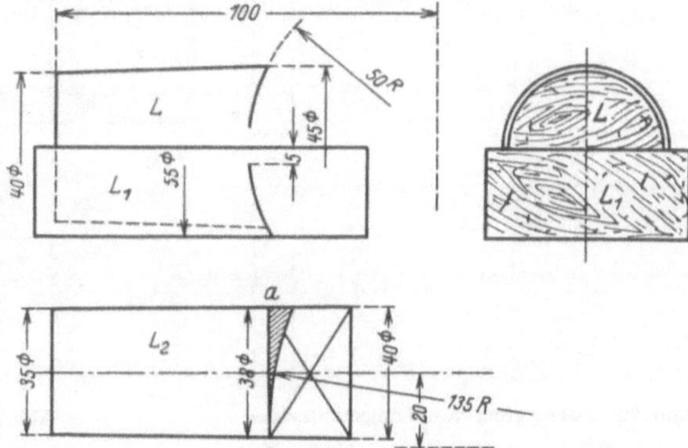

Abb. 70. Die Anfertigung von Langholznocken.

Abb. 71 *L* zeigt einen runden Modellkörper von 300 mm Durchmesser. Auf diesem Modellkörper sitzt 100 mm außer der Mitte der Stutzen *o*. Hier hat der Modellbauer den Stutzen ähnlich wie die Scheibe K_1 (Abb. 69) angepaßt und mittels Holzschraube an den Modellkörper L befestigt. Diese Befestigungsart bietet keine Gewähr dafür, daß sich der Stutzen nicht lockert und nicht verstampft, denn, wenn sich die Holzschraube nur etwas löst, muß der Nocken nachgeben. Diese Ausführung ist falsch. Die richtige Ausführung ist bei L_1 auf der gleichen Abbildung ersichtlich. Hier ist der Nocken mit dem Teil p in den Hauptkörper eingelassen (s. Abb. 70 L_2) und mittels Schraube gesichert. Da der Nocken o bei dieser Ausführung winklig aufsitzt, ist Gewähr vorhanden, daß er sich nicht verstampfen kann. Wird das Modell mit und ohne den Nocken o verwendet, so kann man entweder den Nocken in der Form zustreichen, oder aber man entfernt den Nocken am Modell und paßt in die vorhandene Öffnung ein Stück Holz ein, welches eingeschraubt wird und jederzeit wieder entfernt werden kann.

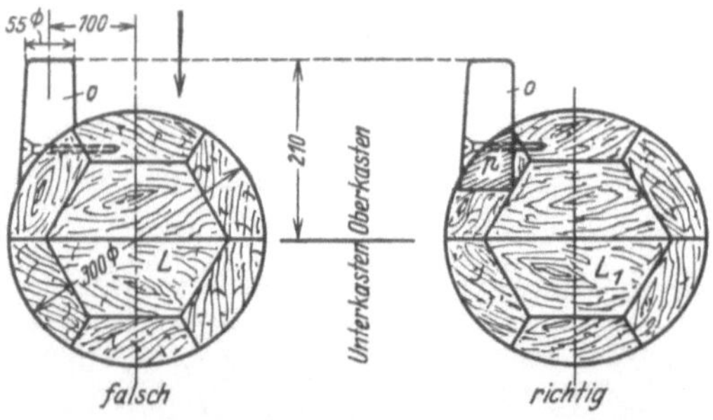

Abb. 71. Befestigung von Nocken auf zylindrischen Modellkörpern.

Abb. 72 zeigt die Eckenverbindungen bei Naturmodellen mit großer und kleiner Abrundung der Ecken. Bei einem Innenradius von 5 mm wird man die Ecken, wie bei A ersichtlich ist, zusammenzinken, da diese Zinkung noch genügend Halt bietet, wenn auch die äußere Ecke abgerundet ist, wie c schraffiert angibt. Anders liegen die Verhältnisse, wenn der innere und der äußere Radius groß sind, wie B zeigt. Hier ist es überflüssig, die Ecken zu zinken, da ja

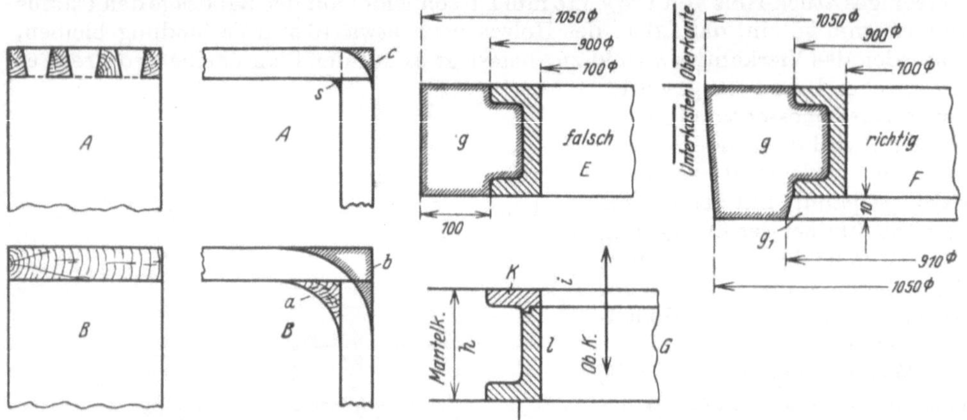

Abb. 72. Befestigung von Längshohlkehlen.

Abb. 73. Ausführung von Flanschringen.

die vollständige Eckenverbindung beim Abrunden der äußeren Ecke verlorengeht (s. b schraffiert). Hier gibt also die eingeleimte Holzecke a den ganzen Halt, während man bei A den Radius von 5 mm durch eine Lederhohlkehle s einziehen wird.

Abb. 73 zeigt, wie man äußere Mantelkernmarken anbringen soll. Bei E ist die Kernmarke g oben und unten mit dem Modell bündig; der Kern hat seine Führung nur im äußeren Durchmesser von 1050 mm. Wenn nun der Kernkasten, welcher zur Herstellung der Teilkerne dient, nicht sehr genau gearbeitet ist, kann es vorkommen, daß man einen unrunden Ring gießt, welcher unbrauchbar ist. Bei derartigen Modellen soll man immer die Modellausführung F wählen. Hier hat die Kernmarke g unten noch einen Vorsprung g_1 von 10 mm. In diesen Vorsprung wird der Kern mit eingesetzt und hat nun eine doppelte Führung. Wird Gewicht auf nahtlosen Guß gelegt, dann muß man zu einem Naturmodell greifen, welches dreiteilig geformt wird, wie *G* zeigt. Dieses Naturmodell wird auf den Gießereiherd (Unterkasten) gestellt, der Mantelkasten *h* auf Modellhöhe aufgestampft, dann der Oberkasten *i* aufgesetzt und in dem Oberkasten der innere Ballen des Ringes mit in den Oberkasten aufgestampft. Nun wird der Oberkasten *i* abgehoben, der lose Modellteil *k* entfernt, der Oberkasten wieder aufgesetzt, mit dem Mantelkasten *h* gewendet, das Modellteil *l* entfernt und dann wieder gewendet, so daß der Oberkasten nach oben zu liegen kommt. Bei schwacher Eisenstärke müßte man in diesem Falle schon ein sauberes geteiltes eisernes Modell anfertigen, da die Lebensdauer eines dünnwandigen Holzmodells nicht allzu groß ist. Bei dieser Ausführung tritt keine Gußnaht in Erscheinung und der Abguß wird einwandfrei.

Die angeführten Beispiele könnten noch bedeutend weiter ergänzt werden. Es sollte lediglich gezeigt werden, wie vielseitig der Modellbau ist, mit welchen Schwierigkeiten bei Modellkalkulationen zu rechnen ist und daß auch beim besten Willen das Normenblatt für Modellklasseneinteilung kein Allheilmittel darstellt; dies schon deswegen nicht, weil im Modellbau die Meinungen zu weit auseinandergehen. Jedem anderen Zweig im Maschinenbau gibt man eine genaue Zeichnung über den Zusammenbau des Werkstückes in die Hand, auch in der Bau- und Möbeltischlerei, wo heute die Serienarbeit vorherrscht, wird mit korrekten Angaben gearbeitet. Im Modellbau kann hiervon keine Rede sein. Hier muß man sich schon ein gutes Stück auf die Modellwerkstatt verlassen.

9. Werkstoffe.

Modellhölzer. Die Auswahl der Hölzer für den Modellbau ist ziemlich beschränkt, im wesentlichen kommt zur Verarbeitung Kiefernholz, Erlenholz und als Harthölzer Ahorn-, Nußbaum- oder Birnbaumholz.

Für größere Modelle verwendet man durchweg „Deutsche Kiefer“. Dieses Holz ist nicht zu hart und läßt sich infolge seines leichten Harzgehaltes sehr gut bearbeiten. Der Holzhandel bietet als Modellholz meist Ware zweiter Klasse an, da die reinen Hölzer der anderen holzverarbeitenden Industrie zugeführt werden. Das Aussehen des Holzes hat keine Einwirkung auf das Modell, da ja Modelle lackiert werden. Lediglich gut trocken und gesund soll das zur Verarbeitung kommende Modellholz sein.

Das Volumgewicht für 1 cdm Kiefernholz beträgt[1]:

grün	im Durchschnitt	0,892 kg
trocken	„ „	0,443 „

Die Schwindung beträgt in der Richtung:

der Achse	0,120%
des Halbmessers	3,04%
der Sehne	5,72%

Erlenholz ist ein sehr begehrtes Holz im Modellbau, weil die Struktur dieser Holzart ein sauberes Bearbeiten, insbesondere auch mit der Feile, gestattet. Erlenholz wird für mittlere und zum Teil auch kleine Modelle verwendet.

[1] Aus Deutscher Werkmeister-Kalender 1930 „Modelltischlerei“ von Oberingenieur Berk und Richard Löwer.

Das Volumgewicht für 1 cdm Erlenholz beträgt:

grün	im Durchschnitt	0,825 kg
trocken	„ „	0,540 „

Die Schwindung beträgt in der Richtung:

der Achse	0,369 %
des Halbmessers	2,91 %
der Sehne	5,07 %

Für kleine Modelle, insbesondere zu Modellen, welche scharfe Konturen besitzen müssen, verwendet man ein besseres Hartholz, Ahorn-, Nußbaum- oder vielleicht Birn- bzw. Kirschbaumholz.

Die Volumgewichte für 1 cdm betragen für:

Ahornholz	grün	im Durchschnitt	0,985 kg
	trocken	„ „	0,740 „
Nußbaumholz	grün	„ „	0,880 „
	trocken	„ „	0,660 „
Birnbaumholz	grün	„ „	1,090 „
	trocken	„ „	0,725 „
Kirschbaumholz	grün	„ „	1,040 „
	trocken	„ „	0,850 „

Die Schwindung beträgt bei Ahornholz in der Richtung:

der Achse	0,072 %
des Halbmessers	3,35 %
der Sehne	6,59 %

bei Nußbaumholz in der Richtung:

der Achse	0,212 %
des Halbmessers	3,82 %
der Sehne	10,50 %

bei Birnbaum in der Richtung:

der Achse	0,228 %
des Halbmessers	3,94 %
der Sehne	12,70 %

Bei Kirschbaumholz ergibt sich ungefähr die gleiche prozentuale Schwindung wie beim Birnbaumholz.

Als Verbaustücke zu großen Modellen, wie auch zur Verstärkung von Kernkasten, wird auch Fichten- und zum Teil Tannenholz mit verarbeitet. Es würde zu weit führen, an dieser Stelle auf alle Holzarten zurückzugreifen, welche sich im Modellbau mit verwenden lassen, es wurden nur die gangbarsten Modellhölzer behandelt.

Leim. Man verwendet im Modellbau:

Leder- und Knochenleime,
Kasein-Kaltleime und auch schon gebrauchsfertigen Tierleim.

Als Warmleim kommt Leder- und Knochenleim in Frage und verwendet man am besten eine Mischung beider Leime. Leder- und Knochenleime werden, bevor sie im gebrauchsfähigen Zustande sind, abgewaschen und dann 24 Stunden (im Winter) und über Nacht im Sommer in klarem Wasser eingeweicht, dann unter ständigem Rühren erst gekocht. Man vertritt oft den Standpunkt, daß man, nachdem der Leim das nötige Wasser aufgesaugt hat, das übrige Wasser fortschütten soll. Das ist falsch, denn dann schüttet man die Kraft des Leimes fort. Beim Zersetzen des Leimes wird das Wasser immer trübe, also ist es kein

Schmutz, wenn das Wasser, in welchem der Leim eingeweicht ist, trübe wird. Leder- und Knochenleime sollen eben immer vor dem Einweichen abgespült werden.

Da nun heute in den Fabriken meist Dampfleimapparate sind, wird der Leim in den wenigsten Fällen noch abgekocht, so daß hier schon der Leim nicht die Bindefähigkeit hat als vorher ordnungsgemäß abgekochter Leim.

Ein weiterer Nachteil der Dampfleimapparate ist der, daß der Leim durch das dauernde Stehen in kochendem Wasser verschmort und auch dadurch wieder an Bindefähigkeit verliert. Der Fachmann prüft seinen Leim, indem er zwischen Daumen- und Zeigefingerspitze etwas Leim preßt und dann die Fingerspitzen auseinanderzieht, und hierbei bekommt man das Gefühl der Bindekraft des Leimes.

Da nun das Abkochen der Knochen- und Lederleime, wie es die Vorschrift erfordert, in Großbetrieben zu umständlich und zeitraubend ist, hat man in dem von der chemischen Industrie hervorgebrachten Kaseinleim einen wertvollen Ersatz gefunden. Diese Leimart hat für den Modellbau Vorteile, aber auch Nachteile. Vorteile insofern, als man sich die Zeit zum Leimen nehmen kann, weil Kaseinleime Kaltleime sind, also in kaltem Zustande zur Verwendung kommen, was besonders bei kalter und feuchter Witterung von Vorteil ist. Weiterhin ist Kaseinleim widerstandsfähig gegen Feuchtigkeit und Wasser, so daß es der Leimfuge schon weniger ausmacht, wenn ein Modell längere Zeit im feuchten Formsand liegt.

Nachteile hat Kaseinleim insofern, als man länger auf das Trocknen warten muß als bei warmem Leder- und Knochenleim und daß die Werkzeuge mehr leiden, also beim Abdrehen oder Verputzen die Drehmeißel und Hobeleisen schneller an Schärfe verlieren.

Als Konkurrent des Leder- und Knochenleims erscheint in neuerer Zeit ein gebrauchsfertiger Tierleim auf dem Markt. Nach Patent Herzinger empfiehlt sich die Herstellung von flüssigem Tierleim wie folgt: 10 kg Leder- oder Knochenleim werden mit 40 kg kaltem Wasser übergossen, nach fünf bis acht Stunden wird dies Wasser vom Leim abgeschüttet und durch frisches Wasser ersetzt. Man wiederholt diesen Wasserwechsel mehrere Male, um den üblen Geruch vom Leim zu beseitigen, und wählt hierbei einen Zwischenraum von drei zu drei Stunden. Ist der Leim in seine gallertartige Masse übergegangen, so wird er bei gelinder Wärme geschmolzen, wonach 500 g Ameisensäure mit ihm verrührt werden und diese Masse erkalten muß. Durch Wiederholung der Schmelzung des erkalteten Leimes erhält man eine sirupartige Masse, die nunmehr beständig flüssig bleibt. Will man eine raschere Verflüssigung erreichen, so setzt man dieser Mischung etwas mehr Ameisensäure zu, jedoch nicht über 700 g. Der flüssige Leim wird in geschlossenen Gefäßen aufbewahrt und ist so unbegrenzt haltbar. Die Ameisensäure wirkt fäulniswidrig (nach dem „Deutschen Werkmeisterkalender“, „Modelltischlerei“, 1930, unter Mitarbeit vom Verfasser).

Modellbau-Bedarfsartikel. Hierunter fallen alle Arten von Dübel, als Einschlagdübel, Scheibendübel, Dübel zum Einschrauben, Seitendübel und Ansteckdübel aus blankem Stahldraht bzw. Einschraubeösen.

Auch Kernkastenverschlüsse gibt es verschiedene Arten. Lederhohlkehlen sind in verschiedenen Größen als Handelsware erhältlich, ferner Wellblechnägel, Modellbuchstaben usw. (s. Löwer: Modelltischlerei, Heft 14. Berlin: Julius Springer 1924).

Kitt. Hier wird in der Regel „Glaserkitt“ verwendet, insbesondere als Ersatz für teure Lederhohlkehlen. Weiter kann man aus Schlemmkreide und dünnflüssigen Leim einen sehr brauchbaren Kitt zum Verspachteln herstellen. Auch sog. „künstliches Holz“, ein chemisches Produkt, empfiehlt sich zur Verwendung bei scharfen Konturen, weil sich diese Masse wie Holz nacharbeiten läßt.

10. Holzlagerung.

Die Pflege des Holzes erfordert gute Kenntnisse der Holzlagerung. Abb. 74 zeigt die Anlage eines Holzschuppens. Wie ersichtlich, wird der Boden *b* etwa 250—300 mm tief ausgeschachtet und dann mit Schlacken *a* aufgefüllt. Auf diese Schlackenfüllung werden etwa 20 cm hohe Kanthölzer *c* gelegt oder zwei Lagen, wie Abb. 75 zeigt, und darauf das eigentliche Nutzholz erst aufgestapelt. Zwischen Boden und erster Bretterlage ist dieser Hohlraum nötig, damit die Luft zirkulieren kann. Die einzelnen Stapelhölzer *f* in einer Breite von etwa 35 mm werden so zwischen die einzelnen Bretter gelegt, daß die mittleren Stapelleisten über dem mittleren Kantholz *c* liegen (s. Abb. 74). Die äußeren Stapelhölzer *f* werden so zwischen die Bretter *e* gelegt, daß die einzelnen Leisten noch etwa 10 mm über die Kopfenden der Bretter vorstehen. Das Überspringen der Leisten über die Kopfenden hat den Zweck, daß die einzelnen Bretter nicht zu weit an den Kopfenden einreißen, wodurch man Verschnitt spart. Es gibt heute im Handel Präparate, welche auf die Stirnflächen der Bretter aufgestrichen werden, also die Hirnseiten luftdicht abschließen, um ein Reißen der Bohlen bzw. Bretter zu verhindern.

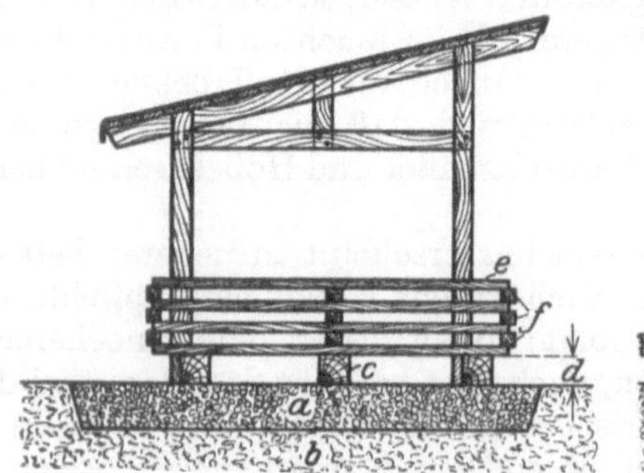

Abb. 74. Holzschuppen (Seitenaussicht).

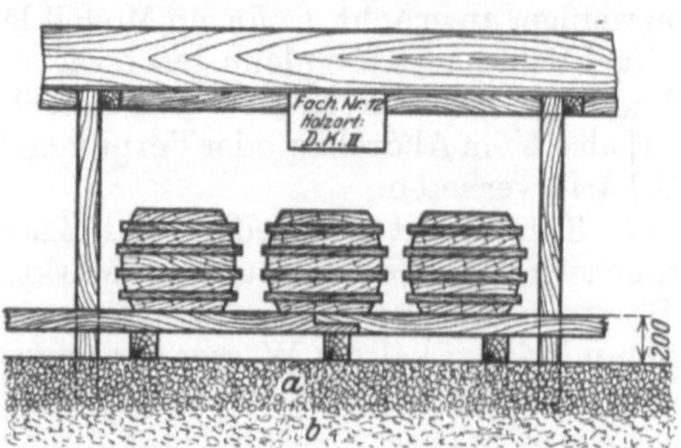

Abb. 75. Holzschuppen (Vorderansicht).

Nach meinen Erfahrungen bin ich Gegner derartiger Präparate, denn wenn man den einzelnen Brettern von der Hirnseite aus die Luft abschneidet, stirbt das Holz ab, wird also stockisch und unbrauchbar.

Das Dach eines Holzschuppens soll nach einer Seite schräg ablaufen, aber nach beiden Seiten je 50 cm überstehen, so daß auf alle Fälle die Nutzhölzer vor Nässe geschützt werden. Das ablaufende Wasser vom Dach läuft in die Schlackenfüllung *a* und sickert durch nach der Erde *b*. Der Boden unter den Brettern ist also stets trocken, so daß ein Anfaulen oder Stockischwerden des Holzes bei dieser Lagerung ausgeschlossen ist.

Um eine Einteilung für die Kartothek zu bekommen, unterteilt man den Holzschuppen in einzelne Felder, sog. Fachs, und gibt jedem Feld eine Nummer, wie Abb. 75 zeigt. Sämtliche Bretter im Fach sind vermessen, die Maßliste der Hölzer vom Fach nach Abb. 75 befinden sich auf einer Karteikarte nach Abb. 76. Diese Karte dient als Kontrollkarte und trägt Vermerke über Holzart, Waggonnummer, den Tag des Eingangs und den Namen des Lieferanten, so daß eine genaue Orientierung vorhanden ist. Diese Karte befindet sich als Kontrollkarte auf dem Büro. In einer Zeit, wo alles nach Wirtschaftlichkeit drängt, ist es ein großer Fehler, wenn mit Holz unverantwortlich und ohne Kontrolle gewirtschaftet wird.

11. Holzverschnitt und Holzkontrolle.

Während man bei der Serienfabrikation, z. B. Möbelschreinerei, genaue Holzlisten über die einzelnen Arbeitsstücke führt, so daß der Zuschneider genau an Hand solcher Listen die Hölzer zuschneidet, läßt sich diese unbedingt vorteilhafte Arbeitsweise im Modellbau nicht durchführen. Der Modellaufbau ist ein Sondergebiet, weil man sich hierbei stets nach der Beanspruchung des Modells richten muß. Den Holzzuschnitt muß man also schon dem einzelnen Modellbauer überlassen und nur lediglich danach sehen, daß der Meister den Holzzuschnitt überwacht. Es gibt heute noch eine ganze Menge Betriebe, wo überhaupt kein Holz aufgeschrieben wird. Wenn eine Ladung verarbeitet ist, wird eine neue Ladung

Fach Nr. .... | Holzart: .... | Lieferant: ....

Waggon Nr. .... | Fuhre .... | Eingang ....

Stück	Länge	Breite	Dickte	Stück	Länge	Breite	Dickte	Bemerkungen

aufgenommen .... | verrechnet .... | Kontr. ....

Abb. 76. Holzlagerkarte.

bestellt. Ein sehr einfaches und sorgenloses Arbeiten für den betreffenden Abteilungsmeister, aber ein mit Verlustarbeiten für den betreffenden Betrieb. Aus meiner Praxis sind mir Fälle bekannt, wo in einer Modellbauwerkstätte mit rund fünfzig Mann schon vor dreißig Jahren kein Stück Holz in der Werkstatt zu finden war, sondern jeder Modellbauer sein Holz in einem abgeschlossenen Schuppen zuschneiden und auf einem Holzauszug aufschreiben und diesen dem Meister sofort abliefern mußte. Das war vor dreißig Jahren. Heute sind mir große Maschinenfabriken bekannt mit Modellbauwerkstätten über zwanzig Mann, wo überhaupt keine Holzkontrolle geführt wird. Wenn man den Kubikmeter Erlen- oder Kiefernholz mit M. 160,— ansetzt und in Betracht zieht, was zwanzig Mann im Laufe eines Jahres verarbeiten und jeder wirtschaften kann wie er will, so kann man sich ein Bild machen, was in einem solchen Betriebe an Holz gespart würde, wenn der Holzbestand richtig verwaltet wird. Jeder Schlosser, Schmied oder sonstiger Facharbeiter im Maschinenbau bekommt nicht mehr Material, als er benötigt, warum sollte diese Maßnahme in der Modellbauerei undurchführbar sein?

Die Holzkontrolle im Modellbau ist sehr einfach. Der Modellbau erhält bei Beginn der Arbeit einen Holzauszugsschein etwa nach Abb. 77. Der Zettel ist numeriert, weil später diese Nummer auf den Akkordzettel vermerkt werden muß, und enthält Auftrags-, Modell- und Zeichnungsnummer. Mit diesem Schein begibt sich der Arbeiter in den Holzschuppen und schneidet dort sein Holz zu: Stückzahl, Länge, Breite und Dickte der einzelnen Bretter sind genau auf den Holzauszug aufgeschrieben und, was besonders von Wichtigkeit ist, die Fachnummer, aus welcher das Brett entnommen ist.

<table>
<tr><td colspan="10">Holzauszug .... Nr. 120</td></tr>
<tr><td colspan="3">Auftrag ....</td><td colspan="4">Modell Nr. ....</td><td colspan="3">Zeichnung ....</td></tr>
<tr><th>Stück</th><th>Länge</th><th>Breite</th><th>Dickte</th><th>Fach Nr.</th><th>Stück</th><th>Länge</th><th>Breite</th><th>Dickte</th><th>Fach Nr.</th></tr>
<tr><td></td><td></td><td></td><td></td><td></td><td></td><td></td><td></td><td></td><td></td></tr>
<tr><td colspan="3">Name ....</td><td colspan="4">Kontr. Nr. ....</td><td colspan="3">Für die Richtigkeit ....</td></tr>
</table>

Abb. 77. Holzauszugsschein.

Sobald der Modellbauer mit seiner Arbeit fertig ist, gelangen die einzelnen Holzzettel (Abb. 77) mit dem Akkordschein in das Arbeitsbüro, wo nun der betreffende Angestellte das vom Holzschuppen entnommene und auf dem Holzzettel nach Abb. 77 vermerkte Holz auf der Kartothekkarte nach Abb. 76 abschreibt.

Es werden also dem Modellbauer beim Zuschneiden des Holzes gar keine engen Grenzen gezogen, denn dazu ist der Meister da, den Holzverschnitt zu überwachen, aber eine Holzkontrolle muß geführt werden, und zwar aus betriebswirtschaftlichen Gründen, weil man sonst jeden Überblick über die Modellkosten verliert.

12. Maschinen im Modellbau.

Auch im Modellbau ist es ein Gebot der Wirtschaftlichkeit, wo eben angängig, Maschinen zu benutzen. Welche und wieviel Maschinen in Frage kommen, hängt lediglich von der Größe der Werkstatt ab. Es sollen die wichtigsten Holzbearbeitungsmaschinen für den Modellbau und deren Ausnutzungsmöglichkeiten etwas näher erläutert werden. Die Abbildungen wurden von der bekannten Spezialfirma

Gebrüder Schmaltz, Offenbach a. Main, bereitwilligst zur Verfügung gestellt. In einem modernen Betriebe wird man stets Maschinen mit direktem Antrieb benutzen.

Bandsäge. Diese Maschine ist eine bedingte Notwendigkeit in jeder Modellbauwerkstatt, da das Ausschneiden von Hand viel zu teuer ist. Selbst im kleinsten Betriebe macht sich diese Maschine bezahlt.

Abb. 78 zeigt eine Bandsäge mit direktem Antrieb und einem vollständig geräuschlosen Zahnradvorgelege. Auf der Abbildung ist die Verkapselung des Zahnradvorgeleges abgenommen. Da der Tisch verstellbar ist, bietet sich die Möglichkeit, Schnitte von verschiedenen Schrägen zu schneiden. Mit einer besonders guten und kombinierten Seiten- und Rückconführung nach Abb. 79 ausgestattet, bietet die Maschine Gewähr für einen sauberen, einwandfreien Schnitt. Diese Bandsägen-Seiten- und Rollenführung läßt sich auch an jeder älteren Bandsäge anbringen. Ein Rundschneideapparat ermöglicht das Schneiden von Scheiben von 180 bis 700 mm Durchmesser.

Abb. 78. Bandsäge.

Abb. 79. Bandsägen-Seiten- und Rückenführung.

Eine weitere Vorrichtung ermöglicht das Ausschneiden von Segmenten (Bremsklötzen, Radfelgen usw.), so daß sich diese Maschine, gerade in einem Kleinbetriebe, vielseitig verwenden läßt.

Kreissäge. Abb. 80 zeigt eine Präzisions-Tischkreissäge mit direktem elektrischen Antrieb. Da sich bei dieser Maschine das Sägeblatt schräg stellen läßt, hat man den großen Vorteil, daß der Tisch selbst stets in horizontaler Lage verbleibt, also das mühselige Ausrichten des Tisches fortfällt. Während man auf der Bandsäge (wenn eine Kreissäge vorhanden ist) in der Regel nur geschweifte Arbeitsstücke schräg schneidet, wird man die Kreissäge nur zum Schrägschneiden von geraden Längs- und Querschnitten benutzen. Es gibt heute eine große Anzahl Modellbauwerkstätten, welche noch irgendeinen Spezialartikel anfertigen, und gerade bei der Herstellung von Massenartikeln bieten Kreissägen große Vorteile.

Bei Sägemaschinen, ganz gleich ob Band- oder Kreissägen, ist stets Bedingung, daß die Sägeblätter ordnungsgemäß geschränkt und geschärft sind. Es gibt eine

Abb 80. Kreissäge.

Menge Spezialmaschinen, welche nur diesem Zwecke dienen, so daß schon in einem mittleren Betriebe eine Säge-, Schränk- und Schärfmaschine sich bezahlt macht.

Abb. 81. Kombinierte Abricht-, Füge- und Dicktenhobelmaschine.

Hobelmaschinen. Das Hobeln von Hand ist heute selbst im kleinsten Betriebe nicht mehr angebracht. Man hat heute für Kleinbetriebe, also für Betriebe in welchen genügende Beschäftigung für zwei Einzelmaschinen nicht immer vorhanden ist, oder es für die Aufstellung solcher an dem nötigen Raum oder der erforderlichen Betriebskraft fehlt, sog. kombinierte Abricht-, Füge- und Dickten-

Abb. 82. Abrichthobel- und Fügemaschine.

hobelmaschinen. Eine Maschine also, in welcher zwei Maschinen vereint sind, wie Abb. 81 zeigt.

Für größere Betriebe erscheint es aus wirtschaftlichen Gründen schon angebracht, keine kombinierte Maschine aufzustellen, sondern eine Abricht- und Fügemaschine und eine Dicktenhobelmaschine.

Abb. 82 zeigt eine Abrichthobel- und Fügemaschine, welche bekanntlich zum Abrichten windschiefer Hölzer und zum Fügen dient. Fast in allen größeren Holzbearbeitungsbetrieben werden die Fugen von der Maschine aus verleimt. Im Modellbau hobelt man wohl die Fuge erst maschinell und hobelt nachher nochmals mit der Rauhbank nach. Dieses Verfahren ist nicht nur Zeitverschwendung, sondern kostet auch Geld. Wenn die Hobelmesser richtig scharf und ordnungsgemäß eingestellt sind, benötigt man die Rauhbank nicht mehr, denn sonst ist da der Zweck der Fügemaschine verfehlt. Da der Anschlag der Maschine verstellbar ist, kann man auch schräge Fugen, z. B. bei Daubenverleimungen, auf der Maschine herstellen.

Abb. 83. Walzenhobelmaschine mit Rückschlagsicherung.

Abb. 83 zeigt eine Walzenhobelmaschine mit verstellbarem Tisch, also zum Dicktenhobeln. Moderne Maschinen dieser Art sind alle mit einer sog. Rückschlagsicherung, wie in der Abbildung gezeigt, versehen. Die Antriebscheibe der Messerwelle sowohl als auch diejenige für den Vorschub liegen bei dieser Maschine auf der nämlichen Seite, und zwar ist ihre Anordnung derart getroffen, daß die Maschine bei elektromotorischem Einzelantrieb vom Motor aus ohne Benutzung eines Zwischenvorgeleges angetrieben werden kann. Die Antriebscheibe des Motors für die Messerwelle trägt, an ihrer äußeren Seite angegossen, eine kleine Stufenscheibe, welche zum Vorschub dient.

Abb. 84. Hobelmesserschleifmaschine für Handbetrieb.

Der Tisch ist in vier an den Außenseiten des Ständers angebrachten kräftigen und genau nachstellbaren Führungen vermittels eines großen, bequem gelegenen Handrades verstellbar. Die jeweils eingestellte Holzstärke läßt sich an einer Skala mit Millimetereinteilung ablesen.

Hobelmesserschleifmaschinen. Nur wenn die Messer einer Hobelmaschine genau gerade und richtig geschliffen sind, kann eine Hobelmaschine ihren Zweck ganz erfüllen. Man muß also schon das Schleifen der Hobelmesser auf einer Maschine vornehmen. Abb. 84 zeigt eine Schleifmaschine für gerade Hobelmesser für Handbetrieb. Hierbei werden die Hobelmesser, welche in einer Spannvorrichtung am Schlitten befestigt sind, durch Drehen an einer Kurbel — von Hand — vor der Schleifscheibe hin und her bewegt. Die Messerauflage kann, je nach dem gewünschten Schleifwinkel, mehr oder weniger schräg gestellt werden. Außerdem ist der Aufspannapparat mittels Gewindespindel und Griffrädchen gegen die Schmirgelscheibe hin verstellbar. Diese Maschine wird sich in erster Linie für einen kleineren Betrieb eignen, wo die Hobelmaschinen weniger benötigt werden.

Abb. 85. Automatische Schleifmaschine für gerade Hobelmesser.

Für einen größeren Betrieb hingegen eignet sich schon eine automatische Schleifmaschine nach Abb. 85 besser, da diese Maschine vollkommen selbständig arbeitet und also keine besondere Aufsicht erfordert. Auf der Abbildung ist die Schutzhaube über der Schleifscheibe entfernt. Auch bei dieser Maschine kann die Messerauflage mehr oder weniger schräg gestellt werden. Außerdem kann der ganze Aufspannapparat gegen die Schleifscheibe hin verstellt werden, um sowohl die letztere mehr oder weniger stark zum Angriff zu bringen als auch, der Abnutzung

Abb. 86. Mittlere Holzdrehbank mit angebautem Motor.

der Scheibe Rechnung tragend, dieselbe also möglichst vollständig aufbrauchen zu können. Der Weg des in breiten Prismenführungen gleitenden Schlittens wird nach beiden Richtungen hin durch verstellbare Anschläge begrenzt, so daß derselbe nie weiter zu laufen hat, als es die Länge des jeweils zu schärfenden Messers

Abb. 87. Holzdrehbank mit gekröpftem Bett und Plandrehvorrichtung.

erfordert. Beim Schleifen kürzerer Messer kann man auch deren zwei oder mehrere nebeneinander aufspannen.

Holzdrehbänke. Bei der Auswahl der Holzdrehbank für eine Modellbauerei ist immer wieder die Größe des Betriebes ausschlaggebend.

Abb. 86 zeigt eine Holzdrehbank mit eingebautem Elektromotor auf federnder Wippe. Diese Drehbank eignet sich vorzüglich für kleinere und mittlere Betriebe.

Vielleicht für letzteren Betrieb schon eine Drehbank nach Abb. 87, da diese Drehbank auch als Kopfdrehbank benutzt werden kann. Für Großbetriebe ist noch eine Plan- und Spitzenholzdrehbank (mit Support) nach Abb. 88 zu empfehlen.

Abb. 88. Plan- und Spitzendrehbank mit Support.

Abb. 89 zeigt eine Holzdrehbank mit eigenem Antriebsmotor. Die Aufstellung wird hierdurch unabhängig von der Transmission. Die durch diese Antriebsart bedingten Riemenübertragungsverluste kommen in Fortfall. Das

Abb.89. Holzdrehbank mit Antriebsmotor.

Umlegen des Antriebsriemens auf die verschiedenen Stufenscheiben zur Regelung der Drehgeschwindigkeit wird hierbei erspart. Die Maschine ist mit einem im Ständer eingebauten Friktionsantrieb versehen. Mit diesem ist es dem Arbeiter möglich, vermittels eines Griffrades mit Leichtigkeit kontinuierlich und lückenlos jede benötigte Drehgeschwindigkeit einzustellen. Eine weitere sinnreiche Konstruktion gestattet dem Arbeiter, von seinem Arbeitsplatz am Support aus den Antrieb an der Friktionsscheibe, unter gleichzeitiger Bremsung derselben, aus und einzuschalten ohne eine Abstellung des Motors vornehmen zu müssen. Ferner ist die Drehbank noch als Kopfdrehbank eingerichtet, eine Maschine, wie sie in keiner größeren Modellbauwerkstatt fehlen sollte.

Kernkasten - Fräsmaschinen. Eine Maschine, welche man nur sehr vereinzelt, und dann meistens nur in Großbetrieben, findet, ist die Kernkasten-

Abb. 90. Kernkasten-Fräsmaschine.

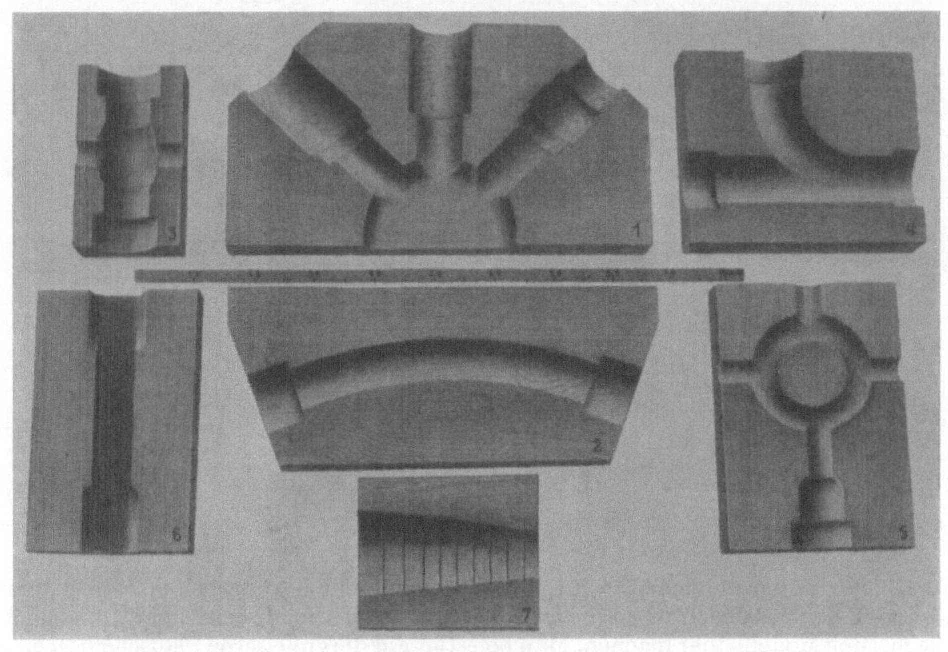

Abb. 91. Arbeitsstücke, ausgeführt auf der Kernkasten-Fräsmaschine nach Abb. 90.

Fräsmaschine. Hier bringt die Firma Gebrüder Schmaltz, Offenbach a. Main, eine handliche Maschine auf den Markt, welche volle Beachtung verdient. Die Maschine nach Abb. 90 hat eine Tischgröße von 600 × 600 mm, benötigt $2^1/_2$ PS und einen Raumbedarf von 1300 × 1600 mm. Also eine verhältnismäßig nicht zu schwere Maschine, auf welcher nach Abb. 91, *1—7*, allerhand Arbeiten geleistet werden können. Nur einen Nachteil haben Modell- und Kernkastenfräsmaschinen: Man muß, bis man im Besitz der nötigen Werkzeuge ist, manches finanzielle Opfer bringen. Und dieses ist auch der Grund, warum sich diese Maschinen nicht so, wie gewünscht, einführen. Der kleine Modellbauer muß bei der heutigen Wirtschaftslage sehr rechnen und kann nicht laufend Werkzeuge kaufen. In einem Großbetrieb mit eigener Werkzeugmacherei liegen in bezug auf diese Maschinen die Verhältnisse natürlich günstiger Darum muß man auch den Modellbau von verschiedenen Gesichtspunkten aus betrachten.

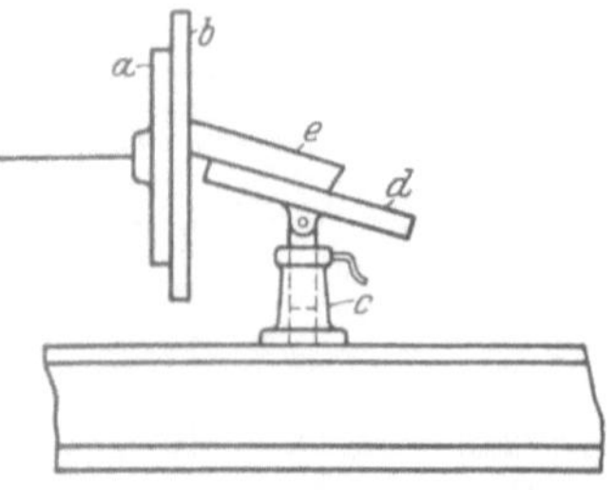

Abb. 92. Schleifvorrichtungen in der Drehbankauflage befestigt.

Schleifmaschinen. Auch diesen Maschinen wird im Modellbau noch zu wenig Beachtung geschenkt. Am besten eignen sich für den Modellbau Flächenschleifmaschinen.

Abb. 93. Pendelsäge.

Aber man kann sich auch sehr gut ohne Spezialmaschine weiterhelfen, indem man sich eine Schleifvorrichtung auf der Drehbank nach Abb. 92 selbst baut, was auch die meisten Modellbauer machen. Man befestigt auf die gußeiserne Planscheibe *a* eine mit Glaspapier überzogene Holzscheibe *b*. In die Drehbankauflage *c* befestigt man eine durch eine Mutterschraube verstellbare Vorrichtung *d*, welche als Auflagefläche des Werkstückes *e* dient. Mit dieser sehr einfachen Vorrichtung erzielt man bei richtiger Anwendung große Vorteile, da man, wenn der Modellbauer auf halben Anriß genau ausschneidet, überhaupt keine Raspel und Feile zur Vorarbeit benötigt. Man soll stets je eine Scheibe mit grobem und feinem Glaspapier zur Hand haben.

Will man auch das Zuschneiden des Holzes auf dem Holzlagerplatz fördern, so empfiehlt sich die Aufstellung einer Pendelsäge nach Abb. 93. Aber diese Maschinen findet man nur sehr vereinzelt, trotzdem der Anschaffungspreis sich bald bezahlt macht. Das Holz gehört auf dem Lagerplatz in Längen abgekürzt und vermessen und dann erst in der Werkstatt zugeschnitten.

13. Unfallverhütung im Modellbau durch sachgemäßes Arbeiten.

A. Bandsäge.

Abb. 94. Schneide keine Segmentstücke auf, wie auf Abb. 94 ersichtlich. Die Bandsäge *A* läuft in der Pfeilrichtung *b*, reißt nach *c* bzw. *d* das Holzstück *a*

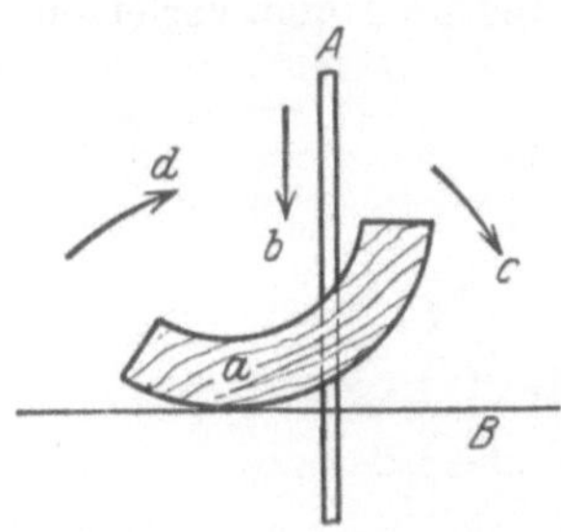

Abb. 94. Falsche Arbeitsweise.

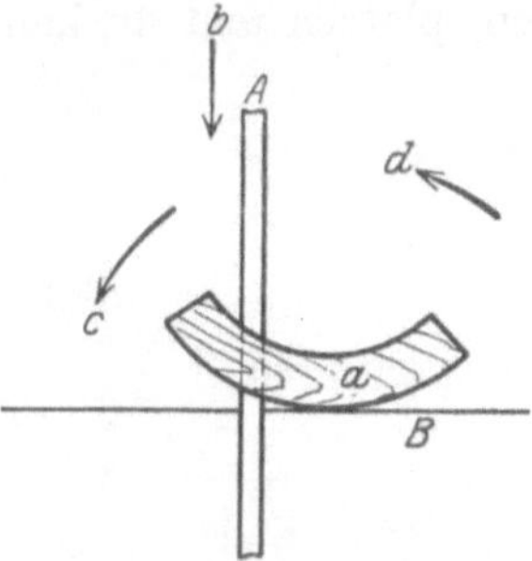

Abb. 95. Falsche Arbeitsweise.

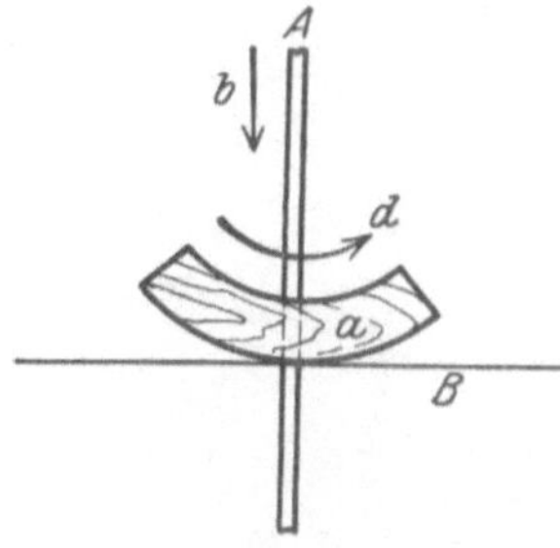

Abb. 96. Richtige Auflage des Arbeitsstückes.

entweder bei *d* nach der laufenden Säge oder nach *c* auf den Tisch *B*, da Werkstück *a* in der Richtung des Sägeblattes *A* keine Auflage hat.

Abb. 95. Noch gefährlicher, denn beim Schneiden schnellt das Werkstück *a* in der Pfeilrichtung *c* auf den Tisch *B*, geht also in der Richtung *d* hoch. Das Werkstück wird mitgerissen.

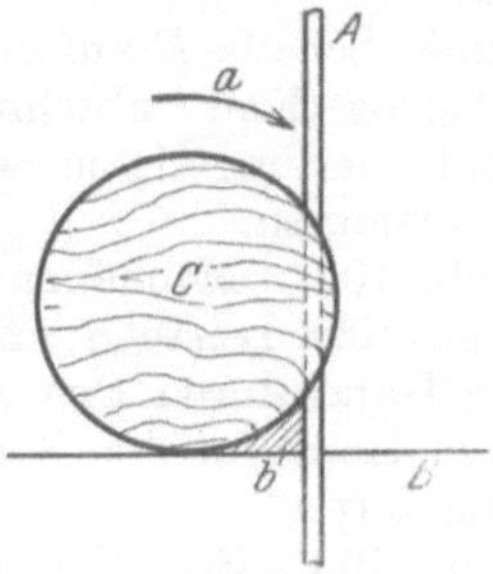

Abb. 96. Werkstück *a* hat Auflage in der Pfeilrichtung *b* des Sägeblattes *A*. Das Werkstück *a* muß beim Aufschneiden in der Pfeilrichtung *d* weitergeführt werden. Unfälle (Fingerverletzungen) dann ausgeschlossen.

Abb. 97. Falsche Arbeitsweise.

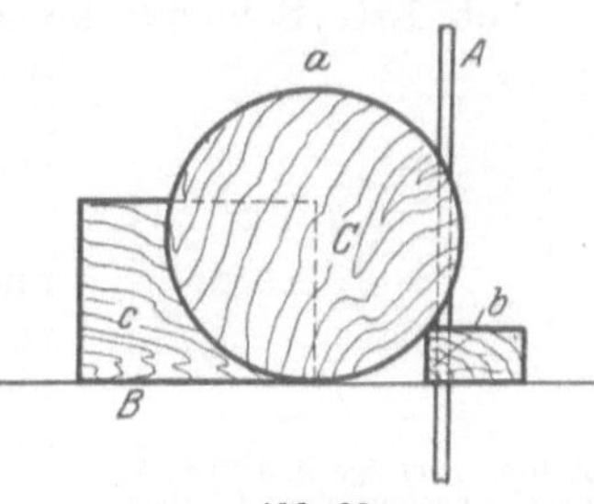

Abb. 98. Richtige Arbeitsweise.

Abb. 97. Schneide keine gedrehten Hölzer *C*, wie gezeichnet, auf der Bandsäge. Durch den Hohlraum *b* wird das Werkstück *C* von der Bandsäge *A* in der Pfeilrichtung *a* mitgerissen.

Abb. 98. Arbeite richtig, wie bei Abb. 98 gezeichnet. Nagele auf die eine

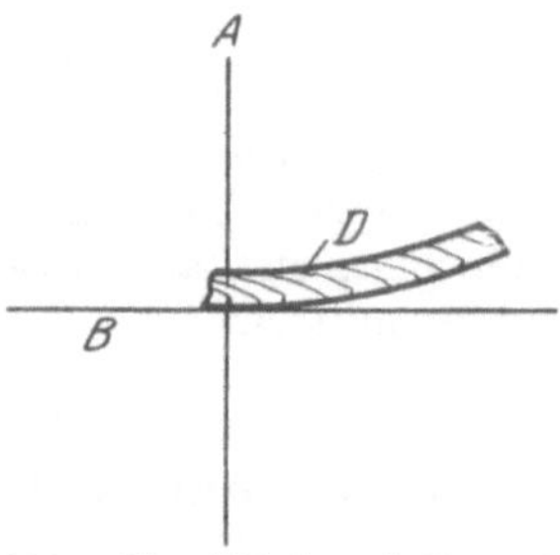

Abb. 99. Falsche Auflage des Arbeitsstückes.

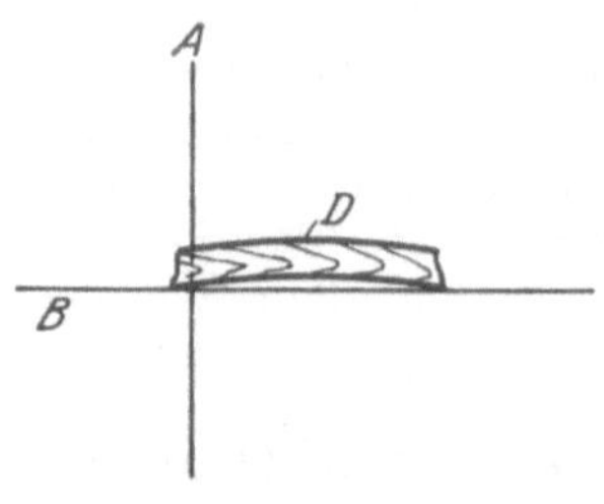

Abb. 100. Richtige Auflage des Arbeitsstückes.

Seite des Werkstückes *C* ein Brett *c* und lege neben dem Sägeblatt *A* noch eine Leiste *b* bei, dann kann kein Unfall passieren.

Abb. 99. Schneide kein hohles Brett *D* mit der runden Seite nach unten; das Sägeblatt *A* wird vibrieren, platzen und du kannst dir die Hand verletzen.

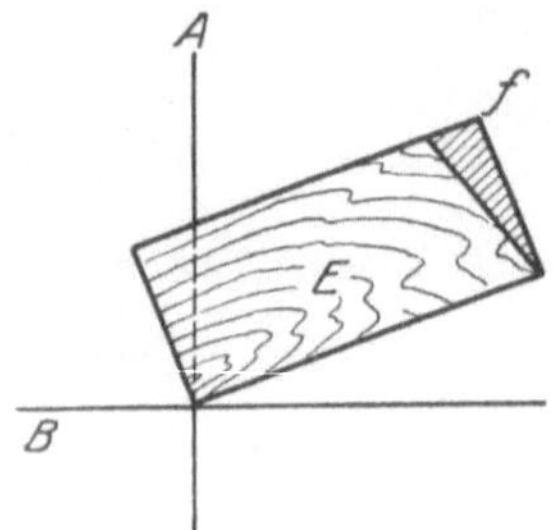

Abb. 101. Unsachgemäßes kegelig Schneiden einer Scheibe.

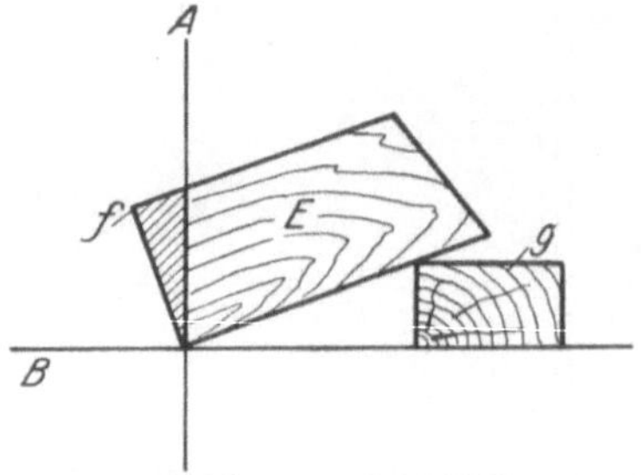

Abb. 102. Richtige Arbeitsweise beim kegelig Schneiden einer Scheibe.

Abb. 100. Mache es, wie Abb. 100 **richtig** zeigt; lege die hohle Seite von Brett *D* auf den Bandsägetisch *B*.

Abb. 101. Schneide keine runde Scheibe *E* auf der Bandsäge *A* ohne Vorrichtung kegelig (Keil *f* abschneiden), da das Holz *E* nach links mit herumgerissen wird, und du wirst dir die Finger klemmen.

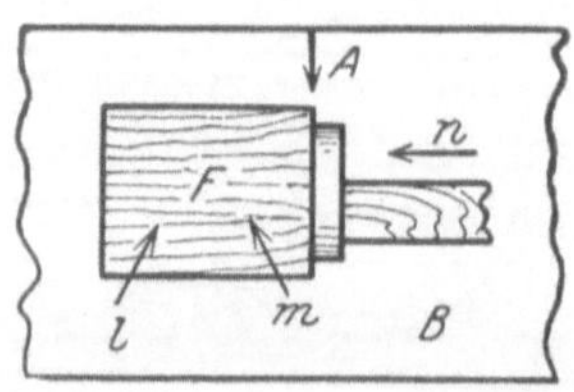

Abb. 103. Richtige Arbeitsweise beim Abschneiden eines Ansatzes an einem gedrehten Arbeitsstück.

Abb. 102. Mache es **richtig** wie in Abb. 102 und lege eine Leiste *g* unter. Bediene dich nur der rechten Hand durch Druck auf die Leiste *g* und lasse die linke Hand an der Bandsäge bzw. in deren Laufrichtung fort.

Abb. 103. Schneide keine angedrehten Absätze wie *A* auf der Bandsäge ab, indem du die linke Hand bei *l* und die rechte Hand bei *m* legst; lasse die rechte Hand vor der Säge fort, drücke und halte mit der linken Hand bei *l* und drücke mit der rechten Hand ein Brett *n* bei, dann kann **nichts** passieren.

Abb. 104. Halte beim Aufschneiden auf der Bandsäge nie deine Hand in der Sägerichtung *A*, besonders nicht, wenn du nahe an dem Sägeblatt bist. Halte beim Schneiden deine linke Hand bei *i* und deine rechte Hand auf der Seite *k*.

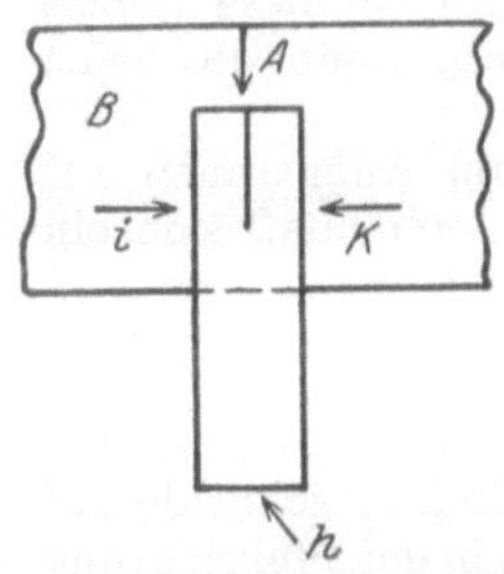

Abb. 104. Aufschneiden von Brettern auf der Bandsäge.

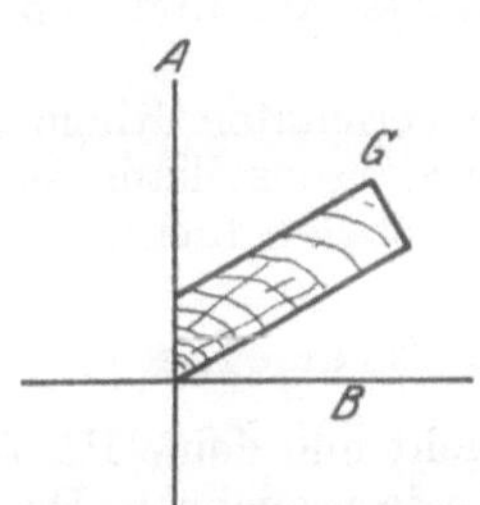

Abb. 105. Falsche Stellung des Arbeitsstückes beim Abschneiden einer schrägen Kante.

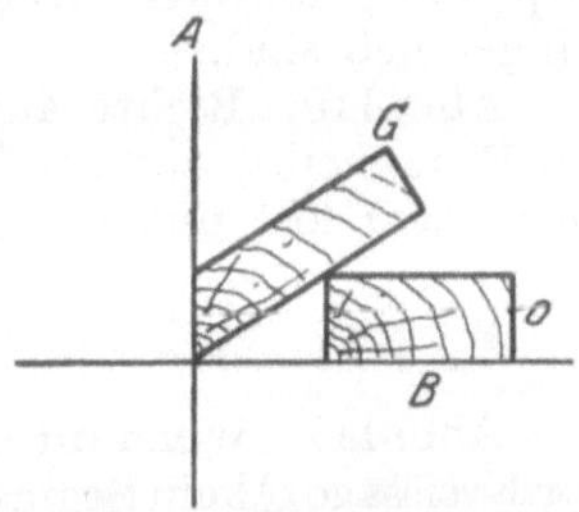

Abb. 106. Abschneiden schräger Kanten in richtiger Arbeitsweise.

Abb. 105. Schneide nie eine schräge Kante in der Längsrichtung ab, wie gezeichnet, denn wenn die Säge springt, besteht Gefahr, da das Brett *G* mitgerissen wird.

Abb. 106. Benutze stets, wie **richtig** gezeichnet, eine Leiste *o* als Unterlage, genau wie beim Schrägeschneiden von Scheiben nach Abb. 102.

B. Abrichtmaschine.

Abb. 107. Bevor du ein Brett *H* auf der Abrichtmaschine *J* fügst, überzeuge dich erst, ob kein loser Ast in der Fügfläche sitzt. Durch die schnelle Umdrehung

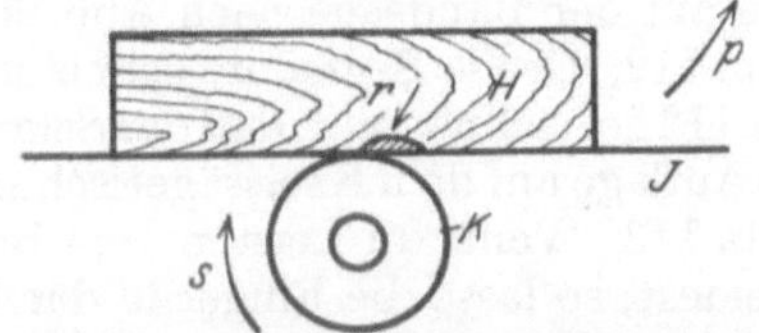

Abb. 107. Hobeln unreiner (nicht astfreier Bretter) auf der Abricht- und Fügmaschine.

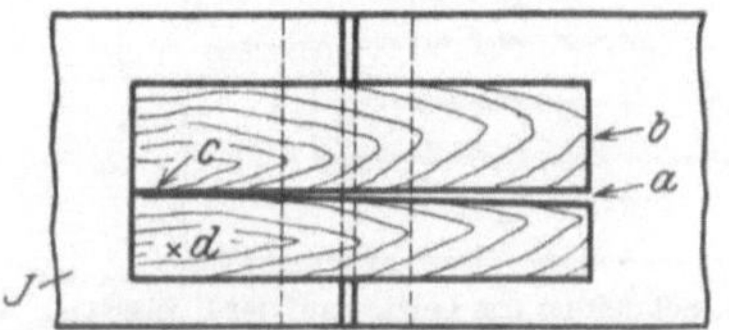

Abb. 108. Auf der Abrichtmaschine während der Arbeit gesprungene Leimfuge.

der Messerwelle *K* in der Richtung *S* wird das Brett *H*, wie *p* zeigt, hochgeworfen, und der Ast *r* fliegt unter Umständen in dein Auge.

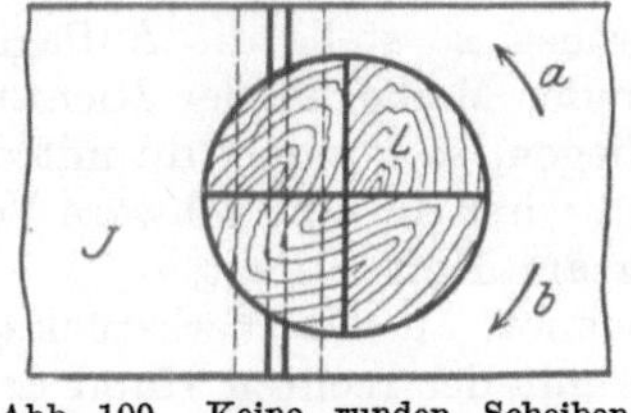

Abb. 109. Keine runden Scheiben auf der Abrichtmaschine hobeln.

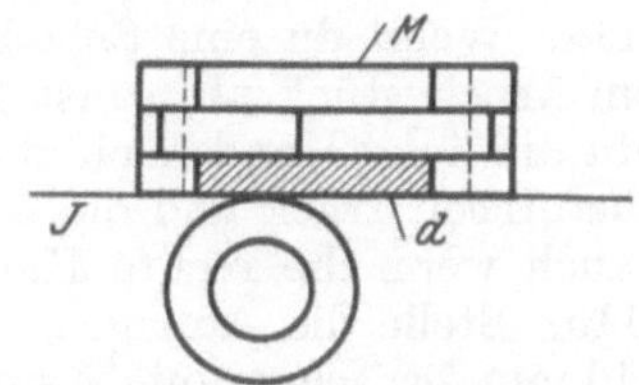

Abb. 110. Keine verleimten Ringe auf der Abrichtmaschine hobeln.

Abb. 108. Wenn du geleimte Bretter abrichtest, halte nie die Hände auf die Leimfuge *c*, denn springt die Fuge, so kannst du dir die Finger verletzen. Halte die linke Hand vorn bei *d* und die rechte Hand hinten bei *b*.

Abb. 109. Lasse ja die Finger davon, etwa eine runde Scheibe *L* abzurichten, denn sie fliegt dir in den Pfeilrichtungen *a* oder *b* unter der Hand weg, und steht deine Schutzvorrichtung zu hoch, so bist du mit den Händen in der Messerwelle. Ist die Scheibe noch in Sektoren (Kreuzfugen) verleimt, dann ist diese Arbeit doppelt gefährlich. Richte derartige Arbeiten von Hand ab, wenn dir deine Finger lieb sind.

Abb. 110. Richte auch keine verleimten Ringe J_1 *C*, zum Aufspannen auf die Planscheibe, auf der Maschine ab, sonst kann es dir passieren, daß sich ein Segment *d* löst und dir gegen den Magen fliegt.

C. Kreissäge.

Abb. 111. Wenn dir dein Gesicht und deine Hände lieb sind, so schneide auf der Kreissäge *Q* kein Segment *e* auf, wie gezeichnet. Da die Säge in der Pfeilrichtung

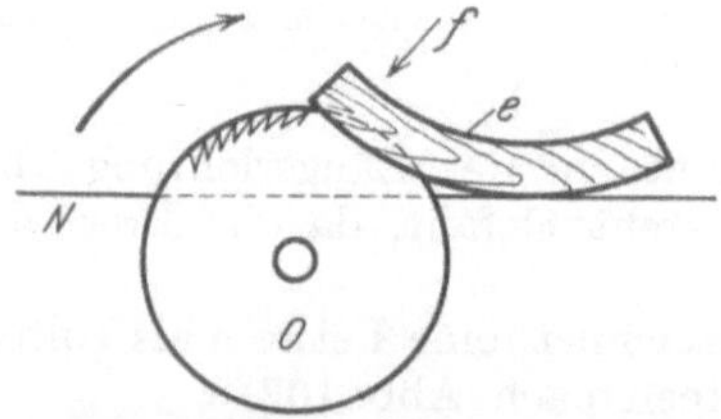

Abb. 111. Falsche Lage des Segmentes beim Aufschneiden auf der Kreissäge.

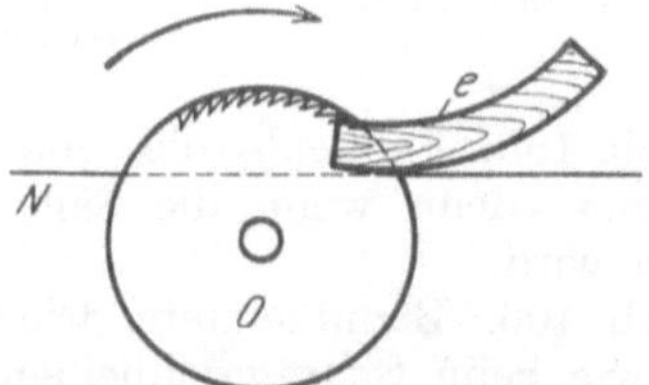

Abb. 112. Richtige Stellung des Segmentes beim Aufschneiden auf der Kreissäge.

läuft, wird das Segmentstück *e* in der Richtung *f* auf den Tisch *H* mitgerissen, es fliegt dir evtl. ins Gesicht oder aber du bist mit den Händen in der Kreissäge. Kleine Segmente unter 500 mm Länge schneide auf der Bandsäge nach Abb. 96 auf.

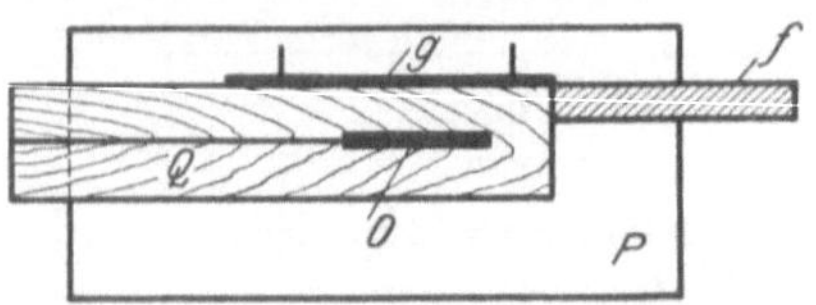

Abb. 113. Schneiden von Leisten auf der Kreissäge.

Abb. 112. Große Segmente schneide, wie auf Abb. 112 gezeichnet, auf, daß das Segment *e* richtige Auflage auf dem Kreissägetisch *H* hat.

Abb. 113. Wenn du Leisten vom Brett *Q* abschneidest, so lasse die Finger in der Laufrichtung der Kreissäge *O* fort. Drücke das Brett an den Anschlag *g*, halte die linke Hand seitlich der laufenden Kreissäge *O* und schiebe die abgeschnittene Leiste mit einer Leiste *f* durch.

D. Drehbank.

Abb. 114. Wenn du eine Scheibe *Q* abdrehst, so stelle die Auflage *g* nicht zu weit vom Arbeitsstück ab, sonst bricht dir der Meißel in der Richtung *h* ab, und hast du die linke Hand noch etwa bei *i* liegen, so kommst du mit der Hand zwischen das Arbeitsstück und die Auflage und wirst dir eine schwere Verletzung zuziehen, auch wenn die rechte Hand richtig am Heft *k* liegt.

Abb. 115. Stelle die Auflage *g*, wie gezeichnet, an das Werkstück *Q*, so daß nur etwa 10 mm Zwischenraum *l* sind. Halte mit der rechten Hand das Heft *k* und lege die linke Hand bei *m* auf, nicht etwa bei *i*, denn sonst läufst du Gefahr, daß du mit dem linken kleinen Finger zwischen Arbeitsstück und Auflage kommst und der Finger wird dir abgerissen.

Abb. 116. Wenn du einen Ring *Q* etwa über 150 mm Höhe ausdrehen willst, so benutze einen langen Drehstahl *m*. Ein kurzer Handstahl kann dem Druck bei *i* nicht standhalten, du verlierst die Gewalt über den Stahl. Presse das Heft *O* des langen Stahles *m* mit der rechten Hand in die rechte Seite und führe den

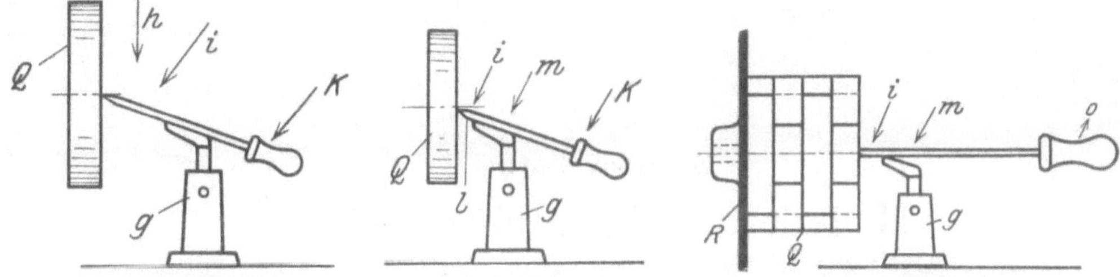

Abb. 114. Falsche Stellung der Auflage *g* beim Abdrehen eines Arbeitsstückes.

Abb. 115. Richtige Stellung der Auflage *g* beim Abdrehen eines Arbeitsstückes.

Abb. 116. Richtiger Handstahl beim Ausdrehen eines hohen Ringes.

Stahl mit der linken Hand hinter der Auflage. Wird der Stahl wirklich mitgerissen und du verlierst die Gewalt über ihn, so schlägt das Heft in die Armhöhlung und du bist mit heiler Haut davongekommen.

14. Schwindmaße.

Bei jeder Modellbestellung bzw. Werkstattaufgabe und -zeichnung muß ersichtlich sein, aus welchem Metall der Abguß hergestellt werden soll. Dieses ist für den Modellbauer insofern von Wichtigkeit, als die einzelnen Metalle beim Erkalten nicht gleichmäßig schwinden und der Modellbauer dementsprechend das Schwindmaß zugeben muß. Tabelle 2 zeigt die einzelnen Schwindungen beim Erkalten der wichtigsten Metalle.

Tabelle 2. Schwindmaße.

Metallart	Schwindmaße			Metallart	Schwindmaße		
	in der Länge	auf die Oberfläche	auf den Rauminhalt		in der Länge	auf die Oberfläche	auf den Rauminhalt
Blei	1:92	1:46	1:31	Messing	1:65	1:32	1:22
Bronze	1:63	1:31	1:21	Puddelstahl	1:72	1:36	1:24
Feinkorneisen	1:72	1:36	1:24	Schmiedb. Guß	1:48	1:24	1:16
Flußstahl	1:64	1:32	1:21	Stabeisen gew.	1:55	1:28	1:19
Glockenmetall	1:63	1:31	1:22	Stahlguß	1:50	1:25	1:17
Gußeisen	1:96	1:48	1:32	Zink gegossen	1:62	1:31	1:21
Gußstahl	1:72	1:36	1:24	Zinn	1:128	1:64	1:43
Kanonenmetall	1:134	1:67	1:44				

Nach Werkmeister-Kalender „Modelltischlerei“ 1930, von Oberingenieur Berk und Richard Löwer.

Zweiter Teil.

Modelle und Modellformerei.

15. Handhebel.

Abb. 117. Werkstattzeichnung zu einem einfachen Handhebel. Bei derartig einfachen Modellen erübrigt sich der übliche Modellaufriß.

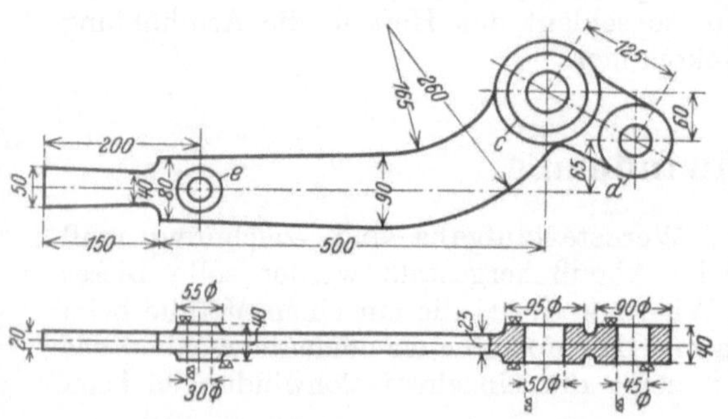

Abb. 117. Werkstattzeichnung zu einem Handhebel.

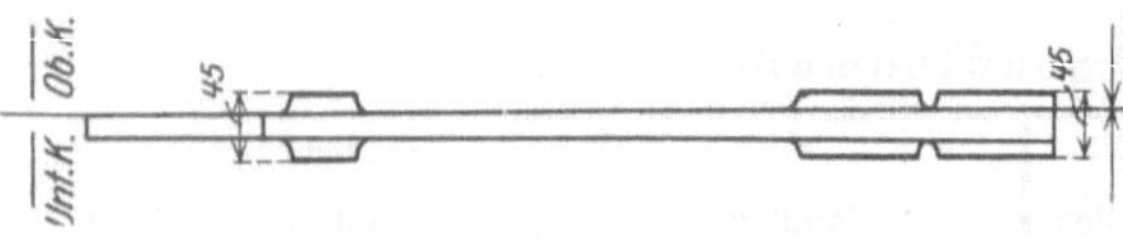

Abb. 118. Teilebene der Form.

Abb. 118 zeigt die Kastenteilung der Form. Der Unterkasten schneidet an der Oberkante der Modellfläche ab, im Oberkasten sitzen lediglich sechs Scheiben.

Der Modellaufbau ist auf Abb. 119 ersichtlich. Um ein Verziehen des Modellhauptteiles nach Abb. 119 zu verhindern, leimt man die Breite aus den beiden Stücken *a* und *b* zusammen. Hierdurch spart man auch Holz in der Breite. Die Hebelform wird, wie punktiert gezeichnet, auf den Modellhauptteil aufgezeichnet und die einzelnen Nabenmittel beiderseits übertragen. Nachdem die Hebelform auf der Bandsäge ausgeschnitten und befeilt ist, wird sie in der Pfeilrichtung *B* beiderseits um je $2^1/_2$ mm, also von 25 mm auf 20 mm, kegelig beigehobelt, während der

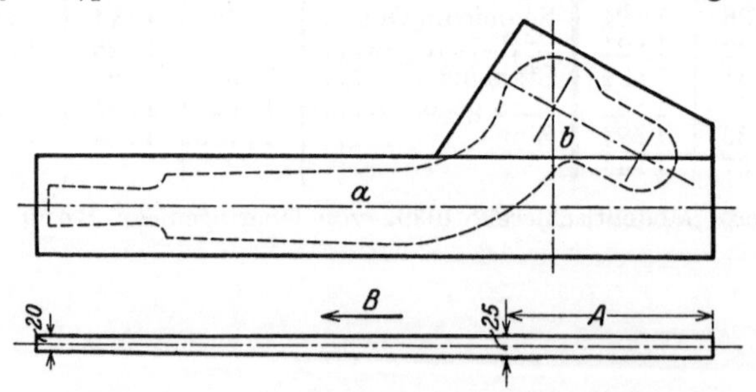

Abb. 119. Verleimen des Modellhauptteils zum Hebelmodell nach Abb. 118.

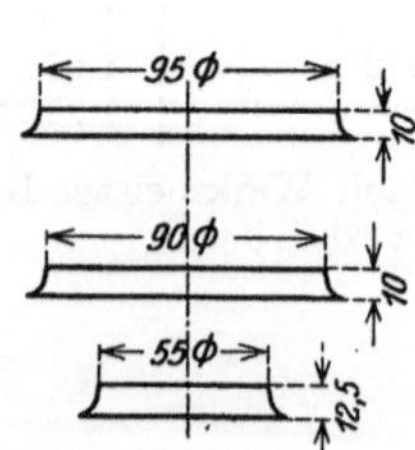

Abb. 120. Scheiben zum Modell nach Abb. 118.

Teil *A* 25 mm stark bleibt, dann werden die Scheiben *c*, *d* und *e* der Abb. 120 auf den bearbeiteten Modellteil aufgesetzt. Da diese Scheiben beiderseits bearbeitet werden, hat sich das Maß 40 mm auf 45 mm (Abb. 117) verändert. Die einzelnen Löcher in den Naben werden nicht eingegossen, sondern aus dem Vollen gebohrt, da man Löcher unter 25 mm Durchmesser aus dem Vollen bohren soll.

16. Zwischenflansch.

Abb. 121 zeigt die Werkstattzeichnung zum Gußstück, wovon die beiden äußeren Flanschen bearbeitet werden.

Das Modell kann ohne Kern, also als Naturmodell, angefertigt werden; jedoch dürfte die Lebensdauer dieses Modells, bei einer Wandstärke von 10 mm, nicht allzu groß sein. Aus diesem Grunde dürfte es sich empfehlen, falls Massenabgüsse in Frage kommen, ein eisernes Modell oder eine Modellplatte anzufertigen, das

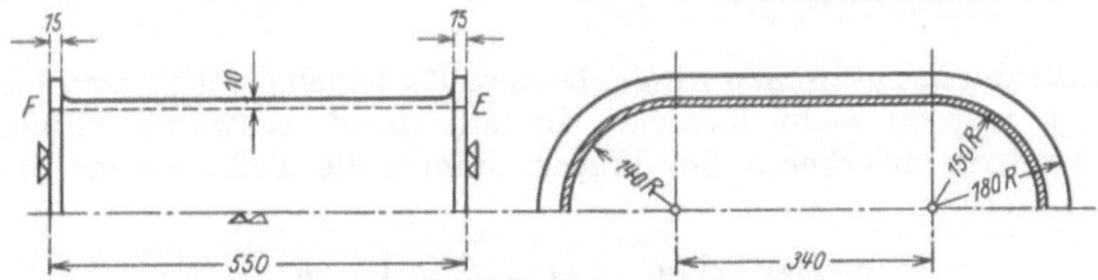

Abb. 121. Werkstattzeichnung zu einem Zwischenflansch.

Muttermodell also nach doppeltem Schwindmaß und doppelter Bearbeitung herzustellen.

Abb. 122 gibt den Modellaufriß wieder. Der Modellbauer fertigt sich zwei Stücke Holz *C* und *D* (Abb. 123) an, bearbeitet diese Stücke genau nach der inneren Form des Gußstückes (Abb. 121) und stellt dieselben auf eine gerade Platte. Die Entfernung von außen bis außen Maß muß 555 mm betragen, wobei der Modellbauer zum Bearbeiten der Flanschen *E* und *F* je $2^1/_2$ mm in Anrechnung setzt. Die Dauben (Bogenstücke) *1*, *2*, *3* und *4* (Abb. 122) werden nun auf die Baustücke aufgepaßt, aneinandergeleimt und Teil *5*, ein Brett von 555 mm Länge, 340 mm Breite und 10 mm Stärke, welches aus zwei oder drei Teilen zusammengeleimt ist, zwischen die beiden Stücke *4* eingepaßt. Während Teil *5* gleich auf 10 mm Stärke gehobelt wird, werden die äußeren Bogenstücke *1*—*4* erst außen bearbeitet, wenn sie durch das Leimen gut verbunden sind.

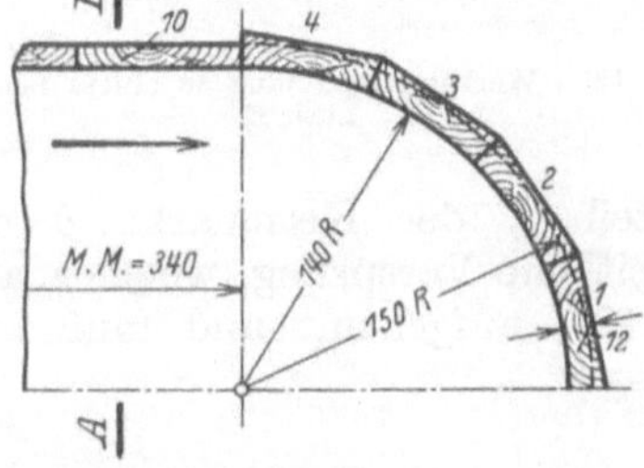

Abb. 122. Modellaufbau zum Zwischenflansch nach Abb. 121.

Abb. 124 zeigt den Zusammenbau der beiden Flanschen *E* und *F* (Abb. 121). Dieselben setzen sich zusammen aus den Bogenstücken *G* und den geraden Teilen *H*. Die Teile *G* und *H* sind mittels Federn *J* zusammen verbunden. Da der Modellbauer zum Aufbau des Modells (nach Abb. 121) vier Bogenstücke *G* benötigt, dreht er sich einen Holzring von 300 mm innerem und 360 mm äußerem Durchmesser, schneidet diesen Ring in vier gleiche Teile und spart dabei das Befeilen der einzelnen Stücke. Die beiden Flanschen werden von außen auf die Schale aufgesetzt und verschraubt. Man kann, um dem Holzmodell mehr Stabilität zu verleihen, die beiden Aufbaustücke C und D (Abb. 123) auch als Dämmstücke verwenden, indem man dieselben, wenn die Mulde verleimt ist, etwas näher, etwa auf

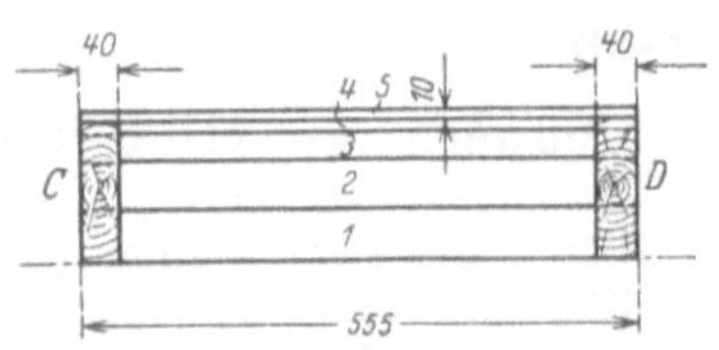

Abb. 123. Schnitt A—B (nach Abb. 122) in der Pfeilrichtung gesehen.

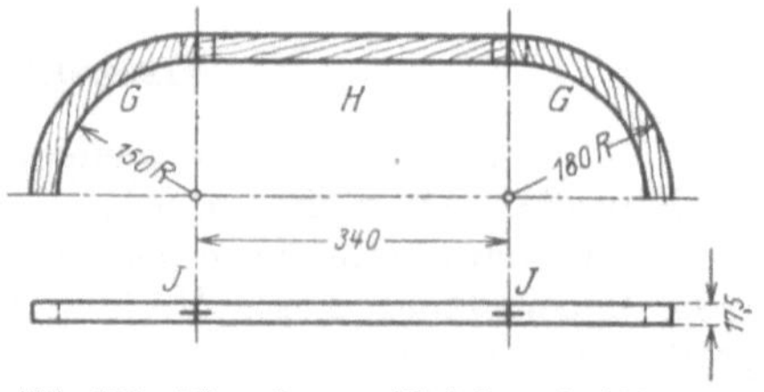

Abb. 124. Flansch zum Modell nach Abb. 122.

280 mm Außenmaß, zusammenbringt, beiderseits kegelig hobelt und einschraubt. Dämmleisten werden nicht lackiert, sondern durch schwarze Striche gekennzeichnet, denn daran erkennt der Former immer die Teile, welche in der Form zugedämmt werden.

17. Schneckenauslauf.

Abb. 125 zeigt die Werkstattzeichnung zu einem Schneckenauslauf, Abb. 126 den Modellaufriß zum Gußstück. Der Aufbau zu diesem Modell ist nicht sehr schwierig. Das Modell setzt sich nach Abb. 127 zusammen aus dem Modell-

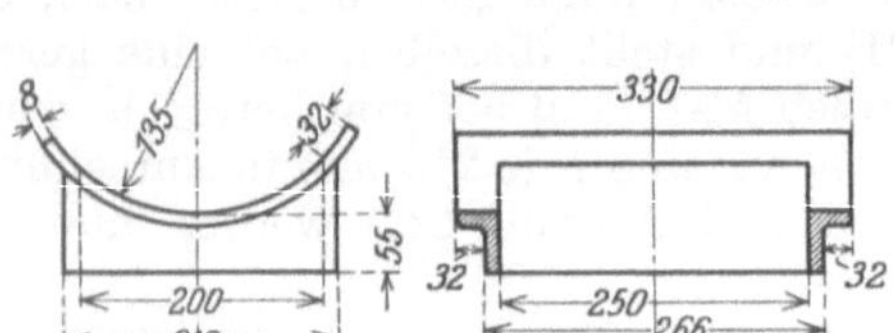

Abb. 125. Werkstattzeichnung zu einem Schneckenauslauf.

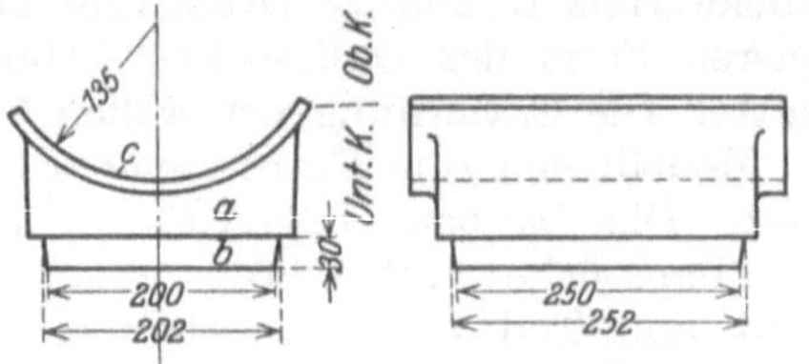

Abb. 126. Modell zum Schneckenauslauf nach Abb. 125.

hauptteil a, der Kernmarke b und den beiderseits sitzenden Flanschen c. Der seitliche Vorsprung, welcher als Flansch dient, wird in Form der Leisten d (Abb. 128) aufgeleimt und muß entsprechend den Kopfflanschen c (Abb. 126) beigearbeitet werden.

Da nun das Gußstück an eine halbkreisförmige Blechmulde befestigt wird, soll die Rundung von 135 mm Radius sauber gegossen sein. Aus diesem Grunde läßt man am Modell oben die Kernmarke fehlen und führt den Kern nur im Unterkasten, was vollständig genügt, da der Kern durch seine rechteckige Form eine breite Auflagefläche hat.

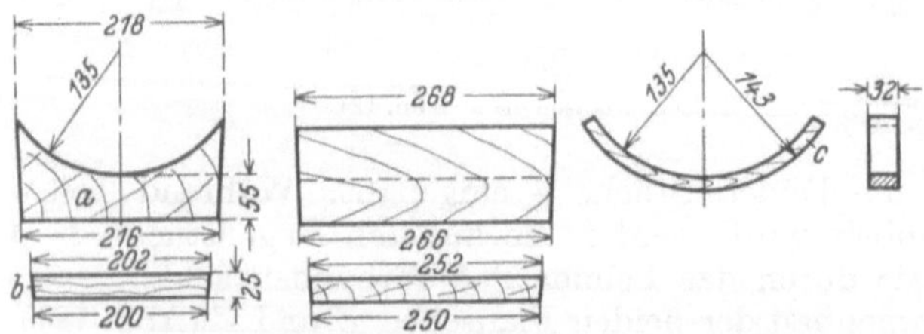

Abb. 127. Modelleinzelteile zum Modell nach Abb. 126.

Abb. 129 zeigt den Schnitt durch die ausgegossene Form. Diese setzt sich zusammen aus dem Unterkasten A, dem Kern e, dem Oberkasten B, dem Eingußtrichter *C* und dem Steigtrichter *D*. Der Oberkasten *B* wird also dem inneren Radius des Flansches entsprechend angeschnitten.

Der Kernkasten zur Herstellung des Kernes *e* ist auf Abb. 130 ersichtlich. Der Kernkasten wird mit der geraden Fläche nach unten gelegt und der obere Radius von 135 mm mit einem Lineal abgestrichen.

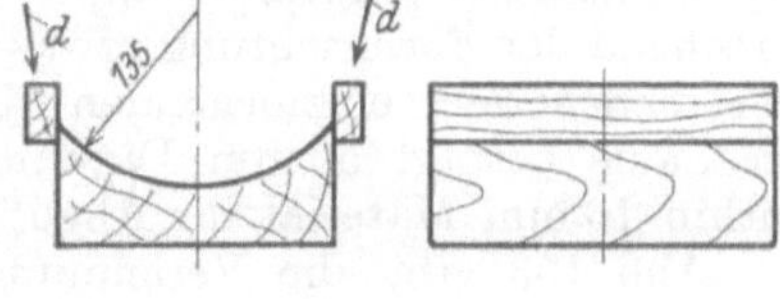

Abb. 128. Befestigung der seitlichen Flanschleisten.

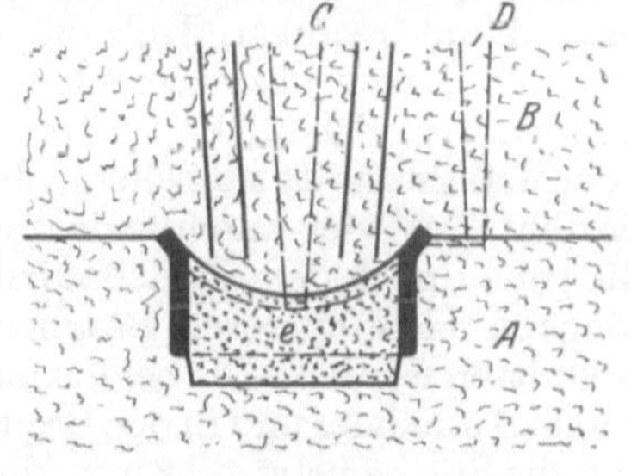

Abb. 129. Schnitt durch die ausgegossene Form.

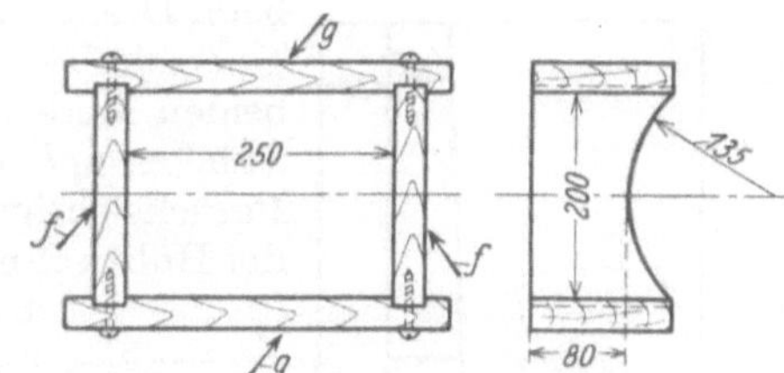

Abb. 130. Kernkasten zum Modell nach Abb. 126.

Die beiden Querstücke *f* sind um 5 mm in die Längsstücke *g* eingelassen und die einzelnen Stücke zusammen verschraubt, wodurch ein Versetzen nicht möglich ist.

18. Säule.

Abb. 131. Werkstattzeichnung zu einer Säule, linke Hälfte Ansicht, rechte Hälfte Schnitt. Am Fuße der Säule befinden sich im Umfang drei Schraubenlappen *a*. Mit Ausnahme dieser Schraubenlappen wird das Modell auf der Holzdrehbank bearbeitet.

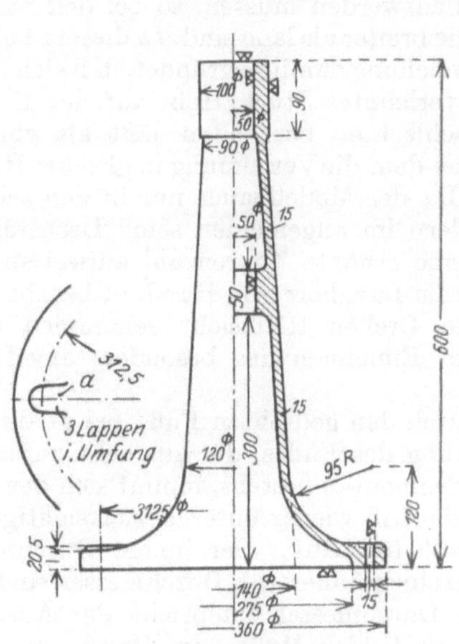

Abb. 131. Werkstattzeichnung zu einer Säule.

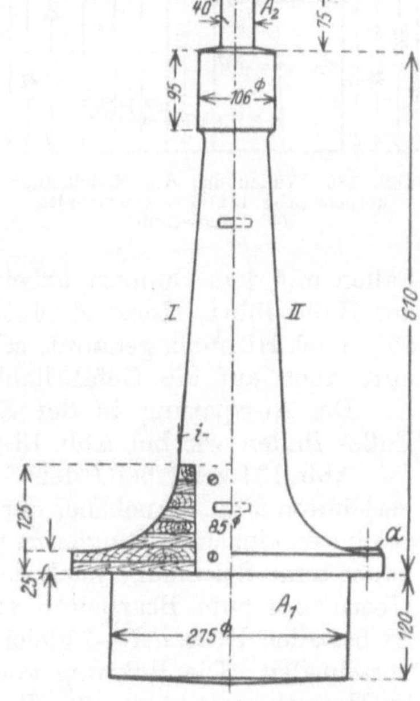

Abb. 132. Modell und Modellaufbau zur Säule nach Abb. 131.

Abb. 132 zeigt das fertiggedrehte Modell. Bei *I* linke Hälfte ist der aus den einzelnen Segmentringen verleimte Säulenfuß sichtbar, bei *II* rechte Hälfte ist ein angesteckter Schraubenlappen *a* sichtbar. Das Modell ist zweiteilig und entsprechend der Formrichtung etwas kegelig gehalten. A_1 und A_2 sind Kernmarken und dienen dem einzulegenden Kerne als Auflageflächen. Die obere Bohrung der Säule beträgt 50 mm Durchmesser, Kernmarke $A_2 = 40$ mm Durchmesser, mithin 10 mm Material im Abguß zum Ausbohren.

Abb. 133 gibt die Verleimung des Hauptkörpers zur Säule wieder. Bei der Verleimung muß der Modellbauer einmal damit rechnen, Holz zu sparen, zum anderen bei der Verleimung alle Kanten und Ecken abzuschneiden, welche beim Drehen hinderlich sind. Auf der linken Hälfte *I* ist der Querschnitt, rechts *II* der Längsschnitt zu sehen. Jede der beiden Modellhälften besteht aus vier aufeinandergeleimten Stücken *a*, *b*, *c* und *d*, die genau nach dem Modellaufriß unter Berücksichtigung der Zugabe beim späteren Bearbeiten auf der Holzdrehbank zugeschnitten werden. Die beiden mittleren Bretter *b* sind 825 mm lang und in der Breite nochmals verleimt, die Stärke beträgt 58 mm, die Breite 115—165 mm; als Ergänzung der Breite werden an jedes *b*-Stück noch zwei Stücke b^1 angeleimt, um Holz zu sparen. Auf die Stücke *b* werden die Stücke *c* von 570 mm Länge und 300 mm Breite, auf *c* die Stücke *d* von 285 mm Länge und 300 mm Breite, auf *d* die Stücke *e* von 210 mm Länge und 300 mm Breite aufgeleimt. Die Stücke *c*, *d* und *e* werden entsprechend dem Querschnitt seitlich beschnitten. In der Regel ist im Modellbau üblich, das Längenmaß immer der Holzfaser nach aufzutragen. Es treten aber auch Fälle ein, wo Abweichungen vorgenommen werden müssen, so bei den Stücken *d* und *e*, die breiter als lang sind. In diesem Falle wird die Abweichung damit begründet, daß sich ein über Kreuz verleimtes Stück Holz auf der Holzdrehbank schlechter bearbeiten läßt als ein Stück Holz, bei dem die Verleimung in gleicher Richtung läuft. Da der Modellbauer nur in den seltensten Fällen mit dem Support arbeitet, sondern im allgemeinen seine Drehstähle mit der Hand führt, Holzdrehbänke aber eine erhöhte Tourenzahl aufweisen, Kopf- oder auch Hirnholz genannt, schlechter als Langholz von Hand zu bearbeiten ist, muß auch auf die Gefährlichkeit beim Drehen Rücksicht genommen werden.

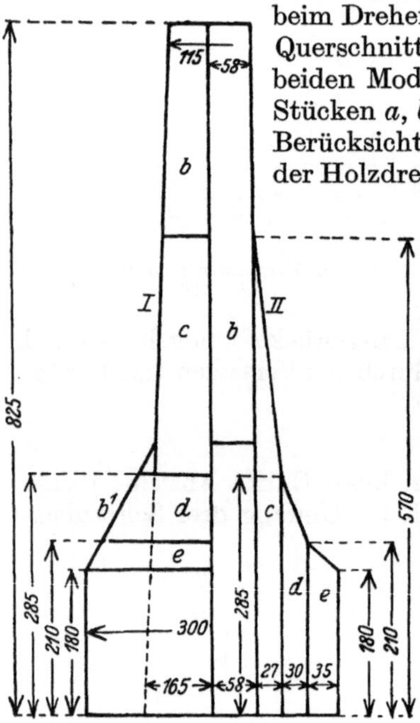

Abb. 133. Verleimung des Modellhauptkörpers (Abb. 132) *I* = Querschnitt. *II* = Längsschnitt.

Die Aussparung in der Säule zum Einleimen des besonders angefertigten Fußes finden wir bei Abb. 132, *I*.

Abb. 134 zeigt bei *I* den Schnitt durch den gedrehten Fuß, bei *II* durch den verleimten Fuß. Auch bei der Verleimung des Fußes, der aus acht aufeinandergeleimten einzelnen Ringen zu je sechs Segmenten besteht, nimmt sich der Modellbauer seine Stichmaße nach dem Modellaufriß wieder unter Berücksichtigung des Übermaßes zum Bearbeiten auf der Holzdrehbank. Der innere Durchmesser *g* ist bei allen Ringen *1—8* gleich, die einzelnen äußeren *h*-Durchmesser sind jedoch verschieden. Die Bohrung von 85 mm Durchmesser entspricht der Ausdrehung im Hauptkörper (Abb. 132, *I*), wo sich die beiden Maße *i* im Durchmesser genau decken müssen, *f* ist der Lochkreisdurchmesser für die drei Schraubenlappen.

Diesen Durchmesser sticht der Modellbauer auf der Drehbank so scharf ein, daß er auch als Kontrollriß beim fertigen Modell noch sichtbar ist. Der in die Säule eingedrehte und eingeleimte Fuß wird nochmals verschraubt (Abb. 132, *I*).

Während der Hauptkörper der Säule in zwei Teilen aufeinandergedübelt und vor dem Drehen beide Teile durch eine Papierfuge aufeinandergeleimt werden, ist der Fußring nicht aus einem Stück, da er sich so auf der Drehbank besser und sicherer bearbeiten läßt. Ist der Ring gedreht, so wird er auf der Bandsäge durchgeschnitten und der verlorengegangene Säge-

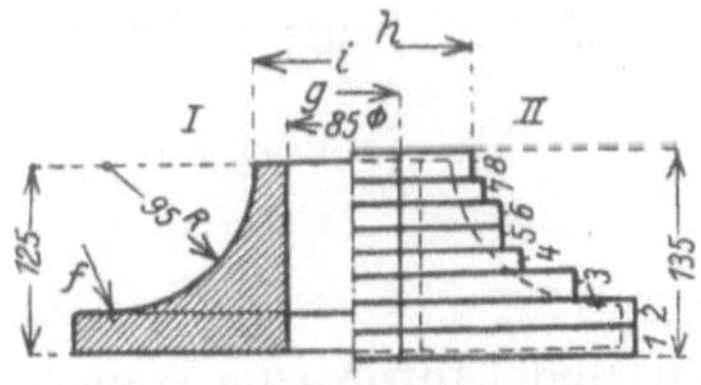

Abb. 134. *I* = fertiger, *II* = verleimter Säulenfuß.

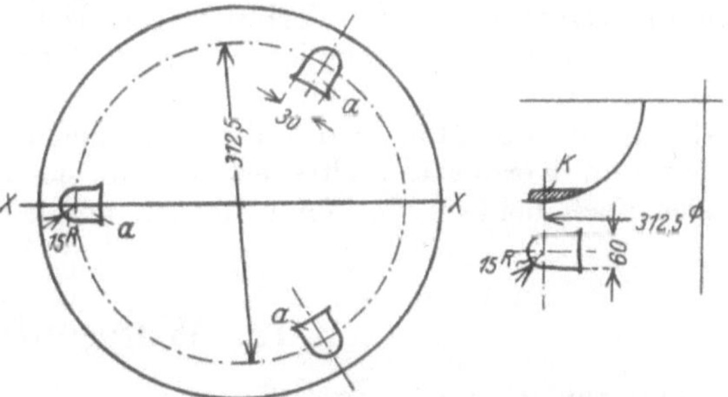

Abb. 135. Befestigung der Schraubenlappen.

schnitt wieder aufgeleimt. Um nicht auf beide Hälften je einen halben Sägeschnitt aufleimen zu müssen, schneidet der Modellbauer auf der einen Seite des Mittelrisses entlang, bestößt die Teilfläche und leimt auf der einen Hälfte so viel auf, wie durch den Sägeschnitt und das Bestoßen verlorengegangen ist.

Abb. 135 zeigt die Anbringung der drei Schraubenlappen *a*. Die Teilfuge des Modells liegt auf der Linie *X—X*. Der auf der Teilfuge sitzende geteilte Lappen *a* kann fest am Modell sitzen, während die beiden anderen Lappen *a* lose bleiben müssen, da sich sonst das Modell nicht ausheben läßt. Die Befestigung geschieht

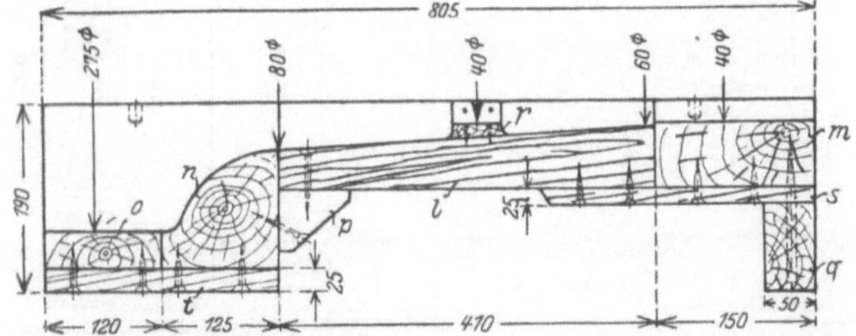

Abb. 136. Längsschnitt durch den Kernkasten zum Modell nach Abb. 132.

durch einen Modellansteckdübel *k*. Dieser Stift wird also von dem Former beim Aufstampfen der Kasten entfernt. In diesem Falle läßt sich kein Schwalbenschwanz anbringen. Auf Abb. 136 haben wir den Längsschnitt durch eine Kernkastenhälfte. Auch der Kernkasten setzt sich aus sehr viel Einzelteilen zusammen. Alle diese Teile müssen gut und stabil miteinander verbunden werden. Die Breite des Kernkastens ist durchweg gleich, da der größte Innendurchmesser 275 mm beträgt, genügt eine Breite von 375 mm, so daß an der größten ausgedrehten Stelle noch 50 mm Holz beiderseits stehenbleiben. Die Ausarbeitung der einzelnen Kernkastenteile geschieht teils auf der Holzdrehbank, teils von Hand mittels Kehlhobel. Auf der Drehbank werden bearbeitet die Teile *n* und *r*. Der Teil *r* wird als glatter Ring gedreht, die anschließenden Hohlkehlen werden eingezogen, hierzu kann man Kitt- oder Lederhohlkehlen verwenden. Die Teile *l*, *m* und *o* werden von Hand bearbeitet. Sind alle Einzelteile für die beiden Kernkastenhälften ausgearbeitet, so wird erst eine Kernkastenhälfte zusammengeleimt, und zwar alle zu leimenden Teile bzw. Leimfugen gut vorgewärmt und nicht zu schwacher (dünner) Leim verwendet. Teil *m* wird auf Teil *l* geleimt und beide Teile durch ein Brett *s*, das aufgeleimt und verschraubt wird, verbunden.

Die Verbindung zwischen Teil *l* und *n* geschieht durch eine starke Eckleiste *p*, ebenfalls verschraubt, die Verbindung zwischen Teil *n* und *o* wieder durch ein Brett *f*. Um den einzelnen Kernkastenhälften eine waagerechte Lage zu geben, werden an den beiden Enden die Leisten *q* befestigt. Die beiden Ringhälften *r* werden genau auf Maß in die Teile *l* eingeleimt und verstiftet. Die Verleimung der zweiten Kernkastenhälfte erfolgt am sichersten auf der bereits verleimten, da sich doch beide Teile genau decken müssen.

19. Wangenfuß.

Abb. 137, *I* zeigt die Werkstattzeichnung, *II* den Modellaufriß zum Wangenfuß. Der Fuß hat eine Ausladung von 150 mm. Abb. 138: Schnitt *C—D* (Abb. 137, *II*). Abb. 139: Schnitt *E—F* (Abb. 137, *II*). Als Aufbaufläche des Modells kommt der Rahmen *a* (Abb. 137, *I*) in Frage. Da derselbe eine Schweifung hat, muß er verleimt und ausgearbeitet werden. Abb. 140 zeigt diese Verleimung. Der Modell-

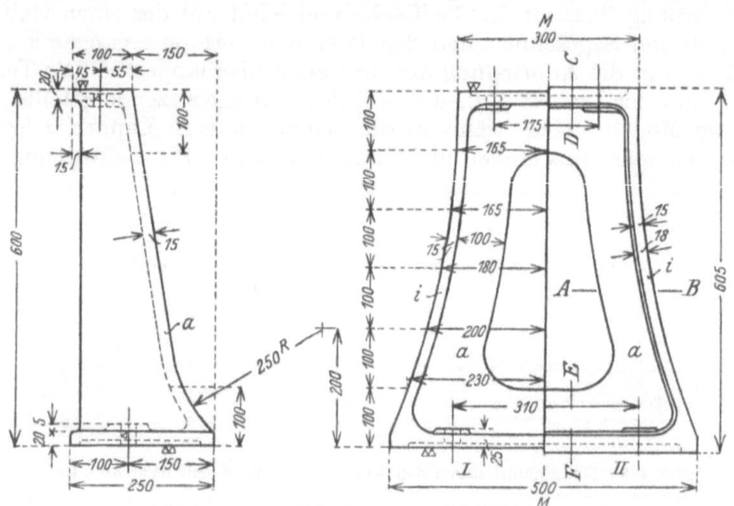

Abb. 137. *I* = Werkstattzeichnung, *II* = Modellaufriß zu einem Wangenfuß.

bauer verleimt sich einen Boden von ∼ 60 mm Länge und 320 auf 520 mm Breite und 15 mm Stärke, stößt sich oben und unten die genaue Schmiege (Schräge) *b* auf die Länge von 577,5 mm an und leimt auf die eine Seite einen Keil *c* in den angegebenen Maßen auf, die Holzrichtung von Keil *c* läuft entgegengesetzt der Holzrichtung von Boden *a*, um dem Boden eine gewisse Stabilität zu geben. Ist der Keil aufgeleimt, so wird erst der Radius von 250 mm angekehlt und nachher das überflüssige Holz auf der entgegengesetzten Seite abgestoßen, alsdann wird die Aussparung im Boden herausgeschnitten, so daß der Boden *a* eine Rahmenform erhält. Auf diesen Boden muß genau und scharf die Mittellinie *M—M*

(Abb. 137, *II*) aufgetragen werden, da von dieser Linie aus alle Maße übertragen werden. Auf diesen Rahmen setzt sich am oberen Ende das Brett *d* (Abb. 138), das eine Länge von 300 mm, eine Breite von 85 und eine Stärke von 15 auf 18 mm hat. Auf diesem Brett sitzen oben die Arbeitsleisten *e*, wobei die im Unterkasten sitzende Leiste e_1 angesteckt werden muß. Um die im Unterkasten aufzustampfende Leiste e_1 vor einer seitlichen Verschiebung zu sichern, wird dieselbe an beiden Enden, wie *f* (Abb. 141) zeigt, eingelassen.

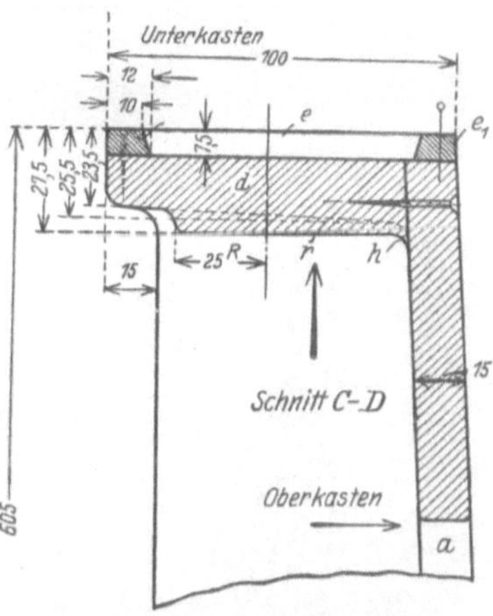

Abb. 138. Schnitt *C—D* nach Abb. 137 *II*.

Am unteren Ende des Rahmens sitzt der Boden *g* (Abb. 139). Dieser Boden ist gegen den Rahmen *a* geleimt und verschraubt, da er auf diese Art besser zu befestigen ist, als wenn man ihn an die Rundung anpaßte und Rahmen *a* durchgehen ließ.

Hohlkehlen *h* (Abb. 138 und 139) werden in Form von Lederhohlkehlen besonders eingezogen, Rahmen *C* (Abb. 138 und 139) wird für sich aufgesetzt und Leisten e_1, die wieder in den Unterkasten zu sitzen kommen, werden lose angesteckt und ebenfalls gegen Verschiebung seitlich gesichert, wie auf Abb. 141 bei *f* zu sehen ist. Abb. 142 zeigt den Schnitt *A—B* nach Abb. 137, *II*. Die Bearbeitung der seitlichen Rippen *i* ist etwas schwieriger, da diese von zwei Seiten geschweift und bei der Bearbeitung auch schlecht einzustellen sind. Je genauer

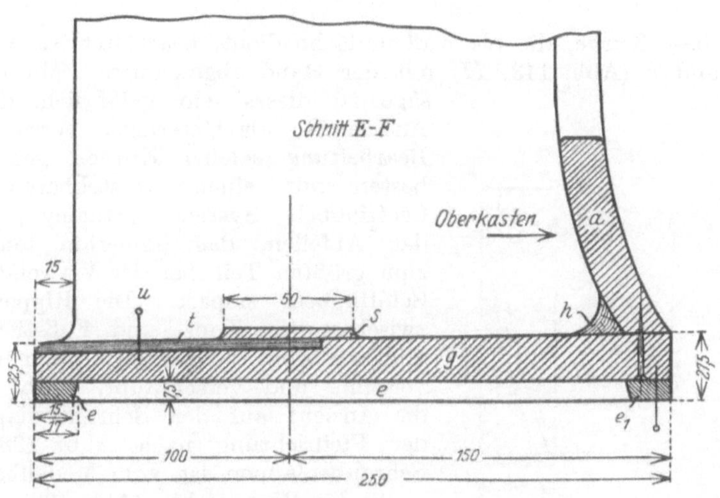

Abb. 139. Schnitt *E—F* nach Abb. 137 *II*.

der Modellbauer diese Rippen auf der Bandsäge ausschneidet, um so leichter fällt ihm die Bearbeitung.

Abb. 143 zeigt den Aufbau dieser Rippen. Der Modellbauer bearbeitet sich zwei Stücke Holz *k* von ~ 570 mm Länge, 125 mm Breite und 75 mm Stärke aus, ferner ein Stück Holz *l* von ~ 750 mm Länge, 125 mm Breite und 100 mm Stärke; dieses Stück wird auf der Linie *M—M* durchgeschnitten, dadurch wird ein Stück Holz in der Länge von 137,5 mm, in der Breite von 125 mm und 100 mm

Stärke gespart. Dieses Beispiel soll nur zeigen, daß man in einer Modellbauerei wirtschaftlich, aber auch unwirtschaftlich arbeiten kann.

Beim Bearbeiten der Rippen i (Abb. 137, *II*) verfährt der Modellbauer wie folgt: Zuerst wird die Rippe, wie Abb. 143, *II* zeigt, aufgerissen und mit der Bandsäge so eingeschnitten, daß noch $\sim$ 30 mm stehenbleiben, die Stücke n und o also nicht abfallen. Dann wird das eingeschnittene Stück Holz flachgelegt und die Kurve p (Abb. 143, *I*) geschnitten, und zwar so, daß das Stück q abfällt,

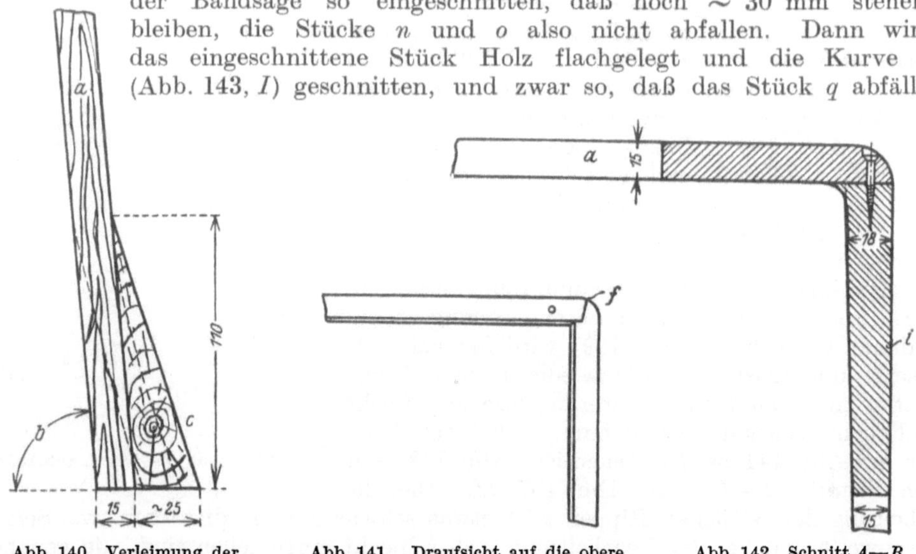

Abb. 140. Verleimung der Rückwand a (Abb. 137).

Abb. 141. Draufsicht auf die obere Arbeitsfläche am Modell (Abb. 137 *II*).

Abb. 142. Schnitt A—B (Abb. 137 *II*).

erst wenn diese Kurve, die als Aufleimfläche dient, bearbeitet ist, werden die Stücke n und o (Abb. 143, *II*) mit der Hand abgeschnitten. Mit der Bandsäge ist dieses sehr gefährlich, darum die Ausschnitte als Unterlagen verwenden. Die Bearbeitung solcher Kurven geschieht am besten mit einem verstellbaren eisernen Schiffhobel, System „Stanley", da man das Abfeilen, das immerhin teurer wird, zum größten Teil bei der Verwendung eines Schiffhobels erspart. Die Rippen werden zwischen das Kopf- und Fußstück gepaßt und, wie Abb. 142 zeigt, mit dem Rahmen a verleimt und verschraubt. Abb. 144 zeigt die Ansicht auf den Schraubenlappen r in der Pfeilrichtung nach Abb. 138. Dieser Schraubenlappen ist vom Modellbauer auch nach der Rippe i hin (Abb. 138) angezogen, da sich der Oberkasten so besser abhebt, als wenn der Lappen wie punktiert angefertigt wäre.

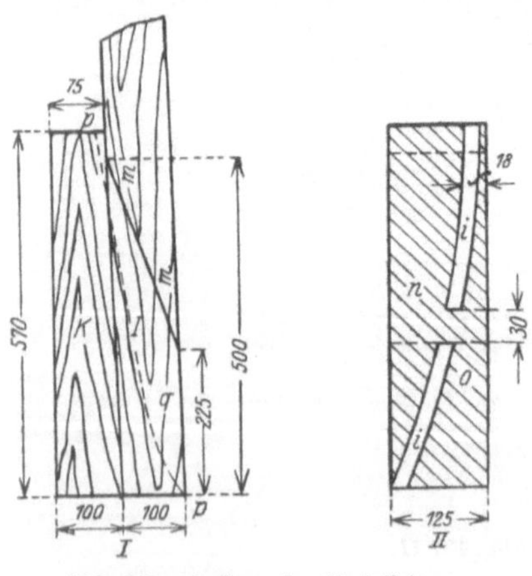

Abb. 143. Aufbau der Modellrippen (Abb. 137 *II*).

Abb. 145, Scheibe s (Abb. 139) mit Schwalbenschwanzführung f. Diese Scheibe muß am Modell lose bleiben und wird später, wenn der Oberkasten abgehoben ist, seitlich herausgenommen. Leider werden oftmals auch in der Hinsicht Fehler in der Modellwerkstatt gemacht, indem man solche Scheiben einfach ohne jegliche Führung mit Drahtstiften ansteckt, was meist zur Folge hat, daß beim

Anreißen die Schraubenmittel nicht Mitte Scheiben oder Nocken sitzen. Schwalbenschwanzführung f (Abb. 145) macht man am besten aus Hartholz, die Führung selbst wird eingelassen, wie bei Abb. 139 zu sehen ist. Stift u hat also nur den Zweck, daß der lose Teil beim Transport nicht verlorengeht.

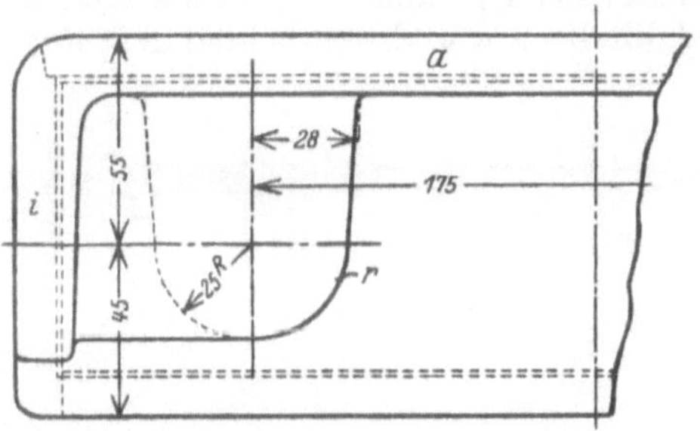

Abb. 144. Draufsicht auf die Schraubenlappen r (Abb. 138).

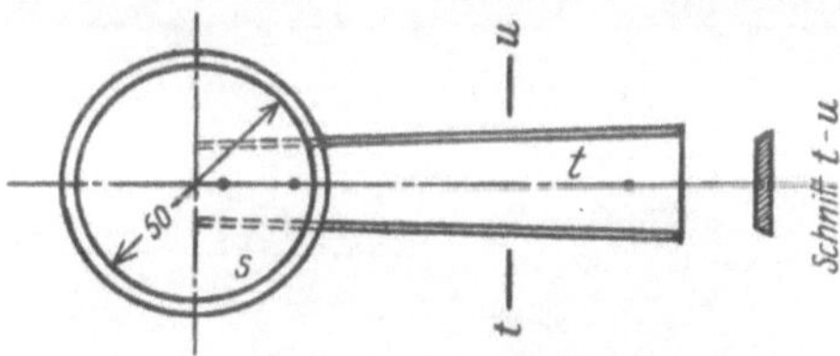

Abb. 145. Draufsicht auf Scheibe S (Abb. 139).

20. Übergangsstutzen.

In Abb. 146, *I* ist die Werkstattzeichnung eines Übergangsstutzens wiedergegeben. Abb. 146, *II* zeigt das Modell hierzu zum Dreiteiligformen. Abb. 147 zeigt dasselbe Modell, aber zum Zweiteiligformen eingerichtet. Nicht jedes Modell läßt sich dreiteilig formen, um Kernarbeit zu ersparen, dies hängt lediglich von der Konstruktion und von der Anzahl der Abgüsse ab.

Das Modell ohne Kern nach Abb. 146, *II* setzt sich aus den beiden Modellteilen *a* und *b* zusammen, beide Teile sind mittels Falz lose verbunden. Beide

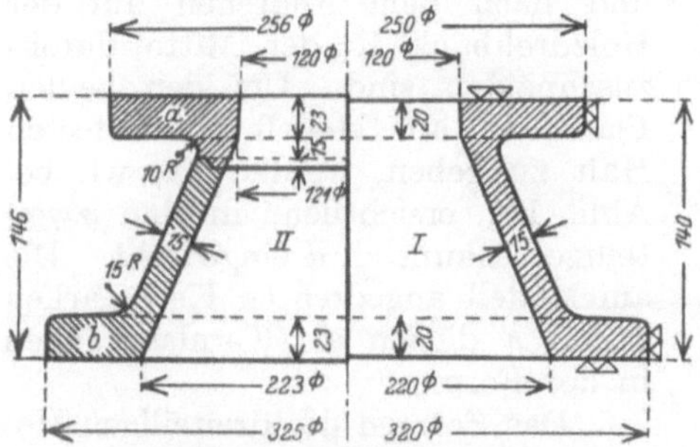

Abb. 146. Übergangsstutzen.
Linke Hälfte: Modell zum Dreiteiligformen eingerichtet.
Rechte Hälfte: Werkstattzeichnung.

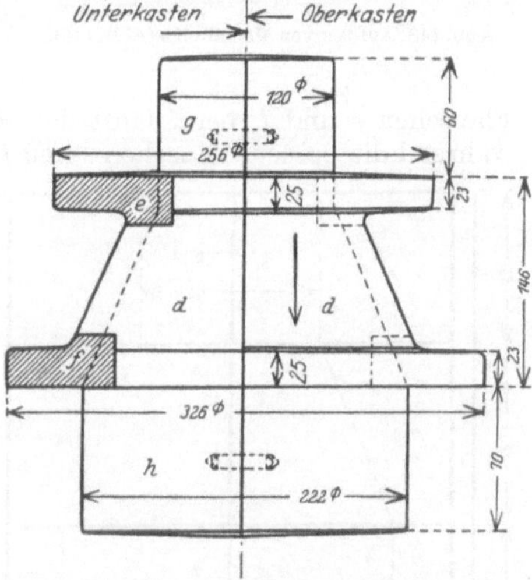

Abb. 147. Modell zum Zweiteiligformen eingerichtet.

Teile werden, da sie rund sind, in Segmenten verleimt. Diese Segmentverleimung hat den Zweck, dem Modell einen festeren Halt zu geben und es vor dem Verziehen im feuchten Formsand zu schützen, andererseits sollen im Modellbau Stirn- oder auch Kopfholzflächen genannt möglichst vermieden werden.

Abb. 148 zeigt die Segmentverleimung des kegeligen Modellteiles nach Abb. 146, *II b*. Dieser kegelige Ring wird aus acht Einzelringen mit verschiedenen Durchmessern aufeinandergeleimt und dann vom Modellbauer an Hand seines Modellaufrisses ausgedreht; bei der Verleimung muß also zum Abdrehen des Modellteiles *b* mindestens 5 mm auf die Fläche zugegeben werden.

Die Stoßfugen *c* (Abb. 148) sind bei Ringverleimungen stets versetzt.

Abb. 149 zeigt die gleichen Verleimungen zum Modellteil Abb. 146, *IIa*.

Die Verleimung des Kernmodells nach Abb. 147 ist einfacher. Dieses Modell besteht aus zwei aufeinandergedübelten Modellhälften *d* und den beiden geteilten

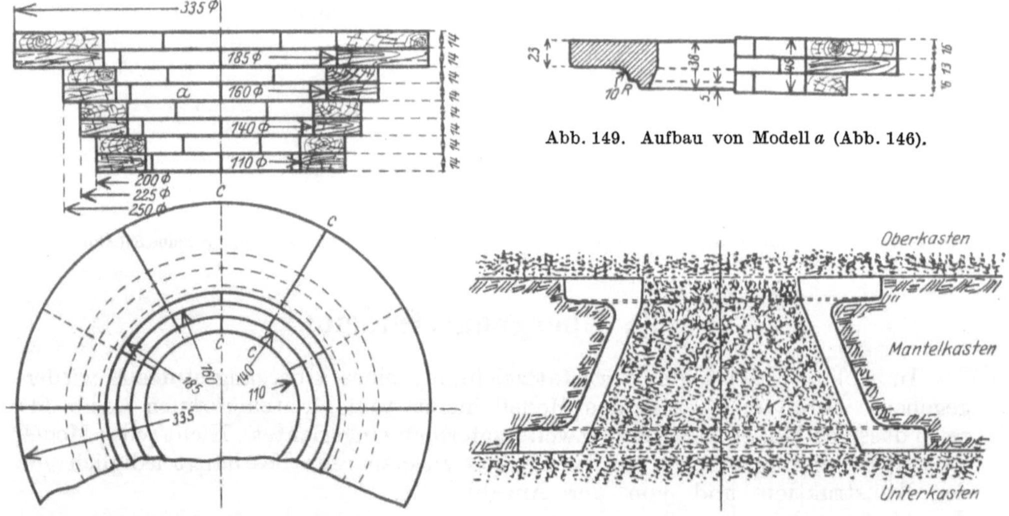

Abb. 148. Aufbau von Modellteil *b* (Abb. 146).

Abb. 149. Aufbau von Modell *a* (Abb. 146).

Abb. 150. Fertige Form beim dreiteilig geformten Modell nach Abb. 146 links.

Flanschen *e* und *f*, bei *d* läuft das Holz in der Pfeilrichtung, ist also Langholz, während die beiden Flanschen *c* und *f* in Ringen wie bei Abb. 149 verleimt werden und nach dem Abdrehen auf der Holzdrehbank in der Mitte durchzuschneiden sind. Um den beiden Flanschen am Modell einen festen Halt zu geben, werden sie, wie bei Abb. 147 ersichtlich, in den zweiteiligen Hauptteil *d* eingedreht. Die am Modell angedrehten Kernmarken *g* und *h* dienen als Kernlagerungen in der Form.

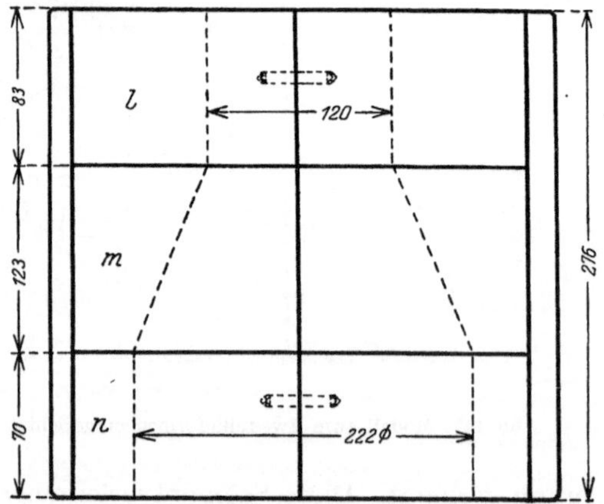

Abb. 151. Kernkasten zum Modell nach Abb. 147.

Das Formen des dreiteiligen Modells geht wie folgt vor sich:

Der Former stampft sich einen glatten Unterkasten auf, stellt das Modell auf den aufgestampften Kasten und stampft den Ballen *K* (Abb. 150) mit in den Unterkasten auf, dann wird der mittlere Kasten, auch Mantelkasten genannt, aufgesetzt und bis Oberkante des kleinen Flansches aufgestampft, alsdann wird als Schluß- oder Deckkasten der Oberkasten aufgesetzt. Beim Ausheben des Modells wird auf folgende Art verfahren: der Oberkasten wird abgehoben, der kleine Flansch abgezogen, dann der Oberkasten wieder aufgesetzt und mit Mantel- und Unterkasten zusammengewendet, der Unterkasten mit anhängendem Ballen *K* abgehoben und das Modell aus dem Mantelkasten herausgenommen. Abb. 150 zeigt die zusammengesetzte Form. Im allgemeinen ist das Dreiteiligformen nicht sehr beliebt, da diese Formmethode für den Former immerhin umständlicher als das zweiteilige Formen ist. Allerdings hat man bei dieser Konstruktion den Vorteil, daß die Wandstärke genau wird. Man wendet deshalb diese Methode auch nur dann an, wenn es sich um Einzelabgüsse handelt. Beim zweiteiligen Formen, also mit Kern, hat der Former weniger Arbeit; er legt hierbei einen Kern ein, den der Kernmacher in dem Kernkasten nach Abb. 151 anfertigt. Der Kernkasten setzt sich aus drei Teilen zusammen, aus dem Teil *l* gleich der Kernmarkenlänge (Abb. 147) + 23 mm, die in den Verbindungsstutzen noch gerade einlaufen. Teil *m* entspricht der Länge des kegeligen Teiles (Abb. 147) + 3 mm Bearbeitungszugabe und dem Teil *m* gleich Kernmarkenlänge *h* (Abb. 147). Durch Zugabe der 3-mm-Bearbeitung am unteren Flansch erweitert sich der Durchmesser an dieser Stelle auf 223 mm. Abb. 152 zeigt den Schnitt durch die zweiteilige Form mit eingelegtem Kern.

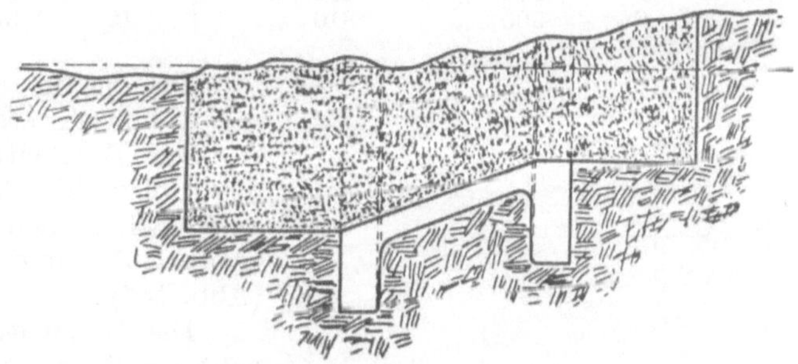

Abb. 152. Schnitt durch die Form des zweiteilig geformten Modells (Abb. 147) mit eingelegtem Kern.

21. Handrad.

Abb. 153 zeigt ein Handrad mit gekröpften Armen, linke Seite *I* Werkstattzeichnung, rechte Seite *II* Modellaufriß. Auch dies Modell setzt sich wieder aus Einzelteilen zusammen, wobei *J* der eigentliche Grund- oder Aufbaukörper, *K* die beiden Naben, *L* die Unterkasten- und *M* die Oberkastenkernmarke sind.

Die Trennung der Formkasten liegt auf der Linie *N*—*N* und läuft über Mitte der vier Arme, so daß sich im Unterkasten noch ein vorstehender Ballen befindet. Die Verleimung des Grundkörpers *J* ist aus Abb. 154 zu sehen. Der Grundkörper besteht aus der Scheibe *O* mit einem Durchmesser von 220 mm und einer Stärke von 25 mm; auf diese Scheibe bauen sich zwölf versetzt aufeinandergeleimte Ringe, wobei *a* = innerer und *b* = äußerer Durchmesser bedeutet. Die einzelnen Maße sind:

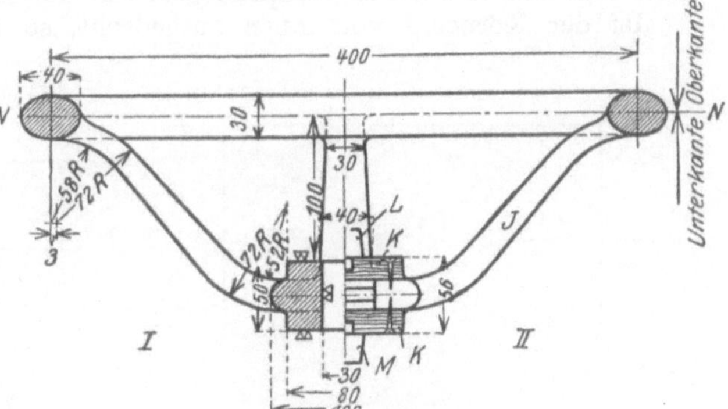

Abb. 153. Handrad mit gekröpften Armen. *I* = Werkstattzeichnung. *II* = Modellaufriß.

Ring	a	b	Ring	a	b
1	60 mm	220 mm	*7*	220 mm	325 mm
2	130 „	240 „	*8*	240 „	340 „
3	140 „	260 „	*9*	260 „	380 „
4	160 „	270 „	*10*	270 „	450 „
5	180 „	290 „	*11*	300 „	450 „
6	200 „	310 „	*12*	300 „	450 „

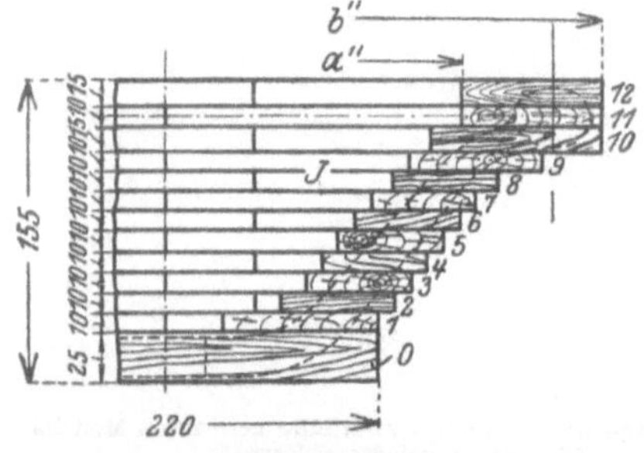

Abb. 154. Verleimung des Modellgrundkörpers *J*.

Die Stärke der einzelnen Ringe ist aus der Abbildung ersichtlich.

Zur Bearbeitung des Hauptkörpers auf der Holzdrehbank braucht der Modellbauer zwei Schablonen, eine Innenschablone *P* (Abb. 155) und eine Außenschablone *Q* (Abb. 156).

Die Bearbeitung auf der Holzdrehbank geht wie folgt vor sich:

Der Modellbauer nimmt eine Holzscheibe *R* (Abb. 157/158) von ~ 460 mm Durchmesser und ~ 50 mm Stärke, spannt diese mittels Holzschrauben auf die Planscheibe *S*, plant die Scheibe *R* und schraubt den Hauptkörper *J* durch die Planscheibe *S* hindurch mittels zwei Holzschrauben *T* auf die Scheibe *R* auf und dreht nach Schablone *P* (Abb. 155) den inneren Raum des Körpers, wie Abb. 157 zeigt, aus. Dabei ist die Schablone so anzuhalten, daß sich Mittel *U* von Schablone *P* mit dem Mittel *U* des Hauptkörpers deckt; der Modellbauer läßt das Mittel des Hauptkörpers auf der Drehbank anlaufen.

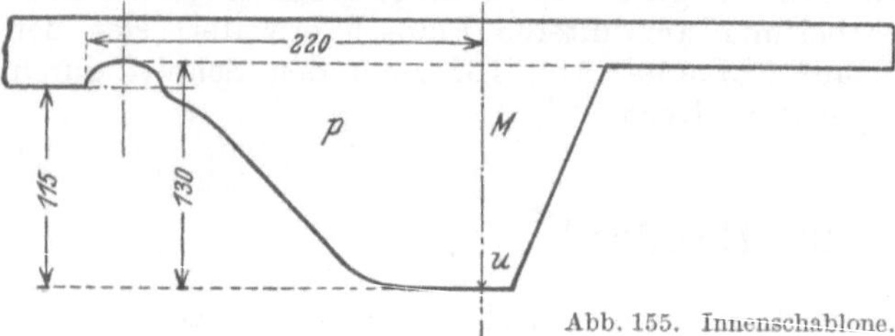

Abb. 155. Innenschablone.

Ist der Körper *J* von innen ausgedreht, so wird er losgeschraubt, in die

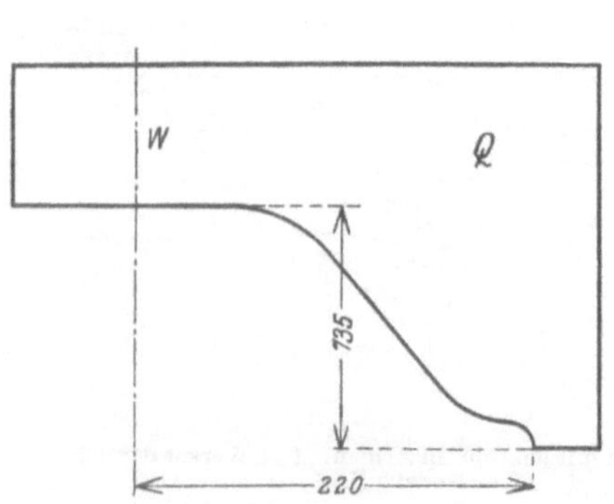

Abb. 156. Außenschablone.

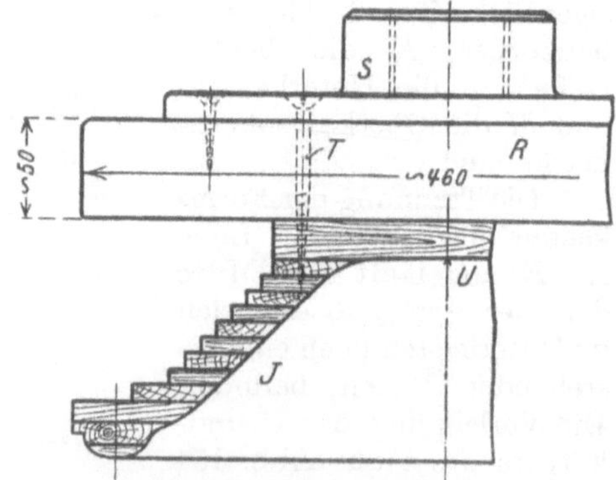

Abb. 157. Bearbeitung des Hauptkörpers *J* nach der Innenschablone (Abb. 155).

Scheibe *R* (Abb. 158) eingefuttert und mittels vier Holzschrauben *V* befestigt; zur Bearbeitung der Außenseite des Körpers dient Schablone *Q* (Abb. 156). Das

Loch von 40 mm Durchmesser zur Aufnahme der Naben (Abb. 158) wird zuletzt auf der Drehbank durchgestochen, ebenfalls werden die Armmittellinien auf der Drehbank mittels Parallelreißer angezeichnet, die Zwischenräume zwischen den einzelnen Armen werden mit der Lochsäge herausgeschnitten und bearbeitet.

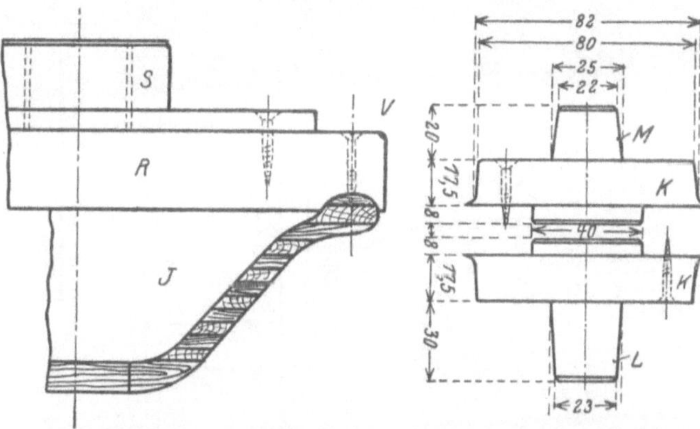

Abb. 158. Bearbeitung des äußeren Teiles des Hauptkörpers *J* (Abb. 153 *II*) nach Außenschablone (*p* Abb. 155).

Abb. 159. Naben und Kernmarken zum Handradmodell Abb. 153 *II*.

Abb. 159 zeigt die beiden losen Naben *K* mit aufgedübelten Kernmarken *L* und *M*. Die beiden Naben haben ihre Führung im Hauptkörper *J* durch den vorspringenden Teil von 40 mm Durchmesser und werden mittels einer oder zwei Holzschrauben mit dem Hauptkörper verbunden, so daß sie jederzeit gegen kleinere oder größere Naben ausgewechselt werden können. Die Stabilität des Modells ist nicht sehr groß, da die unzähligen Leimfugen im feuchten Formsand nicht lange standhalten werden, und es empfiehlt sich deshalb, wenn ein solches Modell öfter gebraucht wird, den Hauptkörper *J* (Abb. 153) als eisernen Bestandteil anzufertigen, also ein Muttermodell nach doppeltem Schwindmaß anzufertigen, den Abguß sauber befeilen zu lassen und die Naben und Kernmarken, in Holz angefertigt, lose aufzustekken, damit sie jederzeit ausgewechselt werden können.

22. Konsollagerbock.

Abb. 160 Werkstattzeichnung zu einem Konsollagerbock, Abb. 161 Modellaufriß hierzu. Der Abguß hat einen Kastenquerschnitt, der Hauptkern *A* ist ein sog. freitragender Kern. Man unterscheidet Kerne, die in mehreren Kernführungen gelagert sind, und solche, welche nur eine einseitige Auflagefläche haben. Im letzteren Falle soll die Auflagefläche des Kernes größer sein als die Fläche, die durch den Kern den Hohlraum des Gußstückes bildet, damit ein Übergewicht vorhanden ist. Dies ist bei *A*, Abb. 161, der Fall. Das Modell selbst ist zweiteilig,

Abb. 160. Werkstattzeichnung zu einem Konsollagerbock.

die Teilung des Modells liegt auf der Linie H—H (Abb. 161). Kern B dient zur Herstellung des Hohlraumes für die Lagerfläche. Das Modell ist, wie auf Abb. 161 Grundriß, ersichtlich, von der Mitte aus nach dem Ober- und Unterkasten zu kegelig gehalten, damit sich die Modellhälften leicht aus den Formkästen ausheben.

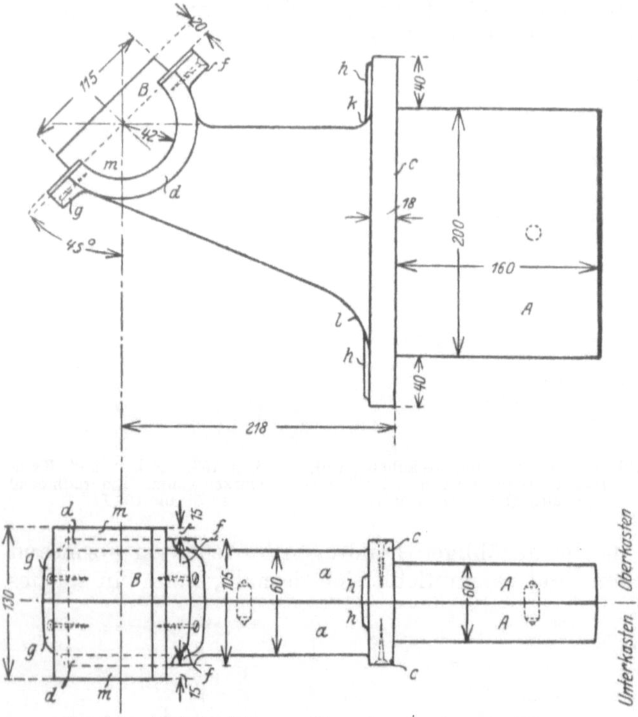

Abb. 161. Modellaufriß zum Konsollagerbock nach Abb. 160.

Das Modell setzt sich aus folgenden Teilen zusammen: aus den beiden Grundaufbauflächen a mit anhängender Kernmarke A (Abb. 162). Diese beiden Flächen werden, wie ersichtlich, erst zusammengedübelt, dann aufgezeichnet, zusammen auf der Bandsäge ausgeschnitten und allseitig genau auf Maß bearbeitet. Die punktierten Linien geben die Umrisse der beiden zugeschnittenen Stücke Holz a wieder, Kante b dient als Winkelkante zum Aufreißen. Abb. 163 zeigt die beiden Fußplattenhälften c, die Aussparungen 200 × 30 mm dienen zum Übersetzen auf die Kernmarke A (Abb. 161), wo die Fußplattenhälften aufgeleimt und verschraubt werden. Abb. 164 gibt die beiden halben Scheiben d wieder. Der Modellbauer dreht eine volle Scheibe und schneidet diese 3 mm über der Mitte auf, da auf der Lagerfläche 3 mm Bearbeitungszugabe sitzen und die

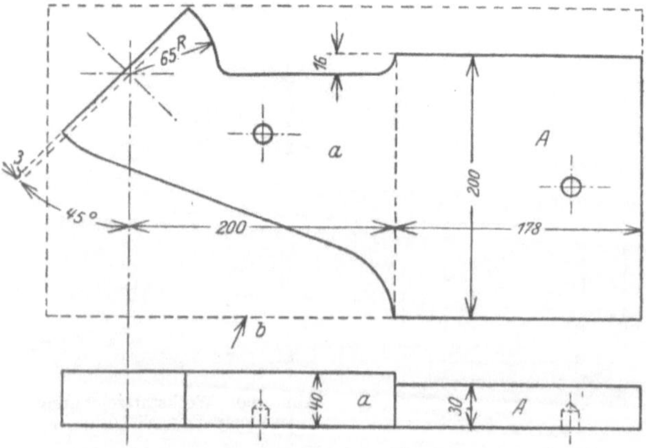

Abb. 162. Grundaufbaufläche des Modells nach Abb. 161.

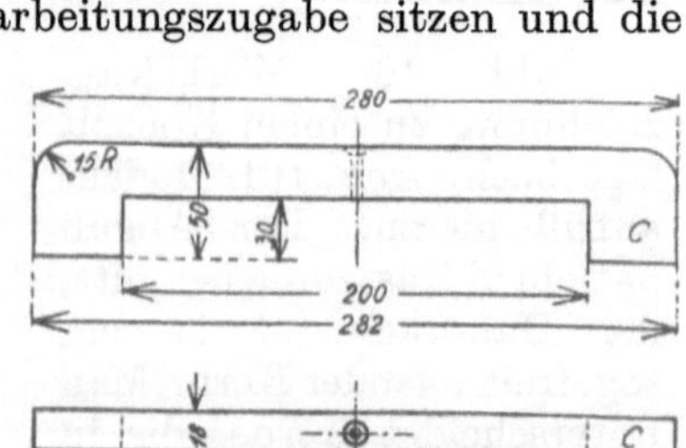

Abb. 163. Halbe Fußplatte zum Modell Abb. 161.

beiden Scheibenhälften mit der oberen Lagerfläche gleichsitzen müssen. Da der Schnitt also 3 mm über Scheibenmitte sitzt, muß der Modellbauer wieder auf die kleinere Hälfte so viel aufleimen, daß er hier auch noch 3 mm über Mitte kommt. Würde der Modellbauer die Scheibe genau auf Mitte aufschneiden, wäre er gezwungen, auf beide Hälften aufzuleimen, die Schnittlinie liegt also auf der punktierten Linie *e*—*e* (Abb. 164). Die Ansätze *f* und *g* finden wir im Schnitt auf Abb. 165. Es werden gebraucht zwei Leisten *f* und zwei Leisten *g*, je 40 mm lang und der Formrichtung entsprechend kegelig gehalten, die Leisten werden mit Leim angedrückt und verstiftet. Abb. 166 zeigt die Schraubenlappen *h*; die Teillinie der Lappen liegt auf der Linie *i*—*i*, der Radius beträgt 20 mm, die gerade Fläche der Lappen ~ 60 mm, damit sie der Modellbauer an die Hohlkehlen *k* und *l* (Abb. 161) anpassen kann. Aus Abb. 167 sind die beiden halben Kernmarken *m* und aus Abb. 168 die Kernmarke *B* ersichtlich. Bei den halben Kernmarken *m* verfährt der Modellbauer genau wie bei den halben Scheiben *d* (Abb. 164), da auch bei *m* jede Hälfte 3 mm über die Mitte gehen muß. *B* ist die gerade

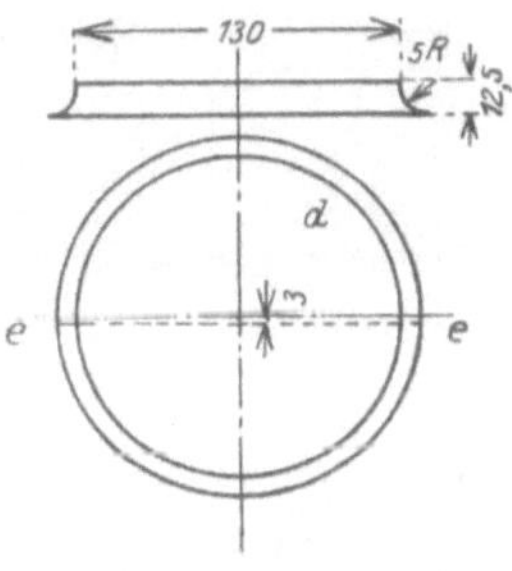

Abb. 164. Zwei halbe Scheiben *d* (Abb. 161).

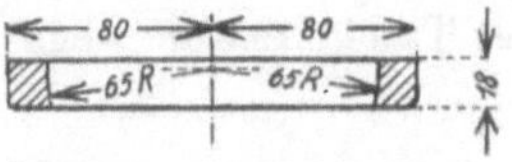

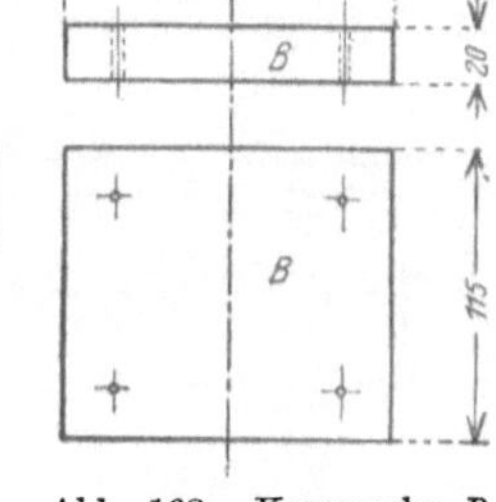

Abb. 168. Kernmarke *B* (Abb. 161).

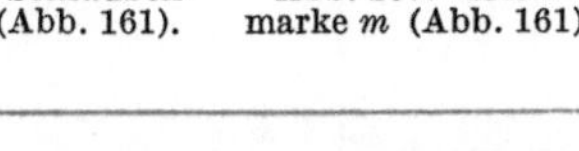

Abb. 165. Schnitt durch die Leisten *f* und *g* (Abb. 161).

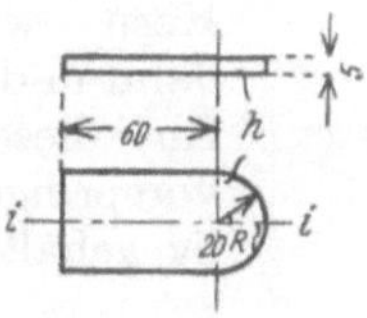

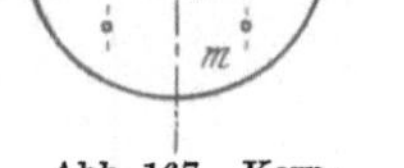

Abb. 166. Schraubenlappen *h* (Abb. 161).

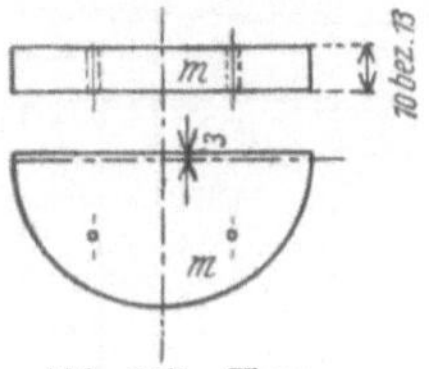

Abb. 167. Kernmarke *m* (Abb. 161).

Führung des Lagerkernes, die beiden Kernmarken *m* könnten wohl fehlen; damit sich aber die Lagerfläche nach unten und oben glatt durchgießt, setzt der Modellbauer Kernmarken auf; damit die Einführung des Lagerkernes in den Oberkasten nicht zu schwer fällt, ist die Oberkastenkernmarke *m* statt 15 mm nur 10 mm hoch. Was bei der Oberkastenkernmarke *m* in bezug auf Höhe möglich ist, kann bei der Kernmarkenhälfte *A* (Abb. 161), die nach dem Oberkasten geht, nicht geschehen, da das Gesamtmaß von 60 mm gegeben ist. Abb. 169 zeigt den im Kernkasten aufgestampften Kern *A* (Abb. 161). Der Kernkasten ist zweiteilig und geht in der Pfeilrichtung auseinander. Das Innere des Kernkastens ist gleich Kern-

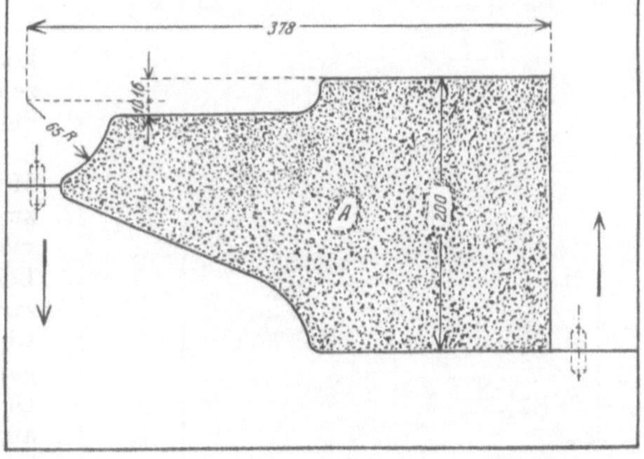

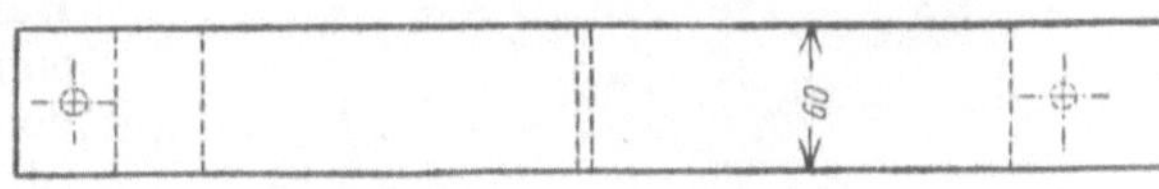

Abb. 169. Im Kernkasten aufgestampfter Kern „*A*".

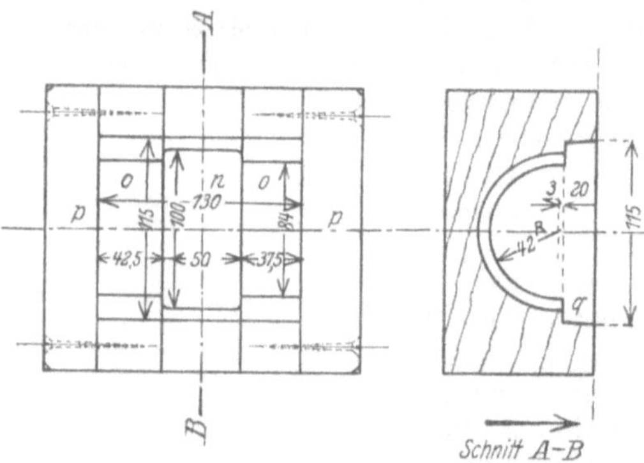

Abb. 170. Lagerkernkasten zum Konsollagerbockmodell nach Abb. 161.

marke A plus dem Teil, der als Hohlraum im Abguß anzusprechen ist. Der Kernkasten ist eine sog. Schnalle, also von beiden Seiten offen, und hat eine Stärke von 60 mm. Abb. 170 Kernkasten zum Lagerkern. Dieser setzt sich zusammen aus dem Mittelstück n, das der Aussparung im Lagerkern entspricht, den beiden Teilen o gleich Auflagefläche im Lager plus Kernmarkenhöhe m. Da zwischen den beiden Kernmarkenhöhen eine Differenz von 5 mm ist, muß dies im Kernkasten berücksichtigt werden. Vorsprung q von 20 mm Höhe und 130 × 115 mm ist gleich Kernmarke B (Abb. 168). Der Kernkasten wird in seinen Teilen verleimt und gestiftet, die Seitenwände p aufgeschraubt; der Kern wird aufgestampft und dann in der Pfeilrichtung gestülpt. Aus diesem Grunde ist auch der vorspringende Teil q etwas kegelig gehalten.

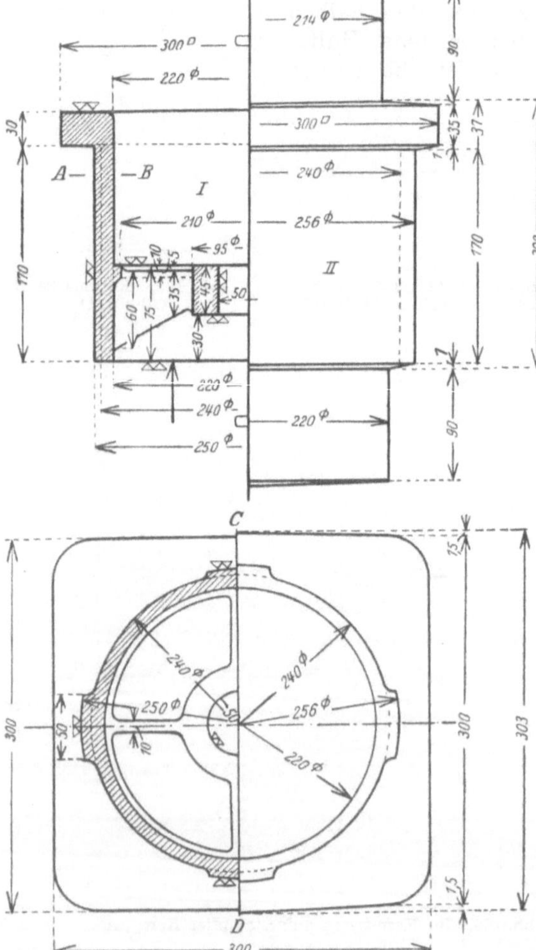

Abb. 171. Düsenkörper. Linke Hälfte: Werkstattzeichnung; rechte Hälfte: Modellaufriß. Im Grundriß Schnitt A—B in der Pfeilrichtung gesehen.

23. Düsenkörper.

Abb. 171 zeigt einen Düsenkörper, linke Hälfte (I) Werkstattzeichnung, rechte Hälfte (II) Modellhälfte.

Abb. 172, Modellaufbau. Das Modell setzt sich zusammen aus dem zweiteiligen Modellkörper G, dem viereckigen Flansch H und den vier Leisten J. Im Vergleich der Maße zwischen Abb. 171, I und II finden wir die am Modell vorhandene Zugabe zur Bearbeitung. Modellkörper G (Abb. 172) besteht aus zwei aufeinandergedübelten Hälften, Flansch H ist, um demselben einen besseren Halt zu geben, im Hauptkörper G eingelassen. Dieses geschieht, indem der Modellbauer eine Rille in Stärke des Flansches von 37 mm eindreht. Hauptkörper G, Flansch H und Kernmarken K sind entsprechend der Formrichtung kegelig gehalten. Die vier im Umfang befindlichen Flächen *J* werden besonders ausgearbeitet, wobei die an der Teilstelle befindlichen beiden Leisten *J* in der Längsrichtung ebenfalls wie das Modell geteilt sein müssen.

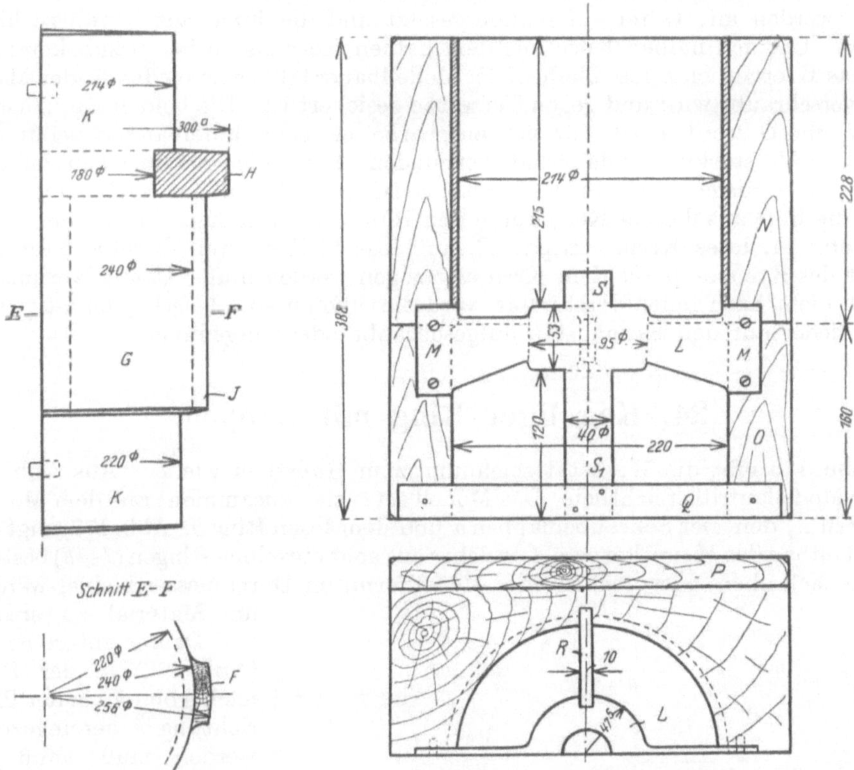

Abb. 172. Modellaufbau.

Abb. 173. Der halbe Kernkasten zum Modell nach Abb. 172.

Abb. 173 zeigt den halben Kernkasten zum Modell (Abb. 171, *II*). In der Regel werden ganze Kernkasten angefertigt; es kommt aber in der Praxis vor, daß statt einem ganzen Kern zwei halbe Kerne angefertigt werden müssen, wenn also die Hohlräume eines Gußstückes so beschaffen sind, daß der Kern sich nicht in einem herstellen läßt. Das im Innern des Kernkastens angebrachte Kreuz *L* würde sich nicht aus einem im ganzen aufgestampften Kerne entfernen lassen, darum geht der Modellbauer dem Kernmacher zur Hilfe und macht einen halben Kernkasten. Es kann jedoch nur dann ein halber Kernkasten angefertigt werden, wenn beide Kernhälften symmetrisch sind. Ist dieses nicht der Fall, muß der Modellbauer zwei Kernkastenhälften anfertigen. Bei Abb. 171 genügt ein halber Kernkasten. Der Kernkasten ist nicht sehr schwierig, jedoch ist es bei halben Kernkasten unbedingt

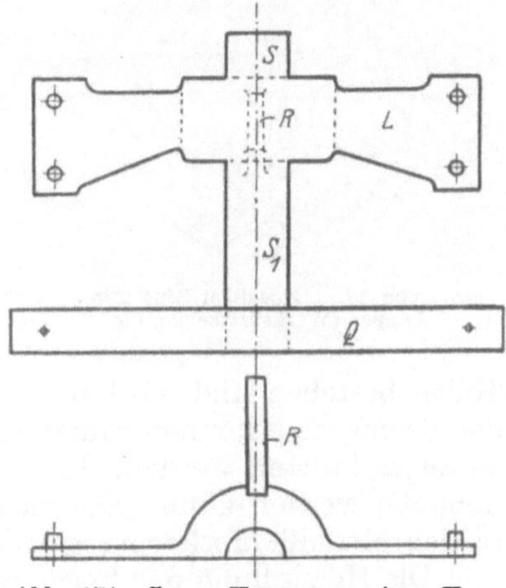

Abb. 174. Loses Kreuz aus einer Kernkastenhälfte.

erforderlich, daß größte Sorgfalt verwendet wird, damit sich beide Kernhälften genau decken; wenn sie aufeinandergeschwärzt werden. Was beim Modellbauer Verleimen heißt, bedeutet beim Kernmacher Aufeinanderschwärzen, beide Kernhälften werden mit Lehm aufeinandergesetzt und die Fuge mit Schwärze überstrichen. Um den halben Kern aus dem halben Kernkasten herauszubekommen, muß das Kreuzstück *L* lose bleiben, der Modellbauer läßt es an beiden Enden M ein, wo es verschraubt wird und gegen Versetzen gesichert ist. Die beiden Kernkastenteile *N* und *O* werden jede für sich ausgearbeitet, beide aufeinandergeleimt und durch eine Verstärkung *P* dauerhaft verbunden. Die beiden Kernmarken *S* und S_1 dienen zum Einlegen des Bohrungskernes. Kernmarke S_1 muß durchgeführt werden, damit die Luft aus diesem Kern durch den Hauptkern durchgeführt werden kann.

Abb. 174, loses Kreuz. Rippe *R* muß lose bleiben, weil dieselbe entgegengesetzt des Kreuzes *L* aus dem Kern abgezogen werden muß. Damit Kernmarke S_1 sich nicht nach innen verstampft, wird dieselbe an eine Leiste *Q* befestigt und diese wieder auf den Kernkasten aufgeschraubt oder aufgedübelt.

24. Kegeliger Ring mit Lappen.

Abb. 175 gibt die Werkstattzeichnung zum Gußstück wieder. Aus Abb. 176 ist der Modellaufriß ersichtlich. Das Modell setzt sich zusammen: aus dem Modellhauptteil *A*, den vier Schraubenlappen *a* und dem losen Ring *b*. Abb. 177 zeigt den Modellaufbau des Hauptkörpers *A*, welcher aus acht einzelnen Ringen (*1*—*8*) besteht, welche nach oben, entsprechend der Modellform, im Durchmesser kleiner werden, um Material zu sparen. Da der untere Ring *b* (Abb. 176) in der Form nach Abb. 179 in der Pfeilrichtung *h* hereingezogen werden muß, muß der Ring *b*, wie Abb. 179 wiedergibt, aus einzelnen

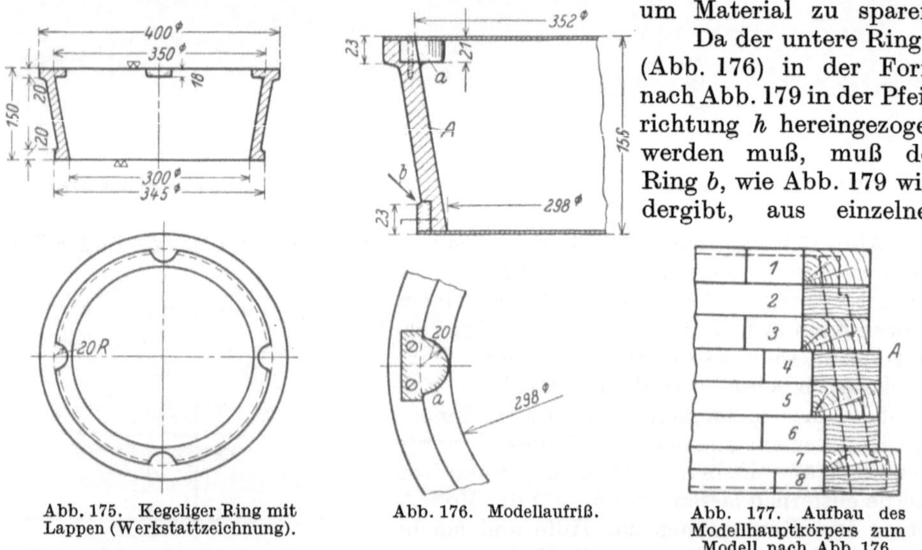

Abb. 175. Kegeliger Ring mit Lappen (Werkstattzeichnung).

Abb. 176. Modellaufriß.

Abb. 177. Aufbau des Modellhauptkörpers zum Modell nach Abb. 176.

Teilen bestehen und wird in entsprechende Stücke zerschnitten. Die Anschnitte der Segmente *e* können radial zur Mitte laufen, jedoch muß das Segmentstück *d* so angeschnitten werden, daß es zuerst in der Pfeilrichtung *f* aus der Form genommen werden kann. Die vier Schraubenlappen *a* werden, wie Abb. 176 zeigt, in den Modellhauptkörper eingelassen und verschraubt.

Die Herstellung der Form geht nach Abb. 180 wie folgt vor sich: Der Former legt das Modell (Abb. 180) mit dem großen Durchmesser auf den Aufstampfboden *D* und stampft zuerst den Ballen *B* auf, dann wird der Ballen an der Oberfläche *c* mit Streusand abgerieben und der Kasten *C* aufgestampft, wobei die Aufsteckstifte *g* (Abb. 179) aus dem Ring *b* zu entfernen sind. Nun wird der Kasten *C* mit dem Aufstampfboden *D* gewendet, der Boden *D* und auch die Schrauben aus den Lappen *a*, Abb. 176 entfernt und der Oberkasten *D* (Abb. 178) aufgestampft, wobei

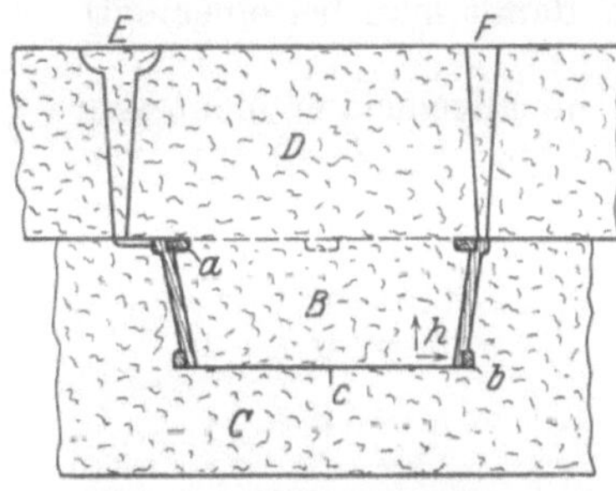

Abb. 178. Schnitt durch die aufgestampfte Form.

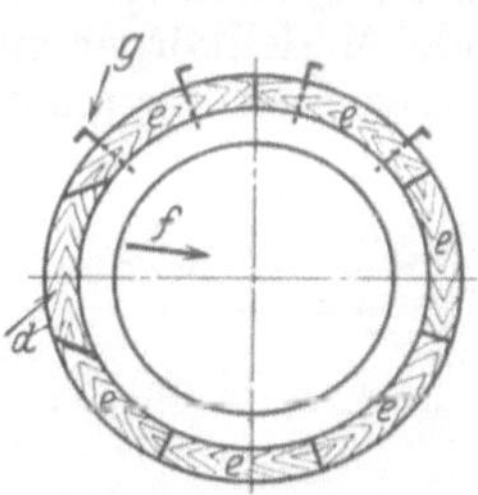

Abb. 179. Am Modell angesteckter Ring.

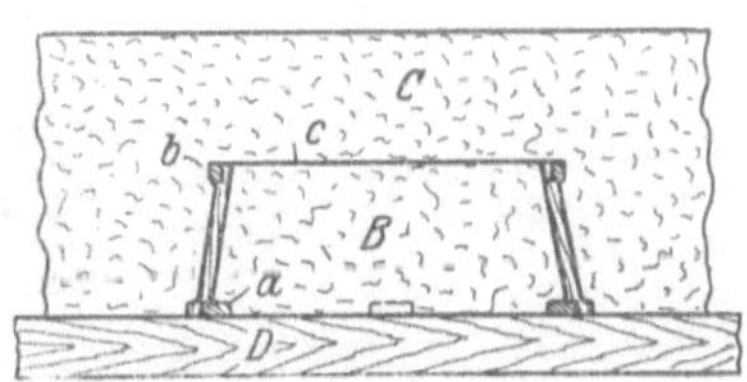

Abb. 180. Aufstampfen des Unterkastens.

sich der Ballen *B* durch Aufarbeiten mit dem Formsand des Oberkastens *D* verbindet. Ebenso werden der Eingußtrichter *E* und der Steigtrichter *F* angesetzt.

Um die Form gießfertig zu machen, hebt nun der Former den Oberkasten *D* Abb. 178 ab, wobei die Lappen *a* mit dem Ballen *B* mit dem Oberkasten *D* hochgehen. Die Lappen *a* können nun leicht seitwärts herausgenommen werden. Nun wird das eigentliche Modell aus dem Unterkasten *C* entfernt und die einzelnen Segmentstücke *d* und *e* Abb. 179 in der Pfeilrichtung *h*, wie Abb. 178 zeigt, aus der Form genommen, die Form auspoliert und gießfertig gemacht.

25. Zwischenflansch.

Abb. 181 links, Werkstattzeichnung, rechts Modellaufriß mit schwarz markierter Bearbeitungszugabe zu einem Zwischenflansch. Im Abguß befinden sich zwei diagonal gegenüberliegende Löcher *a* von 70 mm Durchmesser, welche, wie der Modell-

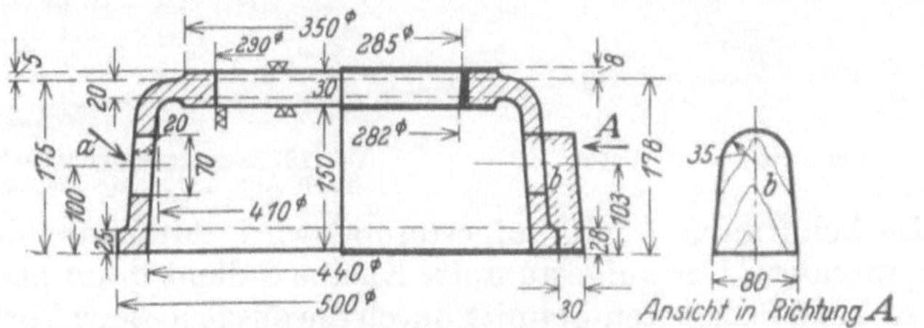

Abb. 181. Zwischenflansch. Linke Hälfte: Werkstattzeichnung; rechte Hälfte: Modellaufriß.

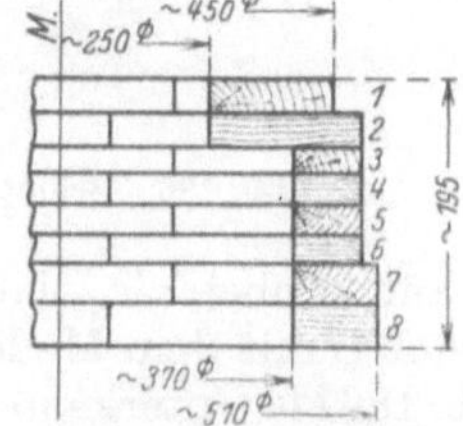

Abb. 182. Aufbau des runden Modellhauptkörpers zum Modell nach Abb. 181, rechte Hälfte.

aufriß zeigt, in der Form mittels Kern hergestellt werden müssen. Da es sich hier um einen runden Modellkörper von 500 mm größtem Durchmesser handelt, muß eine Ringverleimung nach Abb. 182 vorgenommen werden. Die Bearbeitung des verleimten Modellteils auf der Holzdrehbank erfolgt, indem zuerst die innere Form nach Hilfsschablone *A* (Abb. 183) ausgedreht wird. Alsdann wird das Modellteil umgefuttert, d. h. der Modellbauer spannt ein Holzkreuz von etwa 600 mm Länge auf die

Drehbank, dreht einen Falz 440 mm Durchmesser an und schraubt den innen ausgedrehten Modellteil mit der Innenseite auf das Kreuz auf. Die äußere Form des Modells nach Abb. 181 rechts wird nach Schablone B (Abb. 184) bearbeitet, wobei die Kernmarkenmitte 103 mm auf der Drehbank mit angezeichnet wird. Die beiden Kernmarken b (Abb. 181 rechts) werden gesondert angefertigt und dann auf das Modell aufgesetzt, am besten von innen angeschraubt, damit man bei einer evtl. Änderung des Modells ein besseres Arbeiten hat.

In Segmente verleimte runde Modellkörper sind im allgemeinen nicht sehr widerstandsfähig, da man die einzelnen Segmente (Abb. 182, *1—8*) nur ver-

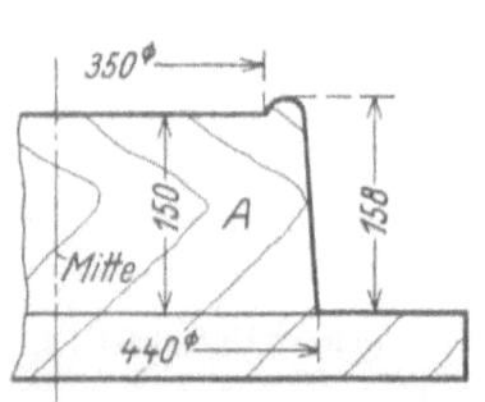

Abb. 183. Innenschablone.

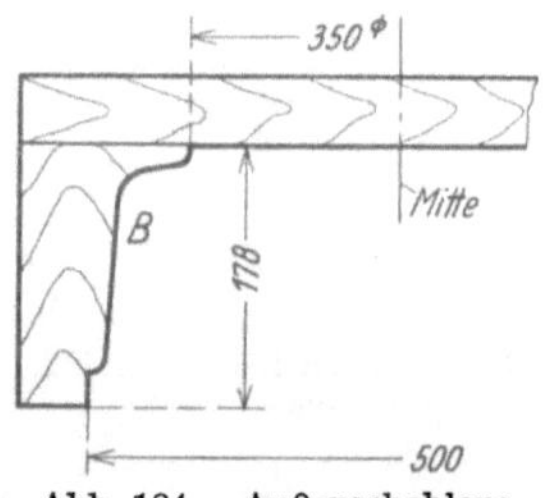

Abb. 184. Außenschablone.

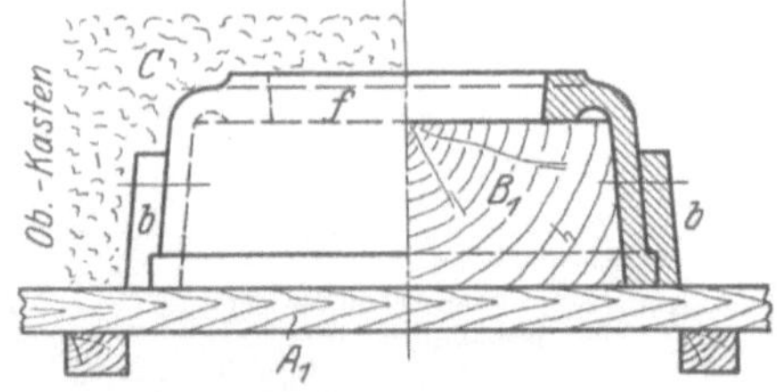

Abb. 185. Linke Hälfte: Oberkasten auf dem Aufstampfboden aufgestampft; rechte Hälfte: Modell auf dem Aufstampfboden.

leimen kann und erscheint es bei derartigen Modellen, sobald mehrere Abgüsse in Frage kommen, stets angebracht, einen Modellaufstampfboden A_1 nach Abb. 185 in die Gießerei mitzuliefern. Abb. 185 zeigt rechts das Modell auf den Aufstampfboden aufgesetzt, wobei die auf dem Boden A_1 befestigte Scheibe B_1 dem Modell einen Halt gibt. Auf der linken Seite ist gezeigt, wie das Modell aufgestampft wird. Der Former nimmt einen Formkasten C und stampft diesen über das Modell auf dem Boden

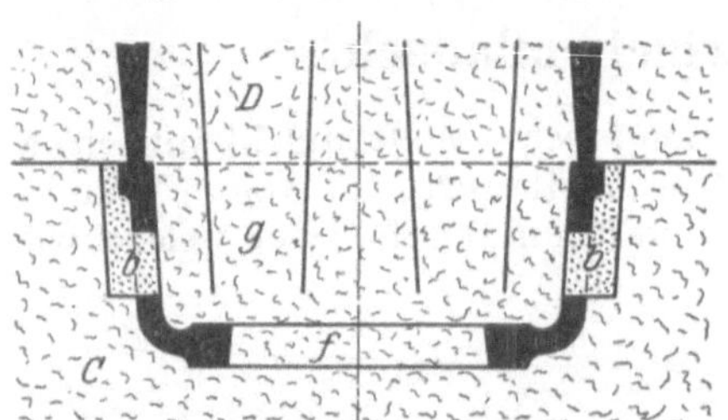

Abb. 186. Schnitt durch die ausgegossene Form.

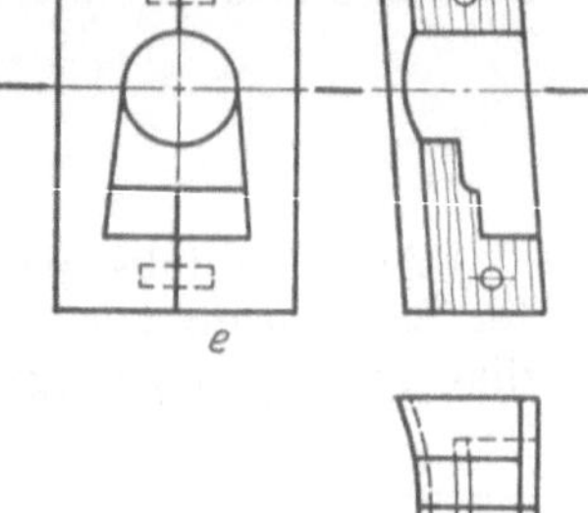

Abb. 187. Kernkasten zum Modell nach Abb. 181, echte Hälfte.

A_1 auf, wobei die obere Deckelöffnung f mit aufgestampft wird, dann wird der Kasten C mit dem Modell gewendet. Der aufgestampfte Kasten C dient dann nach Abb. 186 als Unterkasten. Abb. 186 zeigt den Schnitt durch die ausgegossene Form mit dem Oberkasten D und dem anhängenden Ballen g sowie den beiden eingelegten Kernen b. Zur Herstellung dieser Kerne muß der Modellbauer einen zweiteiligen Kernkasten e nach Abb. 187 mitliefern, in welchem die Kerne aufgestampft werden.

Beim Ringeverleimen in Segmenten nach Abb. 182, *1—8* hängt die Stärke der einzelnen Ringe jeweils von der Wandstärke des Modells ab. Im vorliegenden Falle, wo die Wandstärke 20 mm beträgt, sind 8 Ringe aufeinandergeleimt, so daß die Ringstärke etwa 25 mm beträgt. Dieses ist bei einer Wandstärke von 20 mm schon ziemlich stark, denn je niedriger die einzelnen Ringe sind, um so sauberer wird das Modell.

26. Fundamentplatte.

Größere Modelle werden in der Praxis, wenn es die Konstruktion des Gußstückes zuläßt, hohl verbaut einmal um Holz zu ersparen, zum anderen um dem Modell eine größere Lebensfähigkeit zu geben und das Modell an und für sich leichter zu halten.

Der Zusammenbau hohler Modellkörper erfordert große Geschicklichkeit, aber auch Selbständigkeit der Modellbauers, denn alle Stellen eines solchen Modells, die im Arbeitsprozeß der Formerei stark beansprucht werden, müssen widerstandsfähig, also von innen aus gut verbaut sein. Auch spielt die Aushebe- und Losklopfvorrichtung an großen Modellen eine Rolle, denn bekanntlich müssen diese beim Losklopfen in der Form sehr widerstandsfähig sein, da ein großes in der Form eingestampftes Modell nicht mit einem leichten Hammer, sondern mit einem Zuschlaghammer losgeklopft wird (s. Teil I, ,,Aushebe- und Losschlageeisen"

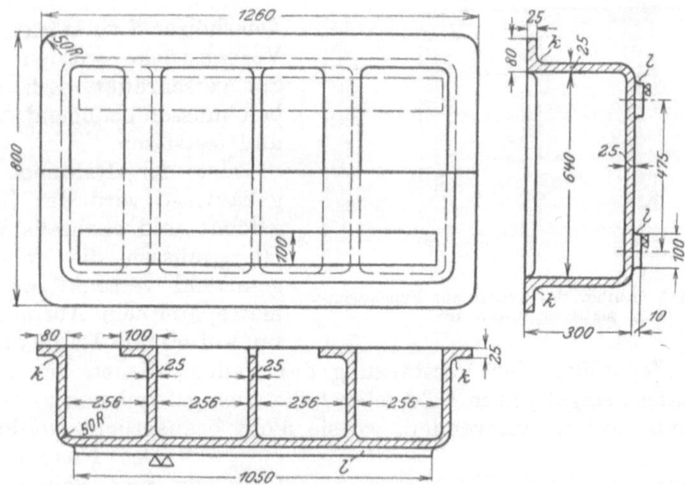

Abb. 188. Werkstattzeichnungen zu einer Fundamentplatte.

und ,,Falsch und richtig" im Modellbau). Daraus ergeben sich auch oftmals die Differenzen, daß in den zu bearbeitenden Flächen im Unterkasten bedeutend mehr Bearbeitung sitzt als am Modell, wie dann auch die Wandstärke nach dem Unterkasten zu stärker ist.

Bei Abb. 188 bestände die Möglichkeit, das Modell in Natur herzustellen, Kernarbeit also zu sparen. Für die Lebensfähigkeit des Modells läge hierin ein Nachteil, weil durch die stark abgerundeten Ecken der ganze Halt des Modells verlorengeht, und aus diesem Grunde wird man der Kernarbeit den Vorzug geben.

Für den Zusammenbau (Abb. 189) ist bei allen größeren hohlen Modellkörpern genügend starkes Holz zu verwenden (nicht unter 40 mm Holzstärke). Aber auch ein aus noch stärkerem Holz zusammengebautes Modell kann aus den Fugen gehen, wenn man anstatt Holzschrauben Nägel verwendet. Hierin wird im Modellbau noch viel gesündigt.

Der Modellkörper wird nach Abb. 189 wie folgt zusammengebaut: Der Modellbauer baut einen Rahmen von 1154 mm Länge, 694 mm Breite und 250 mm Höhe aus den vier Seitenwänden *a* zusammen, verschraubt den Rahmen außen und setzt in die vier Ecken kräftige Eckleisten *b* ein. Die Leisten müssen gut geleimt und gestiftet werden. Ist der Rahmen zusammengebaut, so werden die Verbaustücke *c* eingebaut. Diese Verbaustücke werden in Rahmenform angefertigt; man kann evtl. je nach der Höhe des Modells auch volle Verbaustücke verwenden. Bei Abb. 164 finden wir drei volle Verbaustücke, die durch

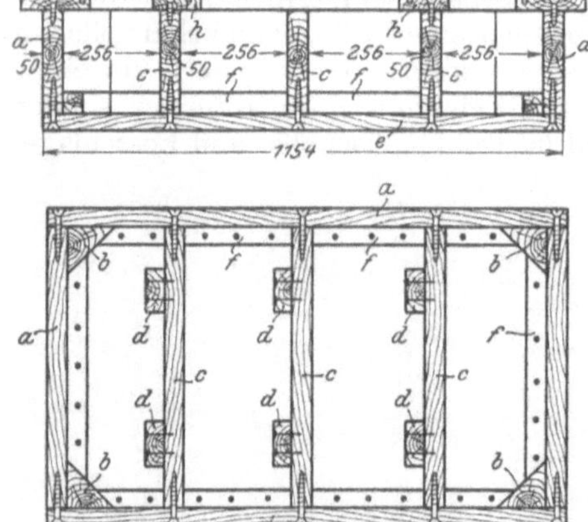

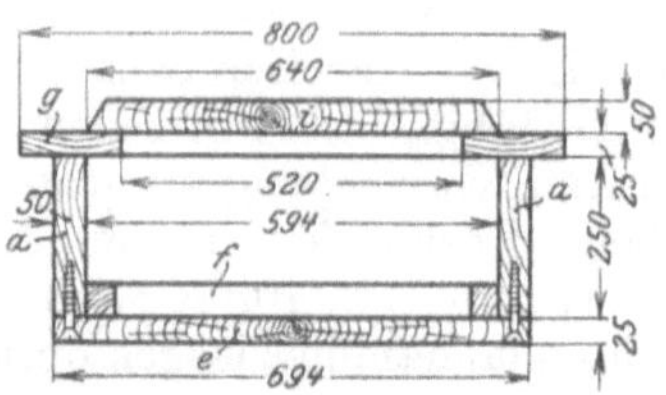

Abb. 189. Aufbau des Modells zur Fundamentplatte nach Abb. 188.

Querhölzer *d* verstärkt sind. Diese Verbaustücke werden von außen gut verschraubt, d. h. die Schrauben müssen genügend Anzug haben und festsitzen.

Ist der Rahmen zusammengebaut, so wird der Boden *e* aufgeleimt und ebenfalls verschraubt. Hier müssen die Schraubenköpfe genügend versenkt werden, damit man später beim Abrunden der Kanten auf 50 mm Radius nicht auf die Schraubenköpfe stößt. Zur Verstärkung des Bodens dienen die zwischen den einzelnen Feldern eingeleimten Eckleisten *f*, die auch geleimt und gestiftet werden. Nägel sind nur dort zu verwenden, wo sie nicht beansprucht werden.

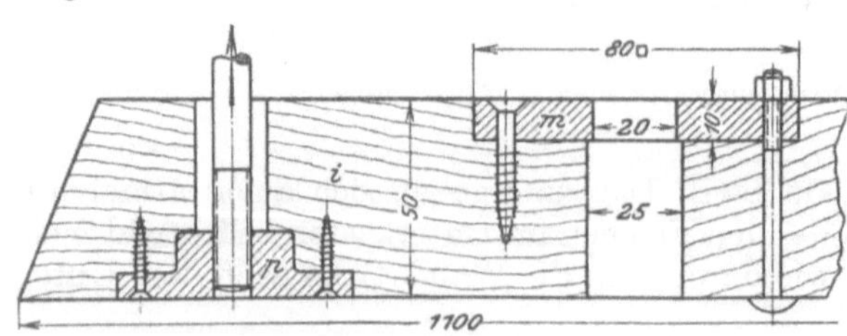

Abb. 190. Befestigung der Losklopf- und Loshebevorrichtung am Modell.

Der Kasten wird dann von vier Seiten kegelig gehobelt (694/690 mm und 1154/1150 mm). Auf diesen Kasten wird nun der Rahmen *g* aufgesetzt, geleimt und verschraubt. Der Vorsprung des Rahmens bildet also den unteren vorspringenden Teil der Grundplatte nach Abb. 188. Der Rahmen selbst ist durch zwei eingeplattete Zwischenstücke *h* versteift. Die Kernmarke *i*, die sehr stark kegelig gehalten ist, weil sie sich im Oberkasten abheben muß, wird ebenfalls aufgeleimt und verschraubt. Der Konus selbst wird in den einzelnen Kernkästen entsprechend berücksichtigt. Die runden Ecken *k* (Abb. 188) sind starke Lederhohlkehlen. Nachdem genau die Mittellinien der Arbeitsflächen angezeichnet sind, werden die unteren Kanten des Modells sowie des Flansches *g* abgerundet.

Abb. 190 zeigt die Anbringung der Losklopf- und Aushebevorrichtung. Bei diesem Modell kämen zwei Losschlagelöcher und zwei Aushebeeisen in Betracht.

Leider findet man noch oft, daß keine Losschlagelöcher angebracht oder aber einfach in die Kernmarke nur zwei Löcher eingebohrt sind. Dieses ist grundfalsch; denn schlägt der Former nun sein Losschlageeisen in die Kernmarke oder in das vorgebohrte Loch, so muß das Holz springen, da es den Schlägen nicht genügend Widerstand leisten kann. Wo auf eine solide Bauart von Modellen Gewicht gelegt wird, werden besonders dazu angefertigte Eisen eingelassen (*m* in Abb. 190

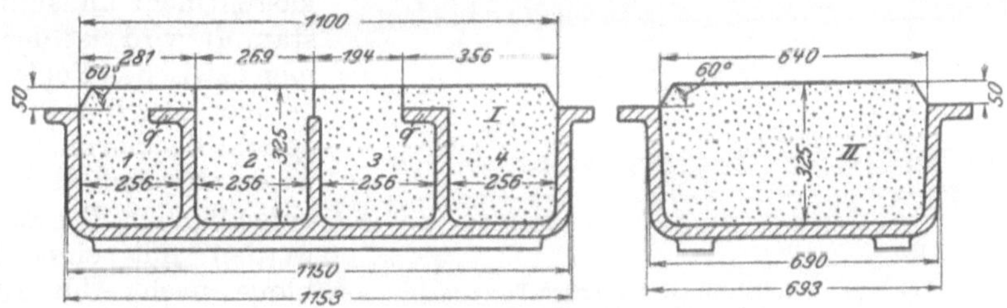

Abb. 191. Modellaufriß.

Man bohrt das Loch durch die Kernmarke ~ 25 mm Durchmesser, läßt eine eiserne Platte von 8 mm Stärke und etwa 100 qmm ein, bohrt das Loch in die Platte, aber etwas kleiner, ~ 20 mm Durchmesser. Die Losschlageeisen müssen kräftig, 8—10 mm stark und gut passend eingelassen werden. Zur Befestigung sollte man keine Holzschrauben verwenden, sondern durchgehende Schloß- oder Maschinenschrauben.

Als Aushebeeisen verwende man kräftige ~ $^1/_2$''-Eisen, die am unteren Ende mit Gewinde versehen sind. Es sind Aushebeeisen verschiedener Art im Handel. Die vorteilhaftesten sind wohl jene wie bei *n* in Abb. 190. Der Griff ist am oberen Ende zusammengeschweißt, gibt also beim Ausheben nicht nach. Auch hier wird ein Loch von ~20mm Durchmesser durch die Kernmarke gebohrt und unten in die Kernmarke die Gewindeplatte eingelassen. Diese Platte kann mit Holzschrauben befestigt werden, da sie ja nur auf Zug beansprucht wird.

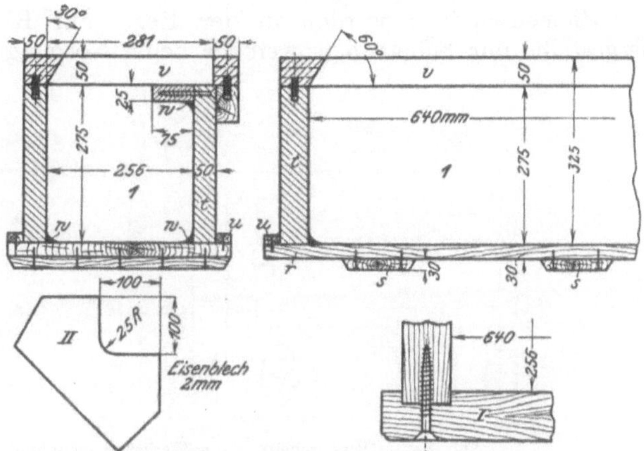

Abb. 192. Längs- und Querschnitt durch Kern 1.

Wenn auch das Modell an und für sich nicht sehr schwierig, so muß sich der Modellbauer doch schon wegen den Kernen einen Modellaufriß nach Abb. 191 anfertigen, um das genaue Stichmaß der Kerne zu bekommen. Obwohl alle Zwischenräume zwischen den Rippen gleich sind, sind die Kerne doch alle vier verschieden, was sich aus der vorspringenden Rippe *q* ergibt. Der Modellbauer wird seinen Kernkasten in den Grundformen so aufbauen, daß er unter Verwendung von Ersatzteilen in diesem einen Kernkasten alle vier Kerne aufstampfen kann.

Der Kernkasten nach Abb. 192 besteht aus einem Aufstampfboden *r*, der mit zwei kräftigen Querleisten *s* versehen ist. Auf diesem Boden befindet sich der rechteckige Kasten *t*. Die Verbindung der Kasten Abb. 192, *I* ist eine Nutverbindung, die besonders bei Kernkasten Verwendung finden sollte, weil dadurch ein Verstampfen des Kernes ausgeschlossen ist (siehe auch „Falsch und richtig im Modellbau"). Seitlich wird der Kernkasten verschraubt. Damit der Kernkasten nicht unwinklig gestampft wird, ist der Rahmen *t* zwischen Eckleisten *u* geführt. Der Rahmen *v* entspricht der Kernmarke und wird auf den Rahmen *t* aufgedübelt. Die Ecken *w* werden mit einer Schablone nach Abb. 192, *II* abgezogen.

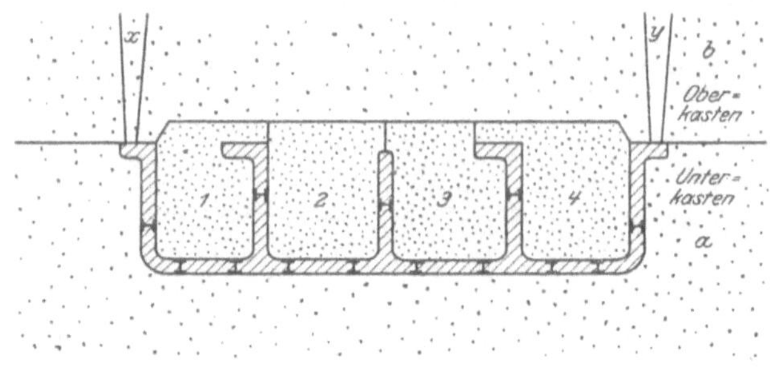

Abb. 193. Schnitt durch die fertige Form.

Wie auf Abb. 193 ersichtlich ist, sitzen die einzelnen Kerne *1—4* allseitig durch Kernstutzen gesichert, so daß ein Abdrücken der Kerne beim Ausgießen der Form nicht gut möglich ist, zudem ja auch die Kerne nach dem Oberkasten zu, nochmals in einer Kernführung gesichert sind.

27. Riemenscheibe.

Abb. 194 zeigt eine Riemenscheibe. *I* ist wieder Werkstattzeichnung und *II* Modellaufriß.

Riemenscheiben werden in der Regel auf Riemenscheibenformmaschinen hergestellt, nur Scheiben, soweit sie keine Normalgröße haben, wird man über

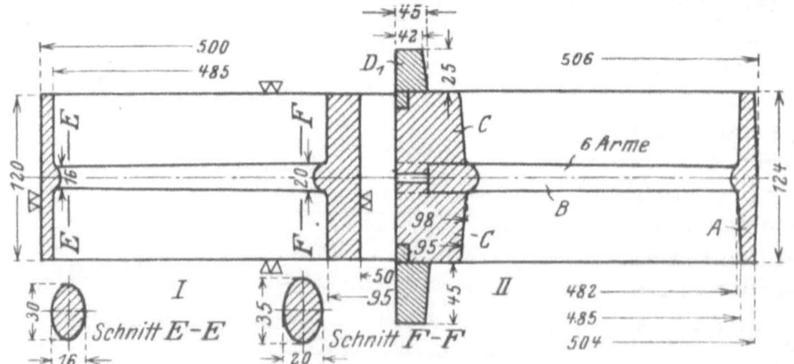

Abb. 194. Riemenscheibe. *I* = Werkstattzeichnung. *II* = Modellaufriß.

Modell formen. Das Riemenscheibenmodell Abb. 194, *II* setzt sich aus folgenden Einzelteilen zusammen:

A Riemenscheibenkranz,
B Armkreuz,
C Naben,
D und D_1 Kernmarken für den Bohrungskern.

Abb. 195 zeigt die Verleimung des Riemenscheibenkranzes *A* nach Abb. 194. Dieser wird aus zwölf einzelnen Ringen zu je sechs Segmenten verleimt. Die

Zahl zwölf ist jedoch nicht bindend. Man soll die Stärke der einzelnen Ringe bei Riemenscheiben nicht über 10—15 mm machen; also je schmäler die Scheibe, um so weniger, je breiter die Scheibe, um so mehr Ringe wird man aufeinanderleimen.

Abb. 196 zeigt den Zusammenbau des Armkreuzes. Die sechs Arme B werden im Winkel von 60^0 zusammengepaßt wie B_1, die eigentliche Form der Arme B

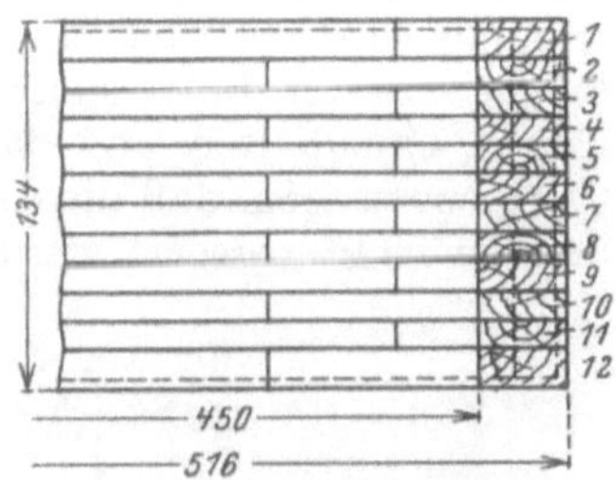

Abb. 195. Verleimung des Riemenscheibenkranzes A.

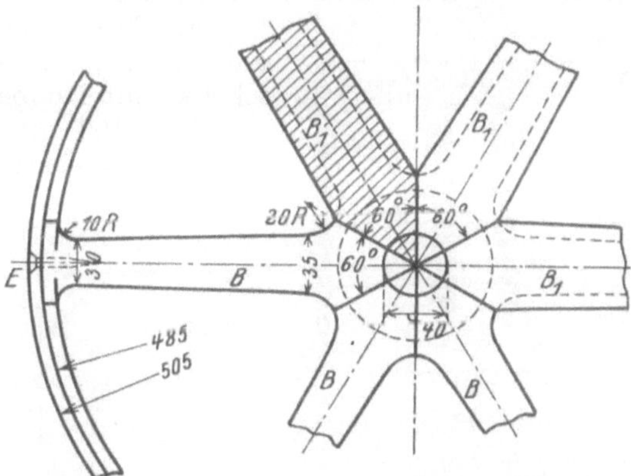

Abb. 196. Zusammenbau und Einbau des Armkreuzes.

wird erst ausgearbeitet, wenn das sechsarmige Kreuz verleimt ist. Sind die Arme ausgearbeitet, wird das Armkreuz in den gedrehten Kranz eingepaßt und verschraubt, wie bei E zu sehen ist. Das Loch von 40 mm Durchmesser zum Aufnehmen der Naben muß auf der Drehbank ausgebohrt werden, wenn das Kreuz im Kranze befestigt ist, nur dann hat man Gewähr, daß die Naben genau mit dem Riemenscheibenkranz laufen. Es erscheint vorteilhaft, für alle Riemenscheiben den Durchmesser zum Aufstecken der Naben gleichmäßig zu halten, damit man jederzeit die Naben auswechseln kann (s. Teil I, „Normung von Kernmarken und Naben“). Beim Ausarbeiten der einzelnen Arme wird das Kreuz aus dem Kranz herausgenommen, da man es auf diese Weise handlicher bearbeiten kann.

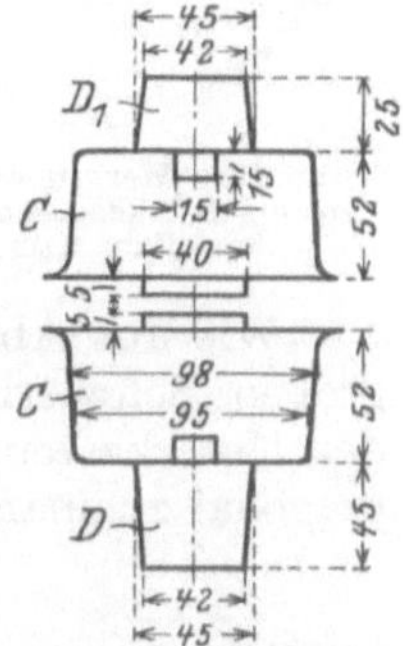

Abb. 197. Naben mit Kernmarken zum Modell nach Abb. 194, *II*.

Abb. 197, Naben C und Kernmarken D und D_1; Kernmarke D_1, die nach dem Oberkasten geht, ist 20 mm niedriger gehalten, damit der Bohrungskern sich besser einführt.

Im allgemeinen haben Riemenscheibenmodelle aus Holz keine allzu große Lebensdauer, weil der dünne Riemenscheibenkranz mit seinen vielen Fugen dem feuchten Formsand nicht viel Widerstand bietet. Wenn abnormale Riemenscheiben öfters benötigt werden, sollte man die Kosten für ein sauberes eisernes Modell nicht scheuen. Die Naben nach Abb. 197 hingegen soll man auch hierbei aus Holz herstellen, damit man diese jederzeit auswechseln kann.

28. Riemenscheibe mit Doppelarmsystem.

Bei der Herstellung eines Modells und der Form zu einer Riemenscheibe mit Doppelarmsystem ist die Kernkasten- bzw. Kernarbeit ausschlaggebend. Im allgemeinen werden normale Riemenscheiben mit Doppelarmsystem auch auf Riemenscheibenformmaschinen hergestellt, was die Herstellungskosten natürlich vermindert und den Vorzug hat, daß die Abgüsse sauberer werden. In den meisten

Fällen nimmt man aber davon Abstand, weil die maschinelle Herstellung solcher Formen erst dann rentabel ist, wenn auch tatsächlich laufender solcher Riemenscheiben in Auftrag gegeben werden. Es bleibt also bei Einzelfabrikation nur der Weg der Handformerei übrig.

An Hand einiger Abbildungen soll die Herstellung des Modells, der Kernkasten und Form zu Riemenscheibe mit Doppelarmsystem wiedergegeben werden. Abb. 198 gibt die Werkstattzeichnung zu einer solchen Riemenscheibe wieder. Bei der Herstellung des Modells wird von dem Modellbauer verlangt, die Wandstärke genau einzuhalten und dafür Sorge zu tragen, daß die Armkreuze nicht versetzt werden.

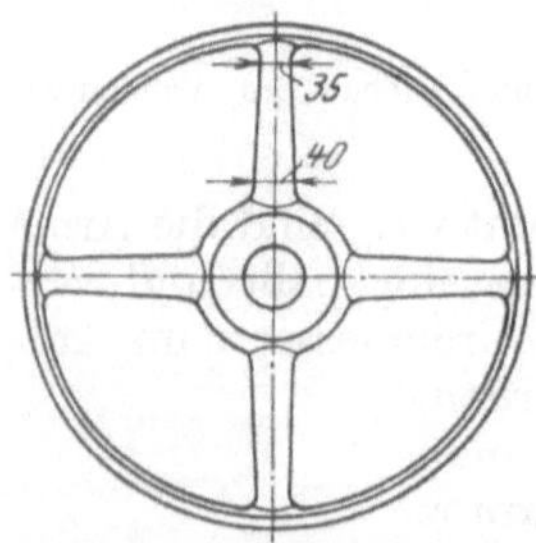

Abb. 198. Werkstattzeichnung zu einer Riemenscheibe mit doppeltem Armkreuz.

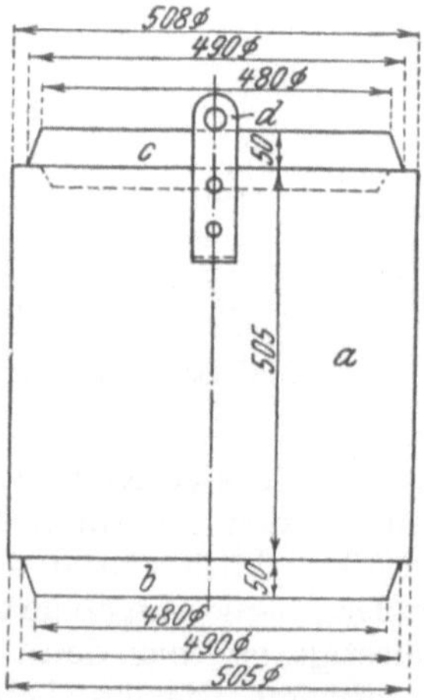

Abb. 199. Modell zur Riemenscheibe nach Abb. 198.

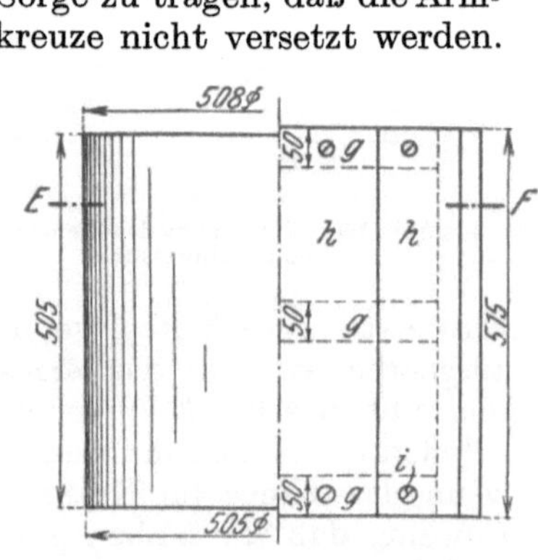

Abb. 200. Aufbau des Modellhauptkörpers nach Abb. 199.

Wie aus Abb. 199 ersichtlich ist, bereitet die Herstellung des Modells keine großen Schwierigkeiten. Das Modell selbst besteht aus dem Hauptkörper *a*, der Unterkastenkernmarke *b*, der Oberkastenkernmarke *c* sowie aus den beiden diagonal zueinander angebrachten Aushebeeisen *d* (Abb. 204). Das Modell liegt beim Einformen vollständig im Unterkasten, während der Oberkasten nur die Kernführung *c* in sich aufnimmt.

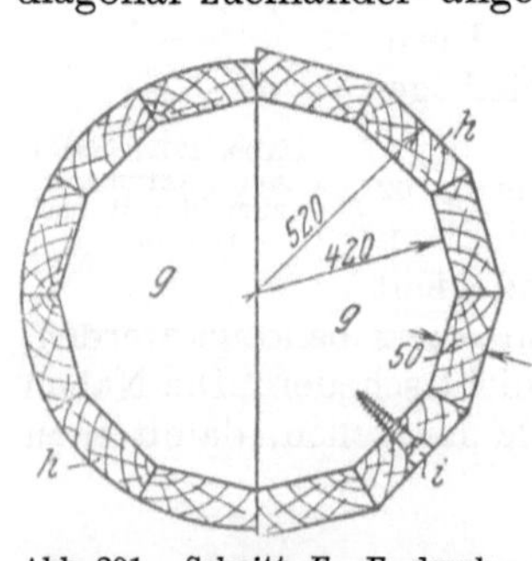

Abb. 201. Schnitt *E*—*F* durch den Modellhauptkörper nach Abb. 200.

Der Hauptkörper *a* wird, wie Abb. 200 und 201 zeigen, als Hohlkörper verleimt. Es wäre falsch, diesen Körper massiv herzustellen, denn einmal würde man ein unnötig schweres Modell erhalten, zum anderen wäre es nicht ausgeschlossen, daß dieser massive Körper nach der einen oder anderen Richtung trocknen würde, das Modell also nicht mehr rund wäre, wodurch die Brauchbarkeit der Abgüsse schließlich in Frage gestellt wäre.

Wieviel Dauben *h* man jeweils zur Verschalung der Hauptkörper verwendet, hängt lediglich von dem äußeren Durchmesser des Hauptkörpers ab. Je kleiner der äußere Durchmesser, um so weniger, je größer der äußere Durchmesser, um so mehr Dauben *h* wird man verwenden. Die Dauben werden auf die entsprechend der Daubenzahl eckig geschnittenen Verbaustücke *g* aufgeleimt und verschraubt. Im vorliegenden Falle sind zwei äußere und ein mittleres Verbaustück vorhanden. Der

Modellbauer muß beim Verleimen des Hohlkörpers unbedingt darauf achten, daß die Fugen der Dauben genau dicht und sämtliche Holzschrauben *i* tief genug versenkt sind, damit er beim Abdrehen des Hauptkörpers nicht mit den Schraubenköpfen in Berührung kommt. Gerade letzteres wird in der Praxis zu wenig beachtet.

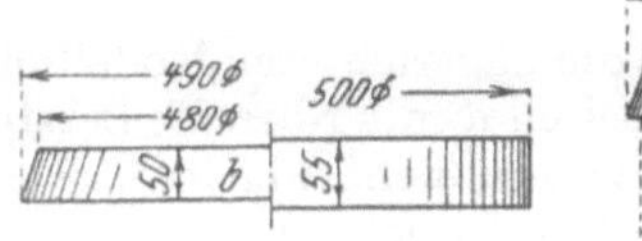

Abb. 202. Unterkastenkernmarke *b* zum Modell Abb. 199.

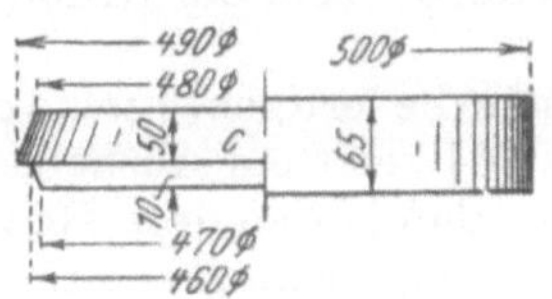

Abb. 203. Oberkastenkernmarke *C* zum Modell Abb. 199.

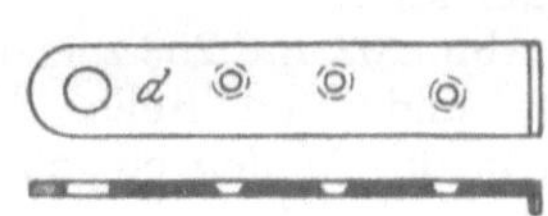

Abb. 204. Aushebeeisen zum Modell Abb. 199.

Das Losdrehen, Wiederversenken und nochmalige Anziehen der Schrauben ist zeitraubend, gibt Verdruß und liegt nicht im Interesse der Wirtschaftlichkeit.

Wie aus Abb. 200 und 201 ersichtlich, hat der Modellbauer zum Bearbeiten des Hohlkörpers auf der Drehbank entsprechend Material zuzugeben. Der äußere Durchmesser des verleimten Körpers beträgt 520, die Länge 515 mm. Diese Zugabe dürfte voll und ganz genügen, um den Körper einwandfrei herzustellen.

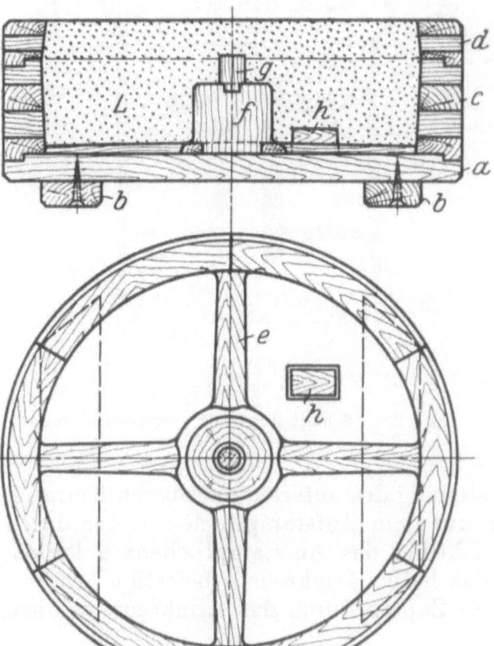

Abb. 205. Kernkasten für den oberen und unteren Kern *l* nach Abb. 209.

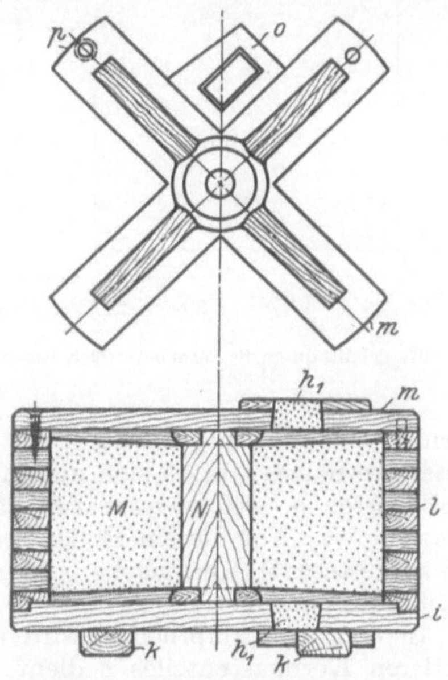

Abb. 206. Kernkasten zum mittleren Kern *M* nach Abb. 209.

Während die Unterkastenkernmarke *b* (Abb. 202 und 199) fest am Modellhauptkörper *a* sitzt, empfiehlt es sich, die Oberkastenkernmarke *c* (Abb. 203) lose am Hauptkörper *a* zu befestigen. Man versieht aus diesem Grunde die Kernmarke *c* mit einem Vorsprung von etwa 470/460 mm Durchmesser und etwa 10 mm Höhe. Entsprechend diesen Maßen muß der Modellbauer in die obere Fläche des Hauptkörpers *a*, also da, wo der Modellkörper einen Fertigdurchmesser von 508 mm hat, eine Vertiefung zur Aufnahme der Kernmarke *c* eindrehen.

Man soll im Modellbau immer den Standpunkt vertreten, alle Modellteile, welche beim Aufstampfen im Oberkasten sitzen, beim Abheben des Oberkastens mitzunehmen und aus dem gewendeten Kasten gesondert auszuheben. Es ist immer leichter, ein Modell aus einem Formkasten zu heben als einen Formkasten von vorstehenden Modellteilen abzuheben, ein Grundsatz, der stets berücksichtigt werden muß.

Abb. 202 und 203 zeigen links die fertigen, rechts die zugerichteten Modellteile, glatte runde Modellteile. Abb. 204 zeigt ein Aushebeeisen *d* mit Nase *k*. Letztere wird in das Modell eingelassen, damit die drei Holzschrauben, welche zur Befestigung des Aushebeeisens dienen, nicht zu stark beansprucht werden.

Zur Herstellung der Form benötigt der Former drei Kerne, einen unteren, einen mittleren und einen oberen Kern. Zum Aufstampfen dieser Kerne hat der Modellbauer die beiden Kernkasten nach Abb. 205 und 206 anzufertigen. Der

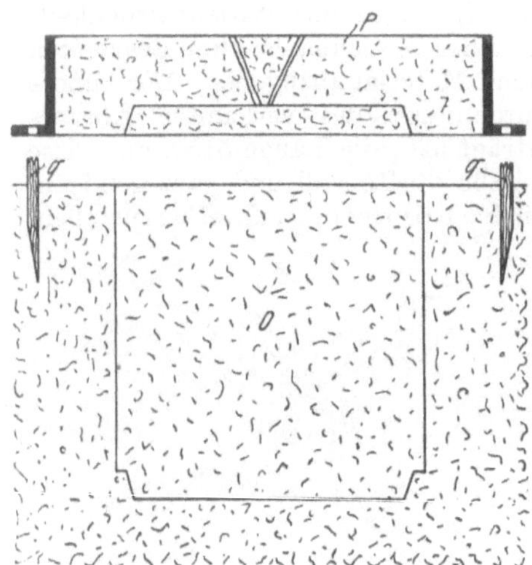

Abb. 207. Schnitt durch die Form bei ausgehobenem Modell.

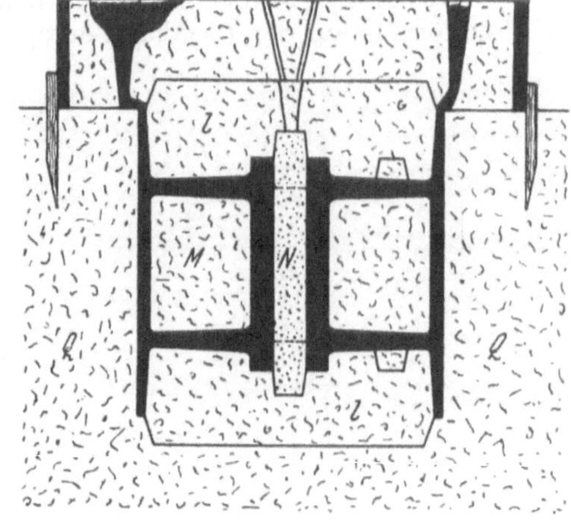

Abb. 208. Schnitt durch die ausgegossene Form.

Kernkasten nach Abb. 205 dient zur Herstellung des unteren und oberen Kernes *l*. Dieser Kernkasten setzt sich zusammen aus dem Aufstampfboden *a*, der durch zwei Leisten *b*, welche quer zur Faserrichtung des Aufstampfbodens *a* laufen, verstärkt ist. Auf diesem Boden wird das halbe Armkreuz *c* befestigt. Nabe *f* mit aufgesteckter Kernmarke *g* ist mittels Zapfen durch das Armkreuz auf dem Aufstampfboden befestigt.

In den Aufstampfboden wird ein Falz eingedreht, der zur Aufnahme des mittleren Kernkastenteiles *c* dient. Dieser Teil ist in Ringform aus einzelnen Segmenten zusammengeleimt und wird in seinem inneren Durchmesser genau dem inneren Durchmesser der Riemenscheibe entsprechend ausgedreht. Mit diesem Kernkastenteil ist wieder mittels Falz der obere Ring *d* verbunden, welcher in seinen lichten Maßen und in seiner Höhe genau den Kernmarkmaßen *b* und *c* nach Abb. 199 entspricht. Während Ring *c* (Abb. 205) mit dem Kernkastenboden *a* verbunden ist, muß der Ring *d* nach oben abnehmbar sein, damit man den aufgestampften Kern aus dem Kernkasten entfernen kann. Die Ringverleimung ist sechsteilig wiedergegeben, aber auch sie richtet sich lediglich nach dem Durchmesser des Modells.

Die in den Kernkasten eingeschraubte Kernmarke *h* (Abb. 205) dient als Arretierung des Kernes, da dem Former beim Einsetzen der Kerne die Möglichkeit genommen ist, sich davon zu überzeugen, ob die Kerne richtig sitzen, die halben Armkreuze also genau aufeinanderpassen. Man muß den einzelnen Kernen schon eine genaue Führung geben, wie dies bei *h* geschieht.

Abb. 206 zeigt den Kernkasten zur Herstellung des mittleren Kernes *H*. Auch dieser Kernkasten besteht wieder aus einem Aufstampfboden *i* mit Verstärkungsleisten *k*, dem in den Boden eingefalzten *l*, dem oberen, in Kreuzform übereinandergeplatteten Teil *m* und der Nabe *n*, welche die beiden Armkreuze verbindet. An diesem Kern *H* befinden sich noch die aufgestampften Kernführungen h_1.

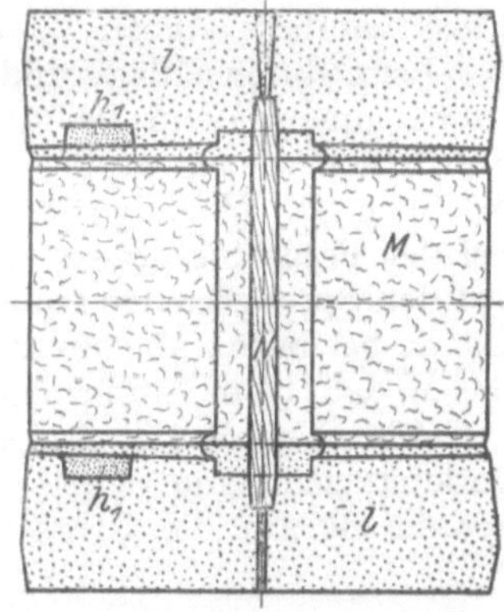

Abb. 209. Aus den Kernen *l* und *M* bestehender Hauptkern.

Die untere Kernführung h_1 wird aus dem Aufstampfboden *i* ausgearbeitet, während die obere Kernführung h_1 in dem am oberen, bei *p* aufgedübelten losen Kreuz *m* befestigten Teil *O* aufgestampft wird. Es empfiehlt sich, den Mantelring *l* zweiteilig, zum Auseinandernehmen, zu machen, damit der Kern besser aus dem Kernkasten entfernt werden kann.

Abb. 209 zeigt die drei aufeinandergesetzten Kerne mit dem eingesetzten Bohrungskern *H*. Die Luft der Kerne, einschließlich des Bohrungskernes, muß durch den oberen Kern *l* abgeführt werden.

Auf Abb. 207 ist der Schnitt durch die Form (ohne eingelegte Kerne) ersichtlich. Im Oberkasten sitzt nur die Kernführung für den oberen Kern *l* Abb. 209. Den Schnitt durch die ausgegossene Form finden wir auf Abb. 208, wo auch die Kernarretierung gut ersichtlich ist. Die Form setzt sich zusammen aus dem Herd *Q* mit den eingelegten Kernen *l*, *M* und *N* und aus Oberkasten *P* mit dem Eingußtrichter *r* und dem Steigtrichter *s*. Der Oberkasten selbst wird vor dem Versetzen durch in den Herd eingesetzte Richtpflöcke gesichert.

29. Krümmer 80 mm lichte Weite.

Abb. 210, *I*: Werkstattzeichnung (Schnitt) zu einem Krümmer, 80 mm lichte Weite; *II*: Modellaufriß hierzu. Es liegen hier zwei Möglichkeiten vor, entweder man bearbeitet das Modell zum Teil auf einer Modell- und Kernkastenfräsmaschine oder aber man bedient sich der Holzdrehbank bei der Anfertigung des Modells. Es soll hier der Modellzusammenbau „von Hand aus“ erläutert werden, weil es im Verhältnis nur wenig Betriebe gibt, welche im Besitz einer Modell- und Kernkasten-Fräsmaschine sind und der Modellbauer eben auch ohne diese Spezialmaschine fertig werden muß. Die auf Abb. 210 eingeklammerten Maße sind Modellmaße.

Abb. 211 zeigt das zusammengebaute Modell. Dieses setzt sich zusammen aus dem Mittelstück *a* mit einer Länge von 240 mm, den beiden Bogenstücken *b* sowie den beiden Flanschen *c* und Kernmarken *d*. Sämtliche Teile lassen sich auf der Holzdrehbank bearbeiten. Der Modellbauer hat also die einzelnen Teile entsprechend seinem Modellaufriß zu behandeln, d. h. zu verleimen, zu drehen, genau zu bestoßen, um nachher beim Zusammenleimen der Einzelteile zum Modell auf keine Schwierigkeiten zu stoßen.

Abb. 212 gibt die Modelleinzelteile wieder. Da das Modell selbst zweiteilig sein muß, müssen auch alle Einzelteile dementsprechend hergerichtet werden. Das Mittelstück *a* wird entsprechend länger und stärker mit Papierfuge verleimt, ebenfalls Papierverleimung erhalten noch die Teile *c* und *d*. Bei Papierverleimung soll stets gutes Zeitschriftenpapier verwendet werden, um beim Sprengen der Fugen saubere Arbeit zu erhalten. Gewöhnliches Zeitungspapier ist zu dünn, der Leim durchschlägt und man läuft Gefahr, die Fuge nicht mehr auseinanderzubekommen, denn bei Anwendung von Gewalt gibt es dann meistens Splitter, die immer wieder sauber eingeleimt werden müssen, was zeitraubend und verdrießlich ist. Nachdem *a* auf genauen Durchmesser und Länge gedreht ist, wird bei der Papierfuge *x*—*x* ein Stecheisen eingesetzt und die Fuge gesprengt. Das auf den Sprengflächen festsitzende Papier und der Leim werden sauber mit einem Putzhobel leicht abgeputzt; vor allem darf kein Leim mehr haften, da sich auf das Modell, beim Einformen durch den schweißenden Leim, Sand festsetzen würde.

Die Bearbeitung der 4/2-Bogenstücke *b* ist sehr einfach. Der Modellbauer verleimt sich eine Scheibe *A* von ~520 mm Durchmesser und 55 mm Stärke, spannt sie auf die Planscheibe der Drehbank, dreht den inneren Durchmesser

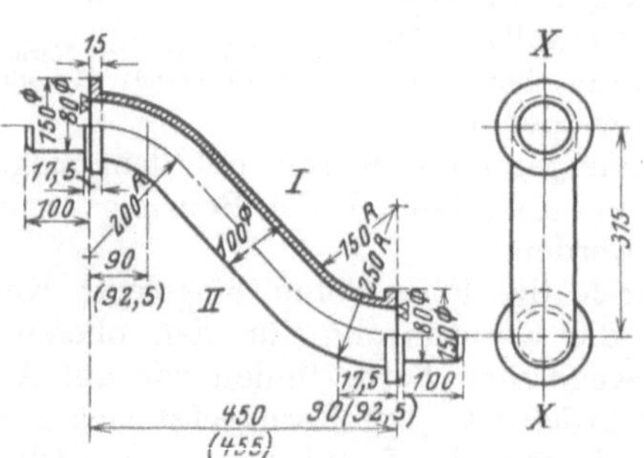

Abb. 210. *I* = Schnitt durch einen Krümmer, 80 mm lichte Weite. *II* = Modellaufriß hierzu.

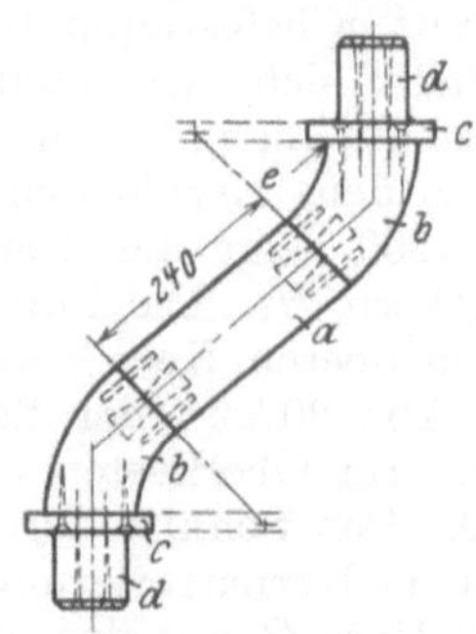

Abb. 211. Fertiges Krümmermodell zum Krümmer von 80 mm lichte Weite nach Abb. 210 *I*.

von 300 mm, den äußeren Durchmesser von 500 mm und die Stärke von 50 mm genau auf Maß und dreht unter Zuhilfenahme einer Schablone das Profil von 50 mm Radius an; dann wird der Ring abgespannt und auf der geraden Fläche die einzelnen Bogenstücke aufgezeichnet, wobei zwei rechte und zwei linke Bogenstücke in Frage kommen. Die genau auf Winkel bestoßenen Bogenstücke *b* werden an die Stirnflächen des Mittelstückes *a* gedübelt und verleimt. Neben diesen beiden Dübeln läßt der Modellbauer noch je einen Schwalbenschwanz, wie auf Abb. 211 ersichtlich, zur Sicherung der Fuge ein, da Kopf- oder Stirnholzflächen geleimt keine gute Verbindung sind. Die beiden Flansche *c* sind glatte runde Scheiben von 150 mm Durchmesser und 17,5 mm Stärke, *x*—*x* ebenfalls Papierfuge. Die beiden Kernmarken *d* sind Langholz und werden zusammen in Papier verleimt (*x*—*x*) und auch zusammen auf der Drehbank bearbeitet. Auch hier setzt der Modellbauer erst ein halbes Modell auf seinem Modellaufriß zusammen und baut auf der einen Modellhälfte die andere Modellhälfte auf. Wie auf Abb. 211 zu sehen ist, sind alle Einzelteile mit Dübel, Schwalbenschwanzführungen und Holzschrauben gut zusammen verbunden, die Holzkehlen *e* werden von Leder eingezogen.

Bei der Herstellung von Krümmerkernen stehen zwei Wege offen, entweder die Kerne werden in zwei Hälften mittels Schablone gezogen oder aber man stampft die Kerne in einem Kernkasten auf. Welcher Weg eingeschlagen wird, hängt ganz von der Anzahl der Abgüsse und von der Stärke des Kernes ab. Da es sich im vorliegenden Falle um einen kleineren Krümmer von nur 80 mm Durchgang handelt, wird man einem Kernkasten den Vorzug geben.

Abb. 213, zusammengebauter Kernkasten zum Krümmermodell (Abb. 211). Auch der Kernkasten setzt sich wieder, genau wie das Modell, aus verschiedenen Einzelteilen zusammen. Mittelstück *a* gleich der Länge *a* (Abb. 211), Stücke *b* gleich den Winkelstücken *b* zuzüglich der Flanschstärke *c*, jedoch minus der Bearbeitungszugabe von 2,5 mm, Stücke *d* gleich der Länge der Kernmarken *d* (Abb. 211) zuzüglich der 2,5 mm Bearbeitungszugabe, die auf den Flanschen am Modell sitzen. Der Zusammenbau der beiden Kernkastenhälften geht in gleicher Weise vor sich wie der Zusammenbau der beiden Modellhälften.

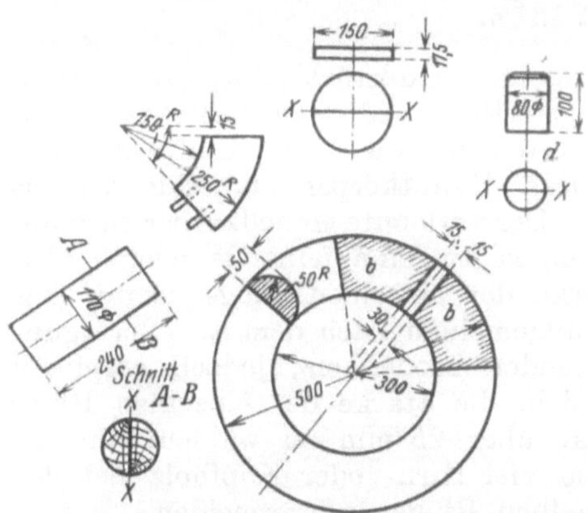

Abb. 212. Modelleinzelteile zum Krümmermodell nach Abb. 211.

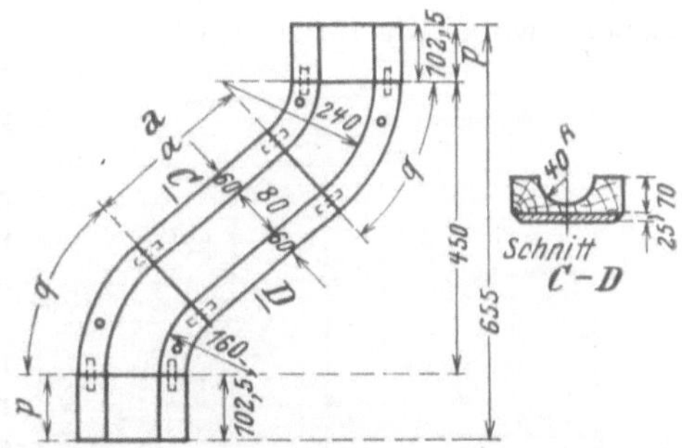

Abb. 213. Kernkasten zum Krümmermodell nach Abb. 211.

Abb. 213, Aufbau der Kernkastenhälften. *a* gleich *a* in Abb. 211. Die beiden Zwischenstückhälften haben eine Länge von 240 mm, eine Breite von 200 mm und eine Stärke von ~ 70 mm; die Auskehlung beträgt 40 mm Radius. Kreisbogenstücke *b* gleich *b* (Abb. 211). Auch hier dreht sich der Modellbauer aus einer vollen Scheibe einen Ring von 600 mm äußerem, 200 mm innerem Durchmesser und ~ 70 mm Stärke. Der Radius von 40 mm wird nach Schablone ausgedreht. Das genaue Anzeichnen der Bogenlängen *b* geht in gleicher Weise vor sich wie bei dem Modell. Da die Bearbeitungszugaben an den Flanschen (Abb. 210, *II*) über den Radiusmitten liegen, treten diese als gerade Linien in Erscheinung und fallen bei der Bogenlänge *b* an den Kernkastenstücken fort. Die äußeren Endstücke *d* (Abb. 214) der Kernkastenhälften sind in der Länge gleich der Kern-

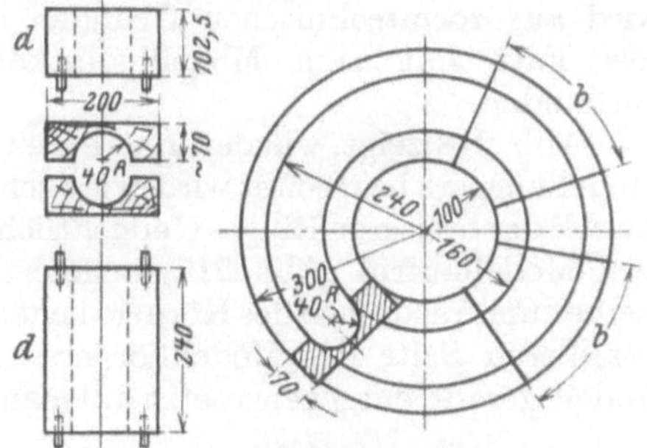

Abb. 214. Einzelteile zum Krümmerkernkasten nach Abb. 213.

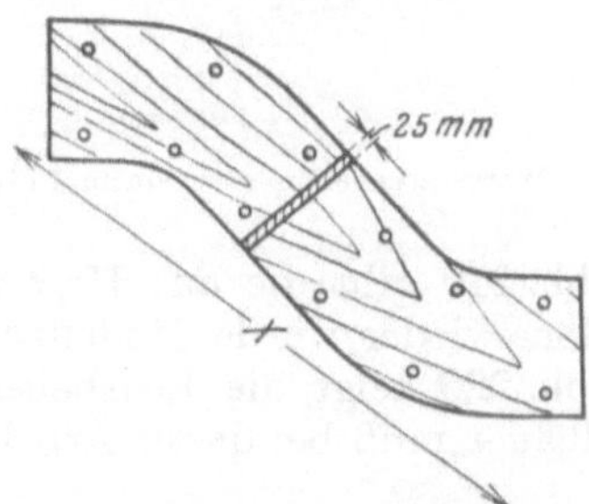

Abb. 215. Äußere Verstärkungsbretter für den Kernkasten nach Abb. 213.

markenlänge am Modell plus $2^1/_2$ mm Bearbeitungszugabe auf den Flanschen, also 100 mm plus 2,5 mm gleich 102,5 mm Länge. Um den zusammengebauten Kernkastenteilen einen festen Halt zu geben, leimt und schraubt der Modellbauer auf die äußeren Flächen der beiden Kernkastenhälften je ein durchlaufendes Brett (Abb. 215) als Verstärkung.

30. Untersatz.

Abb. 216 gibt die Werkstattzeichnung zu einem Gußstück (Untersatz) wieder.

Abb. 217 zeigt den vom Modellbauer angefertigten „Modellaufriß" des Hauptkörpers, wobei die linke Hälfte den bearbeiteten und die rechte Hälfte den verleimten Hauptkörper im Bilde wiedergibt. Der verleimte Modellkörper wird aus einzelnen Ringen aufeinandergeleimt. Die Stärke der einzelnen Ringe richtet sich im allgemeinen nach dem zur Verfügung stehenden Modellholz, jedoch empfiehlt es sich, die Stärke der einzelnen Ringe nicht über 25 mm zu wählen, um unnötig viel Hirn- oder Kopfholz bei den einzelnen Ringen zu vermeiden.

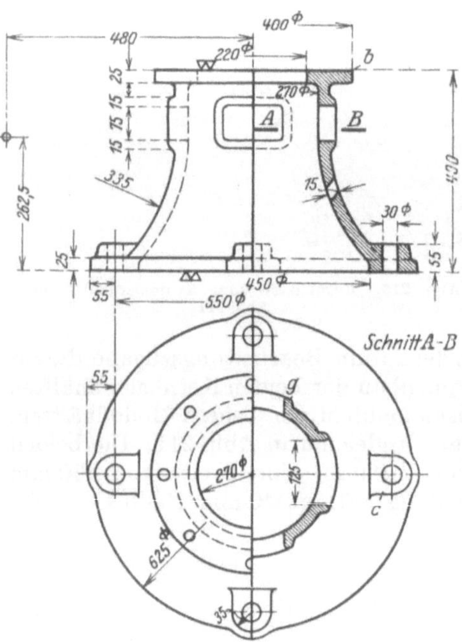

Abb. 216. Werkstattzeichnung zu einem Untersatz.

Da dieser Körper auf der Holzdrehbank bearbeitet werden muß, ist natürlich Bedingung, daß genügend Fläche zum Aufspannen vorhanden ist. Aus diesem Grunde wird auch der obere Ring *C*, wie punktiert, im Durchmesser größer gehalten, trotzdem für das Modell selbst der eingeschriebene Durchmesser von 315 mm genügen würde. Der obere Modellflansch wird aus formtechnischen Gründen mittels Falz mit dem Modellhauptkörper verbunden.

Abb. 218 zeigt, wie der innere Teil des Modellkörpers bearbeitet wird, wie auch der Zweck des breiteren Ringes *C* ersichtlich ist.

Abb. 219 gibt die aus Holz nach dem Modellaufriß (Abb. 217) angefertigte Schablone wieder, wie der Modellbauer dieselbe zum Ausdrehen des Körpers benötigt.

Abb. 220 zeigt die Bearbeitung der äußeren Seite des Modellkörpers. Der Modellbauer muß bei dieser Arbeit das Modell gerade entgegengesetzt aufspannen

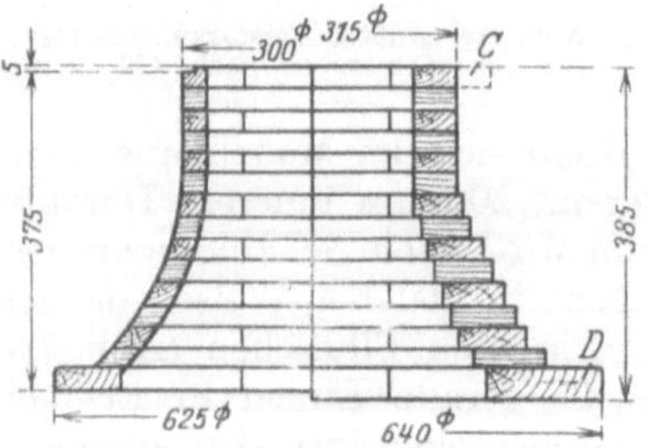

Abb. 217. Verleimter und bearbeiteter Modellhauptkörper.

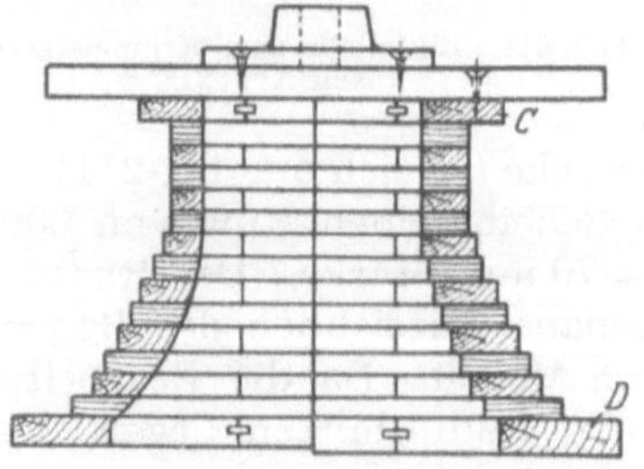

Abb. 218. Bearbeitung der Innenseite des Naturmodells auf der Holzdrehbank.

wie vorher. Um nun die Gewißheit zu haben, daß der äußere Mantel mit dem inneren Mantel genau läuft, dreht der Modellbauer in die hölzerne Aufspannscheibe *a* einen Falz an und setzt den einen bearbeiteten Modellkörper auf den Falz der Aufspannscheibe.

Abb. 221 zeigt die Schablone für den äußeren Mantel, denn ohne Schablonen wäre die genaue Profilierung des äußeren und inneren Mantels unmöglich.

Um den beiden äußeren Ringen *C* und *D* (Abb. 217 rechts) einen besseren Halt in der Verleimung zu geben, werden die Stoßfugen, wie Abb. 222 zeigt, genutet und in die Nute eine Feder eingelegt. Diese Vorsicht ist geboten, damit beim Bearbeiten auf der schnellaufenden Holzdrehbank das eine oder andere Segment sich nicht löst.

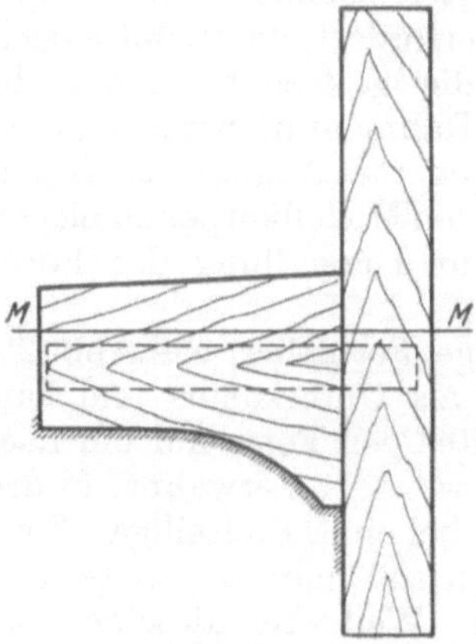

Abb. 219. Schablone der inneren Modellform.

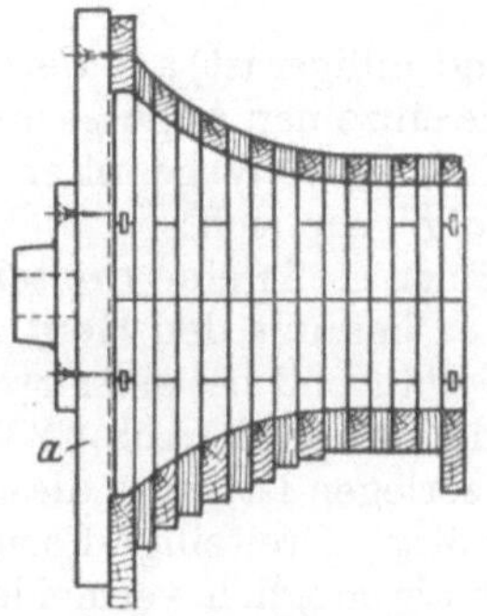

Abb. 220. Bearbeitung der äußeren Seite des Naturmodells auf der Holzdrehbank.

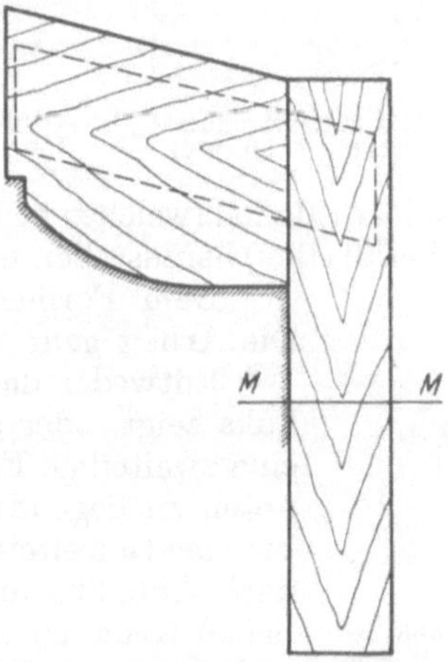

Abb. 221. Schablone der äußeren Modellform.

Abb. 223 zeigt rechts den verleimten und links den bearbeiteten Modellflansch *b* (Abb. 216). Auch dieser Flansch wird aus drei Ringen zu je sechs Segmenten verleimt. Dieser Ring muß, wenn er bei einer zweiteiligen Form in den Unterkasten (Herd) zu liegen kommt, nach dem Aufstampfen der Form als ein-

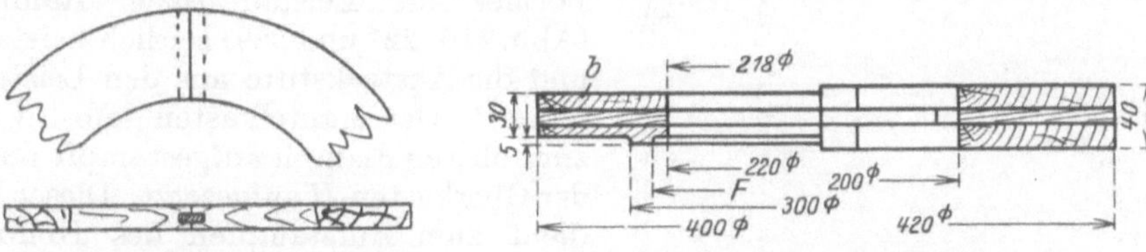

Abb. 222. Verleimung der äußeren Ringe *C* und *II* nach Abb. 216.

Abb. 223. Verleimter und bearbeiteter oberer Modellflansch *b* (Abb. 216).

zelner Modellteil seitlich eingezogen werden und wird aus diesem Grunde in mehrere Einzelteile geschnitten (s. Abb. 179).

Bei einer dreiteiligen Form hingegen kann der Ring ganz bleiben. Abb. 224 zeigt die vier Schraubennocken (Modellnocken) *c* (Abb. 216), wovon vier Stück benötigt werden und entsprechend der Zeichnung auf den unteren Modellflansch *D* (Abb. 217 links) aufzusetzen sind. Loch *d* dient zum Befestigen der Kernführungsmarken *e*. Abb. 225. Die Länge dieser Kernmarken ist so gehalten, daß die in die Form (Abb. 216) einzusetzenden Kerne für die Schraubenlöcher genügenden Halt bekommen. Zur Anfertigung zylindrischer Kerne werden keine Kernkasten benötigt, da diese Art Kerne auf den bekannten Kernmaschinen hergestellt werden.

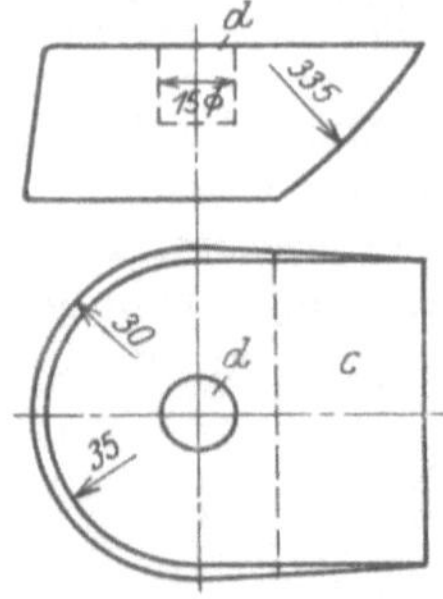

Abb. 224. Schraubennocken c (Abb. 216).

Abb. 226 zeigt die Form der vier Anleimstücke *f*, welche an den unteren Flansch *D* (Abb. 217) an den Stellen angeleimt werden müssen, wo die vier Nocken *c* (Abb. 216) zu sitzen kommen.

Die an den vier Öffnungen sitzenden Zierleisten *g* (Abb. 216) werden als Rahmen, wie Abb. 227 zeigt, auf das Modell aufgesteckt. Da derartige Holzrahmen keine Lebensdauer haben und die Anfertigung vier solcher Rahmen Zeit erfordert, empfiehlt es sich, die gestreckte Länge des Rahmens zu berechnen, ein solches Modell (welches bedeutend billiger ist) anzufertigen, vier Abgüsse aus Weichmetall (Blei) herzustellen und die einzelnen Abgüsse um den Modellkörper zu biegen.

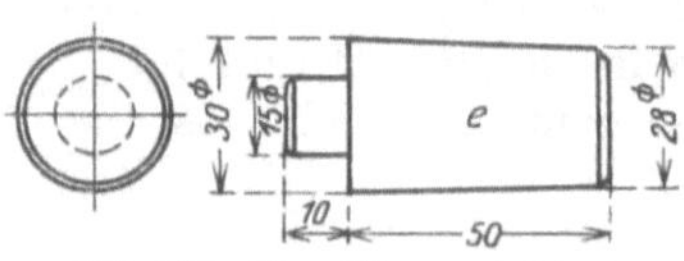

Abb. 225. Kernführungsmarken.

Dem Former stehen zwei Wege offen zur Herstellung der Form. Die Arbeit geht wie folgt vor sich:

Entweder der Former stellt eine dreiteilige Form her, wie Abb. 229 links zeigt, oder aber er benutzt den Herd *F* als Unterkasten und baut eine zweiteilige Form. Während bei einer zweiteiligen Form nur der nach unten zu liegende Modellflansch *b* (Abb. 223), wie schon erwähnt, in drei bis vier Einzelteile zu zerlegen ist, wäre dieses bei einer dreiteiligen Form nach Abb. 229 nicht nötig. Dreiteilige Formen soll man aus wirtschaftlichen Gründen soweit als möglich vermeiden. Weil aber dieselben sich nicht immer vermeiden lassen, soll einmal die Herstellung einer unwirtschaftlichen Form erläutert werden. Nach Abb. 229 planiert der Former den Herd *F* (Gießereiboden) gerade ab und bestäubt denselben mit Streusand. Alsdann wird der Mantelkasten *G* aufgedeckt und das Modell, wie auf der rechten Seite der Abbildung ersichtlich, auf den Herd *F* aufgesetzt. Beim Aufstampfen des Mantelkastens *G* muß der Former die Leisten (bzw. Rahmen) *g* (Abb. 216, 227 und 229) seitlich beistampfen und die Ansteckstifte aus den Leisten entfernen. Der Mantelkasten selbst wird bis zum oberen Flansch aufgestampft und dann der Oberkasten *H* aufgesetzt. Dieser Kasten dient zum Aufstampfen des Hohlraumes

Abb. 226. Anleimstücke.

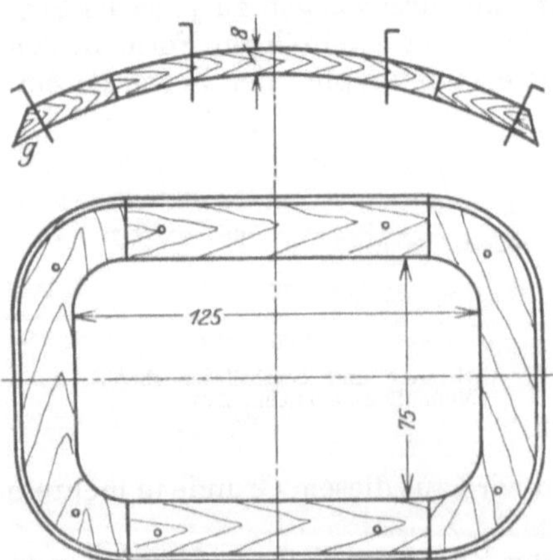

Abb. 227. Äußere Fensterverkleidung.

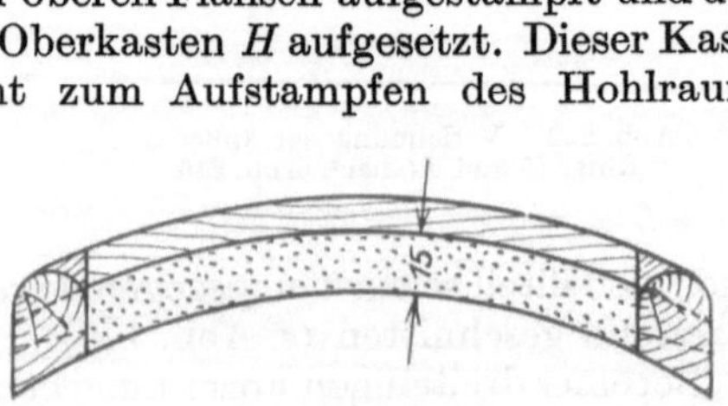

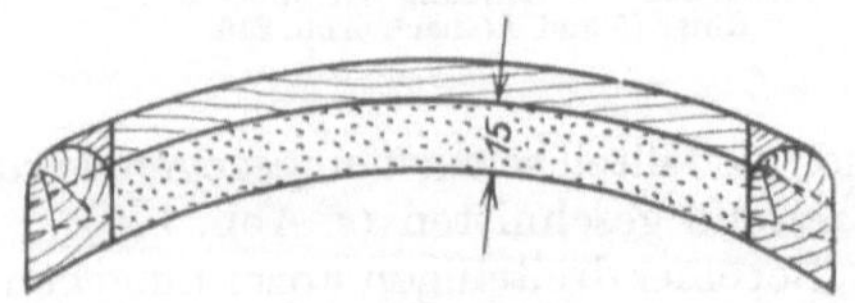

Abb. 228. Schablone zum Ausstampfen der Fenster in der Form.

(des inneren Teiles des Modells), hat also einen Ballen anhängen. Je nach der Höhe und dem Durchmesser eines derartigen Ballens muß derselbe durch Drähte oder mittels einer eingestampften Platte gehalten werden.

Sobald der Former den Oberkasten *H* aufgestampft und den Steig- sowie Eingußtrichter angeschnitten hat, wird der Kasten abgehoben, gewendet und abpoliert. Alsdann wird das Modell aus dem Mantelkasten *G* herausgenommen, wobei der untere aufgefalzte Modellring in der Form sitzen bleibt, die eingestampften Profilleisten *g* jedoch aus dem Mantelkasten herausgenommen werden. Um nun den Durchbruch (die eigentlichen Öffnungen), welche sich im Modell in Natur nicht herstellen lassen, in die Form zu bekommen, muß der Modellbauer auf einen der aufgepaßten Rahmen *g* die Wandstärke von 15 mm aufnageln. Der erhöhte Rahmen (Abb. 228) wird nun in die Vertiefungen der Profilleisten eingelegt und das Innere der Rahmen aufgestampft.

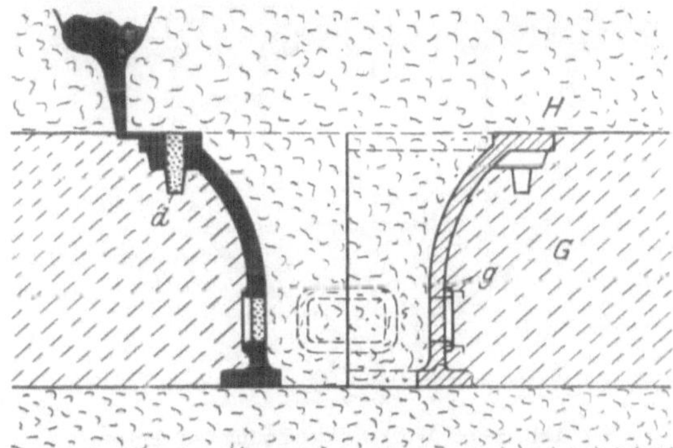

Abb. 229. Links: Schnitt durch die ausgegossene Form; rechts: Schnitt durch die Form mit eingestampftem Modell.

Abb. 228 zeigt den aus Holz hergestellten Rahmen mit eingestampfter Wandstärke. Einen Holzrahmen wird man, wie die Abbildung zeigt, zusammenschlitzen und dann unter Wegnahme des schraffierten Teiles die Rundung herstellen. Es zeigt sich also auch hier, daß man mit gegossenen Bleileisten wirtschaftlicher arbeitet. Während nun bei einer zweiteiligen Form der untere Flansch glatt hereingezogen werden könnte, muß der Former nach Abb. 229 den Mantelkasten *G* erst abheben, um den Flansch entfernen zu können, was in der Formerei Unwirtschaftlichkeit bedeutet.

Abb. 229 zeigt links die ausgegossene Form mit eingesetzten Bohrungskernen und aufgestampfter Eisenstärke zur Erzielung der Durchbrüche.

31. Hosenrohr.

Zur Herstellung eines Hosenrohres von 100 mm lichtem Durchmesser nach Abb. 230 zeichnet sich der Modellbauer wieder die genaue Form unter Berücksichtigung des Schwindmaßes mit entsprechender Bearbeitungszugabe an den drei Flanschen auf ein Brett als Modellaufriß auf. Die Maße und die Anordnung der Kernmarken sind aus Abb. 231 ersichtlich. Um dem Former das Einformen des Modells zu erleichtern, wird das Modell geteilt. Beide Modellhälften werden genau aufeinandergedübelt.

Abb. 232 zeigt, aus wieviel Teilen das Modell zusammengesetzt wird. Zur Herstellung von Teil *1* verleimt man einen Ring von 530 × 270 mm Durchmesser und 65 mm Stärke, um den Ring nach den eingeschriebenen Maßen auf der Drehbank herzustellen. Nach Fertigstellung wird dieser Ring genau in der Mitte durchgeschnitten und man hat die beiden Hälften von Modellteil *1*. Teil *2* — unterer Anschlußstutzen — wird ebenfalls gedreht, wie Abb. 70 zeigt, aufgebaut und genau an Teil *1* angepaßt. Hierbei darf nicht unter das eingeschriebene Maß von 93 mm gegangen werden, da sonst das Maß von Mitte bis außen Flansch 333 mm nicht stimmen würde. Dasselbe gilt auch für die beiden Modellteile *3*. Die Flanschen Teil *4* werden aus Segmenten verleimt, gedreht und auch in der Mitte durchgeschnitten. Um auch hier den Flanschen einen genauen Sitz und festen Halt zu geben, dreht man dieselben, wie Abb. 232 zeigt, in die Stutzen ein. Sind beide Modellhälften genau zusammengepaßt, so werden sie zusammengedübelt und verputzt.

Zur Herstellung des Kernes dient ein besonderer Kernkasten (Abb. 233). Dieser

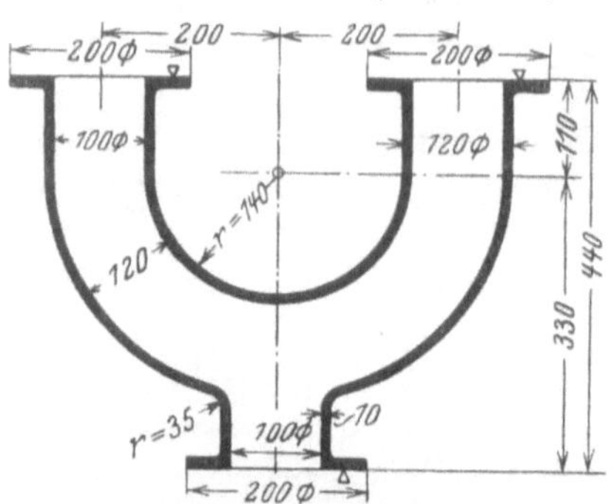

Abb. 230. Werkstattzeichnung zu einem Hosenrohr.

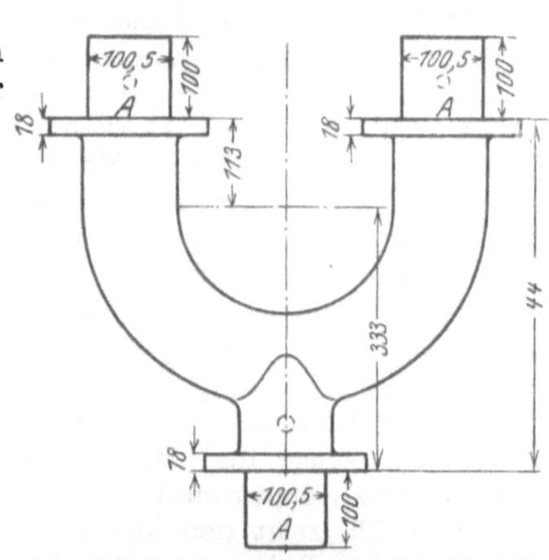

Abb. 231. Modell zum Hosenrohr nach Abb. 230.

Kernkasten setzt sich zusammen aus den Teilen *a*, *b* und *c*. Während die Teile *a* und *c* glatte, auf 100 mm Durchmesser ausgekehlte Stücke sind, wird der Teil *b* wieder in Ringform verleimt und auf der Holzdrehbank nach Schablone (Abb. 234) ausgedreht. Die Teile *a*, *b* und *c* werden genau auf Maß zusammengestoßen und jede Kernkastenhälfte

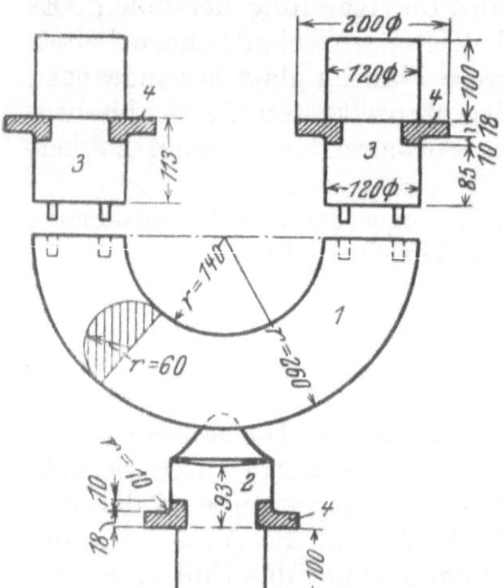

Abb. 232. Aufbau des Hosenrohrmodells nach Abb. 231.

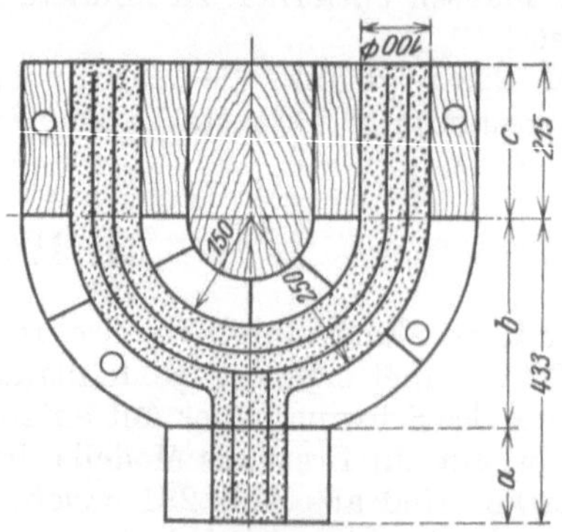

Abb. 233. Kernkastenhälfte mit aufgestampftem Kern zum Modell Abb. 231.

von außen verstärkt, so daß die einzelnen Fugen einen Halt bekommen. Auch hier wird der Kernmacher zwei halbe Kerne, wie gezeichnet, herstellen, damit er die Verbindungseisen und Wachsschnüren einlegen kann. Allerdings gibt es heute bereits einen neuartigen Kernsand, eine Mischung von Kies und Öl, welche es ermöglicht, selbst schwerere Kerne ohne Luftabzüge herzustellen, da das dicke Öl sofort beim Aufgießen der Form flüssig wird und dadurch die Luft im Kern abziehen kann. Auch beim Putzen der Form erspart man Zeit und erhält einwandfreie Kernöffnungen, da der Kernsand nicht festklebt, sondern beim Behämmern des Gußstückes sofort herausrieselt.

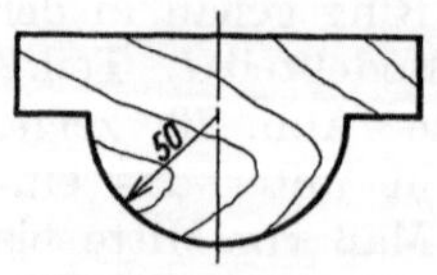

Abb. 234. Schablone zum Ausarbeiten des kreisrunden Kernkastenteils nach Abb. 233.

32. Pfanne.

Abb. 235 zeigt die Werkstattzeichnung zu einer kleinen, gußeisernen Pfanne. Die Konstruktion dürfte gießereitechnisch richtig gelöst sein, da der Konstrukteur die Wandstärke von 10 mm am oberen Teil der Pfanne allmählich auf den 25 mm starken Boden hat anlaufen lassen.

Abb. 236 gibt den Modellaufriß hierzu wieder. Die große, 250 mm lange Kernmarke *A* dient zum Abtragen des Hauptkernes und ist am oberen Ende mit einem Kernschlüssel, wie schraffiert, versehen. Durch diese Art Kernführung ist ein Versetzen des Kernes ausgeschlossen, und da die Form stehend ausgegossen wird, kann sich auch hier der Kern nicht heben.

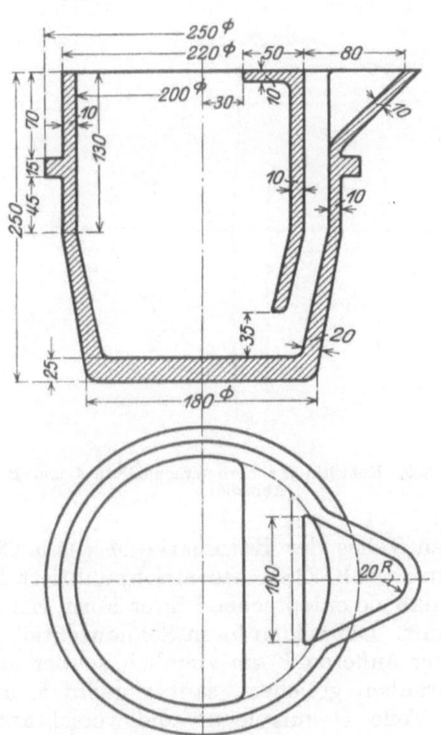

Abb. 235. Werkstattzeichnung zu einer gußeisernen Pfanne.

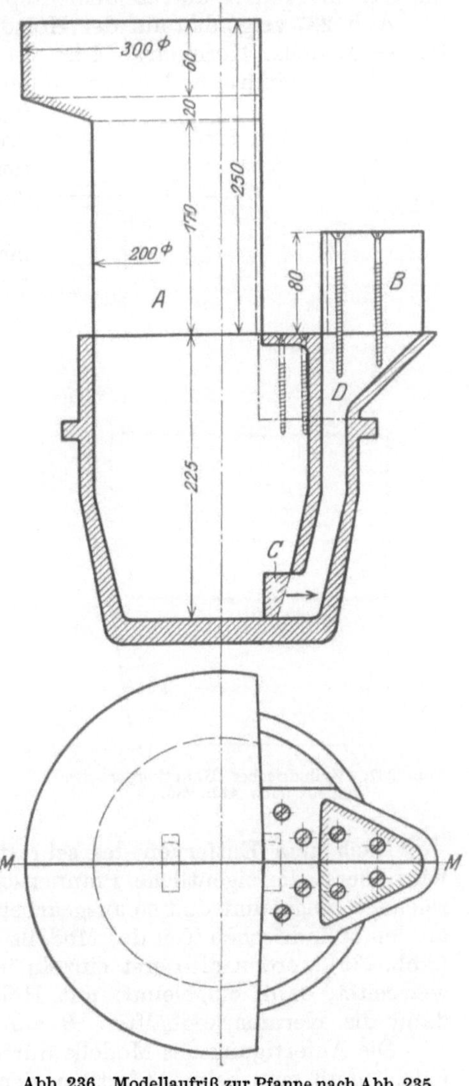

Abb. 236. Modellaufriß zur Pfanne nach Abb. 235.

Kernmarke *B* dient zur Lagerung des Kanalkernes. Man könnte auch diese Kernmarke so lang machen, daß das Übergewicht des Kernes außerhalb der Form liegt. Diese Maßnahme würde jedoch die Befestigung der Kernmarke am Modell erschweren. Der Former wird in diesem Falle den Kern in der Kernlagerung feststecken.

Kernmarke *C* dient dazu, den unteren Durchbruch sauber herzustellen. Würde man den Hauptkern und den Kanalkern, wie punktiert, stumpf zusammenstoßen lassen und der Kanalkern sich in der angegebenen Pfeilrichtung nur etwas verschieben, so würde an der punktierten Stelle eine dünne Wand entstehen, die sich schlecht entfernen läßt, da man infolge des kleinen Durchmessers an dieser Stelle mit Hammer und Meißel nicht beikommen kann.

Die Teilstelle des Modells befindet sich auf der Mittellinie *M—M*, wie auch die Kernmarken *A* und *B* dementsprechend kegelig gehalten sind.

Abb. 237 zeigt den auf der Holzdrehbank hergestellten zylindrischen Hauptteil des Modells. Kernmarke *A* ist also mit dem eigentlichen Modellteil ein Ganzes. Sobald der zylindrische Körper auf der Drehbank fertiggestellt ist, wird die Papierfuge, welche die beiden Modellhälften beim Abdrehen zusammenhält, gesprengt und der schraffierte Teil der Kernmarke bis zu 30 mm vor dem Modellmittel (Abb. 235 und 237) entfernt.

Auf Abb. 238 ist der Kegel der Kern markenhälften *A* und *B* gemäß der Formrichtung ersichtlich.

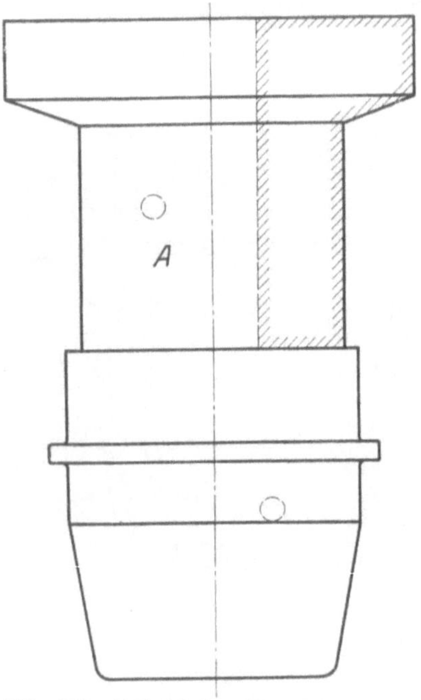

Abb. 237. Zylindrischer Hauptkörper des Modells nach Abb. 236.

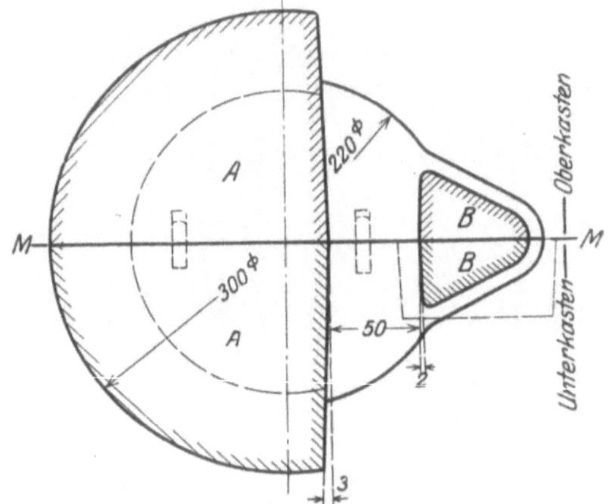

Abb. 238. Konisität der Kernmarkenhälften *A* und *B* (Abb.236).

Nach dem Entfernen des schraffierten Teiles der Kernmarke *A* (Abb. 237) wird zuerst die eigentliche Pfannenschnauze (Abb. 238), wie strichpunktiert gezeichnet, eingeleimt und so ausgearbeitet, daß sie entsprechend ihrer Form richtig an den zylindrischen Teil des Modells anläuft. Die beiden losen Schnauzenteile *D* (Abb. 236) werden also erst einzeln in ihrer äußeren Form ziemlich sauber ausgearbeitet, dann eingeleimt, mit Holzschrauben gesichert, sauber geputzt, und dann die Kernmarkenhälften *B* auf die Teile *D* aufgeleimt und verschraubt.

Die Anfertigung des Modells dürfte keine besonderen Schwierigkeiten bieten, jedoch muß man beim Anfertigen der Kernkasten, infolge der schwachen Wandstärke, genau nach dem Modellaufriß (Abb. 236) arbeiten bzw. sich alle Stichpunkte abstechen.

Abb. 239 zeigt den Hauptkernkasten zum Modell (nach Abb. 236), also zum Kern *A*. Er setzt sich zusammen aus den Teilen *E* gleich dem eigentlichen Kernschlüssel, Teil *F*, Bohrung 200 mm Durchmesser, dem kegeligen Teil *G* und dem Boden *H* mit ausgedrehter Vertiefung. Zur Verstärkung der aufeinandergeleimten Kernkastenteile dienen die auf jeder Kernkastenhälfte aufgeleimten und verstifteten Bretter K und die Eckleisten L (Abb. 239). Um dem Kern die richtige Form zu geben, muß ein Einsatz J angefertigt und, wie Abb. 239 zeigt, in den Kernkasten eingeschraubt werden; ebenfalls wird die Kernmarke C, wie gezeichnet, in dem Kernkasten befestigt. Bei Abb. 239 ist der Einsatz J um 90^0 versetzt gezeichnet.

Abb. 240 ist der Kernkasten zum Kanalkern. Auch hier ist jede Kernkastenhälfte aus verschiedenen Einzelteilen zusammengebaut. Teil N entspricht in seiner inneren Ausarbeitung genau der Kernmarke B (Abb. 238). Die Teile O und P entsprechen in ihrer inneren Ausführung dem Kanal mit Schnauze (Abb. 236), an Teil P ist außerdem die Kernmarke C noch mit ausgearbeitet. Auch dieser Kernkasten ist, wie auf Abb. 241 und 242 ersichtlich, durch Bretter K versteift.

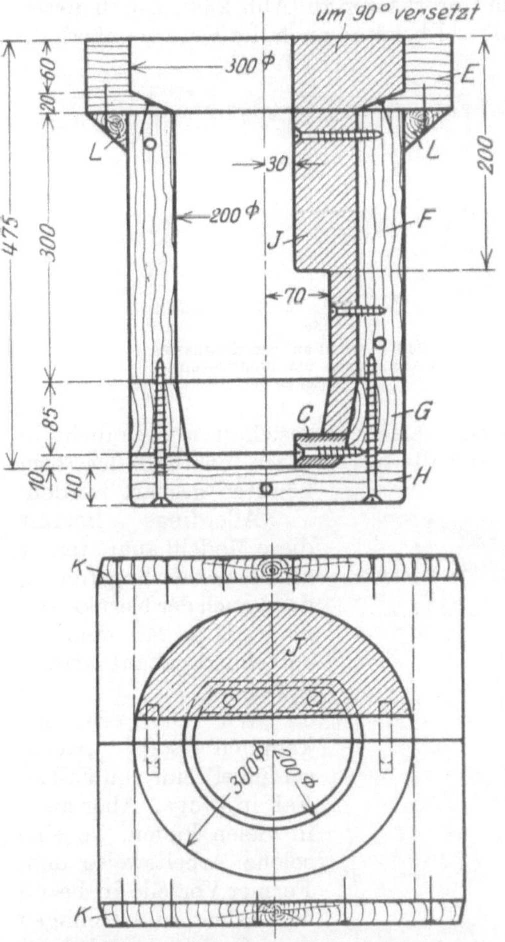

Abb. 239. Hauptkernkasten zum Modell nach Abb. 236.

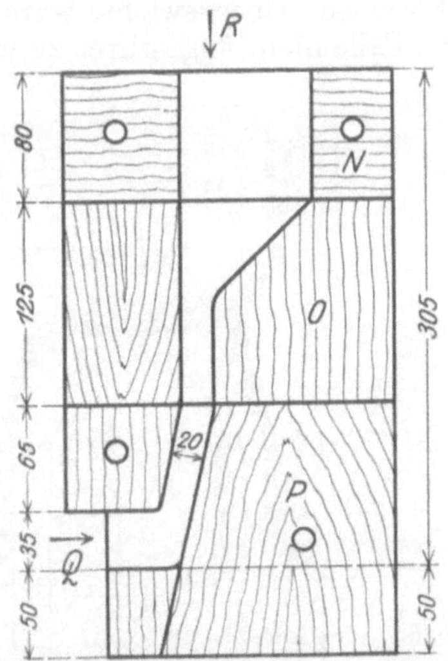

Abb. 240. Kanalkernkasten zum Modell nach Abb. 236.

Abb. 243 zeigt die ausgegossene Form zum Gußstück nach Abb. 235. Das Modell wird liegend geformt und stehend gegossen. An Hand der Abbildung ist zu ersehen, daß dem Kern A keine Möglichkeit gegeben ist, seine Stellung zu verändern und daß der Kernschlüssel eine Hebung des Kernes verhindert. Kanalkern B ist festgesteckt. Einführung des Kernes bei C in den Kern A hat den schon bekanntgegebenen Zweck, daß der Durchbruch an dieser Stelle sauber durchgegossen wird. Irgendeinen sicheren Halt bietet die Auflagefläche bei C dem Kern B nicht. Da auch mit Kernstützen, infolge des kleinen Durchmessers, nicht sehr viel zu machen ist, wird der Former den Kern schon in der Kernführung in irgendeiner Art befestigen müssen. Den Einguß T finden wir unten in der Form angeschnitten, und zwar weil an dieser Stelle die dünne Wandstärke vorhanden ist, während der Steigtrichter T, wie üblich, an der höchsten Stelle sitzt. Die Kerne werden durch eingelegte Kerneisen (Drähte) versteift.

Handelt es sich im vorliegenden Falle um mehrere Abgüsse, so ist es angebracht, auch den Kern *B* mit einem Kernschlüssel, wie bei Abb. 238 und 243 punktiert, zu versehen, und zwar ein Kernschlüssel nur nach dem Unterkasten zu (Abb. 238). Durch diesen Kernschlüssel bekäme auch der Kern *B* außerhalb

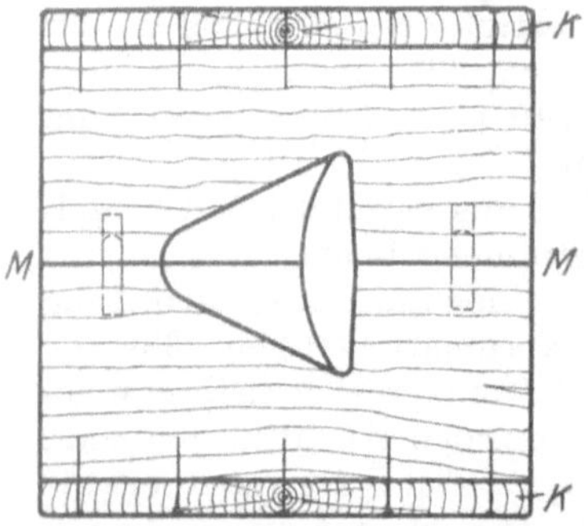

Abb. 241. Ansicht auf den Kernkasten nach Abb. 240 in der Pfeilrichtung *R* gesehen.

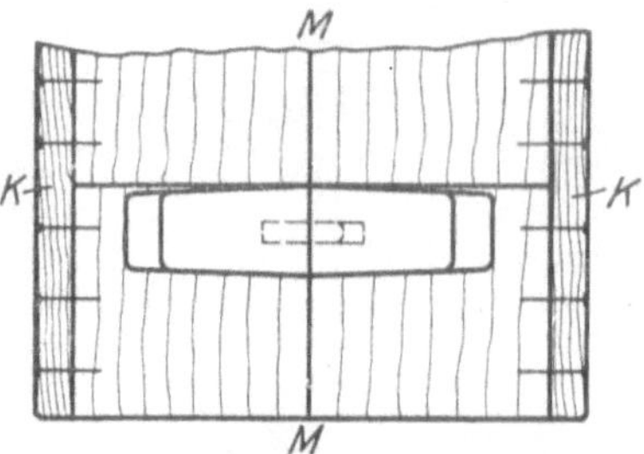

Abb. 242. Ansicht auf den Kernkasten nach Abb. 240 in der Pfeilrichtung *Q* gesehen.

der Form ein Übergewicht, wäre gegen ein Versetzen gesichert und braucht in diesem Falle nicht angestiftet zu werden, und alle Kernstützen innerhalb der Form könnten gespart werden.

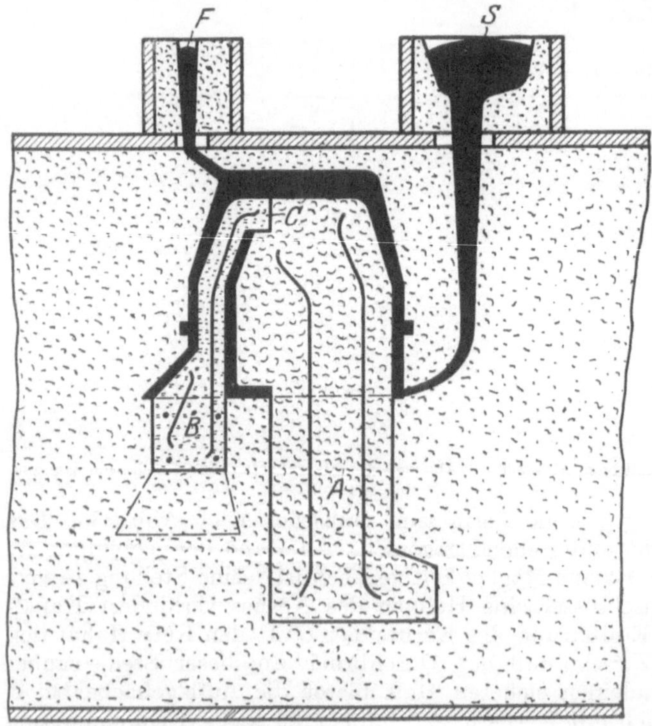

Abb. 243. Schnitt durch die ausgegossene Form zur Pfanne nach Abb. 235.

Allerdings kommt diese Modellbauart teurer als die vorher angeführte, da ja auch der Kernkasten nach Abb. 240 dementsprechend gebaut werden müßte.

Wie schon erwähnt, kommen sog. „Kernschlüssel" nur von Fall zu Fall in Frage. Aber auch in vielen Fällen, wo eine solche Arbeitsweise dem Former Vorteile in bezug auf Arbeit und Gelingen des Gußstückes bringt, wird Abstand davon genommen. Bald liegen Bequemlichkeiten des Modellbauers vor, bald will man Modellkosten ersparen. Beides ist falsch. Der Modellbauer ist in erster Linie dazu da, ein Modell zu bauen, das nicht nur formgerecht ist, sondern dem Former auch Gewähr bietet, ein einwandfreies Gußstück herzustellen. Die Luft aus den Kernen *A* und *B* wird nach unten durch den Kasten durchgeführt. Man stellt also die Form beim Ausgießen auf Unterlagen.

33. Streukegel.

Abb. 244 zeigt links den Schnitt durch das Werkstück, während die rechte Hälfte den Modellaufriß wiedergibt. Der eng schraffierte Teil der rechten Hälfte stellt den Teil dar, welcher in der Form mittels Kern hergestellt werden muß. Als Kernführung dient der vorstehende Teil *A*. Kerne innerhalb der Formen müssen immer Auflageflächen haben, oder aber die einzelnen Kerne werden ineinandergesetzt, so

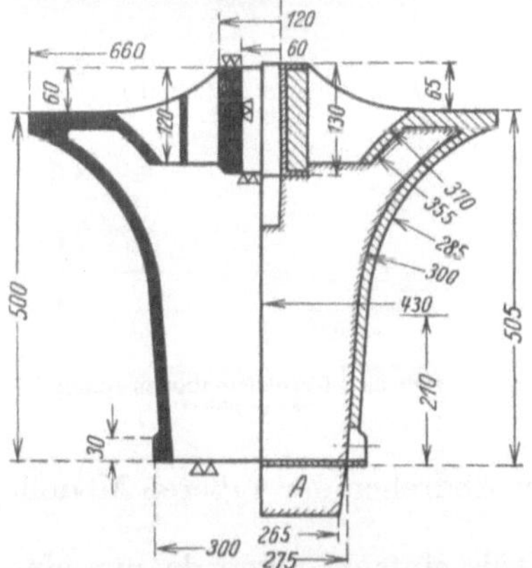

Abb. 244. Streukegel. Linke Hälfte Werkstattzeichnung. Rechte Hälfte Modellaufriß.

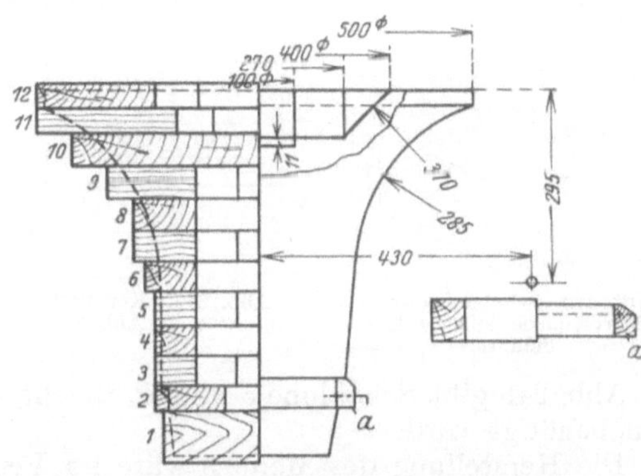

Abb. 245. Modellaufbau zum Modell nach Abb. 244 rechte Hälfte.

daß auch hier anstatt Kernmarken am Modell entsprechende Kernmarken in den Kernbüchsen angebracht werden müssen. Weiter ist dafür Sorge zu tragen, daß die beim Ausgießen der Form sich in den Kernen entwickelnde Luft freien Abzug hat.

Der Modellaufriß Abb. 245 rechts wird unter Berücksichtigung des Schwindmaßes und der Bearbeitungszugabe aufgezeichnet. Das Modell wird so eingeformt, daß der Hauptkern *A* steht.

Abb. 245 gibt links den Modellaufbau und rechts den fertigen Modellhauptkörper wieder.

Der Hauptkörper des Modells wird aus Segmenten aufeinandergeleimt und bildet einen geschlossenen Hohlkörper:

Scheibe *1* gleich Kernführung.

Nr. *2—9* sind Segmentringe in verschiedenen Durchmessern.

Nr. *10* ist ein voller Boden, und

Nr. *11* und *12* sind wieder zwei aus Segmenten zusammengesetzte Ringe.

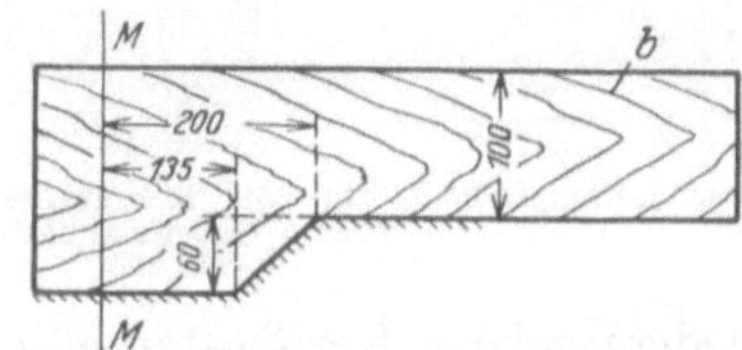

Abb. 246. Schablone *b* zur Bearbeitung der oberen Vertiefung am Modell nach Abb. 245 rechte Seite.

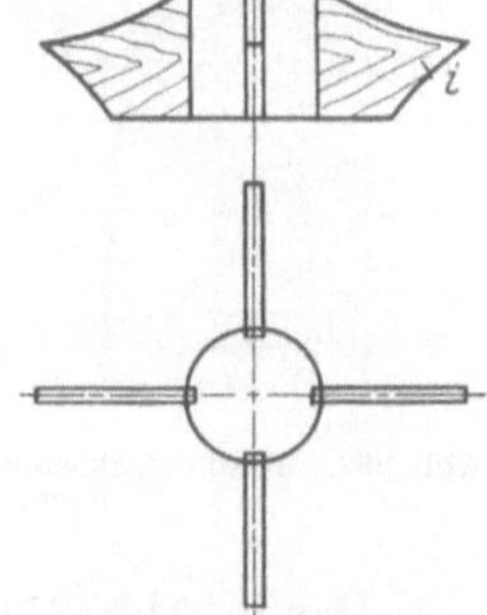

Abb. 247. Nabe mit Rippen.

Der vorspringende Bundring *a* des Modells muß wieder aus formtechnischen Gründen am Modell lose bleiben. Er wird als Modelleinzelteil besonders angefertigt, im Hauptkörper mittels Falz geführt und muß, um ihn später aus der Form ausheben zu können, in mindestens drei bis vier ungleiche Teile geschnitten werden (s. Abb. 179).

Der Hauptkörper wird genau nach Schablonen abgedreht.

Abb. 246 zeigt die Schablone *b* zum Ausdrehen der oberen Vertiefung am Modell, die Stelle, in welcher das Rippenkreuz *i* (Abb. 247) eingesetzt wird. Dieses Kreuz besteht aus einer zylindrischen Nabe, in die vier Rippen eingelassen sind. Dieses Rippenkreuz *i* bleibt lose, wird also am Modell aufgedübelt und hebt sich mit in den Oberkasten ab.

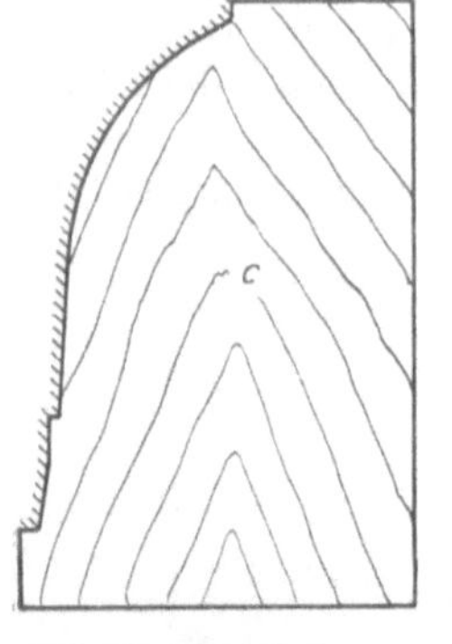

Adb. 248. Schablone *c* zum Bearbeiten der äußeren Modellform.

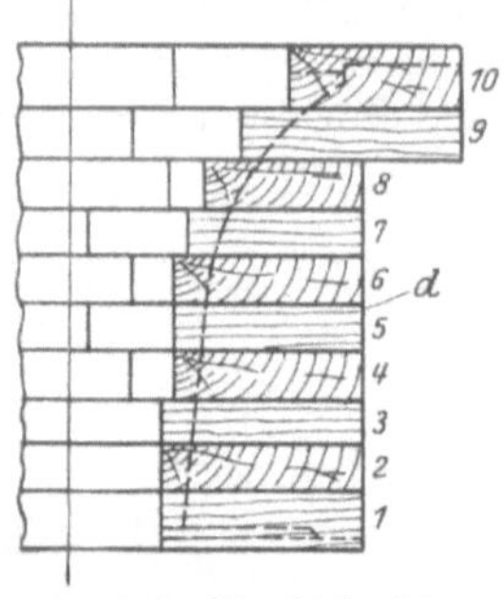

Abb. 249. Kernkastenteil *d* nach Abb. 252.

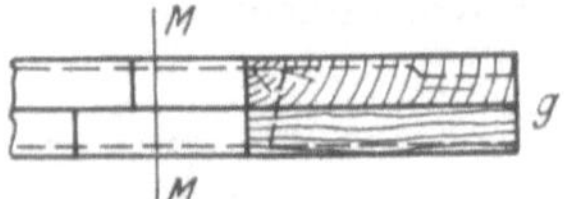

Abb. 250. Kernkastenteil *g* nach Abb. 252.

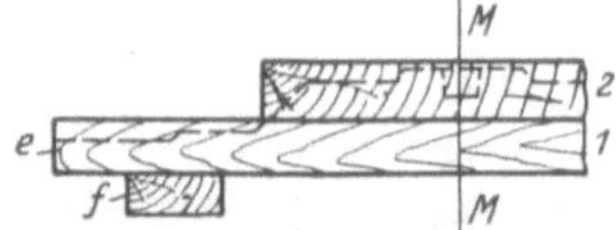

Abb. 251. Kernkastenboden *e* nach Abb. 252.

Abb. 248 gibt Schablone *c* wieder, welche beim Abdrehen der äußeren Modellform benötigt wird.

Die Herstellung des Modells wäre im Verhältnis einfach, allein da nur eine Wandstärke von 15 mm vorhanden ist, muß bei der Anfertigung des Kernkastens besondere Sorgfalt verwendet werden. Der Kernkasten zum Hauptkern wird auf die gleiche Art verleimt wie das Modell. Dieser Hauptkernkasten besteht aus dem mittleren Teil *d* (Abb. 249), welcher aus den Segmentringen *1*—*10* verleimt ist. Zum Ausdrehen des inneren Teiles muß sich der Modellbauer ebenfalls eine Schablone anfertigen.

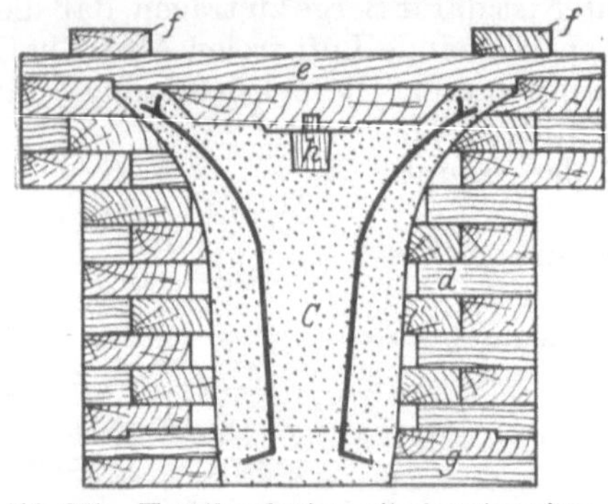

Abb. 252. Hauptkernkasten mit eingestampftem Kern.

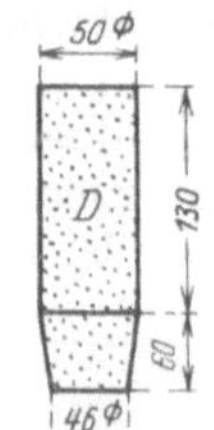

Abb. 253. Bohrungskern zum Gußstück nach Abb. 254.

Abb. 250 zeigt den oberen Kernkastenteil *g*. Dieser Teil wird aus zwei Segmentringen verleimt und im Innern entsprechend der Kernmarke *A* (Abb. 245, rechte Seite) ausgedreht.

Das in Abb. 251 wiedergegebene Kernkastenteil *e* dient als sog. Kernkastenboden und besteht aus den beiden aufeinandergeleimten Scheiben *1* und *2* und aus zwei Verstärkungsleisten *f*, welche quer der Faserrichtung von Scheibe *1* laufen. Verstärkungsleisten sollen nie aufgenagelt werden, sondern sind stets zu schrauben.

Wie Abb. 252 zeigt, sind die Kernkastenteile *d*, *e* und *g* ineinandergefalzt, so daß sie beim Zusammensetzen stets wieder in ihre richtige Lage kommen. Der im Kernkasten aufgestampfte Kern *C* wird durch Einlegen von Eisendrähten versteift. Die auf dem Kernkastenboden eingezapfte Kernmarke *h* dient zur Aufnahme des Bohrungskernes *D* nach Abb. 253.

Auf die saubere Herstellung der zylindrischen Kerne, welche bei diesem Durchmesser als Maschinenkerne hergestellt werden, und gutes Einpassen, wobei der Former den unteren kegeligen Teil von Hand abfeilt, ist Wert zu legen' da sich sonst leicht Ausschuß ergibt.

Abb. 254 zeigt den Schnitt durch die ausgegossene Form mit dem Eingußtrichter E und dem Steigtrichter F, dem Kern C sowie dem eingesetzten Bohrungskern D.

Das Einformen des Modells bzw. die Herstellung der Form geht wie folgt vor sich:

Der Former nimmt aus dem Modell (Abb. 244, rechte Seite) das Rippenkreuz i (Abb. 247) und stellt das Modell, mit dem großen Durchmesser nach unten, auf einen entsprechend großen Aufstampfboden oder auf den planierten Gießereiboden. Alsdann wird der Unterkasten G (Abb. 254) aufgesetzt, vollgestampft und gewendet, so daß der Kasten, wie die Abbildung zeigt, nach unten zu liegen kommt. Nun steckt der Former sein Rippenkreuz auf das Modell und setzt den Oberkasten H auf, in welchen beim Aufstampfen der Eingußtrichter E und der Steigtrichter F angeschnitten werden muß.

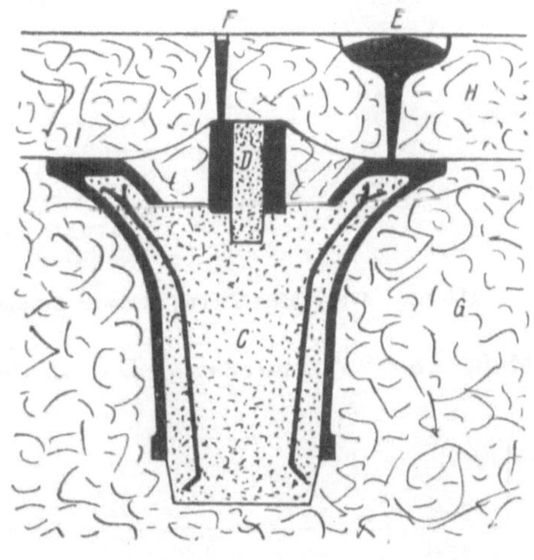

Abb. 254. Schnitt durch die angegossene Form.

Um die Form gießfertig zu machen, wird der Oberkasten H (Abb. 254) abgedeckt, wobei sich das Rippenkreuz mit dem Kasten abhebt und nachher als einzelner Modellteil aus dem Oberkasten H herausgenommen wird.

Nach dem Trocknen und Schwärzen der Form wird zuerst der Hauptkern C eingesetzt und Kern D eingeführt. Dieser Bohrungskern D hat im Oberkasten H keine Führung, denn es wäre unmöglich, mindestens aber sehr schwierig, den schweren Oberkasten in den schwachen Bohrungskern einzuführen. Dieser Kern muß also im Hauptkern gut eingeschwärzt sein, d. h. einen sicheren Halt haben, damit er sich beim Ausgießen der Form nicht seitlich abdrückt und das Gußstück Ausschuß wird.

34. Gehäuse.

Abb. 255 stellt die Werkstattzeichnung zu einem Gehäuse dar. Da es sich um mehrere Abgüsse handelt und die gesamte Länge nur 900 mm ist, wird man vom wirtschaftlichen Standpunkte aus ein Modell bauen.

Abb. 256 zeigt links die Ansicht gegen die Flanschen, rechts den Schnitt A—B durch den Körper. An den mit ▽▽ bezeichneten Stellen ist entsprechende Bearbeitung zuzugeben. Die Schraubenlöcher für die Steinenden von 25 mm Durchmesser werden eingegossen.

Abb. 257 gibt die Seitenansicht des Modellkörpers wieder.

Der Hauptkörper nach Abb. 258 wird als zweiteiliger Hohlkörper verleimt. Er setzt sich zusammen aus acht halben Verbaustücken a und zwölf Dauben b. Die beiden äußeren Verbaustücke werden aufeinandergedübelt und die einzelnen Dauben b auf die Verbaustücke aufgeschraubt. Die in die Dauben eingezogenen Schrauben dürfen beim Bearbeiten des Körpers auf der Holzdrehbank nicht entfernt werden, damit etwaige Unfälle vermieden werden. Der verleimte Hauptkörper muß in seinen Rohmaßen entsprechend größer gehalten werden, damit der Modellbauer auch genügend Holz zum Abdrehen hat (vgl.

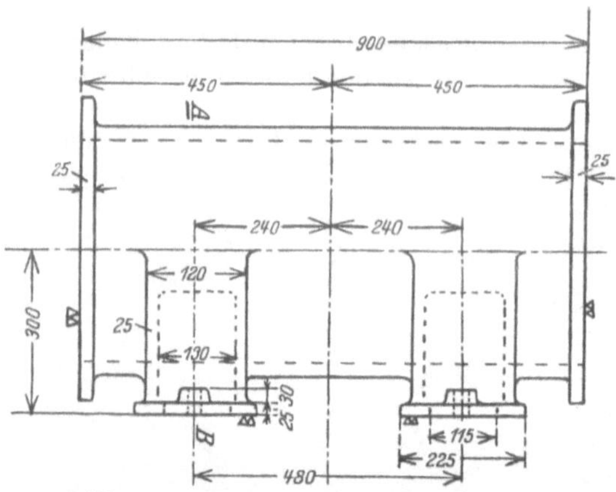

Abb. 255. Werkstattzeichnung zu einem Gehäuse.

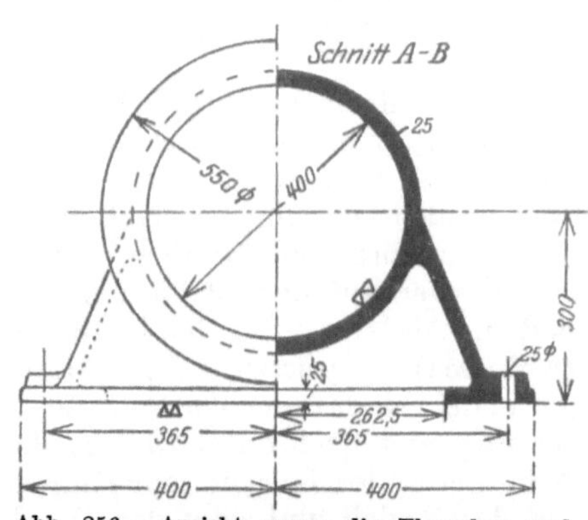

Abb. 256. Ansicht gegen die Flanschen und Schnitt A—B (Abb. 255).

Maße Abb. 257 und 258). Die an den äußeren Enden schwarz markierten Vertiefungen c (Abb. 258) dienen zur Aufnahme der Flanschen.

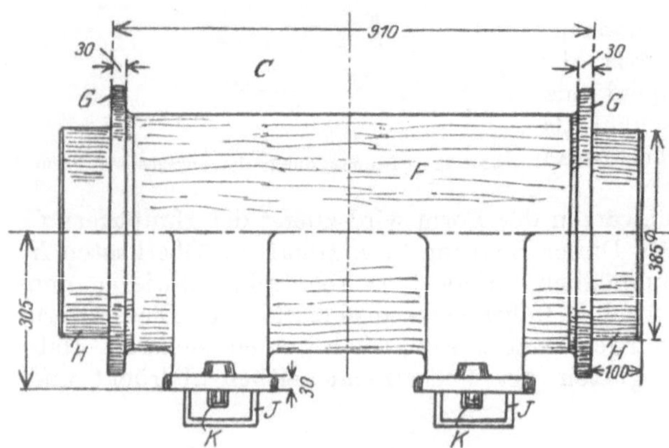

Abb. 257. Ansicht des Modellkörpers.

Abb. 259 zeigt die Befestigung der beiden Flanschen G an dem Hauptkörper. Die Flanschen werden aus je drei Ringen zu je sechs Segmenten versetzt verleimt unter Berücksichtigung der Zugabe zum Bearbeiten (Abb. 259, rechte Seite). Der Formrichtung entsprechend wird die hintere Fläche der Flanschen ∼ 2 mm kegelig gehalten. Die Befestigung der Flanschen an den Hauptkörper geschieht durch Einfalzen, Einleimen und Verschrauben derselben, da sich in diesem Falle die Flanschen, wie Abb. 232 zeigt, einnuten lassen.

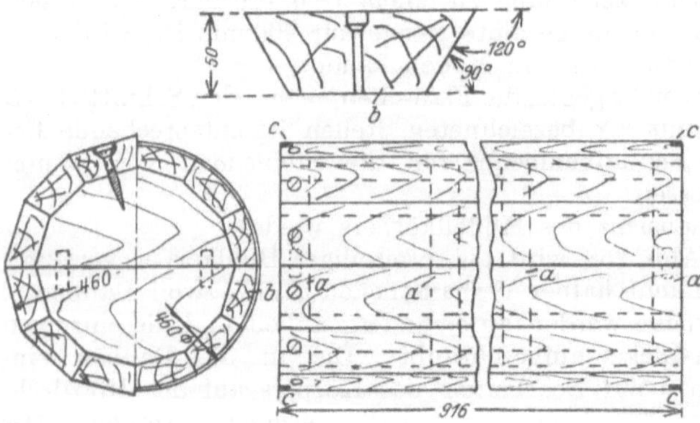

Abb. 258. Zusammenbau des Modellkörpers F (Abb. 257).

Abb. 260 zeigt den Aufbau eines halben Fußes, wovon vier Stück zum Modell benötigt werden. Auch hier besteht die Möglichkeit, die Sohlplatte d entsprechend der Formrichtung 2 mm kegelig zu halten, da ja die untere Fläche des Abgusses bearbeitet wird.

Abb. 261 stellt eine zweiteilige Kernmarke *H* dar, wovon zwei Stück zum Modell benötigt werden. Der Durchmesser dieser Kernmarken ist gleich der Bohrung Abb. 256 minus Bearbeitungszugabe = 385 mm. Dieses Maß entspricht einer Bearbeitungszugabe von 15 mm im Durchmesser. Wenn auch 15 mm Zugabe etwas reichlich erscheint, so ist sie doch angebracht, damit sich der Vorzeichner beim Ausrichten auf der Reißplatte helfen kann.

Dieses Beispiel ist der Praxis entnommen, wobei man mit 10 mm Zugabe im Durchmesser schlecht auskam und dazu überging, die beiden Kernmarken *e* noch 5 mm im Durchmesser abzudrehen.

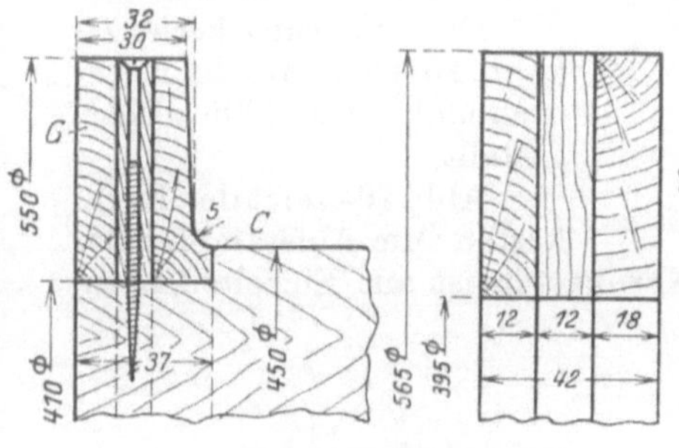

Abb. 259. Aufbau der Modellflanschen *G* (Abb. 257).

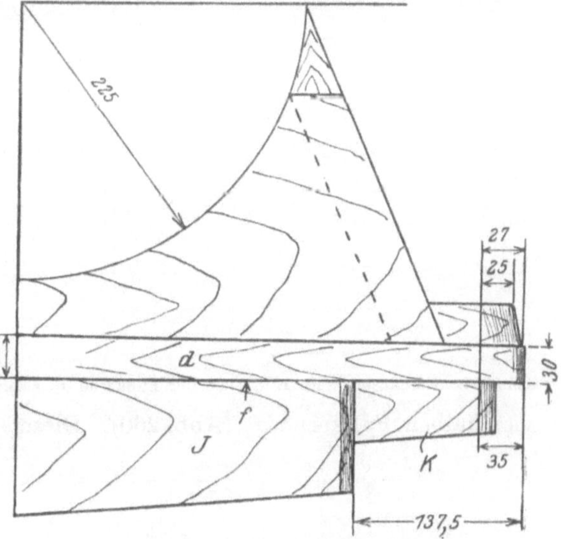

Abb. 260. Vorderansicht einer Modellfußhälfte.

Auf Abb. 262 ist eine halbe Kernmarke *J* ersichtlich. Diese Kernmarken dienen zur Herstellung der Auflageflächen in der Form, zum Einlegen der Fußkerne. Auch

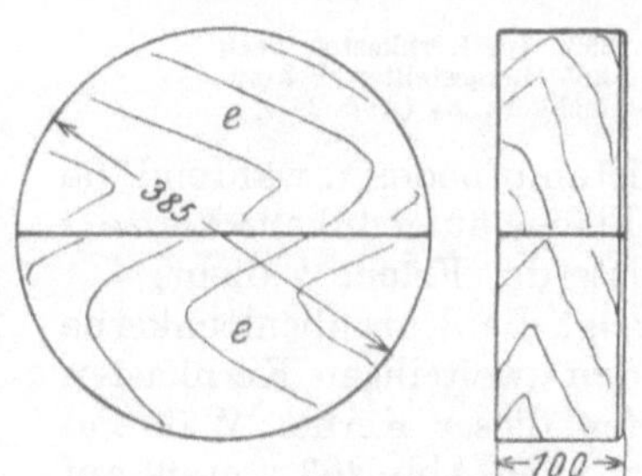

Abb. 261. Kernmarken *H* (Abb. 257).

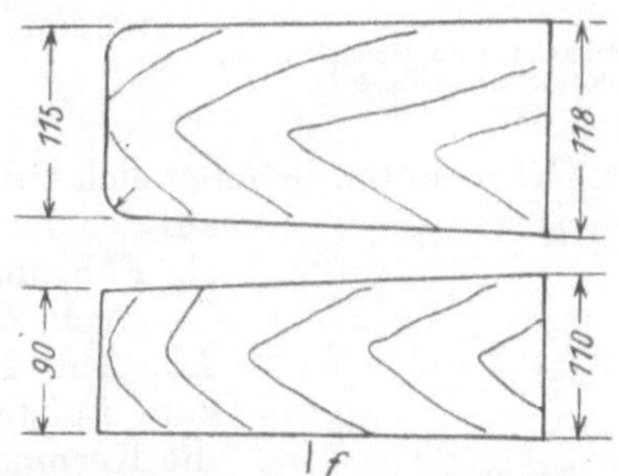

Abb. 262. Fußkernmarken *J* (Abb. 257).

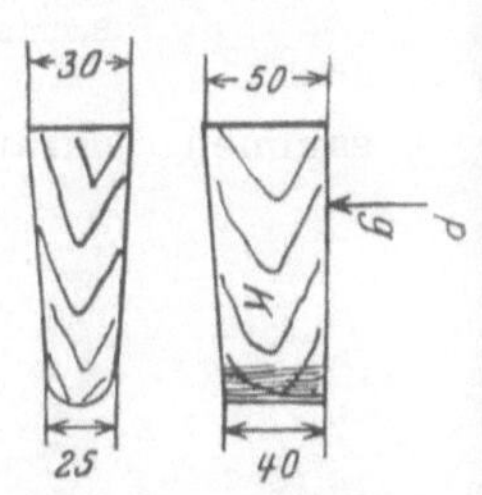

Abb. 263. Führungs- (Schleif-) Kernmarken *K* (Abb. 257) zum Einsetzen der Schraubenlochkerne.

diese Kernmarken sind stark kegelig gehalten. Die Flächen *f* dienen als Aufleimflächen auf die Platten *d* (Abb. 260).

Abb. 263 zeigt die Schleifmarken *K* zur Einführung der Schraubenlochkerne in die Form. Auch diese Kernmarken sind entsprechend der Ausheberichtung kegelig zu gestalten.

Teile, welche mit der Konstruktion des Gußkörpers verbunden sind, dürfen nicht allzu stark kegelig gehalten werden, da sonst die Gefahr besteht, daß die Schönheitsform der Gußstücke darunter leidet.

Anders ist es bei Kernmarken (Abb. 260, J und K). Diese soll man so weit als möglich verjüngen, was den Vorteil hat, daß der Former die Kerne gut in die Form einführen kann.

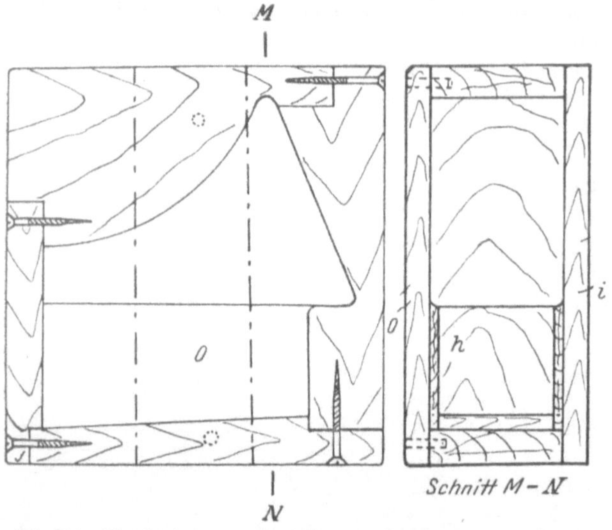

Abb. 264. Kernkasten zum Herstellen der Fußkerne J_1 (Abb. 267).

Abb. 267 zeigt den Schnitt durch die ausgegossene Form. Auch hier kann der Former zwei Kasten verwenden, den Unterkasten Q und einen Oberkasten R, oder aber der Gießereiboden (Herd) dient ihm als Unterkasten Q, und er setzt auf den Herd den Oberkasten R auf.

Der Bohrungskern H_1 (Abb. 267) wird auf der Kerndrehbank wie üblich hergestellt.

Abb. 264 zeigt den Kernkasten zum Aufstampfen der vier halben Fußkerne J_1 (Abb. 260). Dieser Kernkasten ist aus Einzelteilen zu-

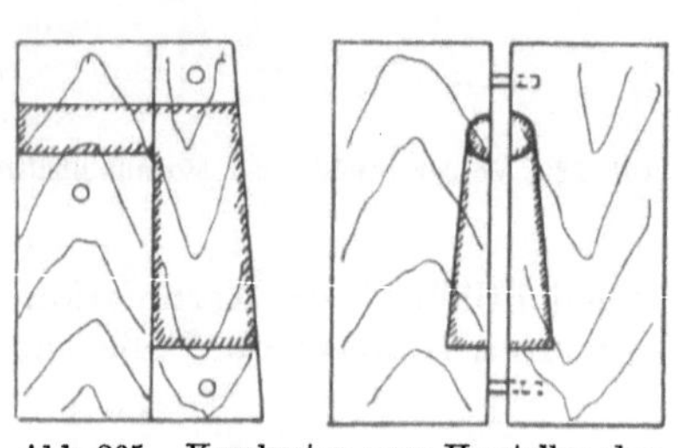

Abb. 265. Kernkasten zum Herstellen der Schraubenlochkerne (Abb. 267).

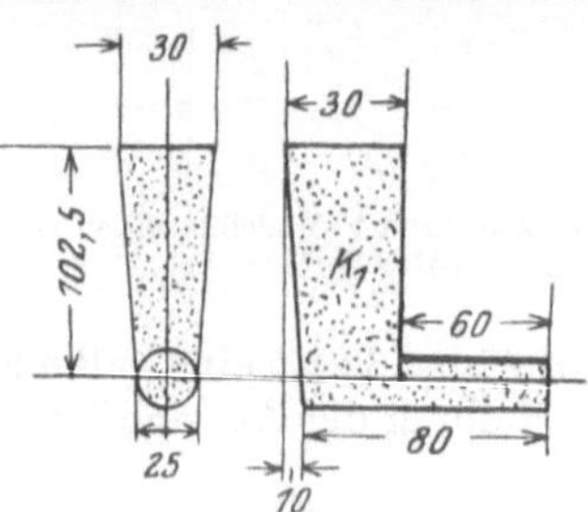

Abb. 266. Im Kernkasten nach Abb. 265 hergestellter Schraubenlochkern K_1 (Abb. 267).

sammengeschraubt. Nach unten befindet sich ein Aufstampfboden i, während die auf der oberen Fläche aufgedübelte Leiste O als Führungsleiste der Fläche h dient.

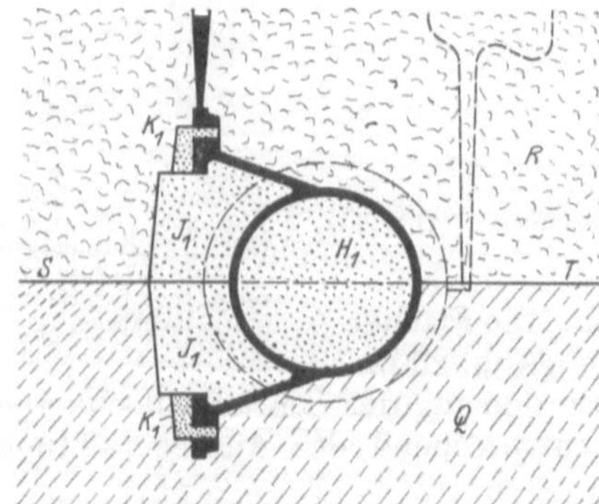

Abb. 267. Schnitt durch die ausgegossene Form zum Gußstück nach Abb. 255 und 256.

Abb. 265 zeigt die Schraubenlochkerne K_1, Abb. 266 den zweiteiligen Kernkasten zum Aufstampfen dieser Kerne. Während die Kernmarken nach Abb. 263 von 50 auf 40 mm kegelig zugehen, ist das Maß im Kern nur 30 auf 20 mm. Da die Kerne in vertikaler Richtung in die Form eingeführt werden müssen (Abb. 267) und nachher in horizontaler Richtung beigeschoben werden, muß der Former hinter der Kernführung K_1 (Abb. 260) noch so viel Sand aus der Form stechen, daß er diese Kerne von oben einführen kann. Sobald die Kerne in ihrer richtigen Lage sitzen, werden sie in der Form beigestampft.

35. Schaufelrad.

Abb. 268 gibt ein Schaufelrad wieder, dessen äußerer Durchmesser und Bohrung bearbeitet werden. Bei der Konstruktion dieses Gußstückes ist die Möglichkeit vorhanden, die Herstellung der Form zwei- und dreiteilig vorzunehmen, und es kommt in diesem Falle lediglich darauf an, ob es sich um Einzel- oder Massenabgüsse handelt. Aus je mehr Kasten sich eine Form zusammensetzt,

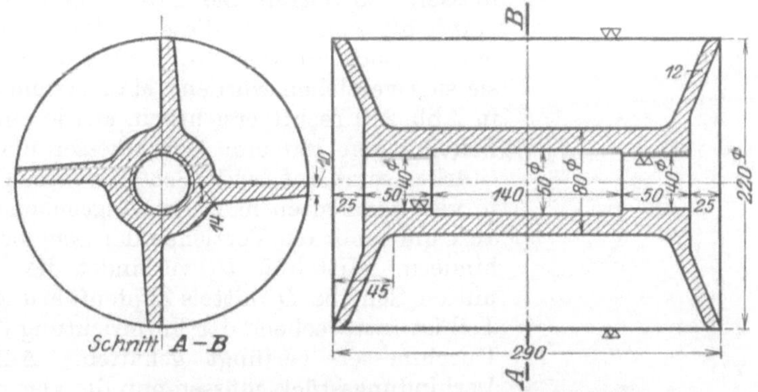

Abb. 268. Werkstattzeichnung zu einem Schaufelrad.

um so schwieriger ist die Arbeit des Formers und um so teurer wird in der Regel die Form. Es ist also Aufgabe der Modellwerkstatt, dem Former soweit als möglich die Arbeit zu erleichtern, zum anderen dürfen aber die durch diese Maßnahmen entstehenden Modellkosten nicht höher sein, als im entgegengesetzten Falle die Formerlöhne ausmachen. Grundsatz ist immer Wirtschaftlichkeit, nicht etwa Bequemlichkeit gegenüber der einen oder anderen Berufsgruppe.

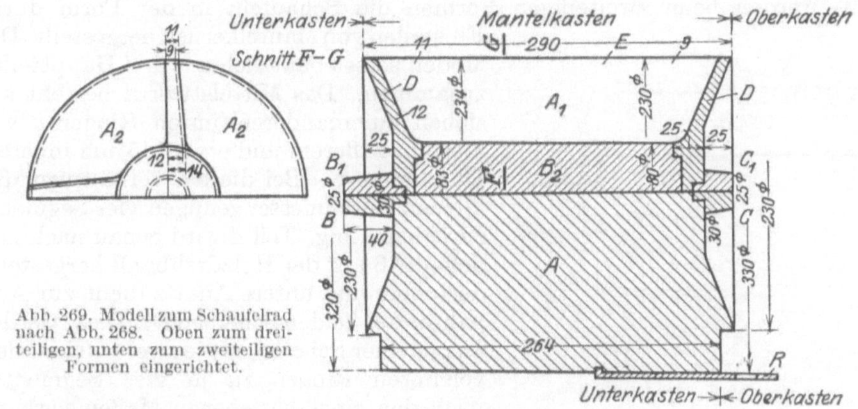

Abb. 269. Modell zum Schaufelrad nach Abb. 268. Oben zum dreiteiligen, unten zum zweiteiligen Formen eingerichtet.

Abb. 269 zeigt oben A_1 den Schnitt durch das zum Dreiteilig-, unten A zum Zweiteiligformen eingerichtete Modell. Wir finden bei A_1 den äußeren Mantel mit den vier Rippen in Natur, während bei A ein Mantelkern vorhanden ist.

Bei A_1 ist im Unterkasten die Kernmarke B_1 zum Einsetzen des Bohrungskernes sowie der Ballenvorsprung von 25 mm. Der Mantelkasten umfaßt die Gesamthöhe des Modells und nimmt die Hohlräume A_2 zwischen den Rippen mit; der Oberkasten hat die zweite Führung des Bohrungskernes C_1, den vorspringenden Ballen von 25 mm sowie den Eingußund Steigtrichter in sich aufzunehmen.

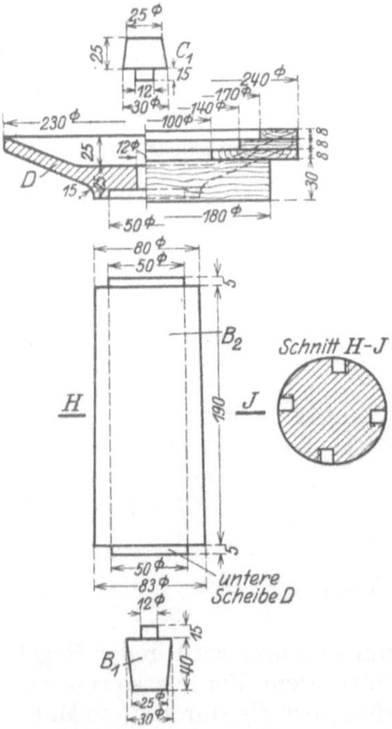

Der Aufbau des Modells nach Abb. 269, obere Seite zum Dreiteiligformen eingerichtet, setzt sich von oben nach unten zusammen aus der Kernmarke C_1, 30/25 mm Durchmesser, 25 mm hoch, mit angedrehtem Zapfen von 12 mm Durchmesser, den oberen und unteren Scheiben D. Es empfiehlt sich nicht, diese beiden Scheiben aus einem Stück auf der Drehbank auszudrehen, da sie sich verziehen würden. Man verleimt sie, wie in Abb. 270 rechts ersichtlich, aus je einer vollen Scheibe von 180 mm Durchmesser und 30 mm Stärke, setzt auf beide Scheiben drei Ringe mit je vier Segmenten nach den angegebenen Maßen auf, um somit das Verziehen der Scheiben zu verhindern. Mittelteil B_2 verbindet die obere und untere Scheibe D mittels Zapfenführung. Dieser Teil ist entsprechend der Formrichtung 83/80 mm Durchmesser verjüngt gehalten. Auf diesem Verbindungsstück müssen nun die vier Schaufeln in Form von Rippen (vgl. Abb. 268, Schnitt A—B) befestigt werden. Diese Befestigung muß eine dauerhafte sein. Aus diesem Grunde schneidet der Modellbauer die Rippen in ihrer ganzen Stärke in die Nabe B_2 ein (s. Schnitt H—J, Abb. 270), was ihm Gewähr für ihren sicheren Halt bietet.

Abb. 270. Aufbau zum Modell zum dreiteiligen Formen (Abb. 269 oben).

Abb. 271 ist der Modellaufbau nach Abb. 269, untere Seite. Wie schon erwähnt, werden beim zweiteiligen Formen die Schaufeln in der Form durch Einstellen von Mantelkernen hergestellt. Das Modell selbst baut sich aus drei Hauptteilen zusammen. Das Mittelstück A besteht aus sieben aufeinandergeleimten Ringen a von 335 mm äußerem und etwa 145 mm innerem Durchmesser. Bei diesem verhältnismäßig kleinen Durchmesser genügen vier Segmente zu jedem Ring. Teil A wird genau nach Modellaufriß auf der Holzdrehbank hergestellt, der obere und untere Ansatz dient zur Aufnahme der beiden Scheiben D_1. Diese werden aus je einer Scheibe mit je zwei aufeinandergeleimten Ringen zu je vier Segmenten nach den eingeschriebenen Maßen verleimt (Abb. 271, links). Die unteren Vertiefungen von 170 mm Durchmesser und 5 mm Höhe dienen zum Aufleimen auf den mittleren Teil A. Beide Teile werden nach dem Leimen zur Sicherung mit Holzschrauben versehen. Die kleinen, runden Zapfenlöcher in den Scheiben D_1 dienen zur Aufnahme der Ober- und Unterkastenkernmarken C_1

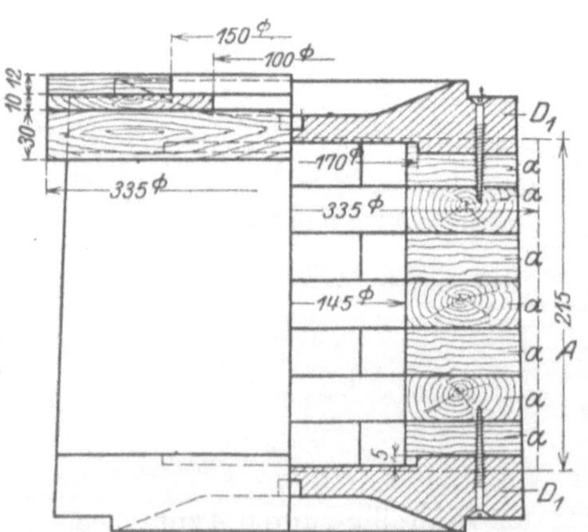

Abb. 271. Aufbau zum Modell zum zweiteiligen Formen (Abb. 269 unten).

und B_1. Dadurch, daß dieses Modell nach der wiedergegebenen Ausführung in seinen Einzelteilen auf der Drehbank mit Zapfen und Vertiefungen versehen wird, welche ineinander verleimt die Bohrungsmitte sichern, hat der Modellbauer auch bei dieser Ausführung Gewähr für genaue Arbeit.

Abb. 272 zeigt den Kernkasten zum Aufstampfen eines Viertels des Mantelkernes. Der Kern wird in der Pfeilrichtung aufgestampft, durch Einlagen von Drähten versteift und kann aus dem Kernkasten gestülpt werden. Jedoch ist es empfehlenswert, jeden Kernkasten so zu bauen, daß dem Kernmacher die Möglichkeit zum Auseinandernehmen gegeben ist. Bedingung ist immer dabei, daß die Einzelteile mittels Dübel vor dem Versetzen gesichert sind. In jedem Kernviertel sitzt eine Schaufel *S*.

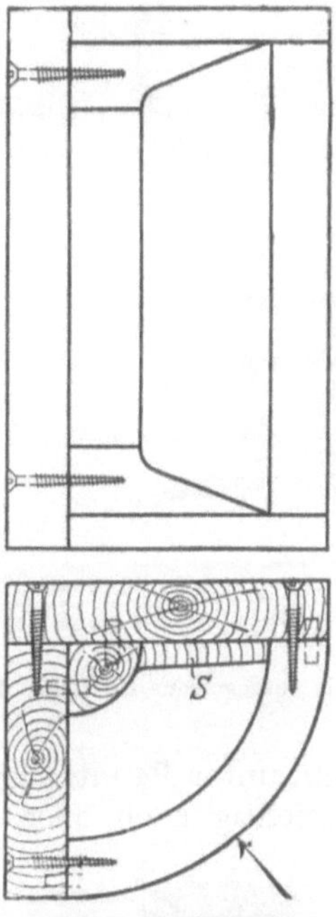

Abb. 272. Kernkasten zum Mantelkern zum Modell nach Abb. 269 unten.

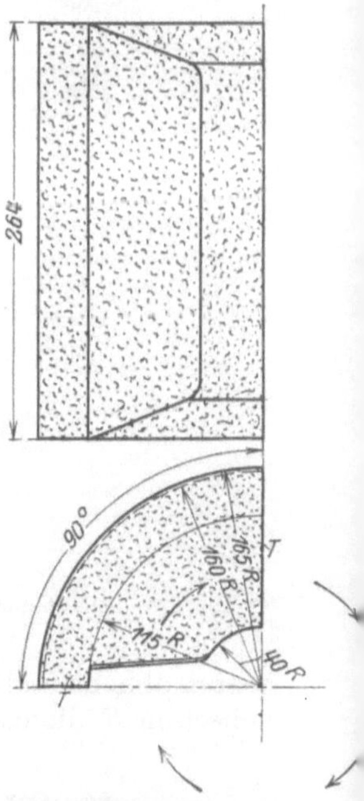

Abb. 273. Fertiger Kern im Kernkasten Abb. 272 aufgestampft.

In Abb. 273 ist eine im Kernkasten (nach Abb. 272) aufgestampfter Kern ersichtlich. Die Kerne werden in der Pfeilrichtung in die Kernführungen der Form eingelegt. Um beim Einlegen des letzten Kernes nicht auf Schwierigkeiten zu stoßen, hat die Praxis gelehrt, daß man die einzelnen Kerne an den Stoßflächen *T* etwas schwächer halten soll. Der Kernkasten soll an diesen Stellen etwa $^1/_2$ mm zurückspringen. Muß erst der Former an den Stoßflächen der Kerne nacharbeiten, so ist die genaue Schaufelstärke in Frage gestellt.

Abb. 274 ist ein fertiger Bohrungskern, Abb. 275 Schnitt durch den dazugehörigen Kernkasten. Teil *1* ist die Unterkastenkernmarke, Teile *2* und *4* sind

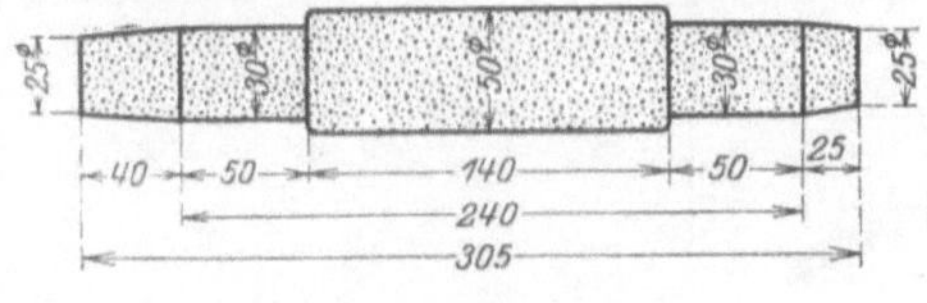

Abb. 274. Bohrungskern.

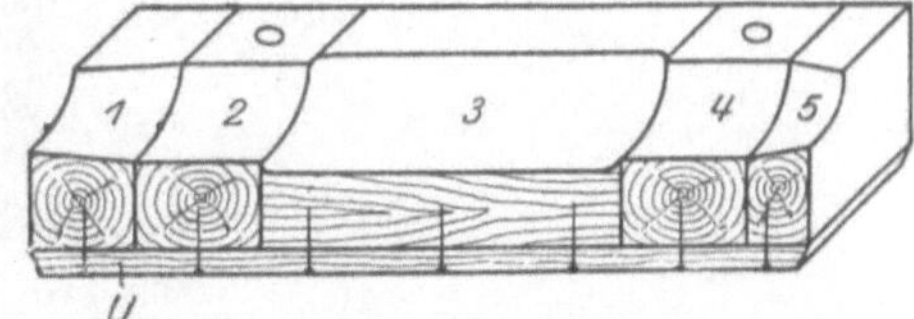

Abb. 275. Schnitt durch den Kernkasten zum Kern nach Abb. 274.

gleich der Bohrung des Schaufelrades, Teil *3* entspricht der Aussparung in der Bohrung, Teil *5* ist die Oberkastenkernmarke. Die Kernkasteneinzelteile werden, wenn sie bearbeitet sind, zusammengeleimt und durch eine aufgeleimte Verstärkung *U* versteift.

Abb. 276 stellt einen Schnitt durch die ausgegossene dreiteilige Form mit eingelegtem Bohrungskern *D*, Eingußtrichter *E* und Steigtrichter *F* dar. *A* ist der Unterkasten, *B* der Mantelkasten und *C* der Oberkasten. Das Ausheben des eingestampften Modells aus der dreiteiligen Form geschieht, indem der Former den Oberkasten abhebt, alsdann wird die obere Scheibe *D* mit anhängender Kernmarke C_1 (Abb. 269) entfernt, der Mantelkasten und Unterkasten zusammen gewendet, dieser abgehoben und dann das Modell aus dem Mantelkasten nach der Richtung des Unterkastens zu entfernt. Dies bedingt, daß alle in Frage kommenden Modellteile entsprechend verjüngt sind.

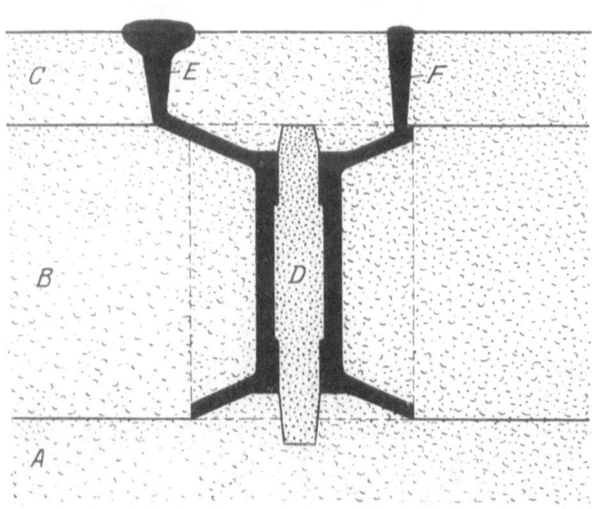

Abb. 276. Schnitt durch die ausgegossene dreiteilige Form.

Abb. 277 ist ein Schnitt durch die ausgegossene Form der zweiteiligen Form. *A* ist der Unterkasten, *B* der Oberkasten, *C* sind vier Mantelkerne, *D* ist der Bohrungskern, *E* der Eingußtrichter und *F* der Steigtrichter. Das Aussehen des Modells aus der aufgestampften zweiteiligen Form geschieht, indem der Former den Oberkasten abhebt und dann, unter Benutzung der beiden am Modell befestigten Aushebeeisen *R* dieses vorsichtig nach oben aus dem Unterkasten heraushebt.

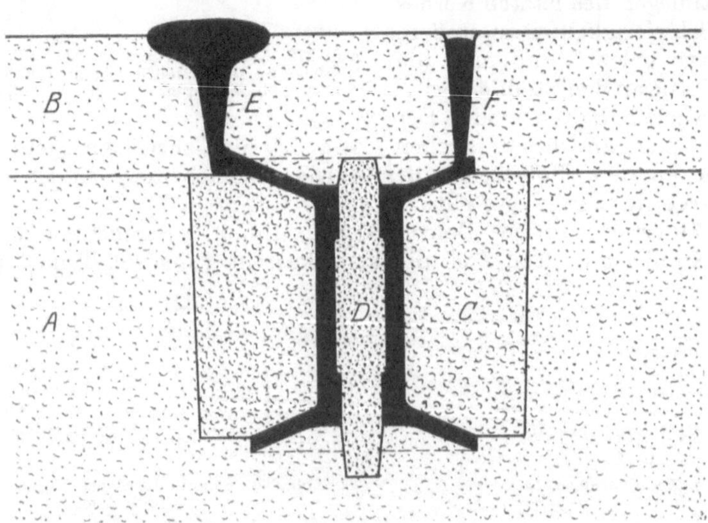

Abb. 277. Schnitt durch die ausgegossene zweiteilige Form.

Abb. 278 gibt ein übliches Aushebeeisen wieder. Das Lochmittel des Hakenloches setzt man etwas unter das obere Radiusmittel, um oben, da das Eisen auf Zug beansprucht wird, mehr Material zu haben. Die am unteren Ende des Eisens befindliche Nase dient zur Entlastung der Holzschrauben, da auch diese bei Beanspruchung auf Zug sich mit der Zeit lockern würden.

Diese beiden Modellbauarten nach einer Konstruktionszeichnung lassen die Frage entstehen, welches Modell ist das wirtschaftlich vorteilhafteste?

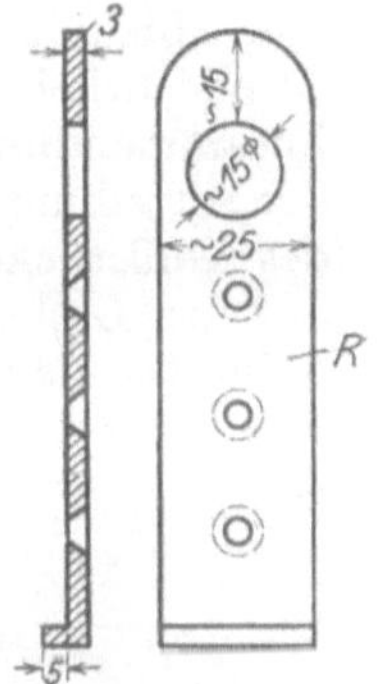
Abb. 278. Aushebeeisen zum Modell nach Abb. 271.

Bei Anfertigung des Schaufelradmodells ohne Mantelkern werden ohne Zweifel die Abgüsse sauberer und die Schaufelstärken gleichmäßiger, ein Vorteil für die mechanische Bearbeitung, aber dem Former entsteht eine Mehrarbeit, indem er mit drei Kästen arbeiten muß, was bei Massenabgüssen ins Gewicht fällt. Auch das zum Dreiteiligformen eingerichtete Naturmodell dürfte selbst bei bestem Zusammenbau keine lange Lebensdauer haben.

Anders liegen die Verhältnisse bei Anfertigung des Schaufelradmodells mit Mantelkern.

Hier ist einmal ein kräftiges Modell vorhanden, und der Former braucht nur mit zwei Kästen zu arbeiten, denn die Kastenfrage spielt in der Gießerei bei Massenartikeln auch eine Rolle.

Das Anfertigen und Einlegen der Kerne erfordert wohl etwas Mehrarbeit, diese wird aber auf der anderen Seite durch Mehrlieferung von Abgüssen mittels dieses Modells wieder ausgeglichen, so daß eine Mehrarbeitszeit in der Nachkalkulation nicht erscheinen dürfte, weil sie durch erhöhte Stücklieferung ausgeschaltet wird.

36. Einsatz.

Abb. 279 zeigt die Werkstattzeichnung zu einem Einsatz. Um den oberen Teller von 400 mm Durchmesser im Guß dicht (also ohne poröse Stellen) zu bekommen, muß der Teller nach unten gegossen werden. Abb. 280 gibt das Modell hierzu wieder. Seine

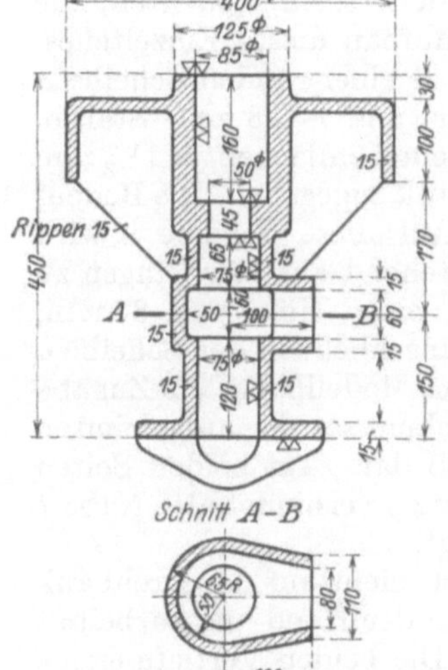

Abb. 279. Werkstattzeichnung zu einem Einsatzlager.

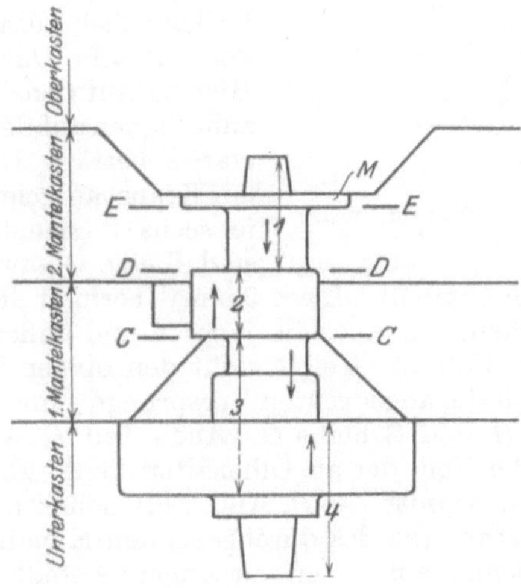

Abb. 280. Modell zum Gußstück nach Abb. 279.

Teilstellen liegen bei *C—C*, *D—D* und *E—E*. Die Trennung der Formkästen liegt, wie angegeben, nicht genau mit der Modellteilung gleich, sondern so, daß sich das Modell leicht aus den einzelnen Formkästen ausheben läßt, auch spielt schließlich die Höhe der vorhandenen Formkasten eine Rolle, so daß diese in den meisten Fällen nach dem Modell zu angeschnitten werden müssen. Insbesondere ist von Wichtigkeit, daß auch alle Modellteile entsprechend ihrer Formrichtung verjüngt gehalten sind.

Abb. 281 zeigt den eigentlichen Modellaufbau. Schon aus dieser Darstellung ist ersichtlich, wie genau jeder Einzelteil bearbeitet werden muß, um später beim Zusammendübeln des Modells das genaue Höhenmaß zu erhalten. Das Fluchten der Mittellinien der Einzelteile ist Grundbedingung. Die glückliche Konstruktion des Gußstückes gibt dem Modellbauer die Möglichkeit, alle Modelleinzelteile auf der Drehbank mit Zapfen und Vertiefungen zu versehen, was ihm Gewähr dafür ist, daß die Mitten der Einzelteile genau aufeinanderstimmen.

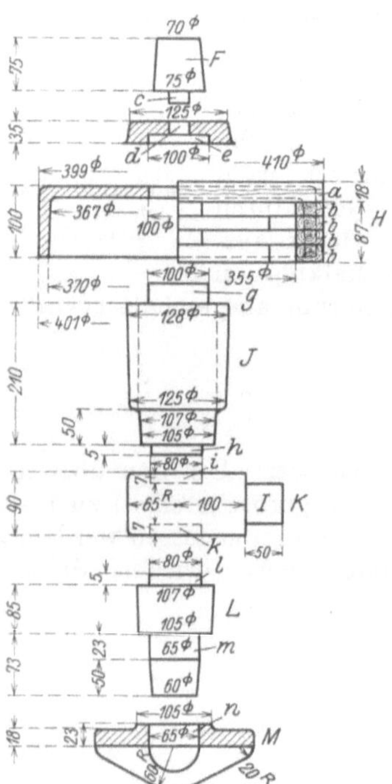

Abb. 281. Modellaufbau zum Modell nach Abb. 280.

Das Modell setzt sich aus folgenden Einzelteilen zusammen:

Kernmarke $F = 75/70$ mm Durchmesser. Dieses Maß ergibt sich aus der Bohrung von 85 mm — 10 mm für Bearbeitung. Der Kegel von 5 mm an der Kernmarke entspricht den bekannten formtechnischen Gründen. Die Länge der Kernmarke beträgt 75 mm, damit der Kern, der stehend im Unterkasten eingesetzt wird, genügend Führung hat. An dem unteren Ende der Kernmarke wird ein Zapfen *c* angedreht. Dieser Zapfen dient der Kernmarke als Führung beim Einsetzen in die Scheibe *G*. Diese hat auf der oberen Fläche ein Loch entsprechend der Zapfenstärke *c* der Kernmarke *F*. An der unteren Fläche der Scheibe *G* befindet sich eine Ausdrehung von 100 mm Durchmesser und ~10 mm Tiefe. Teil *H* ist der Teller von 400 mm Durchmesser. Die linke Hälfte zeigt den fertigen Modellteil, die rechte Hälfte den Modellaufbau dieses Einzelteiles. Er baut sich zusammen aus einer runden Scheibe *a* von 410 mm Durchmesser und ~18 mm Stärke. Hier ist auf den beiden Scheibenflächen je $1^1/_2$ mm zum Planen auf der Drehbank zugegeben. Die Bodenstärke beträgt 15 mm. Auf diese Scheibe *a* wird ein Kranz aufgeleimt, bestehend aus vier Ringen zu je sechs Segmenten *b* in einer Höhe von 87 mm, so daß eine Gesamthöhe einschließlich der Scheibe *a* von 105 mm entsteht. Diese 5 mm Übermaß dienen dem Modellbauer als Zugabe zum Abdrehen, was auch im inneren und äußeren Durchmesser der aufgeleimten Ringe *b* der Fall ist. Teil *I* stellt den oberen Nabenteil dar. Auf beiden Seiten befinden sich die angedrehten Vorsprünge *g* und *h*. Ansatz *g* verbindet also Nabe *I* mit Teller *H* und Scheibe *G*. Auch Teil *I* ist verjüngt.

K ist der Teil, der als Ölbehälter dient. Er läßt sich nicht auf der Drehbank herstellen (s. Schnitt *A—B*, Abb. 279), sondern wird von der Hand ausgearbeitet. *I* ist die Kernmarke des durchgehenden Kanalkernes. Die beiden Vertiefungen *i* und *k* bohrt man am besten mit einem verstellbaren Bohrer aus, da das Ausdrehen der beiden Vertiefungen auf der Drehbank mehr Zeit erfordert als das Ausbohren. *L* ist der untere Nabenteil und ebenfalls kegelig gehalten. Am oberen Ende befindet sich der Ansatz *l*, der, wie ersichtlich, im Teil *K* seine Führung hat. Am unteren Ende der Nabe *L* befindet sich ein Ansatz *m* von 65 mm Durchmesser und 23 mm Breite zum Aufnehmen von Flansch *M*. Die Verlängerung des Ansatzes ist Kernmarke und dient dem Kerne als Oberkastenführung. Bohrung *n* im

Flansch M entspricht dem Ansatz m an Teil L. An Hand der Figur ist zu sehen, wie alle Einzelteile ineinandergeführt sind, so daß beim Zusammenleimen des Modellkörpers alle Mitten sich genau decken, was beim Ausbohren des Gußstückes von Wichtigkeit ist.

Die Verleimung des Modellkörpers muß so vorgenommen werden, daß das Modell an den Teilstellen der Form zum Auseinandernehmen ist.

Die Teilungen sind nach Abb. 280 bei C—C, D—D und E—E. Flansch M muß lose bleiben.

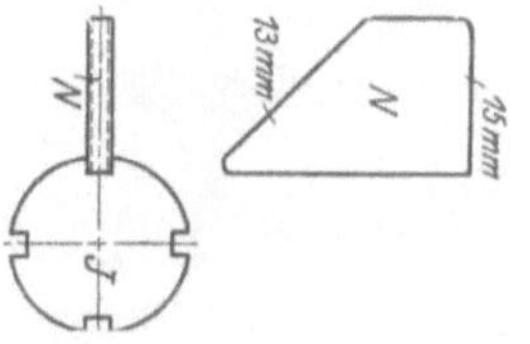

Abb. 282. Befestigung der Rippen in die Nabe.

Das Einsetzen der vier Rippen N in die Nabe I ist auf Abb. 282 ersichtlich. Die vier in der Nabe angebrachten Schlitze werden auf der Reißplatte mittels Parallelreißers oder einem Kreiswinkel genau angezeichnet, damit die Rippen, wenn sie eingeleimt sind, genau über Kreuz stehen. Auch die Rippen N sind entsprechend der Formrichtung verjüngt gehalten.

Abb. 283 gibt den fertigen Kern wieder, wie er vor dem Ausgießen in die Form eingesetzt wird. Führungsflächen des Kernes sind U, V und W, insbesondere gibt die Führungsfläche U dem Kern die richtige Lage, da diese dem Kern die genaue Stellung gibt.

Zur Anfertigung dieses Kernes benötigt der Kernmacher einen Kernkasten, wie in Abb. 284 ersichtlich. Dieser setzt sich aus den Einzelteilen *1*—*7* zusammen, die in sich wieder zweiteilig sind. Die Dübel befinden sich in den Teilen *2* und *6*. M—M ist Mittellinie des Kernes. Diese Mittellinie muß beim Aufreißen der Kernkasteneinzelteile allseitig scharf angezeichnet werden, da sie beim Bearbeiten der einzelnen Teile auf der Dübelfläche der Kernkasten fortfällt; sie befindet sich also nur noch auf den Außenseiten der Kernkastenhälften und dient dort dem Modellbauer beim Aufeinanderleimen der Einzelteile als Richtlinie. Die Verstärkungsbretter *8* und *9* dienen dazu, die Kernkastenhälften zu verstärken. Maß $O = 458$ mm ist das Modellmaß, Maße P und Q entsprechen den Kernmarkenmaßen am Modell.

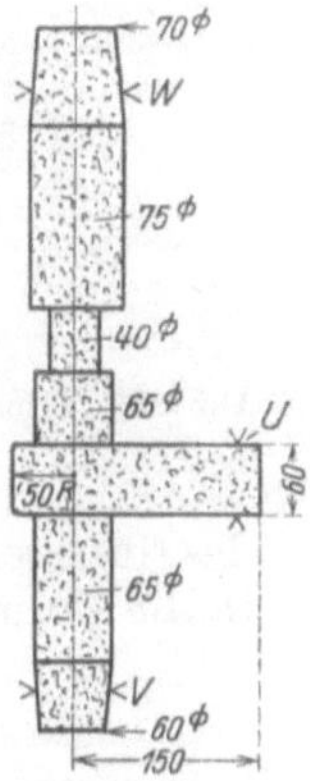

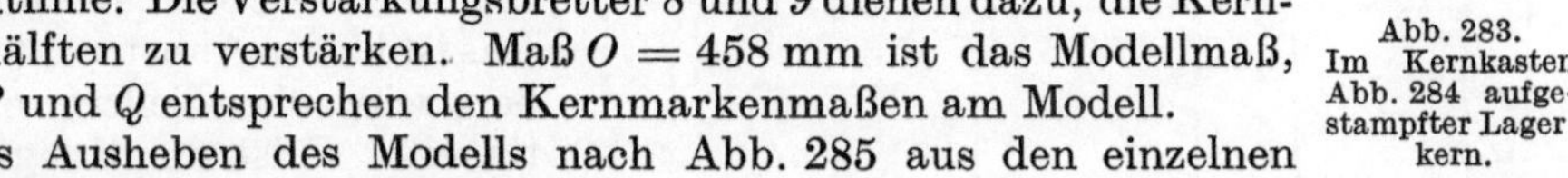

Abb. 283. Im Kernkasten Abb. 284 aufgestampfter Lagerkern.

Das Ausheben des Modells nach Abb. 285 aus den einzelnen Formkästen geht so vor sich:

Zuerst wird der Oberkasten abgedeckt und Flansch M abgehoben, alsdann wird der zweite Mantelkasten abgedeckt und Teil *1*, das sich mit abhebt, in der Pfeilrichtung herausgenommen; sodann wird Teil *2* in der Pfeilrichtung aus dem ersten Mantelkasten herausgenommen, dieser abgehoben und das im Kasten mit abgehobene Modellteil *3* in der Pfeilrichtung entfernt. Teil *4* wird in der Pfeilrichtung aus dem Unterkasten ausgehoben. Der Former hat somit Gelegenheit, beim Auspolieren der Form überall gut beizukommen.

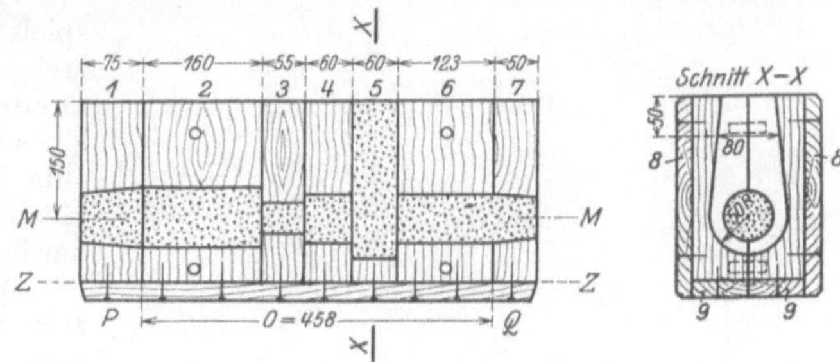

Abb. 284. Kernkasten zum Lagerkern.

Auf Abb. 285 ist im Schnitt die ausgegossene Form des Einsatzes nach Abb. 279 ersichtlich. A ist der Unterkasten und reicht bis zum oberen Rande des Tellers; Mantelkasten B nimmt den inneren Ballen im Teller mit, geht links bis zur Oberkante des Ölkammerkernes und wird rechts bis Außenkante Wandstärke angeschnitten. Mantelkasten C geht bis Oberkante des ovalen Flansches und ist in der Höhenrichtung stark angeschnitten mit dem Zweck, daß das Eisen, das beim Gießen nach oben drückt, seitlich nicht durch die Trennfuge der Formkästen entweichen kann. Im allgemeinen wird man die Formkästen im Höhenmaß nicht immer so auf Lager haben, wie sie benötigt werden. Dieses bedingt ein jeweiliges Anschneiden von der oberen Kastenfläche nach der Teilstelle des Modells. Wenn es sich ermöglichen läßt, soll die Teilstelle des Modells immer unter Oberkante Formkasten liegen, damit die Möglichkeit ausgeschlossen ist, daß das flüssige Eisen sich seitlich zwischen den Formkästen einen Weg sucht. Solche Fälle können eintreten, wenn die Form ungenügend beschwert ist.

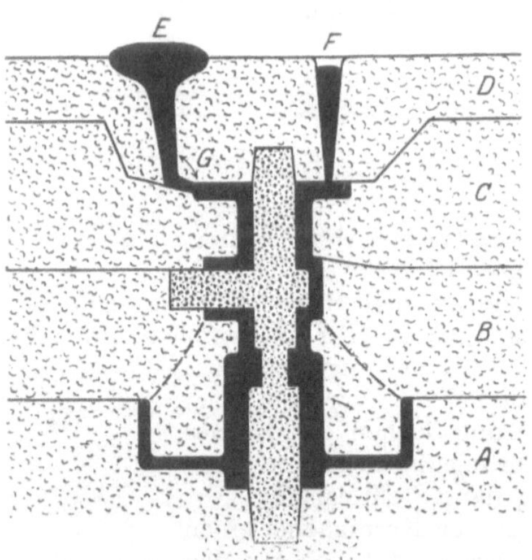

Abb. 285. Schnitt durch die Form zum Gußstück nach Abb. 279.

E, Abb. 285, ist der Eingußtrichter und ist seitlich angeschnitten. Der Druck des flüssigen Eisens wird also im Winkel G gebrochen, das Eisen fließt abgeschwächt in die Form, was ihre Beschädigung ausschließt. Der am oberen Ende angeschnittene Kopf dient dazu, genügend flüssiges Material zum Nachsikkern in die Form aufzunehmen. Das ist hier in Anbetracht des großen, schwachen Tellers von Wichtigkeit. F ist der Steigtrichter.

37. Doppellagerbock.

An Hand eines weiteren Beispiels aus der Praxis soll die Herstellung eines Naturmodells zum Dreiteiligformen und die Bauart eines Modells mit Kernlagerung, zum Zweiteiligformen sowie die Herstellung und Formarbeit beider Formarten behandelt werden.

Abb. 286 gibt die Werkstattzeichnung zu einem Doppellagerbock wieder.

Bei der Anfertigung eines zweiteiligen Naturmodells ist beim Aufstampfen der Form Vorsicht am Platze, damit die beiden Modellhälften nicht auseinander-

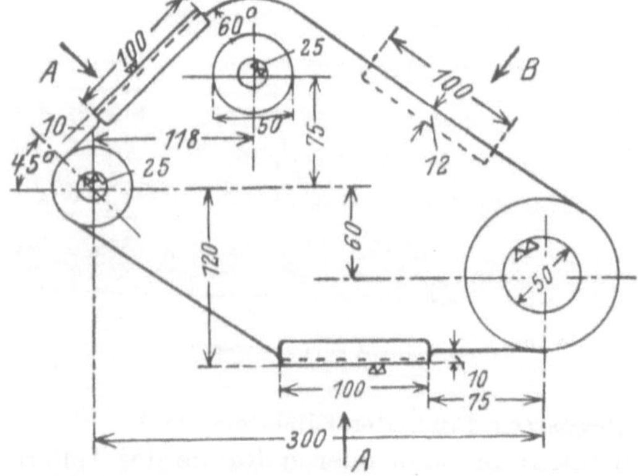

Abb. 286. Werkstattzeichnung zu einem Doppellagerbock.

gestampft werden, daß also nicht, wie es vorgekommen ist, etwa von zwölf Abgüssen zirka zehn unbrauchbar werden, weil die Maße G und H nur bei zwei Abgüssen übereinstimmen, bei allen anderen aber die beiden Seitenwände statt parallel kegelig zugelaufen waren.

Wenn bei diesen Fehlabgüssen auch den Former ein großes Verschulden trifft, so war doch auch vom Modellbauer nicht richtig gearbeitet worden, wie nachstehend noch erläutert wird.

Es soll zuerst der Aufbau des zweiteiligen Modells nach Abb. 287 behandelt

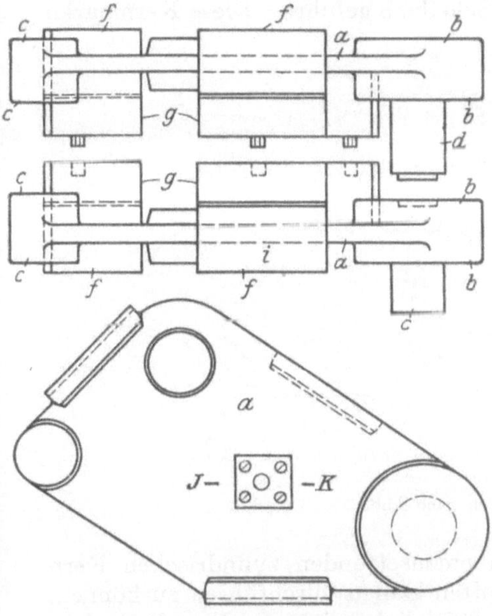

Abb. 287. Modell zum Doppellagerbock nach Abb. 286 zum Dreiteiligformen eingerichtet.

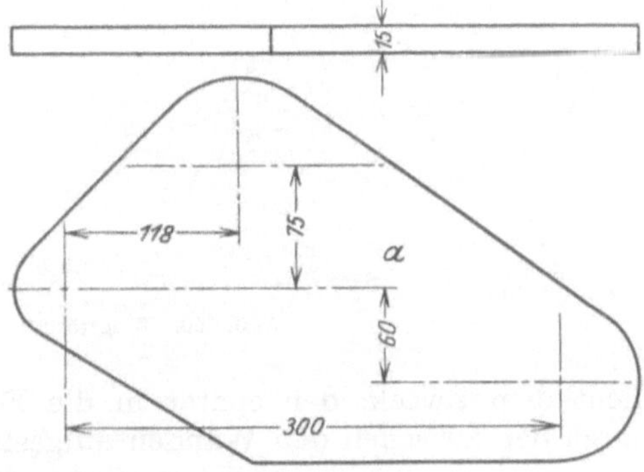

Abb. 288. Seitenwände zum Modell zum Zwei- und Dreiteiligformen.

werden. Das Modell ist genau auf der Mitte geteilt, die Modellhälften sind mittels Dübel geführt. Entsprechend der Ausheberichtung sind alle Modellteile kegelig zu halten. Das Modell setzt sich zusammen aus den beiden Seitenwänden *a* (Abb. 288). Die Stichpunkte und Mittellinien sind beiderseits der Seitenwände

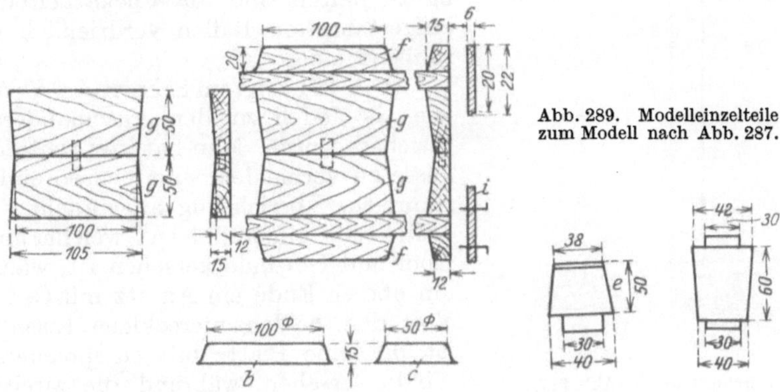

Abb. 289. Modelleinzelteile zum Modell nach Abb. 287.

scharf anzureißen, um das Modell besser auf seine Richtigkeit hin prüfen zu können. Diese beiden Seitenwände dienen als Aufbauflächen des Modells. Abb. 289 gibt die Modelleinzelteile wieder, welche zum Modellaufbau benötigt werden. Die beiden äußeren Scheiben *b* (Abb. 287 und 289) haben einen Durchmesser von 100 mm und eine Stärke von 15 mm, während die inneren Scheiben *b* den gleichen

Durchmesser, aber eine Stärke von 20 mm haben müssen, das gleiche gilt auch von den Scheiben *c* mit 50 mm Durchmesser. Kernmarke *d* bildet die Verbindungskernmarke zwischen den beiden inneren Scheiben *b*. Sie ist an der oberen Modellhälfte fest und mittels Falz in der unteren Scheibe *b* geführt. Diese Kernmarke

Abb. 290. Eingeformtes Modell nach Abb. 287.

dient dem Zweck, den später in die Form einzusetzenden zylindrischen Kern durch den zwischen den Wänden aufgestampften Ballen durchführen zu können.

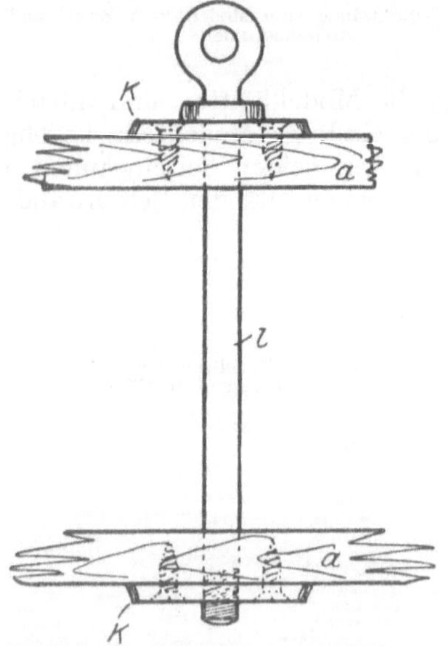

Abb. 291. Schnitt *J—K* (Abb. 287).

Abb. 289 zeigt weiter die Einzelteile *f*, *g*, *h* und *i*, welche zum Teil auf und zwischen die Seitenwände *a* gesetzt werden und die Befestigungsflanschen des Doppellagerbockes bilden. Es muß nochmals darauf hingewiesen werden, daß alle Modellteile nach Abb. 289, entsprechend der Modellausheberichtung, kegelig zu halten sind, da Flickarbeiten an dem aufgestampften Ballen verdrießlich und zeitraubend sind.

Abb. 291 zeigt im Schnitt *J—K* (Abb. 287), wie das Modell vor dem Auseinanderstampfen gesichert wurde. Man hat, um weitere Fehlabgüsse zu vermeiden, eine ebenso einfache wie sinnreiche Vorrichtung angebracht. Dieselbe besteht aus einem Bolzen *l*, welcher am unteren Ende mit Gewinde versehen ist, während sich am oberen Ende ein Ansatz mit Öse befindet. Von den beiden viereckigen Eisenplatten *k* ist die eine Platte mit entsprechendem Gewinde versehen, während die zweite (obere) Platte mit einem glatten Loch versehen ist und dem Bolzen *l* als Führung dient. Die Platten *k* werden auf die Außenseiten der Seitenwände *a* aufgeschraubt und die in der Form sich ergebende Vertiefung vom Former zugestrichen, da man selbstredend derartige Platten nur in das Holz einlassen kann, wenn das Holz stark genug ist und die Stabilität des Modells nicht darunter leidet.

Das Einstampfen des Modells in die Form bzw. die Herstellung derselben geht nach Abb. 290 wie folgt vor sich:

Der Former nimmt einen entsprechend tiefen Unterkasten J, der etwa bis zur punktierten Linie $V—V$ geht, und stampft die untere Modellhälfte bis zur Kantenrundung, wie Abb. 290 zeigt, ein, wobei der Kasten entsprechend angeschnitten werden muß, um wieder an die obere Kantenabrundung der unteren Seitenwand zu gelangen. Diese aufgestampfte Fläche wird gut abgestäubt und der Ballen L eingestampft. Da nun der Ballen in den Hohlraum des Naturmodells eingestampft werden muß, ist es leicht erklärlich, daß sich ein Modell, welches ohne jede Vorrichtung ist, auseinanderstampfen muß, wenn der Former nicht zur Selbsthilfe greift und die obere Modellhälfte beschwert. Hier ist der Vorteil einer Verschraubung, wie sie Abb. 291 zeigt, ersichtlich. Der mittlere Ballen L nach Abb. 290 wird am oberen Teile des Modells ebenso angeschnitten wie der Unterkasten J. Der Ballen selbst steht also über den Unterkasten J heraus, damit er seine Führung auch im Oberkasten K bekommt. Der Former entfernt, sobald er seinen Ballen L aufgestampft hat, die Verbindungsschraube l (Abb. 291) und stampft seinen Oberkasten K auf. Bei dieser Formart können die vorspringenden Arbeitsleisten h und i, beide fest (Abb. 289), an den Modellhälften sein.

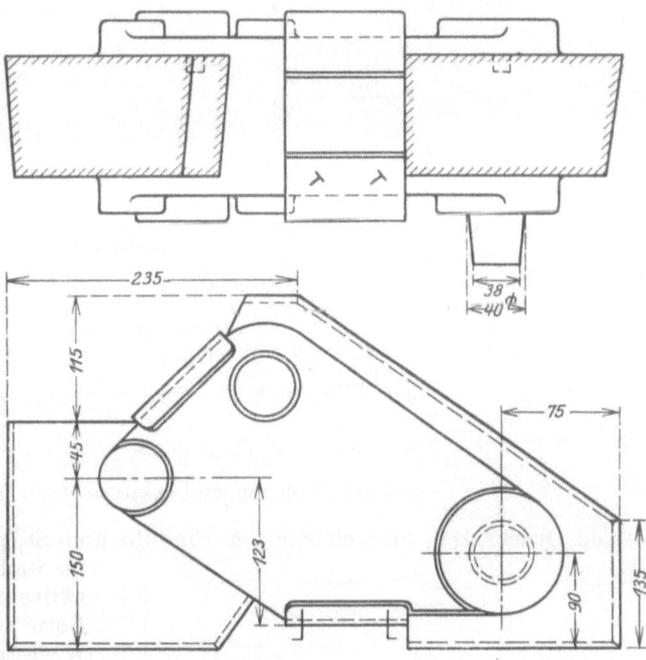

Abb. 292. Modell zum Doppellagerbock nach Abb. 286 in Kernausführung.

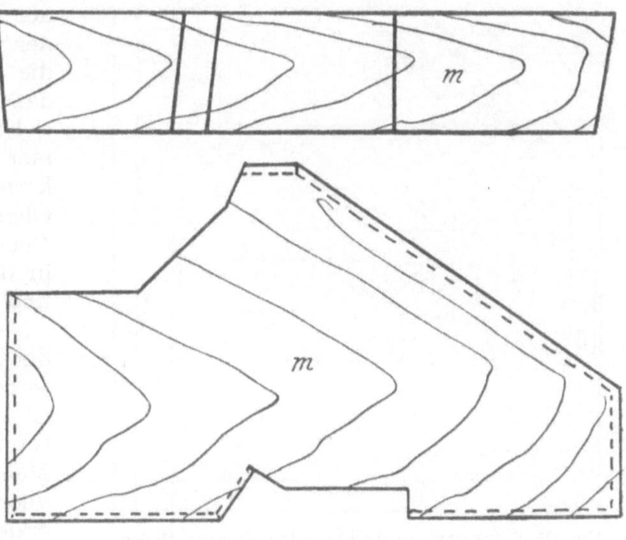

Abb. 293. Kernmarke zum Modell nach Abb. 292.

Das Ausheben des Modells aus der Form ist sehr einfach. Der Former deckt

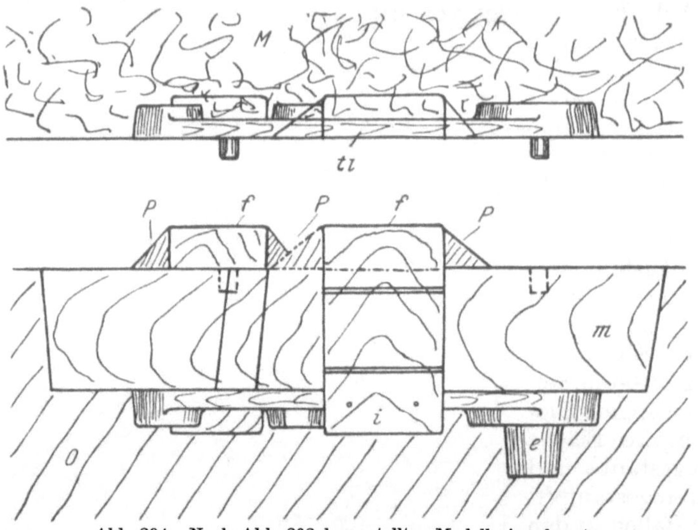

Abb. 294. Nach Abb. 292 hergestelltes Modell eingeformt.

seinen Oberkasten, an welchem der Einguß- und Steigtrichter angeschnitten ist, ab und nimmt die obere Modellhälfte aus dem Ballen, poliert die Form aus und setzt den Oberkasten *K* wieder auf. Dann wird die Form gewendet, so daß der Unterkasten *J* nach oben zu liegen kommt, derselbe abgedeckt, die untere Modellhälfte aus dem Ballen *L* herausgenommen und auch diese Seite der Form auspoliert, und darauf der Kasten *J* wieder aufgedeckt, die Form abermals gewendet, so daß die Formkasten wieder in ihre richtige Stellung kommen. Der Former muß nun, um den Bohrungskern *c* einsetzen zu können, den Oberkasten *K* abermals abnehmen. Der Kern selbst hat seine Führung in der Unterkastenkernführung *c* und im Ballen *L*.

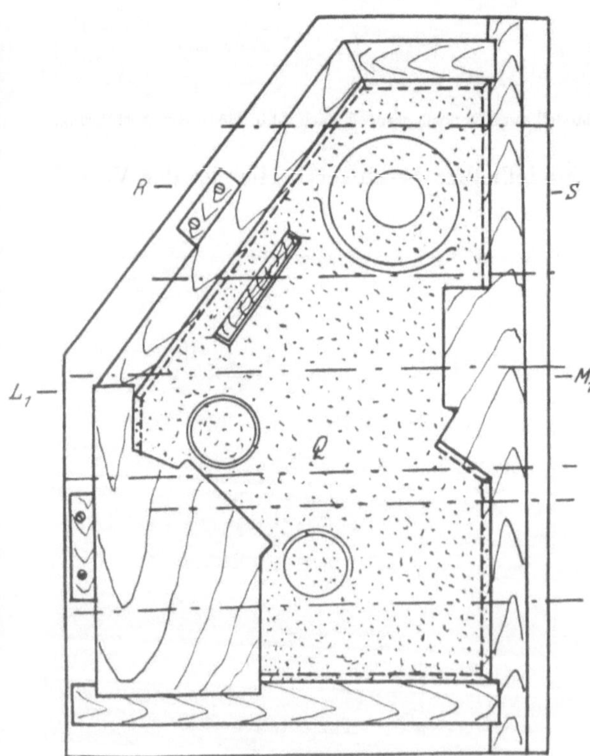

Abb. 295. Kernkasten mit aufgestampften Kern zum Modell nach Abb. 292.

Mit dem genannten Ballen hat der Former wenig Arbeit, da derselbe nie aus seiner Lage kommt.

Für den Former selbst bedeutet diese Formmethode wohl etwas Mehrarbeit, andererseits werden aber saubere, einwandfreie Abgüsse erzielt und auch entsprechend Kernmacherlohn erspart.

Abb. 292 zeigt das Modell zum Doppellagerbock nach Abb. 286, jedoch in Kernausführung. Ein Modell, bei welchem in die Form zur Herstellung des Hohlraumes ein Kern eingelegt werden muß.

Das Modell selbst setzt sich zusammen aus der Kernmarke *m* (Abb. 293), den beiden Seitenwänden *a* (Abb. 289) und den Modellteilen *b*, *c*, *e*, *f*, *h* und *i* (Abb. 288). Bei dieser Formart muß die Arbeitsfläche *i* an das Modell angesteckt werden, da dieselbe später nach dem Ausheben des Modells gesondert aus der Form gezogen wird. Wie aus Abb. 292 ersichtlich ist, hat die Kernmarke fast ringsherum einen Vorsprung, welcher als Auflagefläche für den Kern anzusprechen ist. Auch diese Kernmarke ist entsprechend der Modellausheberichtung kegelig zu halten. Diese kegelförmigen Flächen müssen ebenfalls im Kernkasten vorhanden sein. Es wäre falsch, wenn man dem Former das Abschaben der kegeligen Flächen am Kern überlassen wollte; dieses erforderte Mehrarbeit für den Former, und da nicht ein Kern genau so wie der andere würde, wäre die Genauigkeit, mithin die Brauchbarkeit der einzelnen Abgüsse, in Frage gestellt. Es kommt bei dieser Kernarbeit sehr genau darauf an, denn kommt der Kern nicht genau in seine Lage, werden die inneren Nabenmitten nie mit den äußeren Nabenmitten übereinanderstimmen.

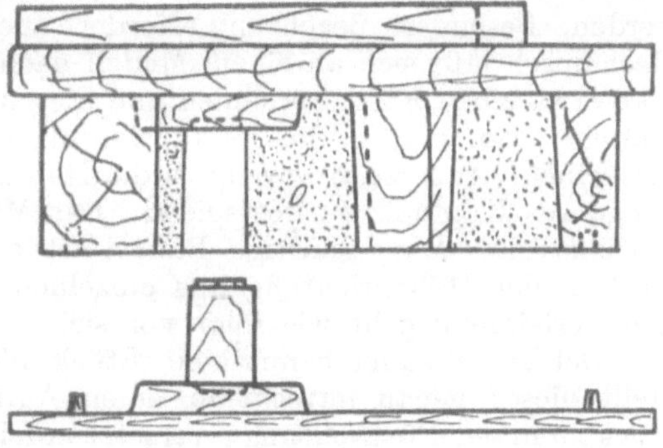

Abb. 296. Schnitt L—M durch den Kernkasten nach Abb. 295.

Abb. 294 zeigt dieses Modell eingeformt. Die obere Seite mit den Naben ist aufgedübelt, während die Vorsprünge *f* (s. a. Abb. 287) am unteren Modellteil sitzen, der Oberkasten selbst jedoch nach der Außenseite hin, wo die Arbeitsflächen sitzen, wie bei *P* strichpunktiert gezeichnet ist, angeschnitten wird.

Diese zweiteilige Form ist für den Former bedeutend leichter herzustellen, wie ihm auch das Einlegen der Kerne keine Schwierigkeiten bereitet, wenn dieselben genau der Kernmarke entsprechen.

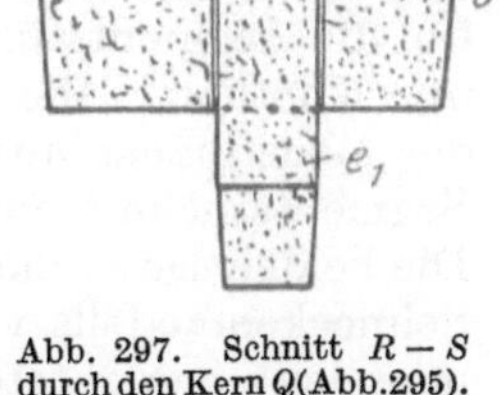

Abb. 297. Schnitt $R-S$ durch den Kern Q (Abb. 295). Einführung des Bohrungskernes durch den Hauptkern.

Zur Herstellung vom Kern Q, welcher in die Kernlagerung *m* (Abb. 294) eingelegt wird, muß der Modellbauer dem Kernmacher einen Kernkasten nach Abb. 295 bauen. Dieser Kernkasten entspricht in seinen inneren Umrissen genau der Kernmarke *m* (Abb. 294). Abb. 295 zeigt den Kernkasten mit aufgestampftem Kern Q; Abb. 296 den Schnitt L_1—M_1 durch den Kernkasten; Abb. 297 den Schnitt R—S durch den fertigen Kern Q, und zeigt zugleich, wie der Bohrungskern e_1 durch den Hauptkern eingeführt wird.

38. Schneckenmodell.

Die sachgemäße Herstellung von Schneckenmodellen setzt große Geschicklichkeit des Modellbauers und des Formers voraus. Während kleine Schnecken (z. B. für Haushaltungsmaschinen) sich noch liegend formen lassen und maschinell hergestellt werden, ist für das Formverfahren großer Schnecken meist die Konstruktion des Gußstückes ausschlaggebend.

An Hand einiger Abbildungen sollen Werdegang von Schneckenmodellen und Einformen derselben behandelt werden.

Abb. 298 zeigt ein Schneckenmodell mit Trapezgewinde. Da sich derartige Holzmodelle sehr leicht verziehen, muß deren Aufbau größte Sorgfalt zugewendet werden. Besondere Beachtung erfordert auch die Bearbeitung derartiger Modelle. Mechanisch läßt sich an einem Modell nach Abb. 298 nicht viel machen. Wollte man etwa einen Klotz verleimen und diesen dann auf den Schneckendurchmesser abdrehen, so würden die weit vorspringenden Gewindeflächen als „Kopfholz" erscheinen. Anderseits wäre auch die Handarbeit beim Ausarbeiten der Gewindegänge aus Kopfholz zu kostspielig. Das Modell würde unnötig teuer und wenig haltbar sein. Eine günstige Bauart ist aus Abb. 299 ersichtlich. Das Modell wird in der Höhenrichtung aus einzelnen Segmentstücken *b* zusammengeleimt. Die Verleimung geht wie folgt vor sich:

Der Modellbauer benutzt ein Stück Welle *a* von etwa 40 mm Durchmesser, stellt dieses genau lotrecht in einen Aufleimboden und leimt die Segmentstücke *b* in der Pfeilrichtung *c* versetzt aufeinander. Die Faserrichtung des Holzes

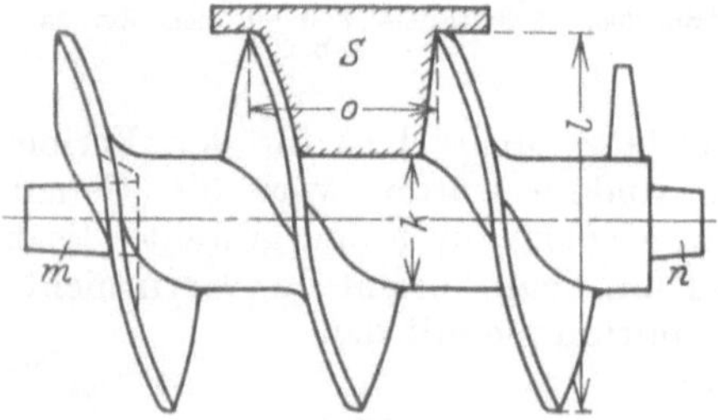

Abb. 298. Modell zu einer Transportschnecke aus Gußeisen.

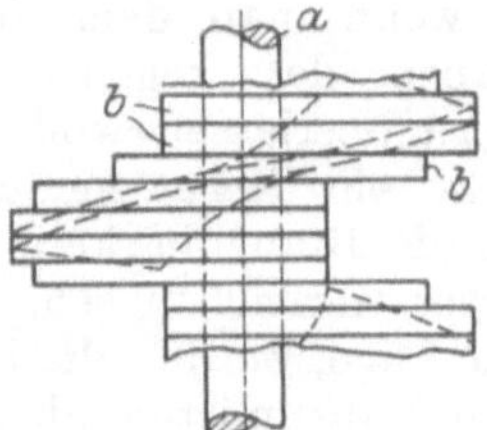

Abb. 299. Verleimung der Schnecke nach Abb. 298.

für die Segmentstücke *b* läuft in der Pfeilrichtung *h*, nach Abb. 300 also radial nur Kopfholz! Die Stufenbreite der so entstehenden „Wendeltreppe" bestimmt der Modellbauer aus seinem Modellaufriß nach Abb. 298. Der äußere Radius der Segmentstücke *b* entspricht dem Radius des Schneckendurchmessers (Abb. 298). Die beiden Durchmesser *k* und *l* nach Abb. 300 bilden sich also beim Verleimen des Schneckenmodells von selbst. Dies ist das Wesentliche beim Modellaufbau, weil man das zugerichtete Modell in dieser Aufbauart nicht auf der Holzdrehbank bearbeiten kann. Es empfiehlt sich also, die einzelnen Segmentstücke *b* vor dem Aufeinanderleimen zu bearbeiten, wodurch man Arbeitszeit erspart.

Wie erreicht man die verlangte Steigung *o*? Der Modellbauer muß sich auf den verleimten Modellkörper die Stichmaße der Steigerung genau auftragen. Zum Aufzeichnen der Kurve benutzt man ein Stück schmales Bandsägenblatt, dessen Rücken genau gerade ist, oder einen Streifen Zeichenpapier. Hiermit wird nun der äußere Durchmesser der Schnecke so umgeben, daß die Stichpunkte berührt werden, und dann wird mittels Reißnadel die Kurve aufgezeichnet.

Die Hauptarbeit besteht nur darin, den Gewindegang sauber auszuarbeiten. Da sich nun diese Arbeit nicht mechanisch erledigen läßt, muß sich der Modellbauer eine Schablone *S* (Abb. 298) anfertigen und genau nach dieser Schablone den Gewindegang von Hand ausarbeiten. Es empfiehlt sich, zartes Erlen- oder Lindenholz zu verwenden, da sich diese Hölzer leicht und sauber bearbeiten lassen. Die Kernmarken *m* und *n* werden nach Bearbeitung des Modells mittels Zapfen befestigt.

Die **Herstellung** einer Schneckenform ist, wie schon erwähnt, verschieden, da stets die Konstruktion des Gußstückes ausschlaggebend ist. Die Konstruktion der Schnecke nach Abb. 298 erlaubt es nicht, die Teilebene der Form auf die Mittellinie zu legen, da weder ein ungeteiltes noch ein geteiltes Modell sich ohne weiteres aus den Formkästen herausnehmen läßt. Den ganzen Gewindegang der Schnecke als Kern einzulegen, würde die Modellkosten ganz erheblich steigern — obschon

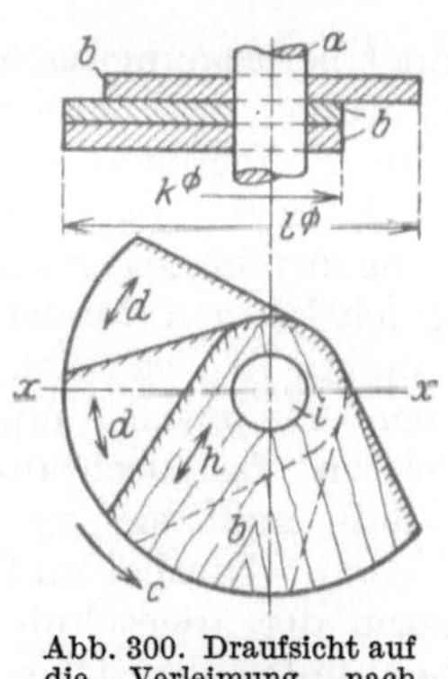

Abb. 300. Draufsicht auf die Verleimung nach Abb. 299.

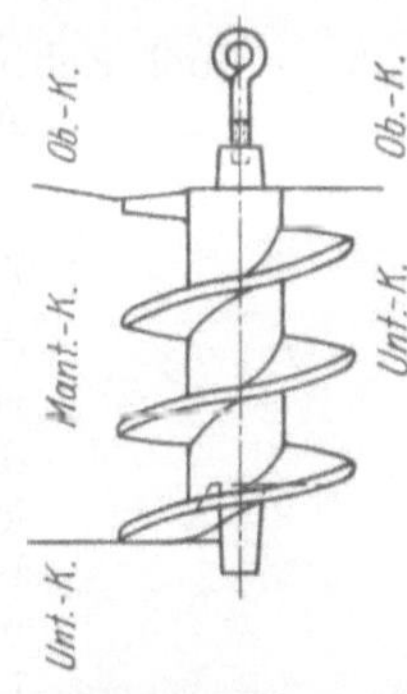

Abb. 301. Form zur Schnecke nach Abbild. 298.

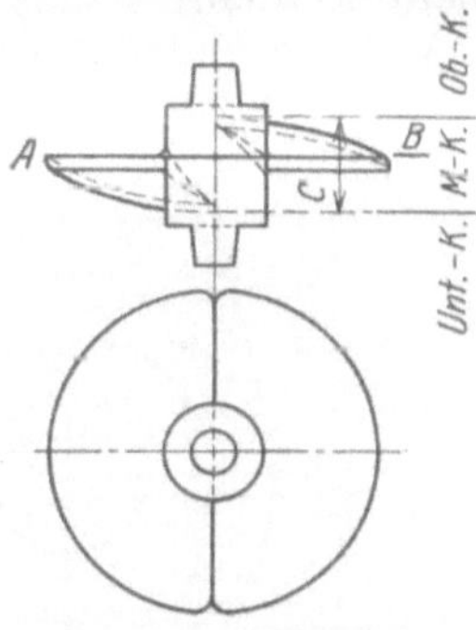

Abb. 302. Schneckenmodell, eingängig, ohne Überlappung.

man das Schneckenmodell ersparen würde, außerdem entsteht nach wie vor die lästige „Gußnaht“.

Es bleibt also nur der Weg offen, das Modell stehend zu formen, wie aus Abb. 301 ersichtlich ist. Eine dreiteilige Form, wie Abb. 301 links gezeichnet, kann nicht in Frage kommen, weil der Sand im Mantelkasten unten, am Gewindeauslauf, nicht halten würde. Man wird also das Modell — wie auf der Abbildung rechts gezeichnet — zweiteilig formen und das Modell selbst gewindemäßig aus der Form herausschrauben. Eine derartige Arbeit erfordert große Geschicklichkeit, da das Flicken der Form sehr schwierig ist.

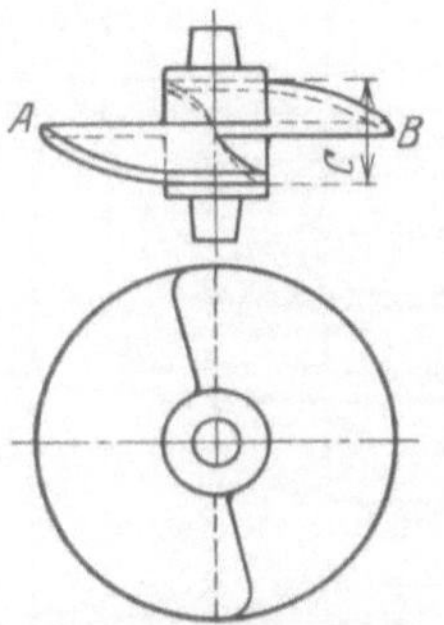

Abb. 303. Schneckenmodell, eingängig, mit Überlappung.

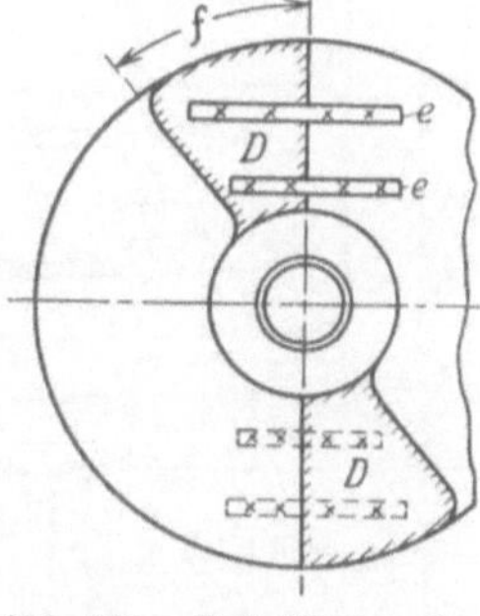

Abb. 304. Befestigung der Überlappung am Modell nach Abb. 303.

Da Schneckenmodelle mit zu den teuersten Modellen zählen, ist zu empfehlen, sich ein einwandfreies eisernes Modell anzufertigen; dieses wird mit einem farblosen Lackanstrich versehen und vor dem Gebrauch in der Gießerei mit Petroleum abgerieben (Petroleum glättet, denn es nimmt gegenüber anderem Öl keinen Sand an). Um nun ein derart schweres Modell sauber aus der Form herausschrauben zu können, muß man in der oberen Kernmarke ein Aushebeeisen mit Gewinde, wie Abb. 301 zeigt, versehen.

Eine weitere Art von Schneckenmodellen ist aus Abb. 302 ersichtlich — eine Schnecke mit zwei halben Gängen, wobei keiner derselben über die Mittelachse vorspringt. Der Aufbau dieses Schneckenmodells ist im Prinzip der gleiche als der Aufbau des Modells nach Abb. 298/299, jedoch muß beim Verleimen des Modells auf die Modellteilfläche *A—B* Rücksicht genommen werden und weil bei dieser Konstruktion nur eine dreiteilige Form, bzw. eine zweiteilige

Form mit angeschnittenem Ballen, in Fragc kommen kann. Es ist also bei dem Aufbau der Form nicht nötig, daß der angeschnittene Ballen *C*, wie angegeben, in einem besonderen Mantelkasten *MK* sitzt, sondern der Ballen kann auch im Unter- und Oberkasten angeschnitten sein, so daß er als loser Ballen auszuführen ist. Schneckenmodelle derartiger Konstruktionen lassen sich nicht aus der Form drehen, sondern die Form muß in der angegebenen Weise aufgebaut werden.

Vielfach findet man im Maschinenbau auch Schnecken mit Überlappung nach Abb. 304, wobei die halben Gewindegänge übereinandergreifen. Da sich nun die Überlappungen *f* immer nach den vorgeschriebenen Maßen richten, empfiehlt es sich, die Lappen *D* jeweils mit kleinen Leisten *e* festzuschrauben, so daß man sie auswechseln kann. Hierbei muß in der Form der angeschnittene Ballen unter den Überlappungen *f* vorspringen und dann in vertikaler Richtung kegelig angeschnitten werden.

Die Herstellung der Formen zu den Schnecken nach Abb. 302 und 304 ist nicht so schwierig wie die Form zur Schnecke nach Abb. 298.

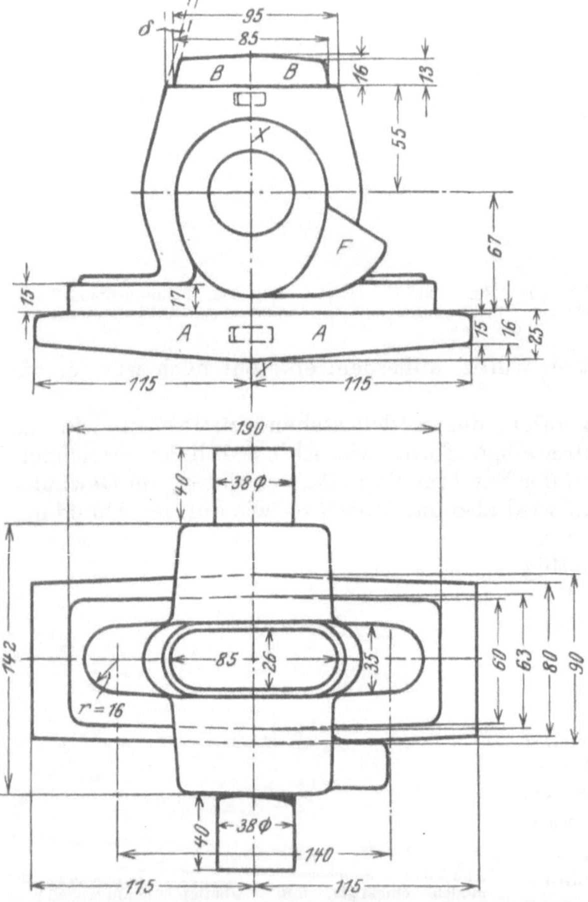

Abb. 305. Ringschmierlagermodell, eingerichtet zum Zweiteiligformen.

39. Ringschmierlager.

Bei Anfertigung von Ringschmierlagerrollen spielt das zu verarbeitende Material eine große Rolle und muß vor allen Dingen gut trocken sein, da ein Ringschmierlagermodell aus sehr vielen Einzelteilen zusammengesetzt wird und auch die Wandstärken der Ringschmierlager nicht sehr stark sind.

Abb. 305 zeigt ein Ringschmierlagermodell, zum Zweiteiligformen eingerichtet. Diese Teilung der Form wird man vornehmen, wenn man die Abgüsse über eine Formplatte herstellt.

Abb. 306 zeigt das gleiche Modell, jedoch zum Dreiteiligformen eingerichtet. Diese Teilung der Form wird man vornehmen, wenn es sich um Einzelabgüsse handelt.

Abb. 306 hat einen Vorzug; der Sohlplattenkern fällt ganz fort und die Sohlplattenfläche wird demzufolge glatter; ein Vorteil, der namentlich fürs Schleifen in Frage kommt. Der Hauptkern hat einen festen Halt im Unterkasten durch die Kernführung *a*; die Wandstärken *b* werden gleichmäßig, das Einlegen des Hauptkernes geschieht in der Pfeilrichtung *x*, so daß der Kern drei Tragflächen hat.

Abb. 307 zeigt das zweiteilige Modell eingeformt. *a* Unterkasten, *b* Oberkasten. Während der Lagerkern als ganzer Kern eingesetzt wird, wird der Fußkern *A*

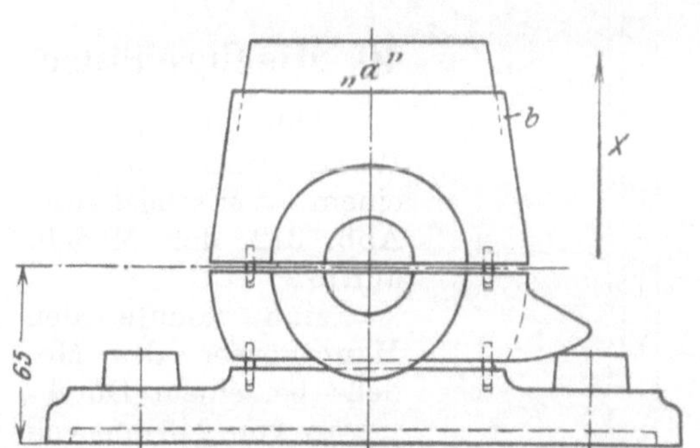

Abb. 306. Ringschmierlagermodell zum Dreiteiligformen.

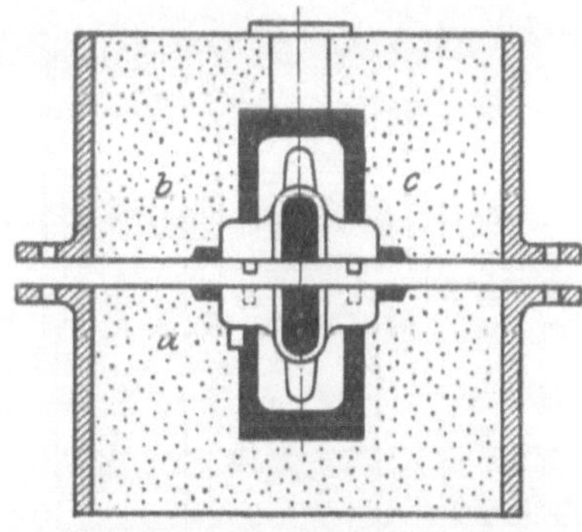

Abb. 307. Schnitt durch die Form, mit eingestampftem Modell nach Abb. 305.

nach Abb. 305 in zwei Hälften eingelegt, wobei die obere Kernhälfte im Oberkasten angehängt wird. Abb. 308 zeigt, wie das Modell zusammengesetzt wird.

Nr. *1*, *2* runde Kernmarken, 38 mm Durchmesser, mit angedrehtem Zapfen *A*; Nr. *2* zwei eiförmige Scheiben mit Loch *A* zum Befestigen der Kernmarken; Nr. *3* Mittelstück; Nr. *4* obere Kernmarke; Nr. *5* Sohlplatte; Nr. *6* Sohlplattenkernmarke. Auf sämtlichen Einzelteilen muß die Mittellinie *D* scharf angerissen werden, was für den Zusammenbau des Modells von größter Wichtigkeit ist.

Abb. 309 zeigt, wie Ölfang *F* an einer Seite des einen Modellteils Nr. *2* (Abb. 308) angepaßt wird.

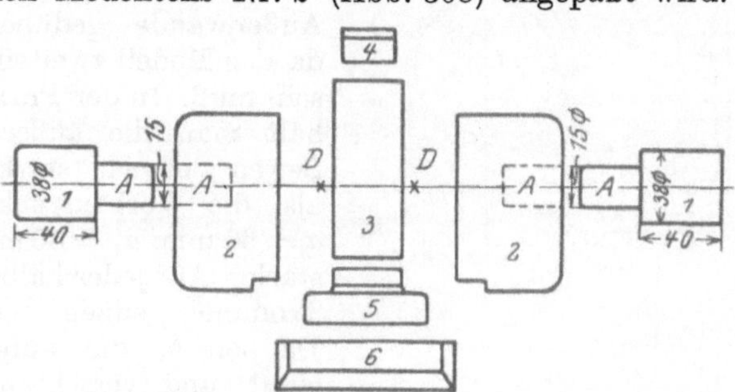

Abb. 308. Modellaufbau zum Modell nach Abb. 305.

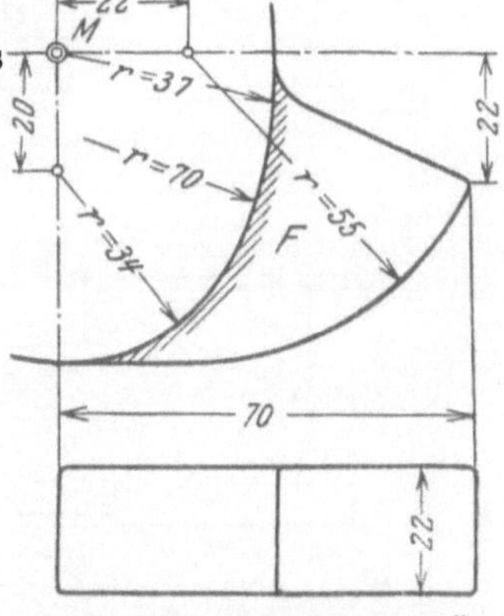

Abb. 309. Anpassung des Ölfangs *F* an Modellteil 2, Abb. 308.

Abb. 310, Hauptkernkasten zum Ringschmierlager. Die Teile *1*, *2* und *3* sind beiderseitig gleich, Teil *4* ist der mittlere Teil. Der Kernkasten ist zweiteilig, wie gezeichnet, Kernmarke *m* dient zur Befestigung des Ölfangkernes. Man fertigt dieses Stückchen Kern besonders an und schwärzt es in den Hauptkern ein. Die losen Ringe Nr. *5*, welche als Anlauffläche des Schmierringes dienen, müssen im Kernkasten lose bleiben und werden, wenn der Kern aus dem Kernkasten herausgenommen wird, seitlich abgezogen. Damit sich die Ringe nicht verstampfen, falzt man sie in die Kernkastenteile Nr. *3* ein. Bevor man ein derartiges Modell in die Gießerei abliefert, empfiehlt es sich, eine Modellhälfte einzuformen, einen Kern anzufertigen und in der halben Form die Wandstärke zu kontrollieren, eine Arbeit, die jeder Modellbauer selbst erledigen kann. Auf der anderen Seite bleibt durch diese Maßnahme viel Verdruß erspart.

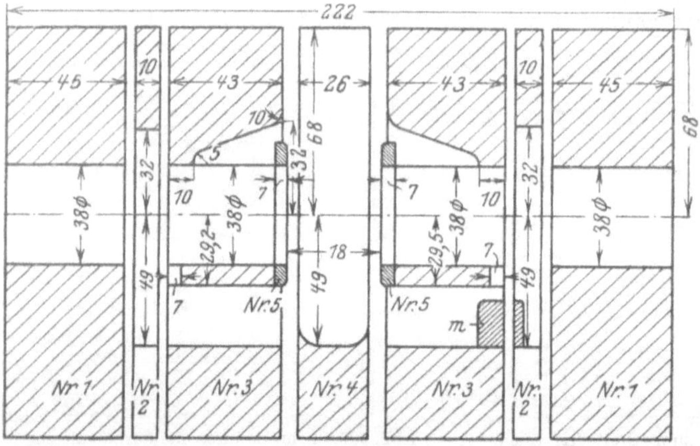

Abb. 310. Schnitt durch den Lagerkernkasten zu den Modellen nach Abb. 305 und 306.

40. Mischgehäuse.

Abb. 311 ist die Werkstattzeichnung zu einem Mischgehäuse, Abb. 312 der Modellaufriß.

Man könnte den Hauptkörper des Modells bei einem Durchmesser von 245 mm voll verleimen, es ist jedoch in Anbetracht der Festigkeit und des besseren Zusammenbauens besser, ihn hohl als Trommel zu verleimen. Der Hauptkörper hat einen Durchmesser von 245 mm und am vorderen Ende einen Bund von 275 mm Durchmesser. Der Modellbauer baut eine Trommel nach Abb. 313. Diese besteht aus zwei achteckigen Außenwänden a und zwei gleichen Verbaustücken a_1. Diese Stücke sind zweiteilig, die Außenwände gedübelt, da das Modell zweiteilig sein muß. In der Praxis hält man die äußeren Seiten etwas stärker als die Verbaustücke: $a = 60$ mm, $a_1 = 50$ mm stark. Auf jeder halben Trommel sitzen vier Dauben b, die aufgeleimt und verschraubt werden. Die Trommel selbst wird auf 255 mm Länge verleimt, und am vorderen Ende werden die Verstärkungen c aufgeleimt, damit das Maß von 275 mm Durchmesser beim Abdrehen eingehalten werden kann. Man kann auch von einem Verschrauben der Dauben Abstand nehmen und an Stelle der Schrauben Hartholzstifte d, ~ 10 mm stark, einleimen. Beide Arbeitsarten bieten Gewähr für sicheren Halt.

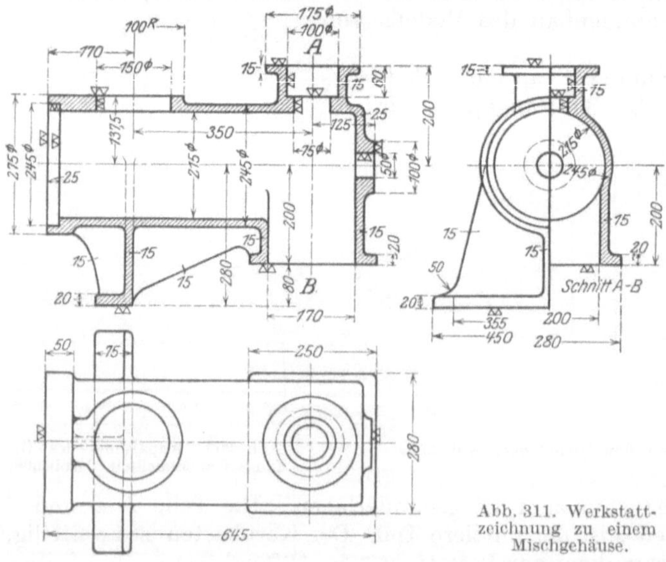

Abb. 311. Werkstattzeichnung zu einem Mischgehäuse.

Abb. 314 zeigt den Auslaufstutzen *e*. Auch diesen Auslaufstutzen verleimt man am besten hohl, um ihn später am Hauptkörper besser anpassen zu können. Der Stutzen wird in Kastenform genau nach Maß verleimt. Der Modellbauer fertigt sich eine Kopfwand *f* von rund 30 mm Stärke an und baut um diese zweiteilige Kopfwand die Außenwände *g*; um den Kastenquerschnitt zu versteifen, werden die Ecken g_1 eingeleimt. Der zweiteilige Flansch *h* und die zweiteilige Kernmarke *i* werden auf die Kopfwand aufgeleimt und verschraubt. Das Einziehen der Hohlkehlen am Flansch sowie das Abrunden der Flanschkanten erfolgt erst nach dem Zusammenbau des Modells.

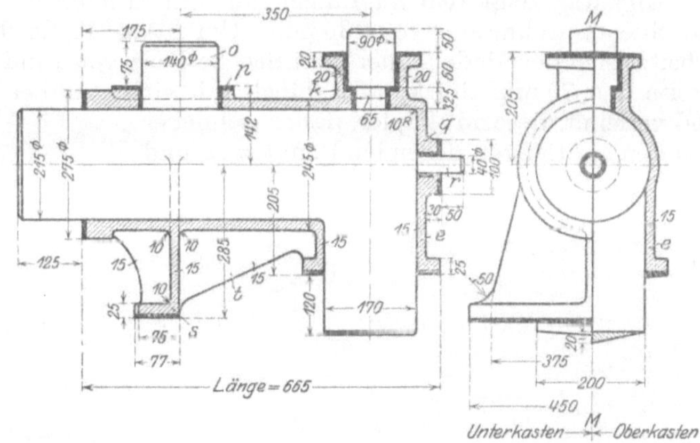

Abb. 312. Modellaufriß zum Mischgehäusemodell nach Abb. 311.

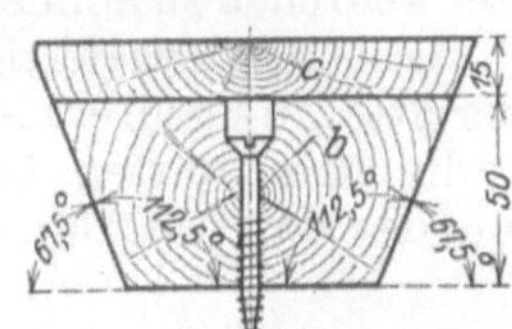

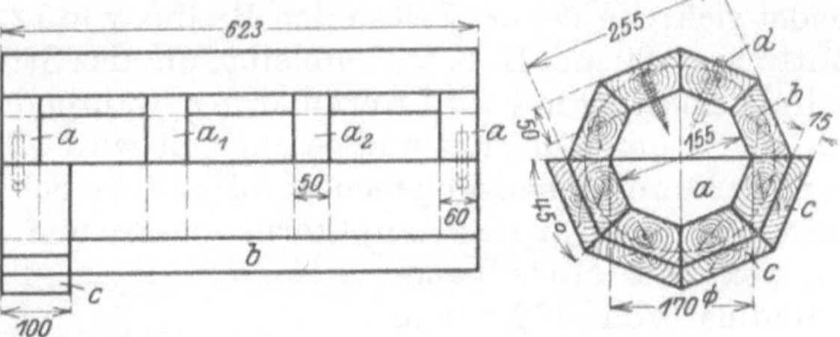

Abb. 313. Verleimung des Modellhauptkörpers zum Modell nach Abb. 312.

Abb. 315 zeigt wieder einzelne Modellteile, so die fertige Kernmarke *o*, den Nocken *p* und die Scheibe *q* mit eingesetzter und verschraubter Kernmarke *r*. Die Teile *o*, *q* und *r* sind rund, zweiteilig und müssen also wieder in Papier verleimt werden. Für Teil *p* paßt der Modellbauer zwei Stücke Holz auf den Modellhauptkörper, reißt die Form vor, schneidet diese ungefähr auf der Bandsäge aus und sticht mit dem scharfen Meißel dann die Form sauber nach.

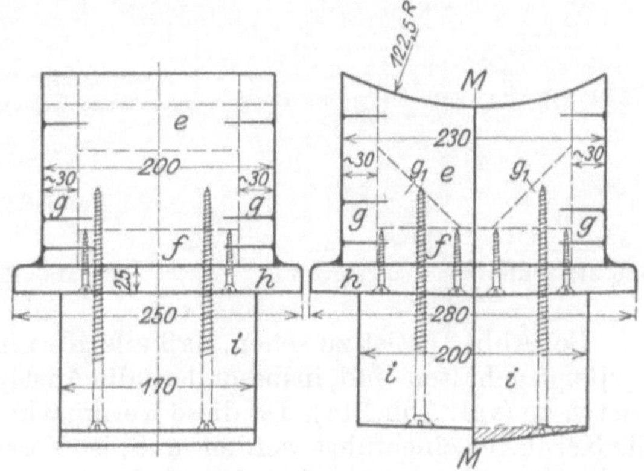

Abb. 314. Zusammenbau von Auslaufstutzen *e* am Modell nach Abb. 312.

Abb. 316 zeigt den vorderen Modellfuß *M*. Auch dieser Modellteil muß wieder zweiteilig sein und setzt sich zusammen aus der Wand *u*, der Rippe *w* und der Platte *v*. Diese Fußplatte ist von zwei Seiten kegelig gehalten. Dieses kann ohne Bedenken erfolgen, da ja das Gußstück später an dieser Stelle bearbeitet wird. Rippe t ebenfalls zweiteilig, wird bei x in den Fuß s, bei y in den Hauptkörper und bei z in den Auslaufkasten e eingelassen und befestigt.

Abb. 317 zeigt den Zusammenbau von Stutzen k. Dieser ist zweiteilig und hat einen Durchmesser von 130 mm. Um später ein leichtes Anpassen zu haben, arbeitet sich der Modellbauer zwei Stücke Holz von rund 250 mm Länge, 140 mm Breite und 70 mm Stärke aus, dübelt mit einem Dübel beide Stücke zusammen und verleimt diese mit Papier, dann zeichnet er sich den am tiefsten liegenden Punkt m an und

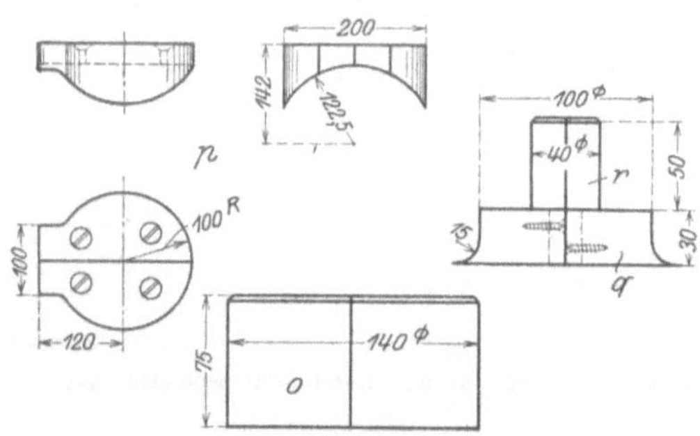

Abb. 315. Einzelteile zum Modell (Abb. 312).

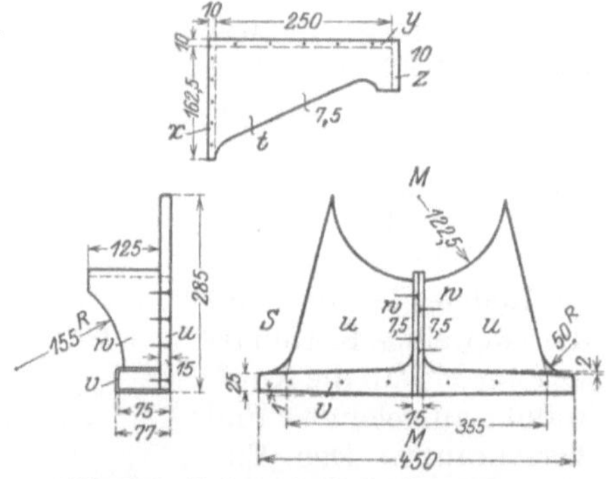

Abb. 316. Fuß am Modell (Abb. 312).

schneidet sich von beiden Seiten den Radius von 122,5 so tief ein, daß ungefähr in der Mitte noch 20 mm Holz stehenbleibt, um das Stück später abdrehen zu können. Angedreht an Stutzen k wird Kernmarke n, während Flansch l besonders angefertigt und an den Stutzen geleimt und geschraubt wird. Sobald der Stutzen k gedreht ist, werden die 20 mm stehengebliebenes Holz mit der Schweifsäge durchgeschnitten. Der Stutzen muß genau an den Hauptkörper passen und richtig auf das Maß von 205 mm sitzen, wenn der Modellbauer den Radius von 122,5 mm richtig eingesetzt hat.

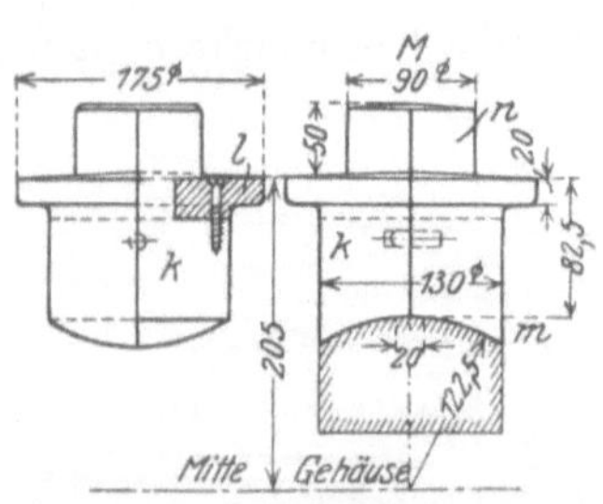

Abb. 317. Aufbau von Modellstutzen K (Abb. 312).

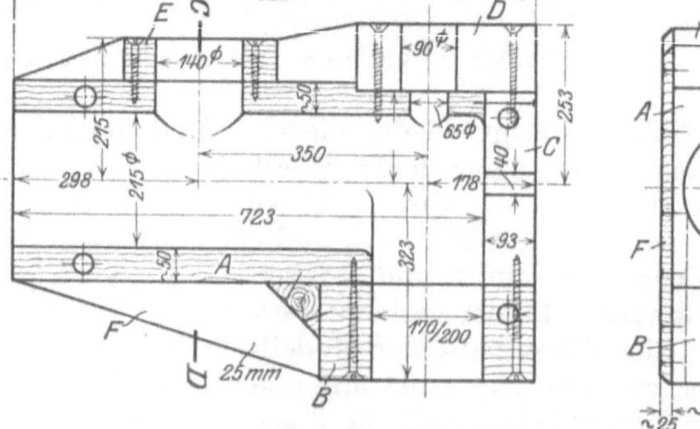

Abb. 318. Kernkastenhälfte zum Modell nach Abb. 312.

Bei Abb. 312 ist zu sehen, daß alle Kernmarken in der Ausheberichtung stark verjüngt gehalten sind, insbesondere die Auslaufkastenkernmarke i nach dem Oberkasten zu (vgl. Abb. 314). Da diese Kernmarke rechteckig ist und der Oberkasten in die Kernlager eingeführt werden muß, ist Vorsicht geboten. Der Kern muß sich gut in den Oberkasten einführen, damit kein Sand in die fertige Form fällt. Das Aufsetzen des Oberkastens ist um so schwerer, je mehr Kernführungen ein Kern hat, und im vorliegenden Falle handelt es sich um fünf Kernführungen, wovon vier rund und eine rechteckig ist. Alle durch den starken Konus der Oberkastenkernmarken entstehenden Gußnähte müssen beim Verputzen des Gußstückes entfernt werden.

Abb. 318 zeigt die eine Kernkastenhälfte zum Modell nach Abb. 312. Auch hier ist jede Kernkastenhälfte aus vielen Einzelteilen zusammengesetzt, die alle genau auf Maß ausgearbeitet und angesetzt werden müssen, wenn der im Kernkasten aufgestampfte Kern nachher in die Kernlager der Form passen soll. Jede Kernkastenhälfte setzt sich zusammen aus dem Hauptteil *A* und den Teilen *B*, *C*, *D* und *E*.

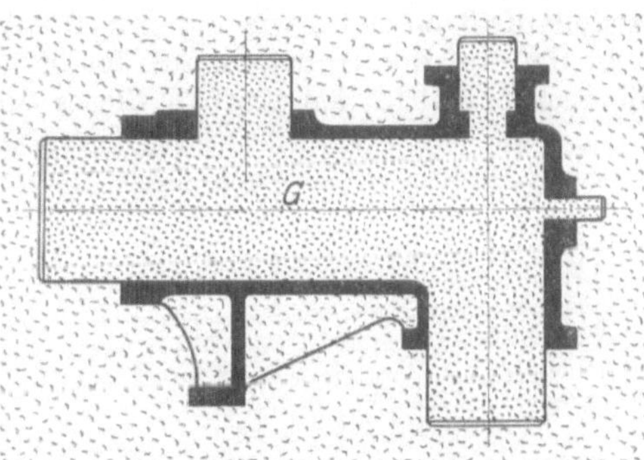

Abb. 319. Schnitt durch die ausgegossene Form in horizontaler Richtung.

Um den zusammengebauten Kernkasten einen Halt zu geben, wird von den Außenseiten auf jede Hälfte ein Brett *F* aufgeleimt und alle Einzelteile mit dem Hauptteil *A* verschraubt.

Abb. 319 gibt den Schnitt durch die ausgegossene Form wieder. *G* ist der eingelegte Kern.

Man soll bei Kernen mit mehreren Führungen stets darauf achten, daß genügend Spiel vorhanden ist, damit sich der Former helfen kann. Aus diesem Grunde kann man alle Kernmarken 1—2 mm länger halten, da der Former beim Einlegen des Kernes sich doch nach der vorgeschriebenen Wandstärke richten muß.

41. Abschlußdeckel.

Auf Abb. 320 ist die Werkstattzeichnung zu einem Abschlußdeckel wiedergegeben, wobei der Konstrukteur dem Modellbauer die Lage der versetzten Fläche *V* durch Maße angegeben hat. Es wäre ebenfalls die Möglichkeit vorhanden gewesen, die Lage der Fläche mittels Gradmaß anzugeben, etwa wie bei der gegenüberliegenden Öffnung, 200 × 200 mm.

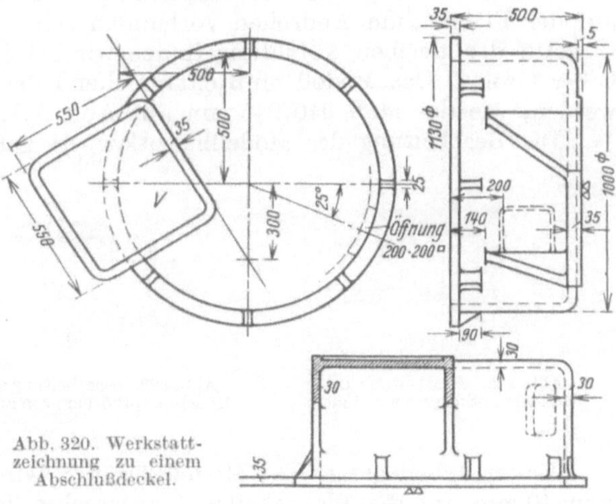

Abb. 320. Werkstattzeichnung zu einem Abschlußdeckel.

Das Einschreiben von Millimetermaßen gegenüber dem Einschreiben von Gradmaßen ist für den Modellbauer vorteilhafter. Je nach der Größe des Gradmessers, welcher dem Arbeiter bei der Auftragung des angegebenen Gradmaßes zur Verfügung steht, können ziemliche Differenzen entstehen, welche unter Umständen dazu führen, daß das Gußstück nicht verwendet werden kann. Eine noch schwierigere Arbeit ist das Übertragen von Gradmaßen in der Form, weil eben Sand keine feste Masse ist, und ich habe in meiner langjährigen Praxis gefunden, daß, wenn der Former bei Schablonenarbeiten mit Gradeinteilungen arbeitet, sich fast immer Differenzen ergeben haben, und auch bei den tüchtigsten

Schablonenformern. Darum im Modellbau und in der Formerei fort mit dem Einschreiben von Gradmaßen und Millimetermaße eingeschrieben.

Um bei dem Aufbau des Modellhauptkörpers sowie bei der Bearbeitung desselben genaue Anhaltspunkte zu erhalten, muß sich der Modellbauer wieder seinen Modellaufriß machen, wie wir ihn auf Abb. 321 finden. Die linke Hälfte von *I* zeigt den auf der Holzdrehbank fertig bearbeiteten Modellhauptkörper, während die rechte Hälfte den Aufbau dieses Modellteils wiedergibt. Der Modellkörper setzt sich zusammen aus einem Boden von 40 mm Stärke, auf welchem eine größere Anzahl Ringe aufgeleimt sind. Die Bodenstärke muß schon mit 40 mm eingehalten werden, damit dem Modellbauer beim Bearbeiten auf der Drehbank genügend Material zur Verfügung steht, um diese Fläche genau planen zu können. Die Stärke der einzelnen aufeinanderzuleimenden Ringe richtet sich nach der zur Verfügung stehenden Holzstärke, welche auf Lager ist. Hat man nur 60 mm starkes Holz, so wird man natürlich keine 20 mm Material in die Späne gehen lassen, sondern man wird eben, wenn auch das Verhältnis ungünstig, die Ringe 55 mm halten können. Im vorliegenden Falle wurde mit 45 mm starkem Holz gerechnet. Es muß bei der Verleimung des Modellkörpers überall mindestens 5 mm Material auf der Fläche zum Abdrehen vorhanden sein.

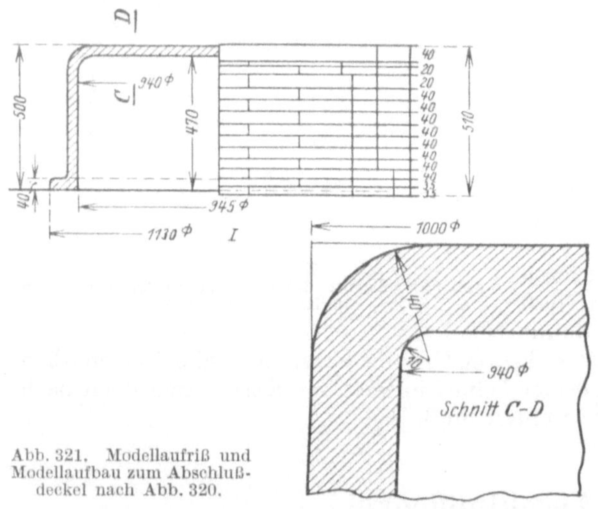

Abb. 321. Modellaufriß und Modellaufbau zum Abschlußdeckel nach Abb. 320.

Auf der gleichen Abbildung finden wir bei *II* einen Schnitt *C—D* in natürlicher Größe. Das Modell muß entsprechend der Formrichtung kegelig gehalten werden, wie das Maß 940/945 mm auf Abb. 321, *I* links zeigt.

Die Bearbeitung des Modellhauptkörpers geht wie folgt vor sich:

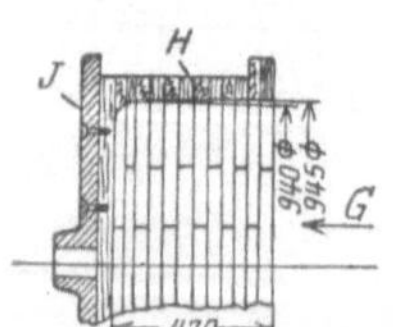

Abb. 322. Bearbeitung des Modellhauptkörpers von innen.

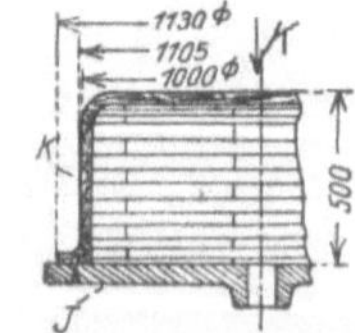

Abb. 323. Bearbeitung des Modellhauptkörpers von außen.

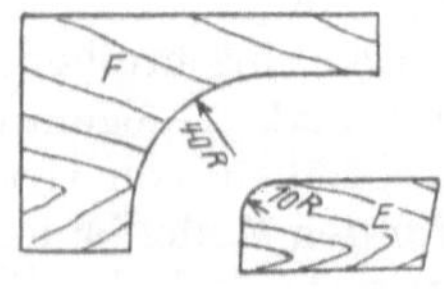

Abb. 324. Bearbeitungsschablonen.

Erster Arbeitsgang: Der Modellkörper *H* wird nach Abb. 322 mit dem Boden von 40 mm auf die Planscheibe *J* aufgeschraubt und die innere Kontur nach den eingeschriebenen Maßen ausgedreht. Zur genauen Herstellung der inneren Rundung am Boden des Modellkörpers bedient sich der Modellbauer der Schablone *E* (Abb. 324).

Zweiter Arbeitsgang: Umspannen des Hauptkörpers *H* mit dem Flansch auf die Planscheibe *J* befestigen und die äußere Form des Modellkörpers bearbeiten, wie Abb. 323 zeigt. Zur Herstellung der äußeren vorderen Abrundung bedient sich der Modellbauer der Schablone *F* (Abb. 324).

Auf Abb. 325 sind die Modelleinzelteile wiedergegeben. Hier ist genau ersichtlich, wie sich der Modellbauer die Konsolplatte *V* anzeichnet. Unter der Platte von 30 mm Stärke befinden sich die beiden ungleichmäßigen Rippen *I* und *II*. Diese Rippen müssen entsprechend der Formrichtung 30/33 mm stark sein. Auf der Platte *V* sitzen die Arbeitsleisten *III*. Nr. *IV* zeigt den Schnitt durch eine Arbeitsleiste. Das eingeschriebene Maß in der Höhe beträgt 5 mm, hierzu kommen noch 5 mm Bearbeitungszugabe, so daß die Gesamtstärke 10 mm beträgt. Nr. *V* gibt die Maße der acht Modellrippen wieder, welche außen am Flansch des Modellhauptkörpers verteilt sitzen. Die Maße *a*, *b* und *c* bei Nr. *I* und *II* ergeben sich aus der Werkstattzeichnung Abb. 320.

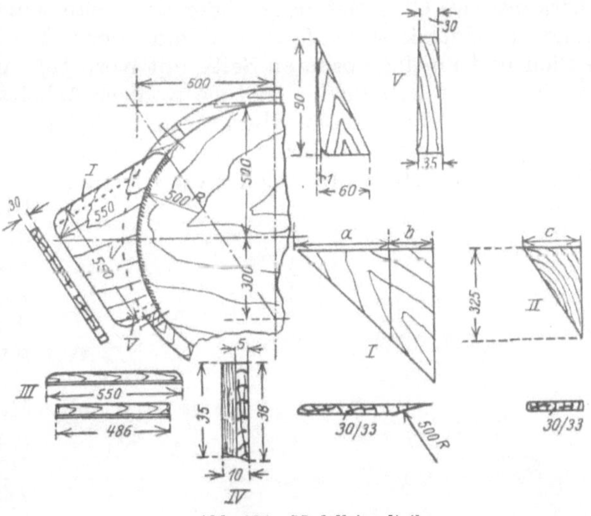

Abb. 325. Modelleinzelteile.

Abb. 326 gibt den Schnitt durch die gießfertige Form wieder, deren Aufbau wie folgt vor sich geht:

Der Former stellt das Modell mit dem unteren Flansch auf einen Aufstampfboden und stampft über das Modell den Unterkasten *L* auf, sodann wird der Kasten gewendet und der Oberkasten *M* aufgestampft, wobei der Eingußtrichter *N* und der Steigtrichter *O* angeschnitten werden müssen. An diesem Oberkasten *M* hängt auch der Ballen des Modellhohlraumes. Es dürfte sich empfehlen, diesen Ballen von 940/945 mm im Durchmesser und 740 mm Höhe auf einem Rost aufzustampfen und letzteren an der Oberfläche des Oberkastens *M* zu befestigen. Die auf Abb. 326 gezeichneten Striche *d* sind Luftlöcher, welche in größerer Anzahl mit dem Luftspieß in die beiden Formkästen eingestochen werden.

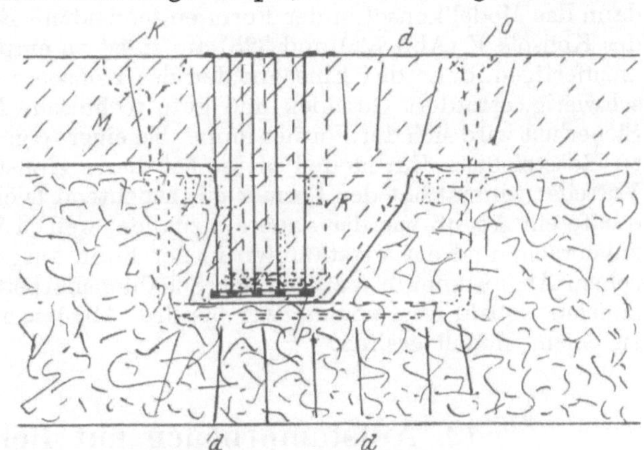

Abb. 326. Schnitt durch die gießfertige Form.

Es wäre für den Former nun ein sehr schlechtes Arbeiten, wollte er das seitlich angebrachte Konsol *V* (Abb. 320 und 325) in der Seitenrichtung aus der Form ziehen, denn dann müßten neben dem eigentlichen Konsol nochmals die Arbeitsleisten (Nr. *III*, Abb. 325) aus der Form genommen werden, was eine äußerst schwierige Arbeit bei der am meisten in der Form zurückliegenden Arbeitsleiste bedeuten würde. Der Former wird also das Konsol im Unterkasten *L* anschneiden. Er schaufelt das Konsol frei und setzt einen Ballen *R* an Hier bestehen zwei Möglichkeiten der Befestigung des Ballens: entweder man verbindet den Ballen *R* durch einen Rost *P* (Abb. 326) (auf welchem der Ballen aufgestampft ist) mit der Oberkante des Oberkastens *M*, oder aber man schneidet den Ballen *R* nur auf die Höhe des Unterkastens *L* an und muß denselben beim Fertigmachen der Form seitlich und an der vorderen Seite mit Kernstützen führen. Letztere Ausführung ist vielleicht die billigste, weil sie weniger Arbeitszeit erfordert. Abb. 326 zeigt jedoch den Ballen *R* am Oberkasten *M* befestigt.

Abb. 327 zeigt die Herstellung der seitlichen Öffnung, 200 × 200 mm, in der Form. An der Stelle, an welcher die Öffnung zu sitzen kommt, muß der Modellbauer eine Kernmarke *S* in Größe der Öffnung am Modell mit zwei Führungsstiften anstecken, wie bei *I* ersichtlich ist. Abb. 327, *II* zeigt den im Kernkasten aufgestampften Kern *T*, welcher der Größe der Kernmarke *S* (Nr. *I*) entspricht. Die Höhe des Kernes ist Höhe der Kernmarke plus Wandstärke, gleich 70 mm im Radiusmittel. Abb. 327, *III* zeigt den eingesetzten Kern *T* in den Unterkasten *L*. Der Kern wird in der Form festgestiftet.

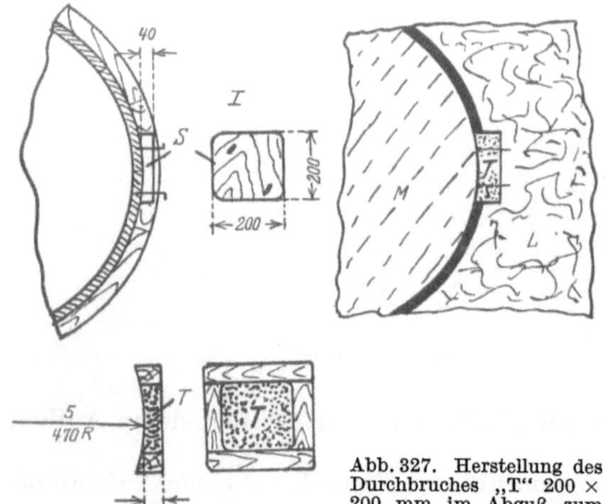

Abb. 327. Herstellung des Durchbruches „T“ 200 × 200 mm im Abguß zum Abschlußdeckel (Abb. 320).

Dies wäre die Herstellung der Form mittels Modells. Man kann aber auch den zylindrischen Hauptkörper mittels Schablonen ausschablonieren und müßte dann das Modellkonsol in der Form einschneiden. Kommt es auf die genaue Lage des Konsols *V* (Abb. 320 und 325) an, so ist zu empfehlen, ein komplettes Modell anzufertigen, denn das Einschneiden des Konsols in die genaue Stellung ist sehr schwierig, erfordert Geschick und gute technische Kenntnisse des Formers. Zur Sicherheit wird sich der Former immer bei einer so genauen Arbeit den Modellbauer zu Rate ziehen. Ein Modell bietet bei dieser Konstruktion des Gußstückes zwei Vorteile: einmal hat der Former ein bedeutend leichteres Arbeiten, und zweitens dürfte ein Abguß wie der andere ausfallen, weil ja am Modell das Konsol *V* fest angebracht und ein Verstampfen in der Form ausgeschlossen ist. Bei einem einzelnen Abguß könnte man bei der Schablonenarbeit wohl einige Lohnersparnisse erzielen, sobald aber schon zwei bis drei Abgüsse in Frage kommen, sollte man zu einem Modell greifen.

42. Aufstampfboden mit Behältermodell.

An Hand einiger Abbildungen soll ein Aufstampfboden zu einem Modell für einen gußeisernen Behälter beschrieben werden. Abb. 328 gibt die Werkstattzeichnung zu einem gußeisernen Behälter wieder, Abb. 329 den Modellaufriß unter Berücksichtigung der Konizität und der allgemeinen Formgerechtigkeit, wie diese der Aufstampfboden bedingt. Wie der Modellaufriß zeigt, ist der Hohlraum *A* des Modells entsprechend der Ausheberichtung des Oberkastens beiderseitig je

2 mm kegelig gehalten. Die beiderseitigen Modellstutzen sind zweiteilig, und zwar sind die oberen Modellhälften *a* fest mit dem Modellhauptkörper verbunden, während die Modellhälften *b* auf die Modellhälften *a* aufgedübelt sind.

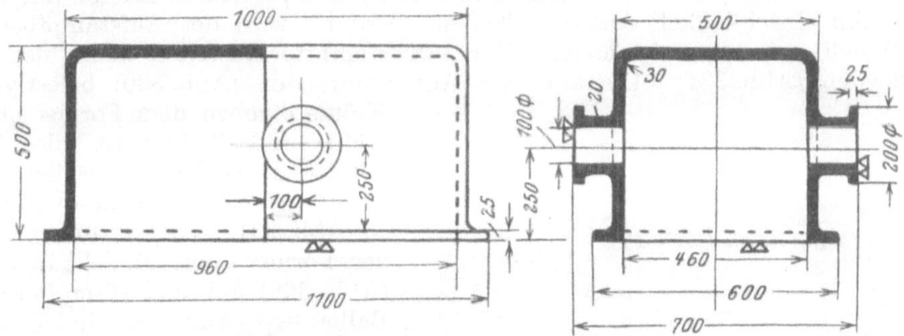

Abb. 328. Werkstattzeichnung zu einem gußeisernen Behälter.

Wollte man das Modell nach Abb. 329 ohne Aufstampfboden formen, so müßte der Former die seitlichen Stutzen in der Form anschneiden, oder aber der Modellbauer müßte unter die Stutzenhälften *b* Kernmarken setzen, um dem Former die Herstellung der Form zu ermöglichen bzw. um ihm die Arbeit zu erleichtern. Diese Modellbauart würde aber auf der anderen Seite die Modellkosten nicht unerheblich verteuern, außerdem würden auch an den Seitenwänden des Gußstückes, also an der Stelle, wo die Kernmarken sitzen, unerwünschte Gußnähte entstehen, welche sich bekanntlich nie so einwandfrei entfernen lassen.

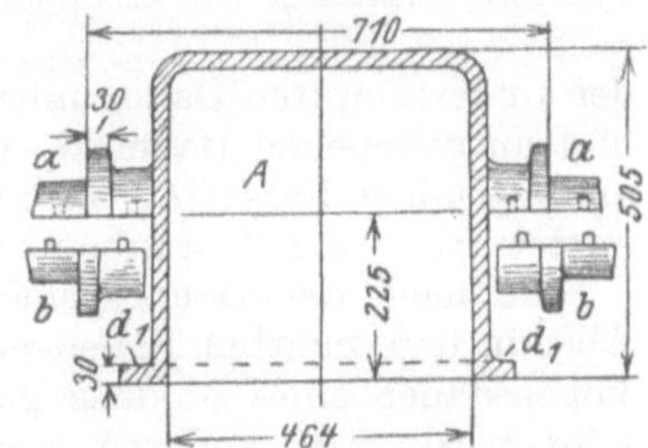

Abb. 329. Aufriß des Modells zur Herstellung des Gußstückes nach Abb. 328.

Abb. 330 zeigt den auf den Aufstampfboden *B* aufgesetzten Modellkörper *A*. Der Modellaufstampfboden muß nun so beschaffen sein, daß er sich in sich selbst nicht verzieht, und muß dafür Gewähr bieten, daß das Modell beim Aufstampfen nicht beschädigt wird und sich selbst nicht durchstampft, der Hohlraum des Modells also dem Drucke des Stampfers standhält. Wie Abb. 330 zeigt, ist der

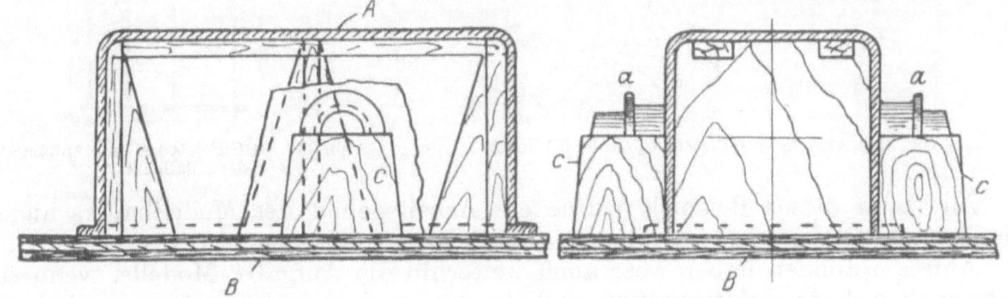

Abb. 330. Modell nach Abb. 329 auf einem Aufstampfboden befestigt.

Aufbau des Modellaufstampfbodens der inneren Kontur des Modells genau angepaßt, ein Durchstampfen des Modells also in jeder Beziehung ausgeschlossen. Die unter dem halben Modellstutzen *a* sitzenden Klötze *c* sind nichts anderes, als in Wirklichkeit Kernmarken, welche dazu dienen, später in der Form Ballen an dieser Stelle einzustampfen, um ein Ausheben des Modells und ein einwandfreies Auspolieren der Form zu ermöglichen.

Die Herstellung der Form geht nun wie folgt vor sich: Der Former setzt sein Modell A (Abb. 330) auf den Aufstampfboden B, stampft seinen Kasten auf und wendet ihn einschließlich Aufstampfboden. Alsdann wird der Aufstampfboden vom Modell aus- bzw. abgehoben. Der aufgestampfte Kasten G dient hier als Unterkasten (Abb. 331). Die auf dem Aufstampfboden (Abb. 330) befestigten Klötze c geben dem Former ohne Mühe und Zeitverlust die Anschnitte c_1 wieder, wie er diese bei der Form benötigt. In diese Öffnung c_1 (Abb. 331, rechts) dübelt nun der Former seine Modellhälften b (Abb. 329) auf und stampft seine Ballen G_1 (Abb. 331, links) auf. Die am Modellkörper vorspringende Flanschleiste muß unter den Modellstutzen in der Breite der Klötze c (Abb. 330) am Modell lose sein, damit der Former diese Leistenstücke beim Aufstampfen seiner Ballen G_1 (Abb. 331) beim Ausheben der aufgestampften Ballen mitnehmen kann. Abb. 332 zeigt einen aufgestampften und ausgehobenen Ballen G_1 (Abb. 331), Abb. 333 zeigt den Oberkasten F mit anhängendem Ballen F_1. Je nach der Größe des Ballens muß der Former diesen mittels Rost und Schrauben an der Oberkante des Oberkastens F befestigen.

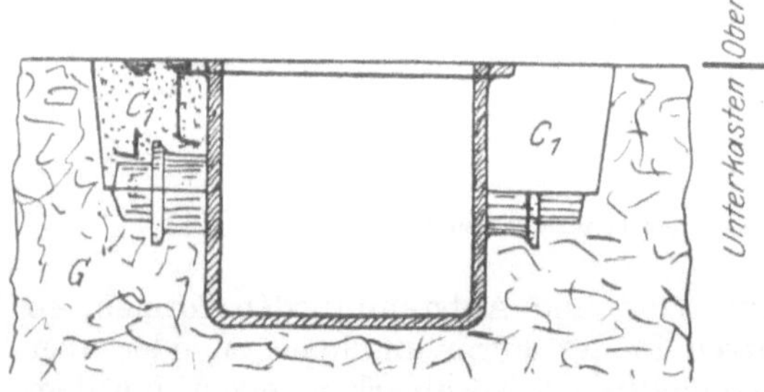

Abb. 331. Unterkasten mit Ballen und Ballenanschnitt.

Je nach der Bauart eines Modells erfordern die Aufstampfböden Kosten. Aber in den meisten Fällen machen sich diese bezahlt, weil einmal dadurch die Lebensdauer eines Modells ganz beträchtlich erhöht wird, zum anderen auch Gewähr geboten wird, daß man, insbesondere auch bei dünnwandigen Holzmodellen, einwandfreie Abgüsse erhält.

Abb. 332. Ansicht des Ballens C_1 (Abb. 331 links).

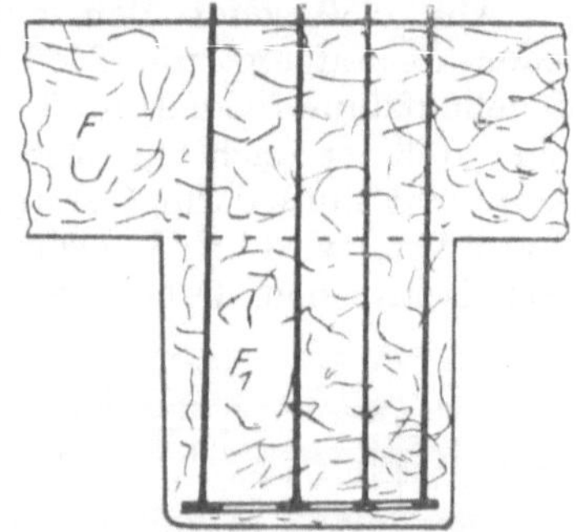

Abb. 333. Oberkasten F mit anhängendem Ballen F_1.

An Hand dieses Beispiels wurde ein Arbeitsgebiet des Modellbauers angeschnitten, welchem man im allgemeinen viel zu wenig Beachtung schenkt.

Aufstampfböden haben aber auch weiterhin die Aufgabe, Modelle, wenn sie sachgemäß auf sie aufgeschraubt sind, immer in der richtigen Lage zu halten, also jedes Verziehen unmöglich zu machen. Die Kosten für einen Modellaufstampfboden machen sich also in den meisten Fällen, wenn auch nicht sofort, so doch mit der Zeit, bezahlt. Wird der Modellkörper A (Abb. 329) einmal ausrangiert, so kann man den eigentlichen Boden B (Abb. 330) immer wieder zu einem anderen Aufstampfboden umändern.

43. Ständer (Naturmodell).

Ob ein Modell so gebaut werden kann, daß man seinen Hohlraum zum Teil als Kernkasten benutzen kann, hängt lediglich von der Konstruktion des Gußstückes ab. In der Regel wendet man dieses Verfahren an, wenn es sich um größere Gußstücke mit starken Wandstärken handelt und wo durch Ersparung der Kernkasten auch tatsächlich an Modellkosten gespart wird. Jedoch ist lediglich die Konstruktion des Gußkörpers ausschlaggebend, ob sich ein derartiges Verfahren von Fall zu Fall anwenden läßt; wie auch in solchen Fällen der Modellaufbau ein ganz anderer ist als bei sog. hohlverbauten Modellen. Ich möchte hier einen Fall wiedergeben, welcher schon eine Reihe von Jahren zurückliegt und in einer großen Firma des Industriereviers zur Ausführung gelangte.

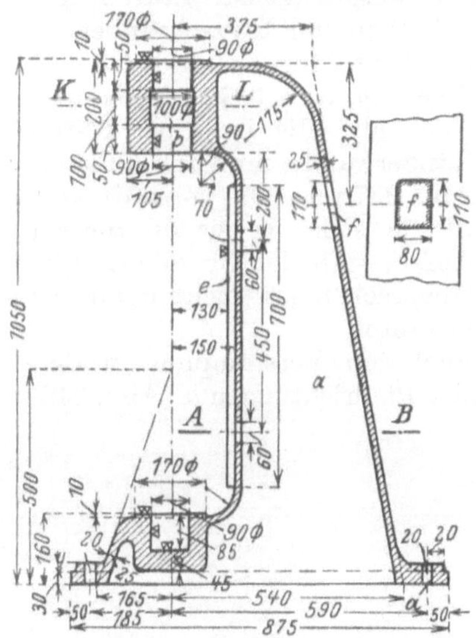

Abb. 334. Werkstattzeichnung zu einem Ständer.

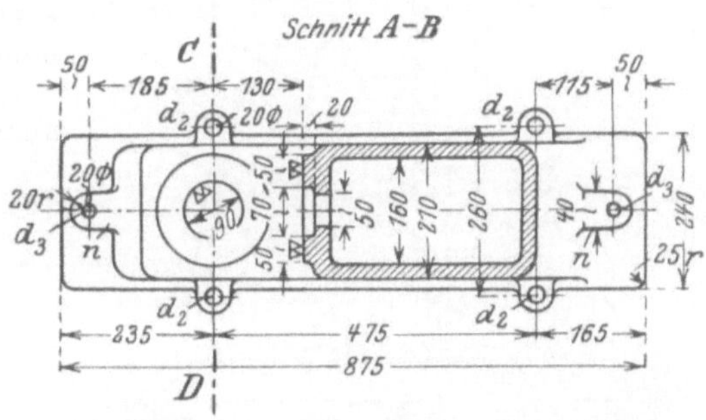

Abb. 335. Schnitt *A—B* durch den Ständer nach Abb. 334.

Abb. 334, 335 und 336 geben die Werkstattzeichnung zu einem Ständer wieder. Nach diesen Zeichnungen kämen für die Form folgende Kerne in Frage:

a) ein Hauptkern für den Hohlraum des Ständers;
b) ein abgesetzter Bohrungskern;
c) ein unterer Bohrungskern;
d) sechs Kerne zum Eingießen der Schraubenlöcher;
e) ein Führungskern;
f) ein Kern zum Eingießen des Putzloches.

Abb. 337—341 geben den Modellaufriß mit den verschiedenen Schnitten wieder.

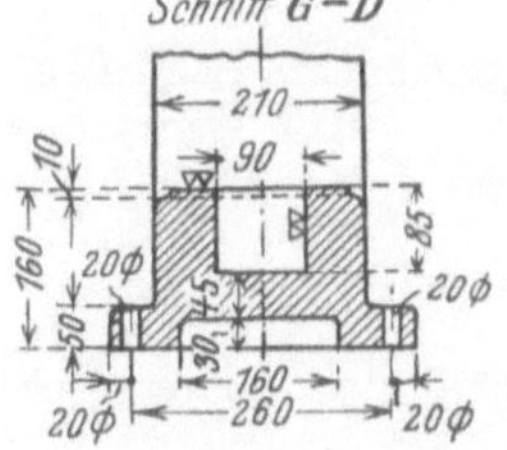

Abb. 336. Schnitt *C—D* nach Abb. 335.

Bei der Konstruktion dieses Ständers ist es möglich, den Hauptkern *a* (Abb. 347) im Modell aufzustampfen; zur Führung der Kerne *b*, *c*, *d*, *e* und *f* muß der Modellbauer am Modell die erforderlichen Kernmarken anbringen (b^1, c^1, d^1, e^1 und f^1, Abb. 337). Die Wandstärke des Ständers beträgt 25 mm. Es ist eine alte Erfahrung, daß gerade derartige Wandstärken oft überschritten werden, wodurch ein Mehrgewicht entsteht, das die Kosten erhöht. Um nun den im Modell aufzustampfenden Kern *a* (Abb. 347) gut ausheben zu können, muß das Modell innen etwas kegelig gehalten werden; darum hat der Modellbauer die Wandstärken 25/27 mm gehalten sowie allen in Frage kommenden Flächen im Innern des

Modells denselben Konus gegeben; wie auch die eine Seite des Modells, welche nach dem Oberkasten zu geht, lose bleiben, also aufgedübelt und abnehmbar sein muß (Abb. 339 und 341).

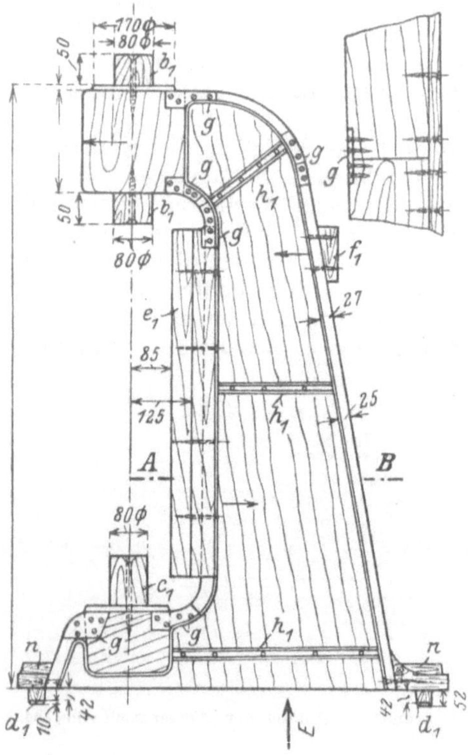

Abb. 337. Modellaufriß zum Ständer nach Abb. 334.

Wie schon erwähnt, muß bei Anfertigung derartiger Modelle besondere Sorgfalt angewendet werden, weil das Modell selbst einer stärkeren Beanspruchung in der Formerei ausgesetzt ist. Statt Nägel sind beim Aufbau nur Holzschrauben zu verwenden, alle Stoßfugen sind durch eingelassene Eisen (*g*, Abb. 337) miteinander zu verbinden, und die im Unterkasten liegende Ständerwand *h* muß durch Flacheisen h_1 (Abb. 337 und 338) versteift werden, damit sie sich, da sie in diesem Falle als Aufstampfboden für den Hauptkern *a* anzusprechen ist, nicht hohlbiegt oder durchstampft.

Um auch ein Verstampfen in den angegebenen Pfeilrichtungen *b* (Abb. 346)

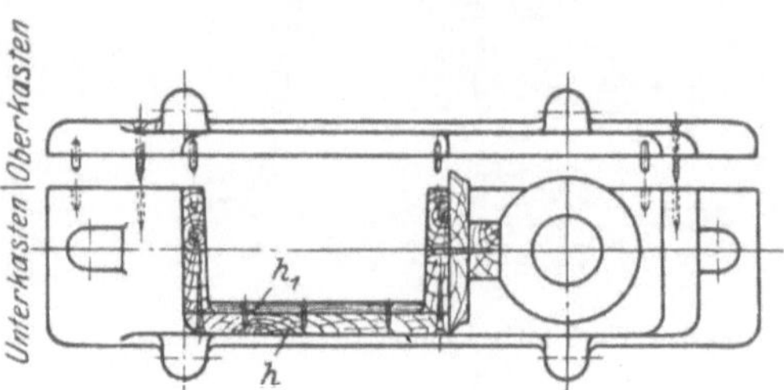

Abb. 338. Schnitt *A*—*B* (Abb. 337).

zu vermeiden, dübelt der Modellbauer drei bis vier Querleisten b_1 auf die Modellteilfläche auf.

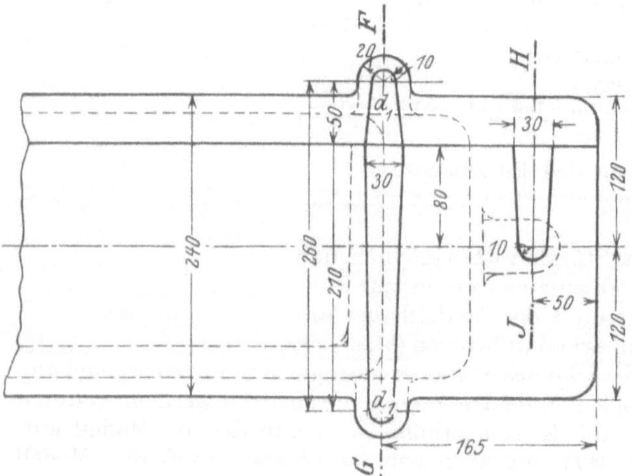

Abb. 339. Ansicht auf die Sohlplatte des Modells in der Pfeilrichtung *E* (Abb. 337) gesehen.

Abb. 347 gibt den Schnitt durch die ausgegossene Form wieder. Die Herstellung der Form selbst geht wie folgt vor sich:

Das Modell wird bis zur Teilfläche (Abb. 346) in den Unterkasten eingestampft, wobei die Leisten b_1 (Abb. 346) aufzudübeln sind; die runden Kernmarken b_1 und c_1 (Abb. 337) werden angeschnitten; die Kernmarken e_1 und f_1 sind von der Innenseite des Ständers aus angeschraubt und werden, sobald das Modell von außen herum aufgestampft ist, durch Herausnehmen der Schrauben in unabhängige, lose Stellung gebracht. Kernmarken d_1 sind sog. „Schleifmarken", deren besonderen Wert wir noch kennenlernen, die sich aber infolge ihrer Konstruktion (Abb. 339) ohne Schwierigkeiten aus der Form ausheben lassen.

Um nun dem im Modellinnern aufzustampfenden Hauptkern a eine Führung zu geben und um die Luft aus ihm abführen zu können, muß der Former nach den inneren Umrissen der Ständersohle eine Kernmarke, wie Abb. 347 schraffiert, anschneiden. Ein der Kernform entsprechender, miteingestampfter Rost (Abb. 348) gibt dem Hauptkern seinen sicheren Halt.

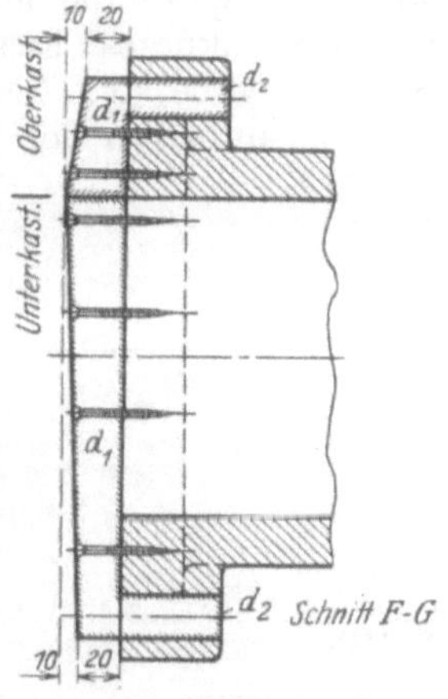

Abb. 340. Schnitt F—G (Abb. 339).

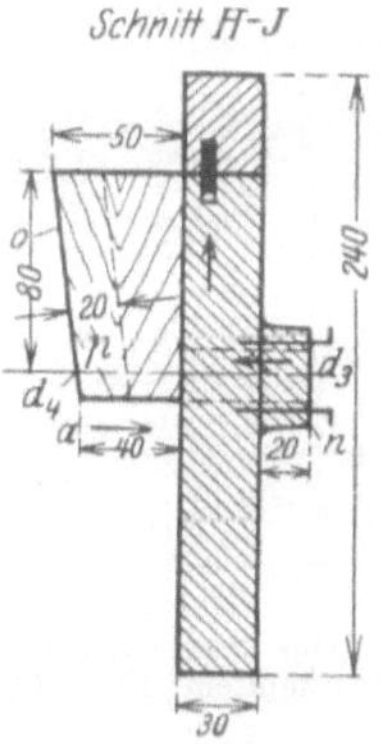

Abb. 341. Schnitt H—J (Abb. 339).

Beim Fertigmachen der Form, also bevor der Hauptkern eingelegt wird, müssen die Kerne e und f in die Form seitlich eingesetzt werden. Hauptkern a legt sich auf der linken Seite an Kern e an und wird rechts sowie oben und unten durch Kernstützen wie Abb. 348 gelagert.

Auf einen Fehler, der noch sehr oft, insbesondere von jungen Konstrukteuren, gemacht wird, soll hier hingewiesen werden.

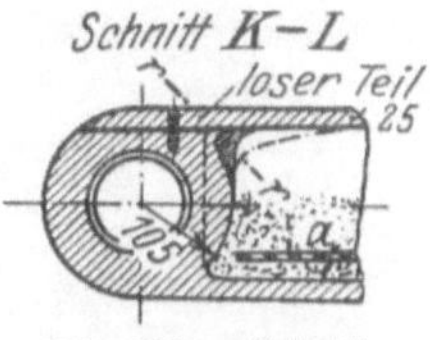

Abb. 342. Schnitt K—L (Abb. 334).

Abb. 342 zeigt den Schnitt K—L nach Abb. 334. Hier sehen wir, daß der Radius von 105 mm auch im Hohlraum des Ständers weitergeführt ist und mit einer kräftigen Hohlkehle an den Seitenwänden anläuft. Hierin liegt wohl ein gewisses Schönheitsgefühl, aber vom gießereitechnischen Standpunkt aus ist eine derartige Konstruktion zu verwerfen. Kern a würde sich bei einer derartigen Ausführung überhaupt nicht ausheben lassen, es sei denn, daß der Modellbauer die Rundung wie punktiert losläßt und ansteckt, damit diese beim Ausheben des Kernes mitgenommen wird, wodurch aber unnötige Modellkosten verursacht werden. In solchen Fällen wird der Modellbauer stets die Rundung wegfallen lassen und die Ausführung wie schwarz markiert vornehmen.

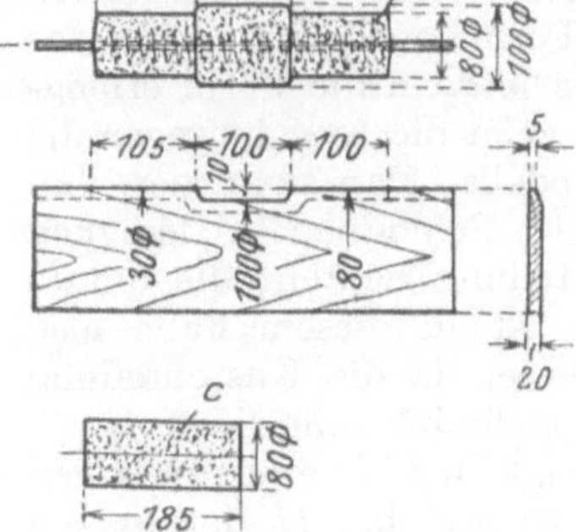
Abb. 343. Runde Kerne nebst Kernbrett zur Form (Abb. 347).

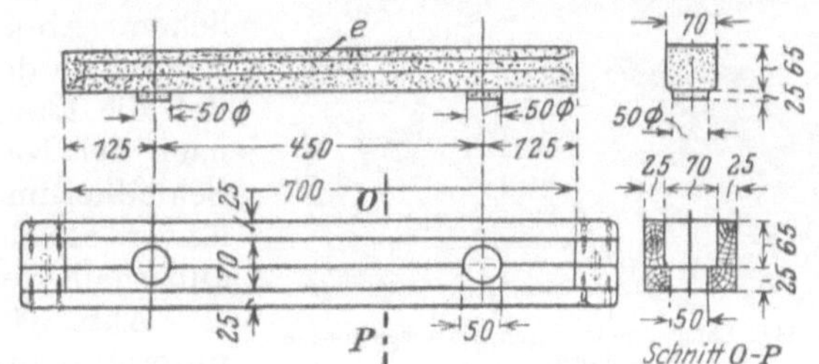
Abb. 344. Kernkasten nebst Führungskern zur Form (Abb. 347).

Das geringe Mehrgewicht, das in Frage kommt, dürfte hierbei keine Rolle spielen, wie von einer Verletzung des Schönheitsgefühls keine Rede sein kann, da diese Stelle am Gußkörper ja unsichtbar ist.

Mit Rücksicht auf die Gießerei wäre es richtiger, die 25 mm starken Wände allmählich, wie Abb. 342 oben punktiert angibt, auf die starke Nabe anlaufen zu lassen, um eine Spannung auf der Stelle q—r zu vermeiden, da sonst an dieser Stelle sog. „kurzes Eisen" entsteht, da doch die schwere Nabe des Eisens nachzieht und somit die Spannung an der bezeichneten Stelle hergestellt wird. Diese Maßnahme ist auch erforderlich an den Stellen i, k, l (Abb. 344).

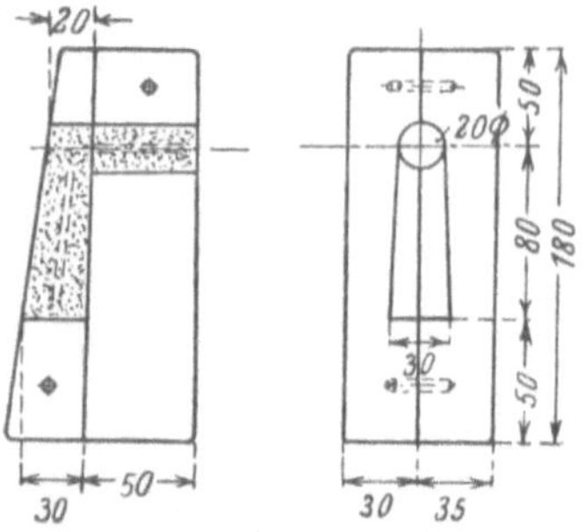

Abb. 345. Kernkasten mit eingestampftem Kern (Abb. 349, *III*).

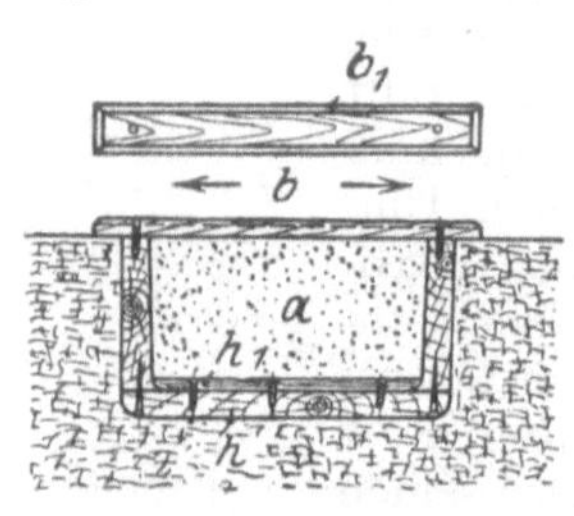

Abb. 346. Aufgedübelte Querleiste.

Beim Einlegen des Bohrungskernes c muß der Former besonders darauf achten, daß er das Tiefenmaß von 85 mm genau einhält, denn sobald er den Kern in der Pfeilrichtung zu tief legt, fehlt an der unteren Fläche die Bearbeitung. Man kann einem solchen freitragenden Kerne seine genaue Lage dadurch bestimmen, daß man am oberen Ende der Kernmarke einen Kernschlüssel (s. Abb. 66) andreht, müßte aber dann einen dieser Form entsprechenden Kern mittels Schablonenbrett auf der Kerndrehbank herstellen lassen, während für glatte runde Kerne in jeder Gießerei eine Kernmaschine oder passende Kernkästen vorhanden sind.

Abb. 347. Längsschnitt durch die ausgegossene Form.

Das Einsetzen der Kerne d für die Schraubenlöcher geschieht, wie schon erwähnt, durch Schleifmarken d_1 (Abb. 339 und 340). Diese haben den Zweck, Kerne, welche unter der Kastenteilung in die Form eingelegt werden müssen und deren Kernmarken sich nicht ohne weiteres anschneiden lassen, von oben, also von der Kastenteilung aus, ohne Schwierigkeiten in die Form einzulegen.

Abb. 340 zeigt im Schnitt F—G die Kernmarken d_1, die in Form von Schleifmarken das Einführen der Kerne d_2 in die Form ermöglichen. Abb. 339 zeigt die Ansicht gegen die Sohlplatte des Modells. Man sieht hier, daß sich die Längen der Schleifmarken lediglich nach der Kastenteilung richten; die untere Schleifkernmarke ist in diesem Falle also länger als die obere, da die Kastenteilung außerhalb der Modellmittellinie liegt.

Abb. 349 zeigt bei *I* einen fertigen unteren Schleifkern und bei *II* den oberen kurzen Schleifkern. Diese Kerne lassen sich ohne Schwierigkeit in die Form einsetzen, weil die am Modell sich befindlichen Schraubenlappen in vertikaler Richtung am Modell anlaufen. Die Kerne werden in der angegebenen Pfeilrichtung in die Form angestiftet, damit sie einen Halt bekommen.

Anders sieht es mit dem Einsetzen der Kerne für die Schraubenlöcher d_3 (Abb. 339, 341 und 349, *III*) aus.

Auf Abb. 341 sehen wir im Schnitt *H—I* (zu Abb. 339), daß die Kernmarke d_4 um die Nabenstärke $n = 20$ mm länger ist, während die Kerne selbst (nach Abb. 349, *III*) die gleichen Höhenmaße wie alle anderen Schleifkerne aufweisen.

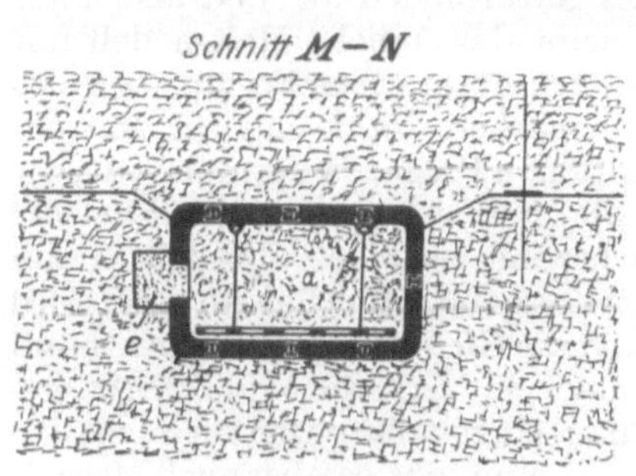

Abb. 348. Schnitt *M—N* durch die ausgegossene Form (Abb. 347).

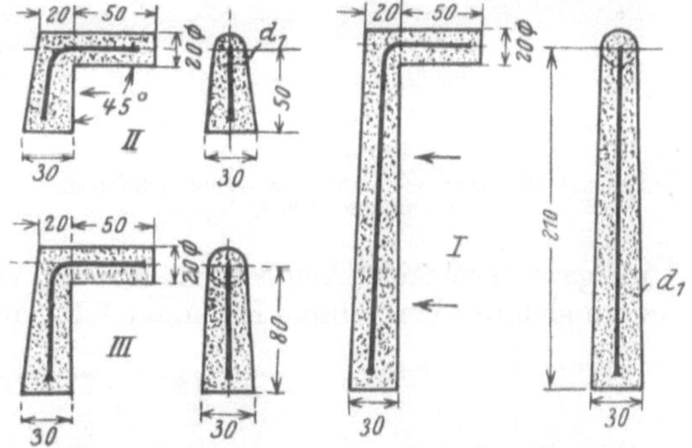

Abb. 349. Schleifkerne zur Form (Abb. 347).

Auf Abb. 335 ist ersichtlich, daß die beiden Schraubenlappen *n* in horizontaler Richtung am Ständer anlaufen. Da nun dieser wieder in vertikaler Richtung aus der Form gehoben wird, müssen die Lappen *n*, wie Abb. 341 zeigt, angesteckt und in der Pfeilrichtung aus der Form gehoben werden. Die Kerne werden beim Einsetzen in die Form an der Kante *o* heruntergeführt und, sobald diese auf dem Radius von 10 mm aufsitzen, von der Seite aus in der Pfeilrichtung *a* in die Lappenvertiefung eingesetzt und die nun entstandene Lücke von 20 mm mit Sand ausgestampft. Auf eine andere Art wäre es nicht möglich, die Kerne bei dieser Kasteneinteilung einzulegen. Abb. 345 gibt den zweiteiligen Kernkasten zum Kern (Abb. 349, *III*) wieder. Die Ausführung der Kernkasten zu den Kernen nach Abb. 349, *I* und *II*, ist die gleiche wie auf Abb. 345, nur mit entsprechender Maßänderung. Auf Abb. 344 finden wir den Führungskern *e* nebst zweiteiligem Kernkasten. Abb. 350 zeigt Kern *f* nebst dem dazugehörigen Kernkasten.

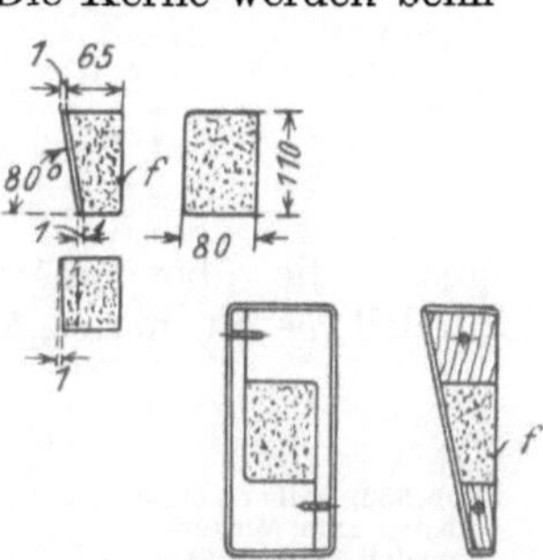

Abb. 350. Kern *f* (Abb. 347) und Kernkasten hierzu.

Abb. 343 zeigt den auf der Kerndrehbank hergestellten Bohrungskern *b* nebst Schablonenbrett sowie den unteren zylindrischen Kern *c*.

Dieses Beispiel zeigt, daß es auch im Modellbau Wege gibt, die oftmals eingeschlagen werden könnten, wenn man auf diesem Gebiete dem Punkte „Wirtschaftlichkeit" mehr Interesse entgegenbringen würde. Nur eingehende Untersuchungen auf dem Gebiete des Modellbaues können dazu führen, die Modellkosten der einzelnen Werke herabzusetzen.

44. Verbindungsstück (Naturmodell).

Die Verwendung von Naturmodellen aus Holz ist sehr begrenzt, weil dünnwandiges Holz sich leicht verzieht und ein Holzmodell mit z. B. 5 mm Holzstärke auch den Ansprüchen der Gießerei in bezug auf Widerstandsfähigkeit nicht genügen dürfte.

Abb. 351 stellt die Werkstattzeichnung (Längsschnitt) zu einem Verbindungsstück dar. Die Eisenstärke beträgt 5 mm, was genaue Kernarbeit erfordert. Es stehen verschiedene Systeme zum Aufbau der Form zur Verfügung:

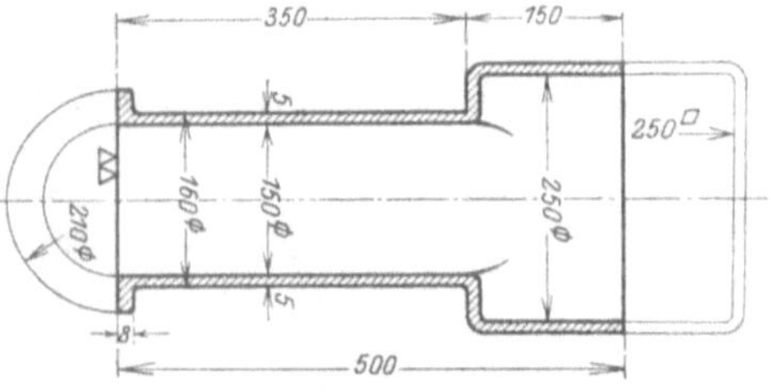

Abb. 351. Werkstattzeichnung (Längsschnitt) durch ein Verbindungsstück.

Entweder man bedient sich der Formplatte, oder man fertigt ein zweiteiliges, eisernes Naturmodell an, und als letzter Weg bleibt das übliche Holzmodell mit Kernkasten übrig. Eine Formplatte, also Maschinenarbeit, käme nur für Massenfabrikation in Frage, da Formplatten sehr teuer sind und sich deshalb nur durch die Masse bezahlt machen. Handelt es sich um ganz vereinzelte Abgüsse, vielleicht um Ersatzteile an maschinellen Anlagen, wird man sich wohl mit einem Holzmodell begnügen und die Gießerei darauf aufmerksam machen, daß die Wandstärke genau eingehalten werden muß.

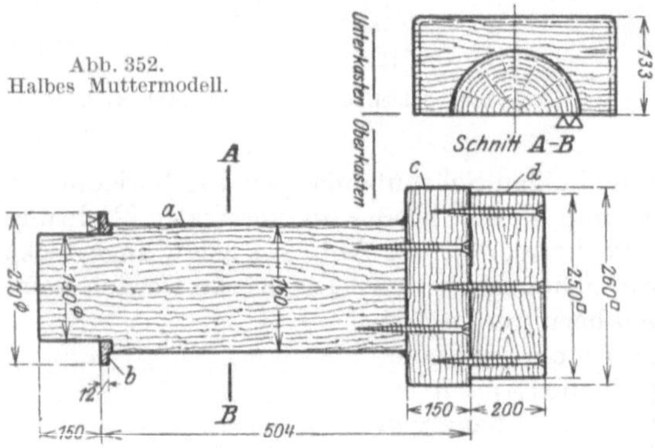

Abb. 352. Halbes Muttermodell.

Nun gibt es aber auch Maschinenteile, die man nicht als Massenteile herstellt, Gußstücke wie nach Abb. 351, an denen der Jahresbedarf vielleicht fünf bis zehn Stück beträgt, die aber immer wiederkehren. In solchen Fällen dürfte ein zweiteiliges, eisernes Naturmodell angebracht sein.

Zur Anfertigung eines geteilten Gußmodells nach Abb. 355 bedarf es wieder zweier halber Modellabgüsse, die über einem Holzmodell hergestellt werden müssen. Ein derartiges Modell nennt man „Muttermodell". Es muß in doppeltem Schwindmaß ausgeführt werden, weil ja die als Modell zu benutzenden Abgüsse auch noch ein einfaches Schwindmaß in sich haben müssen. Da die beiden Modellhälften nach Abb. 355 vollständig symmetrisch sind, genügt ein halbes Muttermodell (Abb. 352), wozu wieder ein halber Kernkasten nach Abb. 353 benötigt wird. Es empfiehlt sich, die beiden Modellhälften aufeinanderzuhobeln oder zu schleifen. Aus diesem Grunde hat der Modellbauer an der mit △ △ bezeichneten Stelle (Abb. 352) 2 mm Bearbeitung zugegeben.

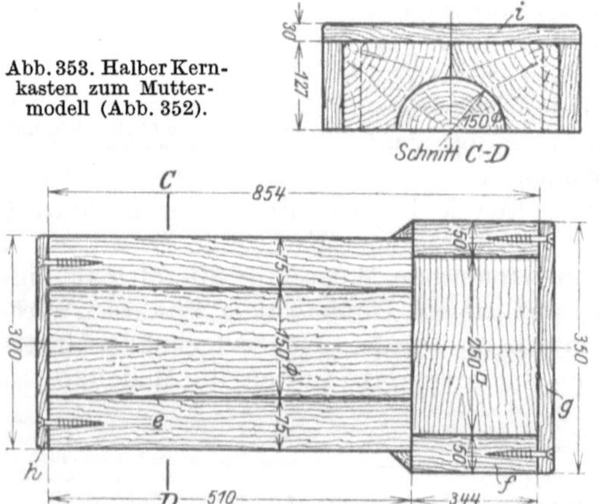

Abb. 353. Halber Kernkasten zum Muttermodell (Abb. 352).

Legt man besonderen Wert auf die Ausführung des eisernen Modells, so wird man die zylindrischen Teile des Modells noch bearbeiten. In diesem Falle muß der Modellbauer an den in Frage kommenden Stellen ebenfalls Bearbeitung zugeben.

Das halbe Holzmodell (Abb. 352) setzt sich aus den Einzelteilen *a*, *b*, *c* und *d*, der halbe Kernkasten (Abb. 353) aus den Teilen *e* und *f*, den Schlußstücken *g* und *h* und dem Verstärkungsbrett *1* zusammen.

Abb. 354 zeigt den im Kernkasten hergestellten Kern zum halben Modellabguß.

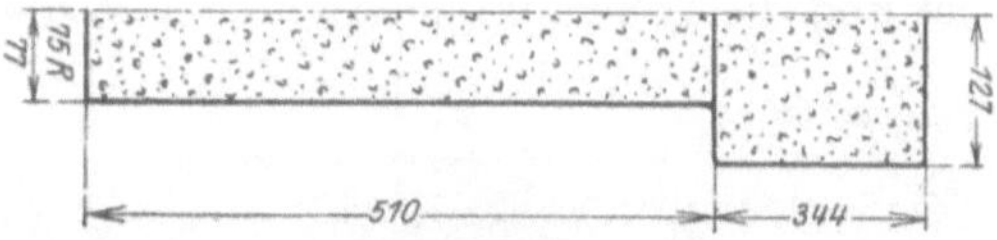

Abb. 354. Im Kernkasten nach Abb. 353 aufgestampfter halber Kern.

In Abb. 355 sehen wir das fertige, eiserne Modell, das aus den beiden Modellhälften *G* und *H* besteht. Da die Eisenstärke nur 5 mm beträgt, lassen sich Modelldübel schlecht einbohren. In solchen Fällen schraubt man, wie Schnitt *E*—*F* (Abb. 355) zeigt, Laschen ein. Diese Laschen *I* sind nach der unteren Modellhälfte zu mit einer Nase *K* versehen, die in diese Modellhälfte eingepaßt werden. Diese Art Führung der beiden Modellteile ist ebenso sicher als Modelldübel. Abb. 356 gibt den Schnitt durch die ausgegossene Form wieder. Die Herstellung der Form ist sehr einfach und geschieht wie folgt:

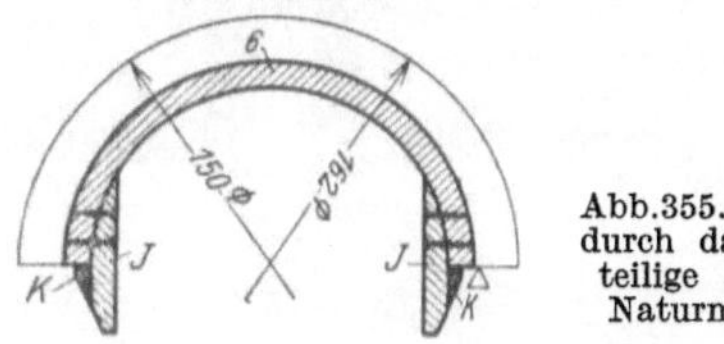

Abb. 355. Schnitt durch das zweiteilige eiserne Naturmodell.

Der Former stampft seinen Unterkasten *L* auf und schneidet in ihn die untere Modellhälfte ein. Alsdann schneidet er sich bei *P* und *Q* die Lagerung für den Kernballen *O* an, stampft unter Einlegen eines Rostes den Hohlraum der unteren Modellhälfte auf, setzt seine obere Modellhälfte auf, stampft den Hohlraum von den beiden Seiten aus vollständig fest ein und schneidet bei *R* und *S* noch Führungsballen an, setzt den Oberkasten *M* auf und stampft ihn voll, indem er den Einguß- und Steigtrichter mit anschneidet.

Das Ausheben des Modells aus der Form bietet keine Schwierigkeiten. Zuerst wird der Oberkasten *L* abgedeckt, die obere Modellhälfte entfernt, der Kernballen *O* aus dem Unterkasten und der unteren Modellhälfte ausgehoben und dann das untere Modellteil selbst entfernt. Die sich im Kernballen *O* abgedrückten Lappen *J* (Abb. 355) werden am Kern zugestrichen.

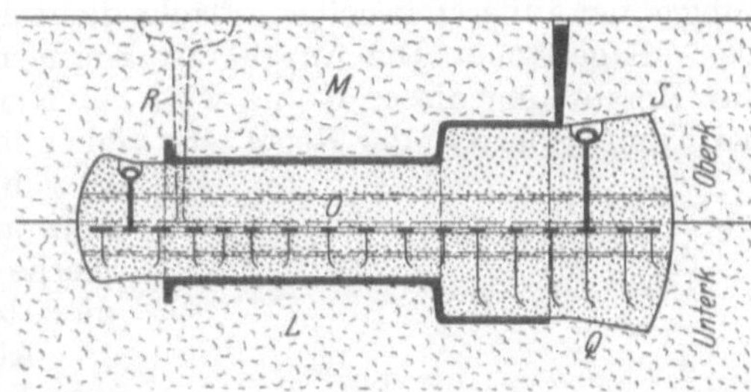

Abb. 356. Längsschnitt durch die ausgegossene Form zum Werkstück nach Abb. 351.

Ein Versetzen des Kernballens *O* ist ausgeschlossen, da der ungleichmäßige Ballenanschnitt eine sichere Gewähr für die Lage des Kernes und somit der Eisenstärke gibt.

45. Zahnrad mit Holzzähnen.

Zahnräder mit Holzzähnen finden Verwendung z. B. bei Wasserturbinenantrieb und Haupttransmissionen mit größerer Geschwindigkeit, in der Absicht, einen möglichst ruhigen, geräuschlosen Gang zu erzielen. Man gibt in der Regel dem größeren Rade des Getriebes die Holzverzahnung (Kämme); jedoch handelt man entgegengesetzt, wenn die Kraftübertragung periodisch stark veränderlich ist und die Schwankungen von der Welle ausgehen, auf der das größere Rad sitzt.

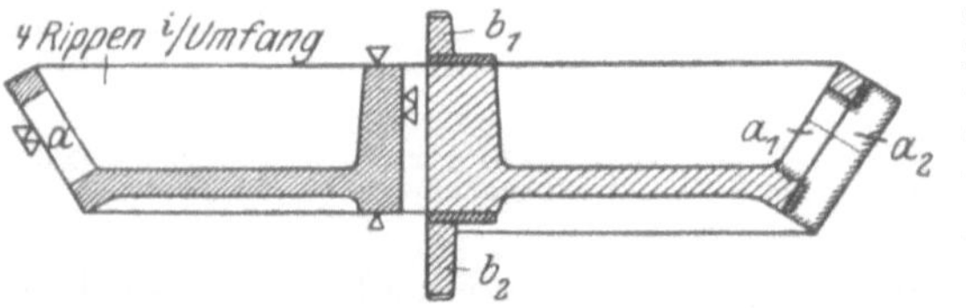

Abb. 357. Gußkörper und Modellaufriß zu einem Kammrad.

In Abb. 357 gibt uns die linke Hälfte den Gußkörper zu einem Kammrad wieder, während rechts der Modellaufriß wiedergegeben wird. Am Abguß werden bearbeitet: die Bohrung, die beiden Stirnflächen der Naben und der äußere kegelige Radkranz. Die Herstellung der Schlitze a zum Einsetzen der Holzzähne sowie der Bohrung b erfolgt in der Form durch Einsetzen von Kernen. Um den Kernen nun in der Form einen festen Stützpunkt zu geben, muß das Modell bekanntlich mit entsprechenden Kernführungen versehen sein. Abb. 357, rechts zeigt die Kernführungen a_2 und b_1 und b_2. In der Gießereipraxis vermeidet man, wo eben möglich, Kernführungen im Oberkasten. Bei Bohrungskernen wird eine Ausnahme gemacht, damit man Gewähr hat, daß das eingegossene Loch für die Bohrung nicht schief im Abguß sitzt. Da nun in diesem Falle der schwere Oberkasten über die Kernführung b_1 geführt werden muß, ist es nötig, diese Kernführung entsprechend kegelig zu halten. Die beiden im Modellaufriß angezeichneten Kernmarken b_1 und b_2 geben das richtige Verhältnis wieder. Die Verstärkung a_2 der äußeren kegeligen Fläche dient den Schlitzkernen a_1 (Abb. 359 und 360) als Auflagefläche. Die Anzahl der Kerne richtet sich stets nach der Zähnezahl. Zur Herstellung dieser Kerne wird ein Kernkasten nach Abb. 359 benötigt. Da bei Kammrädern in der Regel sehr viele Schlitzkerne in Frage kommen, empfiehlt es sich, derartige Kernkasten stets aus Hartholz anzufertigen. Um die aufgestampften Kerne gut aus dem Kernkasten zu bekommen, teilt man den Kernkasten bei h—h.

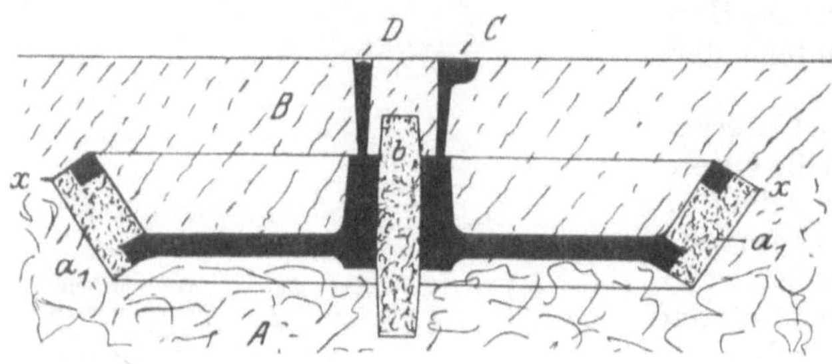

Abb. 358. Form und Abguß zum Kammrad (Abb. 357).

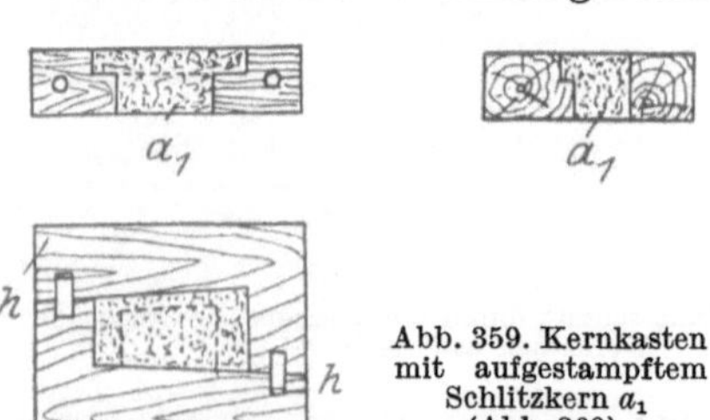

Abb. 359. Kernkasten mit aufgestampftem Schlitzkern a_1 (Abb. 360).

Abb. 358 gibt die ausgegossene Form wieder. Je nach der Größe des Rades wird man den Gießereiboden (auch Herd genannt) als Unterkasten benutzen oder bei mittleren und kleineren Rädern einen Unterkasten A und einen Oberkasten B verwenden. Die Trennung der Formkasten befindet sich auf der Linie x—x. Beim Aufstampfen des Oberkastens B hat der Former seinen Eingußtrichter C und den Steigtrichter D anzuschneiden. a_1 zeigt die im Kernkasten (Abb. 359) aufgestampften und in die Form eingelegten Schlitzkerne.

Abb. 360 zeigt, wie die Schlitzkerne in die Form einzulegen sind. Wie diese Abbildung wiedergibt, setzen sich die Kerne in der Form bzw. in der Kernführung fest aneinander, wobei die Breite a die Stegbreite zwischen den eingegossenen Schlitzen zeigt, während die Höhe a_2 die eigentliche Kernführung ist. Sind nun etwa dreißig oder noch mehr solcher Kerne einzulegen, so ist natürlich Bedingung, daß die Kerne sehr genau stimmen, da sonst der Former mit der gesamten

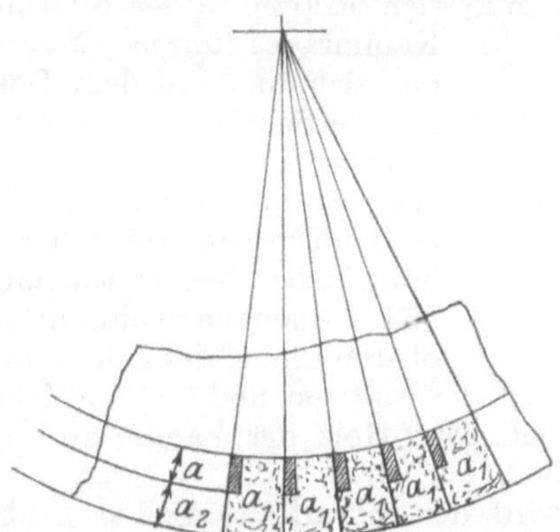

Abb. 360. Einlegen der Schlitzkerne a_1 (Abb. 359) in die Form.

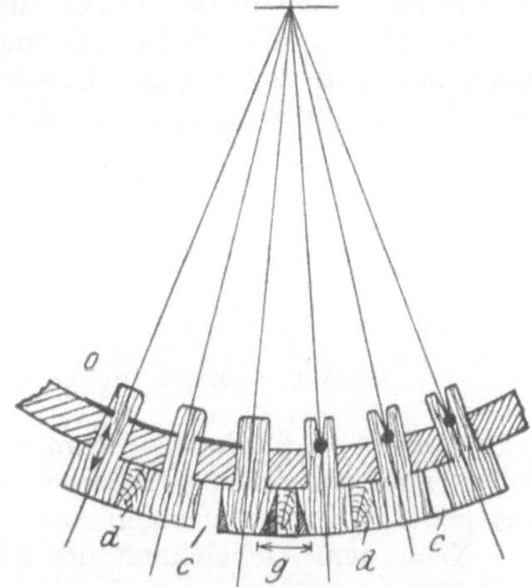

Abb. 361. Einsetzen und Befestigen der Holzzähne im gußeisernen Radkörper.

Stückzahl nicht auskommen würde. Sobald die ausgegossene Form erkaltet ist, wird diese ausgestoßen, und die Kerne werden aus den Schlitzen entfernt.

Nach der Bearbeitung des Rades in der Dreherei kann die Arbeit des Modellbauers beginnen. Holzkämme wird man, da es sich doch meistens um eine größere Stückzahl handelt, von einer Spezialfirma beziehen. Die Anfertigung derselben in eigener Werkstatt, wo nie die entsprechenden Werkzeuge vorhanden sind, dürfte leicht zu kostspielig werden.

Es gibt nun verschiedene Arten von Befestigungen von Holzzähnen im Gußkörper. Da es zu weit führen würde, alle diese Befestigungsarten hier zu erläutern, seien nur die beiden gängigsten Arten behandelt. Nach Abb. 361 werden die Holzzähne stramm in die Schlitze eingepaßt. Kommt eine Federbefestigung nach Abb. 361, links in Frage, so muß rechts und links des Zahnschaftes, an der Stelle, wo die eiserne Feder eingetrieben wird, also scharf an der inneren Kante des Radkranzes entlang, ein wenig mit der Säge eingeschnitten werden, damit die eiserne Feder eine Führung und einen Halt bekommt.

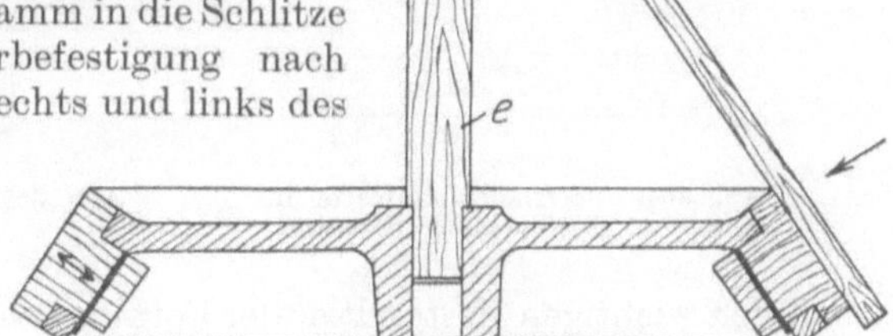

Abb. 362. Vorichtung zum Anzeichnen der Zahnmitten auf dem verkämmten Zahnkranz.

Bei der Stiftbefestigung nach Abb. 361, rechts wird an der gleichen Stelle ein Stiftloch vorgebohrt und ein Stift von etwa 5 mm Stärke in das etwa 1 mm kleiner gebohrte Loch eingetrieben. Die zwischen den Holzkämmen befindlichen Lücken c werden mit Hartholzkeilen ausgeleimt, und dann wird das verkämmte Zahnrad überdreht. Würde man die Zwischenräume c nicht ausleimen, so würden die einzelnen Holzzähne beim Abdrehen stark leiden, wenn nicht ganz und gar unbrauchbar gemacht werden.

Das Anzeichnen der Zähne nach dem Abdrehen erfordert große Genauigkeit. Man erledigt sich in der Praxis dieser Angelegenheit wie folgt:

Der Modellbauer dreht sich einen Holzdorn *e* aus Hartholz, wie ihn Abb. 63, links, 362 und 363 zeigen. Dieser Dorn muß sich stramm in der Bohrung des Kammrades führen. Man zeichnet sich nun auf dem Dorn die genaue Schräge an und setzt den Dorn an seinem oberen Ende bis zur Mitte ab, schraubt eine Leiste *f* an den Dorn und trägt durch Drehung in den Pfeilrichtungen (Abb. 363) die genauen Zahnmitten und oberen Linien des Zahnkopfes auf (vgl. auch Abb. 63, links). Zum Übertragen der äußeren und inneren Zahnform fertigt man eine genaue Blechschablone an. Das Holz der Zähne läuft in den angegebenen Pfeilrichtungen nach Abb. 362.

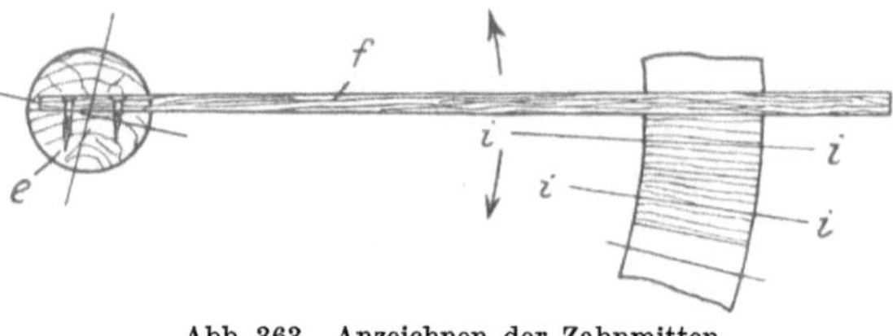

Abb. 363. Anzeichnen der Zahnmitten.

Nach dem Aufzeichnen der Zähne wird der schraffierte Teil *g* (Abb. 361) zwischen den Zähnen mit der Hand ausgearbeitet, da diese Arbeit schlecht auf einer Holzbearbeitungsmaschine auszuführen ist, es sei denn, daß eine Zahnradfräsmaschine vorhanden ist, deren man sich natürlich bedienen kann.

46. Formplatten.

Formmaschinen konnten sich um so leichter Eingang in die Betriebe verschaffen, als an und für sich an tüchtigen Formern immer Mangel war und noch ist. Die hohen Löhne der Handformer stehen oft im Mißverhältnis zum Verkaufswert der Ware. Es ist daher wünschenswert, in solchem Falle Maschinen verwenden zu können, die teuren menschlichen Arbeitskräfte aber nur da einsetzen zu müssen, wo die Maschine nicht angewendet werden kann, so z. B. beim Flicken der Formen, beim Einlegen von Kernen usw.

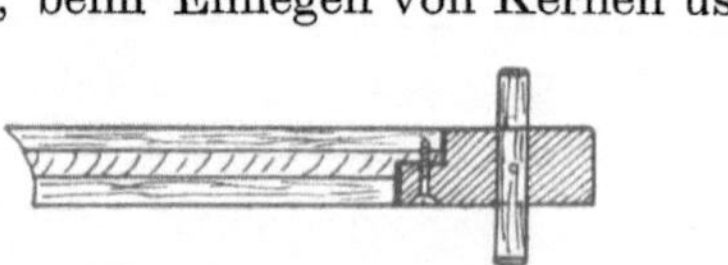
Abb. 364. Sperrholz-Formplatte in einen Formplattenrahmen eingelegt.

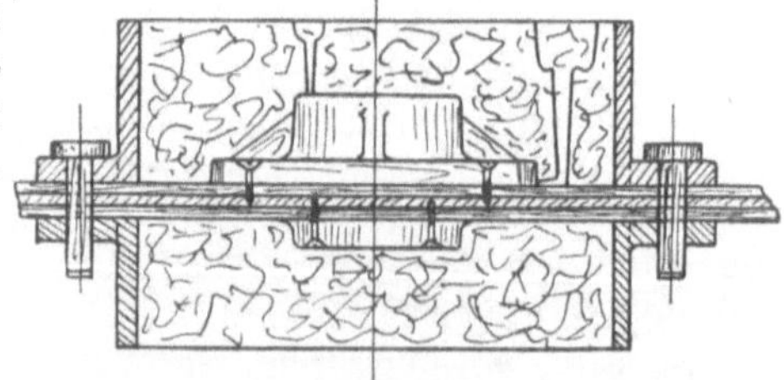
Abb. 365. Sperrholz-Formplatte mit aufgestampften Formkasten.

Einen wichtigen Bestandteil der Formmaschinen bilden die Form- oder Modellplatten. Beide Gebiete seien deshalb auch zusammen behandelt.

Modellplatten waren bereits gegen Mitte des vorigen Jahrhunderts bekannt, sind also keine Neuerscheinungen mehr. Je nach dem System der Formmaschine ist auch die Formplatte beschaffen. Sie dient zur Befestigung der Modellteile. Die Herstellung dieser Platten ist in den meisten Fällen mit ziemlichen Kosten verknüpft, so daß Modellplatten bzw. Formmaschinenarbeit nur bei Massenherstellung in Frage kommt. Man unterscheidet gußeiserne gehobelte Formplatten und solche aus Sperrholz. Letztere sind billiger und werden deswegen häufig vorgezogen. Auch gußeiserne Rahmen mit eingelegter Sperrholzplatte, wie Abb. 364 zeigt, finden viel Anwendung. Die eigentliche Modellplatte kann hier zu jeder Zeit ohne Schwierigkeiten ausgewechselt werden.

Die Herstellung der Modellplatte hängt immer von der Konstruktion des Gußstückes ab, muß natürlich aber auch den Eigenarten der Formmaschine, auf welcher die Platte verwendet werden soll, Rechnung tragen. Man kann für den Oberkasten wie für den Unterkasten je eine Modellplatte anfertigen, kann aber auch nur eine Modellplatte verwenden und auf einer Seite die obere und auf der

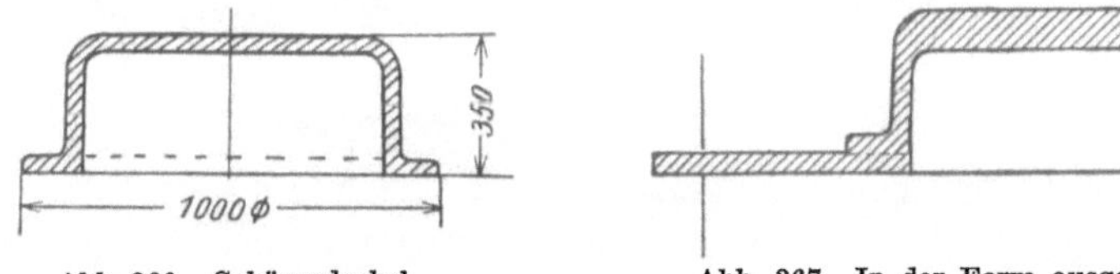

Abb. 366. Gehäusedeckel. Abb. 367. In der Form ausgegossene Formplatte.

anderen Seite die untere Modellhälfte montieren. Abb. 365 zeigt eine Platte, auf welcher beide Seiten zum Montieren von Modellhälften benutzt werden. Bei der Montage beiderseitiger Modellplatten müssen alle Modellmitten genau übertragen werden, wenn ein einwandfreier Abguß erzeugt werden soll.

Eine der billigsten Formplattenarten ist die gegossene, auf welcher man Ober- und Unterkasten herstellen kann. Abb. 366 zeigt einen runden Gehäusedeckel, dessen größter Durchmesser 1000 mm bei einer Höhe von 350 mm beträgt. Es soll eine Formplatte nach Abb. 367 hergestellt werden, welche die Möglichkeit bietet, zum Aufstampfen des Ober- und Unterkastens ein und dieselbe Platte zu benutzen. Die Herstellung dieser Platte ist sehr einfach und geht wie folgt vor sich:

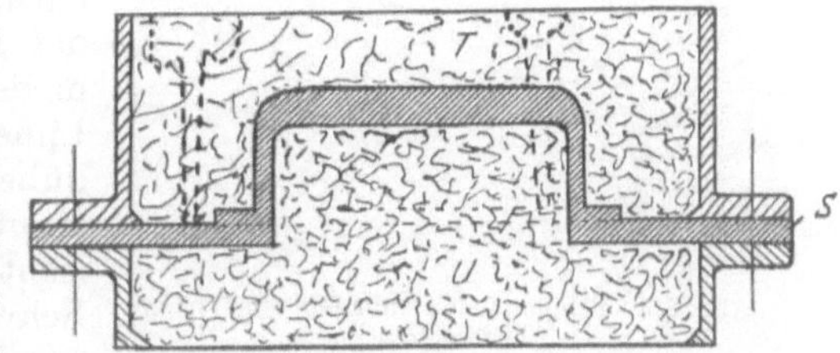

Abb. 368. Aufstampfen der Form über die gußeiserne Formplatte.

Der Former nimmt sein Holzmodell nach Abb. 366, wobei das doppelte Schwindmaß und die Bearbeitungszugabe berücksichtigt werden muß. Das Holzmodell legt der Former auf einen geraden Aufstampfboden und stampft in der bekannten Weise den Oberkasten T und Unterkasten U (Abb. 368) auf, wobei, wie immer, auch der Einguß- und Steigtrichter angeschnitten werden müssen. Der Former legt nun einen eisernen Rahmen in der Stärke S zwischen den Ober- und Unterkasten und gießt die Form aus. Die Gußplatte S ist also der eigentliche Aufstampfboden. Gegossene Modellplatten wird man, wenn nur irgendwie die Möglichkeit dazu besteht, maschinell bearbeiten. Besteht diese Möglichkeit nicht, dann muß die Platte sauber geschabt und lackiert werden. Im allgemeinen ist es üblich, alle eisernen Modelle oder Formplatten vor der Benutzung mit Petroleum abzureiben, damit sich die aufgestampften Formkasten besser von der Formplatte abheben, da Petroleum bekanntlich glättet.

47. Rippenmodell (Krümmer 300 mm lichte Weite).

Die Herstellung der Formen für abnormale Rohrkrümmer und Fassonstücke kann auf verschiedene Arten erfolgen. Ausschlaggebend ist immer die Größe und die Anzahl der Abgüsse.

Abb. 369 zeigt die Werkstattzeichnung zu einem Fassonstück von 300 mm lichte Weite. Hier gibt es drei Wege zur Herstellung der Form. Der eine Weg wäre die Herstellung eines kompletten Holzmodells nach Abb. 370, welches nur in

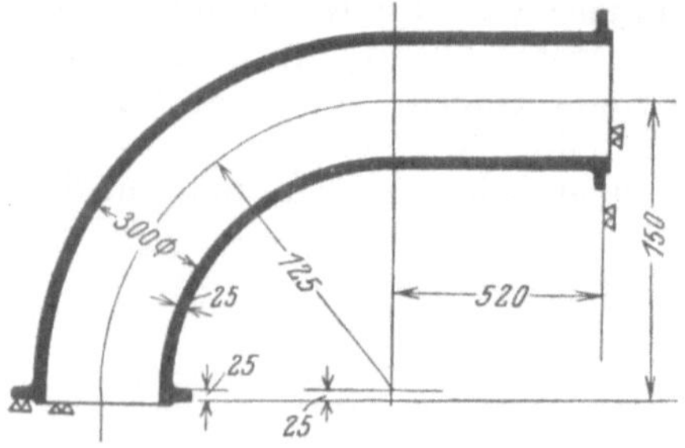

Abb. 369. Werkstattzeichnung zu einem Fassonstück 300 mm l. W.

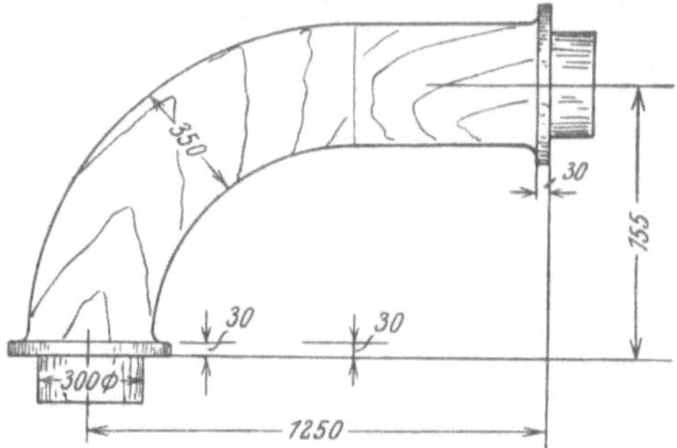

Abb. 370. Modell zum Gußstück nach Abb. 369.

Frage kommt, wenn eine größere Anzahl Abgüsse benötigt werden. Der andere Weg führt dahin, ein sog. Rippenmodell nach Abb. 371 herzustellen; und der dritte Weg wäre der, die Form auszuschablonieren. Mit einem Rippenmodell nach Abb. 371 kann man schon mehrere Abgüsse herstellen, vorausgesetzt, daß das Modell schonend behandelt wird, weil die Stabilität derartiger Modelle nicht so hoch bemessen werden darf, als es bei einem massiven Holzmodell nach Abb. 370 der Fall ist. Die Teilfläche des Rippenmodells nach Abb. 371 befindet sich auf der Linie X—X. Die beiden aufeinandergedübelten Böden a_1 entsprechen der äußeren Kontur des Gußstückes unter Berücksichtigung der Bearbeitungszugabe und des Schwindmaßes. Auf diese Böden werden nun die Flansche und Kernmarken a_2 und a_3 nach Abb. 371 befestigt. In den noch verbleibenden Zwischenraum auf den beiden Böden a_1 werden die Kreisbogenstücke a (Abb. 371, 372 und 373) aufgeleimt. Will man die Stabilität des Rippenmodells erhöhen, so ist es angebracht,

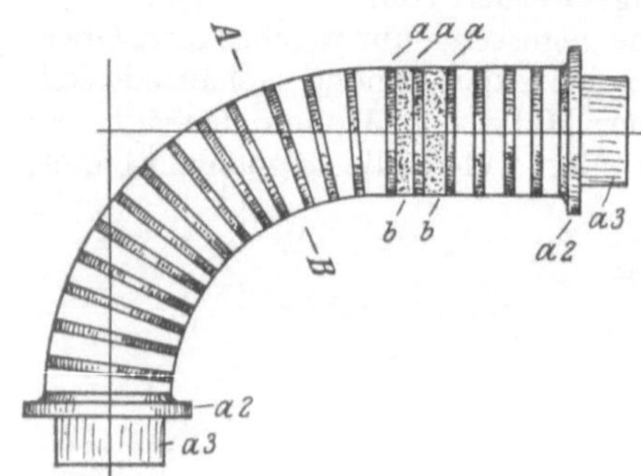

Abb. 371. Rippenmodell zum Gußstück nach Abb. 369.

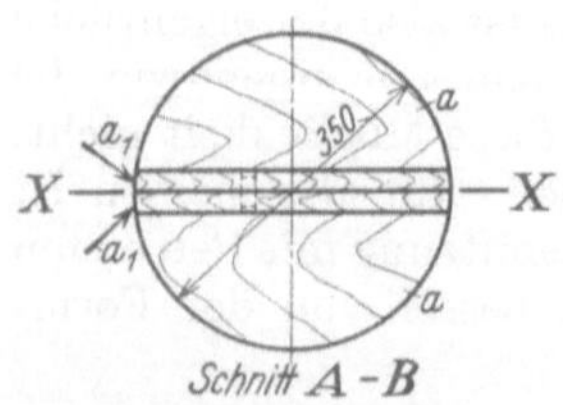

Abb. 372. Schnitt A—B durch das Rippenmodell (Abb. 371).

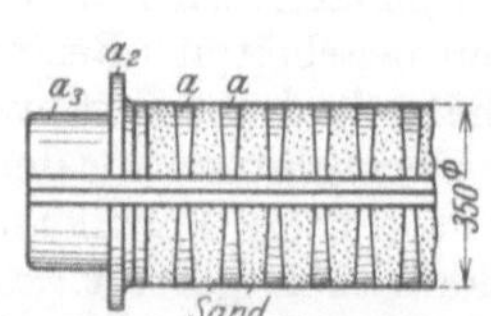

Abb. 373. Seitenansicht auf das aufgestampfte Rippenmodell (Abb. 371).

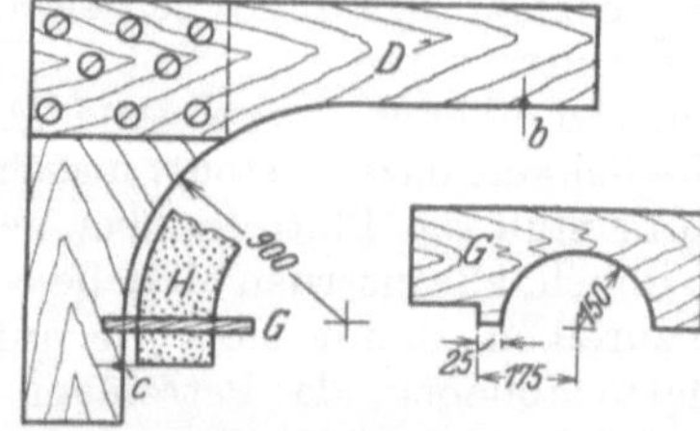

Abb. 374. Schablonenbrett mit Zugschablone zum Kern für das Gußstück nach Abb. 369.

die einzelnen Bogenstücke a noch zu verschrauben. Die Zwischenräume zwischen den Stücken a werden nun, wie die Abb. 371 und 373 zeigen, mit Sand vollgestampft und außen nach der Form des Kreisbogens abgestrichen. Um dem

Formsand einen besseren Halt zu geben, bearbeitet man die Kreisbogenstücke *a* etwas keilförmig, wie auf Abb. 373 ersichtlich ist. Die Modellkosten für ein komplettes Holzmodell nach Abb. 370 einschließlich Kernkasten, setzen sich zusammen:

0,850 m³ Kiefernholz à m³ M. 165.—	140,20 M.
Kleinmaterial, wie Leim, Holzschrauben, Glaspapier, Lack usw. .	20,— „
~10 Std. Maschinenarbeit à M. 4,50	45,— „
70 Std. Arbeitszeit à Std. M. 1,20	84,— „
100 % Regiespesen auf den Lohn	84,— „
mithin Selbstkosten	373,25 M.

Die Modellkosten für ein Rippenmodell nach Abb. 371 setzen sich zusammen aus:

0,210 m³ Kiefernholz à m³ M. 165,—	34,65 M.
Kleinmaterial wie oben	7,50 „
~3 Std. Maschinenarbeit à Std. M. 4,50	13,50 „
30 Std. Arbeitszeit à Std. M. 1,20	36,— „
100% Regiespesen auf den Lohn	36,— „
mithin Selbstkosten	127,60 M.

Das Rippenmodell Abb. 371 ist in diesem Falle also rund 65% billiger als das komplette Holzmodell nach Abb. 370. Der Kern muß dann allerdings schabloniert werden. Die Herstellung des Lehmkernes ist sehr einfach. Der Modellbauer fertigt ein Schablonenbrett *D* und eine Zugschablone *G* nach Abb. 374 an. Auf dem Schablonenbrett *D* markiert der Modellbauer dem Kernmacher die Kernlänge, wie bei *b*, *c* ersichtlich. Der Kernmacher legt nun das Brett *D* auf eine Platte und fährt mit Schablone *G* an der inneren Kante des Brettes entlang und schabloniert so den Kern auf, wie bei *H* ersichtlich. Das Schablonenbrett *D* wird einmal benutzt wie gezeichnet und muß beim Aufschablonieren der anderen Kernhälfte um 180° gedreht werden, da ja der Kern nicht symmetrisch ist. Beim Aufschablonieren der einzelnen Kernhälften müssen Eisen eingelegt werden, damit Stabilität vorhanden ist. Die beiden halben Kernhälften *H* (Abb. 374) werden dann zusammengeschwärzt, getrocknet und sind als ganzer Kern dann gebrauchsfertig.

48. Paßstück zu einem Krümmer.

Die Herstellung einzelner Rohrstücke nach eingesandten Schablonen ist eine nicht immer sehr einfache Arbeit. Meistens wird diese Arbeit dann erschwert, wenn es sich um abnormale Stücke handelt. Bei normalen Stücken kann sich fast jede Röhrengießerei helfen, selbst wenn es sich um ein Paßstück dreht, weil diese Spezialgießereien immer einen gewissen Modellbestand haben, womit sie sich gut helfen können. Abnormale Paßstücke treten oft bei Bergwerksrohrleitungen in Erscheinung, und da derartige Rohrstücke meist nur einmal benötigt werden, muß man selbstredend auch die Modellkosten so niedrig wie eben möglich halten. Noch schwieriger ist das Modellproblem zu lösen, wenn es sich um Paßstücke handelt, wobei beim Modell schiefsitzende Flanschen in Erscheinung treten; denn das Wort Paßstück sagt, daß, wenn das Gußstück an Ort und Stelle eingesetzt werden soll, es auch passen muß, weil man an Rohrgußstücken keine großen Nacharbeiten vornehmen soll und kann.

An Hand einiger Abbildungen soll die Herstellung eines Rippenmodells nach Abb. 377 unter Berücksichtigung niedrigster Modellkosten, also für einen Einzelabguß, erläutert werden.

Abb. 375 zeigt im Auf- und Grundriß das Schema der Rohrleitung. Die beiden zu verbindenden Rohre *A* und *B* sind im Aufriß um 170 mm und im Grundriß um 470 mm versetzt. Um nun dem Modellbauer die Arbeit zu erleichtern, wird an Ort und Stelle eine Schablone in der Pfeilrichtung *C* eingebaut und diese Schablone der Röhrengießerei zur Herstellung des Abgusses eingesandt.

Abb. 376 zeigt die eingesandte Schablone *D*, welche an Ort und Stelle in die Leitung eingepaßt ist. Bei der Herstellung der Paßschablone, welche jeder Monteur herstellen kann, wird nun in folgender Weise verfahren: Der Monteur

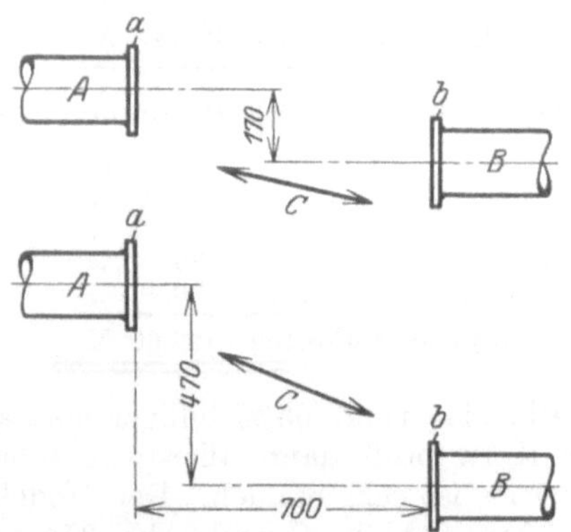

Abb. 375. Schema der Rohrleitung.

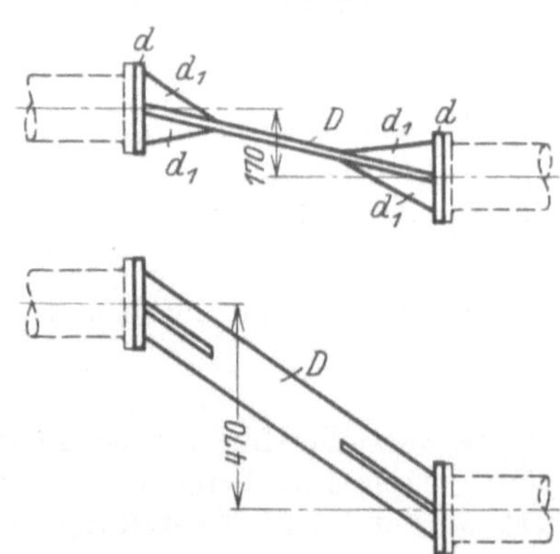

Abb. 376. Paßschablone, an Ort und Stelle eingepaßt.

schneidet sich zwei runde Scheiben *d* in genauer Größe der Verbindungsflanschen und bohrt auch in diese Scheiben *d* die Schraubenlöcher mit ein, wie diese in den Verbindungsflanschen vorhanden sind. Nun werden die beiden runden Scheiben an die Verbindungsflanschen geschraubt und die beiden Scheiben mit dem Brett *D*

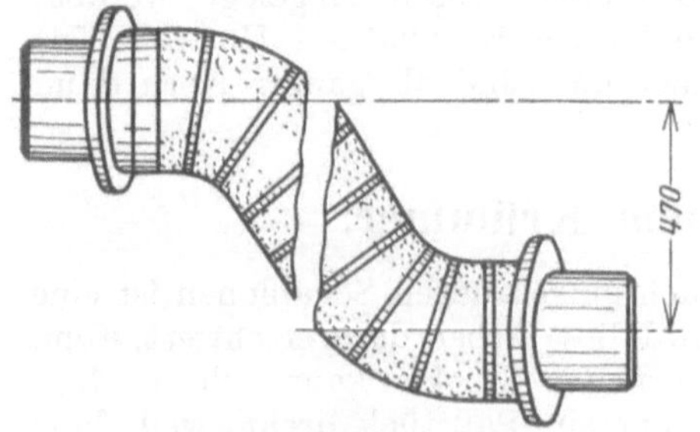

Abb. 377. Rippenmodell.

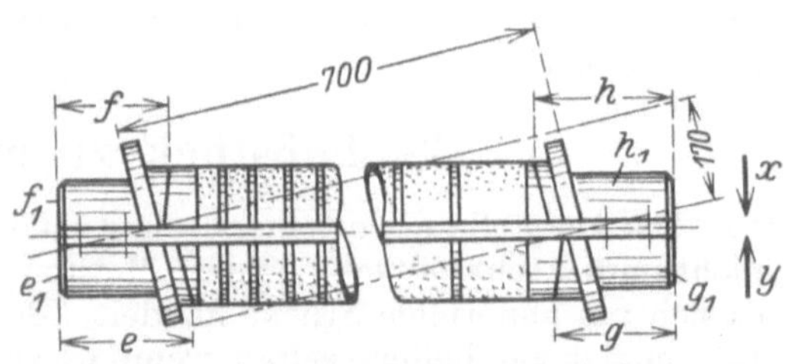

Abb. 378. Horizontale Lage des Rippenmodells nach Abb. 377.

verbunden. Damit nun die Stabilität der Schablone beim Bahntransport und beim Maßnehmen in der Werkstatt nicht gefährdet wird, muß der Monteur noch kräftige Versteifungsrippen, etwa wie d_1 gezeichnet, anbringen.

Es soll nun der Former nicht gezwungen werden, sein Modell etwa so einzuformen, daß die Flanschen innerhalb der Form lotrecht stehen, denn sonst wäre der Former gehalten, seine Form nach Abb. 375, Grundriß, in einer Höhe von 470 mm anzuschneiden, was einem wirtschaftlichen Arbeiten nicht entsprechen würde. Der Former soll seine Formkasten niemals größer nehmen, als eben das Modell bedingt, weil man in jeder Gießerei sparsam mit dem vorhandenen Platz umgehen muß.

Auf Abb. 378 ist ersichtlich, daß der Modellbauer die Achse, welche von Mitte Flansch *a* nach Mitte Flansch *b* (Abb. 375) als Mittellinie zu denken ist, in horizontale Linie gelegt hat, und dadurch bekommen die beiden Modellflanschen natürlich eine schiefe Stellung zur Mittelachse des Modells, wie auf Abb. 378 ersichtlich ist. Bei einem Einzelabguß, wie im vorliegenden Fall, wird sich der Modellbauer immer wieder eines Rippenmodells bedienen, da diese Hilfsmodelle besonders in Röhrengießereien große Modellkosten ersparen helfen (vgl. Nr. 47 [Rippenmodell]). Da nach der angegebenen Formrichtung die halben Modellflanschen, wenn diese am Modell fest angebracht sind, nicht aus der Form gehen, muß der Modellbauer Mittel und Wege finden, diese Flanschen so am Rippenmodell zu befestigen, daß Gewähr dafür vorhanden ist, daß die Flanschen am Abguß genau sitzen, da sonst das Gußstück unbrauchbar ist.

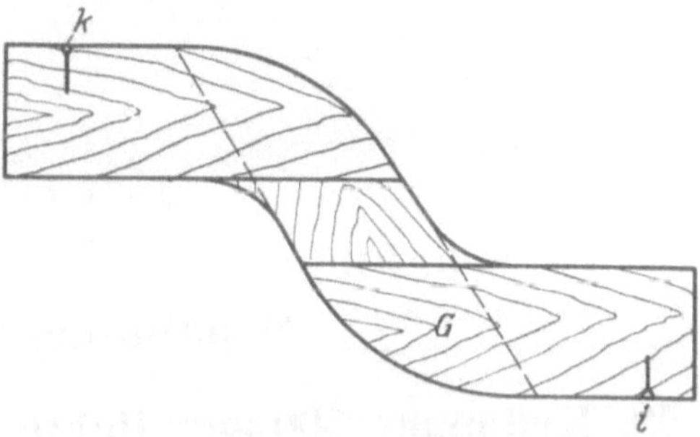

Abb. 379. Kernbrett.

Der Modellbauer wird das Rippenmodell nach Abb. 378 also so bauen müssen, daß einmal das Rippenmodell zweiteilig und die Modellteile e_1, f_1, g_1 und h_1 an den Modellhälften auf die Längen von e, f, g und h lose angebracht sind. Diese vier Modellteile werden auf die Modellhälften aufgedübelt und von der Modellmitte aus verschraubt, so daß dem Former die Möglichkeit gegeben ist, wenn er die Formkasten, den Ober- vom Unterkasten abhebt, diese Modellteile in den Pfeilrichtungen *X* und *Y* aus der Form herauszunehmen.

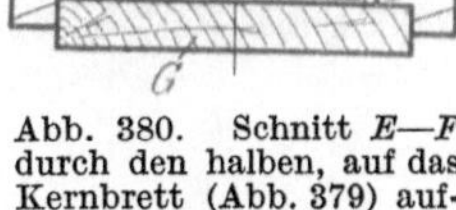

Abb. 380. Schnitt *E—F* durch den halben, auf das Kernbrett (Abb. 379) aufgezogenen Kern.

Abb. 379 zeigt das Kernbrett *G*, welches zur Herstellung der beiden Kernhälften benötigt wird. Die Kernlänge erstreckt sich vom Einschnitt *i—k*. Abb. 380 zeigt den Schnitt *E—F* durch das Kernbrett *G* mit aufgezogener Kernhälfte G_1 und Ziehschablone G_2. Die beiden Kernhälften werden wieder aufeinandergeschwärzt und abgeschnürt.

Dritter Teil.

Schablonenarbeiten im Modellbau und Schablonenformerei.

49. Krümmer 500 mm lichte Weite (Schablonenarbeit).

Wie bereits unter Nr. 47 erwähnt, kann man Krümmerformen auch ausschablonieren. Die Herstellung derartiger Formen ist nicht sehr einfach, sondern erfordert genaue Arbeit durch den Former.

In Gießereien, welche sich weniger mit der Anfertigung von Röhren befassen, und welche keinen geeigneten Modellbestand haben, wird man die Form zum Krümmer nach Abb. 381 schablonieren. Der Arbeitsprozeß geht dann wie folgt vor sich:

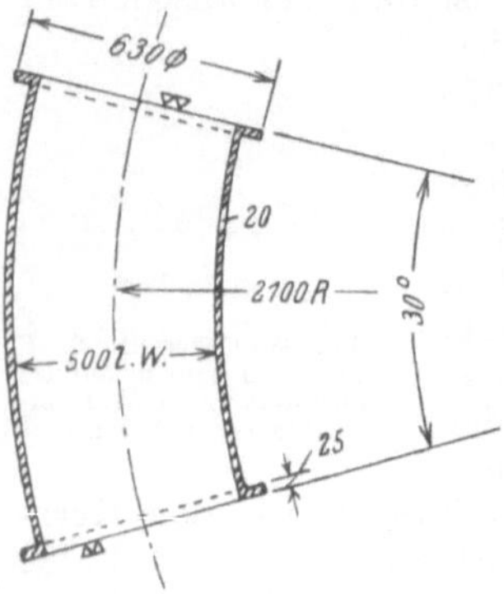

Abb. 381. Werkstattzeichnung zu einem Krümmer von 500 mm l. W.

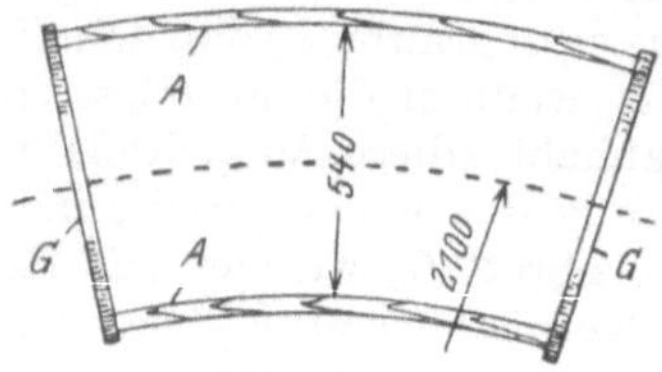

Abb. 382. Segmentstück mit halben Flanschen.

Der Modellbauer fertigt nach Abb. 382 zwei Segmentstücke A nach den entsprechenden Radien an, so daß das Zwischenmaß zwischen den Bogenstücken gleich dem äußeren Durchmesser des Krümmers ist. An den äußeren Enden der Bogenstücke werden einseitig halbe Flanschen G befestigt. Die beiden halben Flanschen nach dem Oberkasten zu werden aufgedübelt.

Der Former glättet seinen Herd C (Gießereiboden) ab und schneidet die beiden unteren Flanschhälften ein, so daß der Rahmen (Bogenstücke) A oben

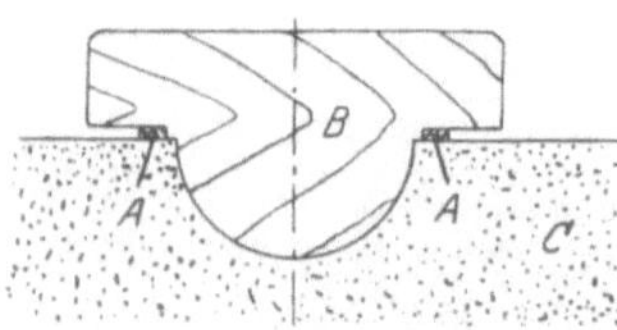

Abb. 383. Falsches Bett zum Aufstampfen der unteren Kernhälfte.

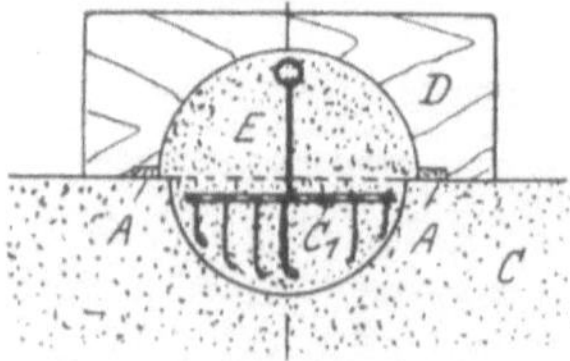

Abb. 384. Falsches Bett zum Aufstampfen des Oberkastens.

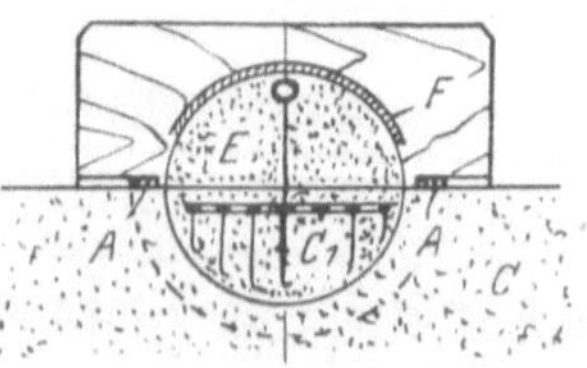

Abb. 385. Abziehen der Eisenstärke vom aufgestampften Kern.

auf der Oberfläche des Herdes liegt, wie auf Abb. 383 ersichtlich ist. Nun wird der zwischen den Bogenstücken liegende Sand ausgeschaufelt und mit Schablone B eine halbrunde Vertiefung zwischen den Bogenstücken A ausschabloniert. Schablone B entspricht dem inneren Maß des Krümmers. Die ausschablonierte halbrunde Form wird gut abgestäubt und dient als „falsches Bett" zum Aufstampfen des Kernes.

Auch die Herstellung des Sandkernes ist höchst einfach. Der Former stampft in den ausschablonierten Teil des Herdes C (Abb. 384) seine untere Kernhälfte C_1 auf. Da es sich um einen schweren Kern handelt, welcher mit dem Kran ausgehoben werden muß, muß ein Rost mit Hängeeisen und zwei Aushebeeisen eingestampft werden. Auf die untere Kernhälfte C_1 wird nun ein Ballen E mit Schablone D aufgezogen, welcher dazu dient, den Oberkasten aufzustampfen. Schablone D entspricht in ihrem inneren Profil dem äußeren Durchmesser des Krümmers. Die beiden oberen halben Modellflanschen werden auf den aufgezogenen Ballen E (Abb. 384) aufgesteckt, und der Oberkasten wird eingestampft, wobei der Einguß- und Steigtrichter anzuschneiden sind. Ist der Oberkasten H (Abb. 387) fertig aufgestampft, so wird mit Schablone F (Abb. 385) die Eisenstärke vom oberen Ballen abgezogen, die beiden Kernhälften C_1 und E, welche durch das Aufstampfen zu einem ganzen Kern verbunden sind, werden aus der Form gehoben, geschwärzt und getrocknet. Nun wird mit Schablone K (Abb. 386) aus dem Herd C (Abb. 383) die Eisenstärke ausschabloniert. Die Kernlagerung für den Kern C 1, schneidet der Former an, oder aber man läßt die Segmentstücke A (Abb. 382) entsprechend länger und schabloniert auch die Kernlagerung aus.

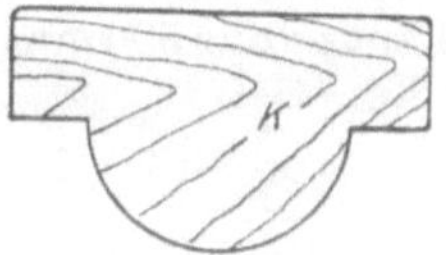

Abb. 386. Schablonenbrett zum Ausziehen der Eisenstärke aus dem Herd C (Abb. 387).

Abb. 387 zeigt die fertig ausgegossene Form.

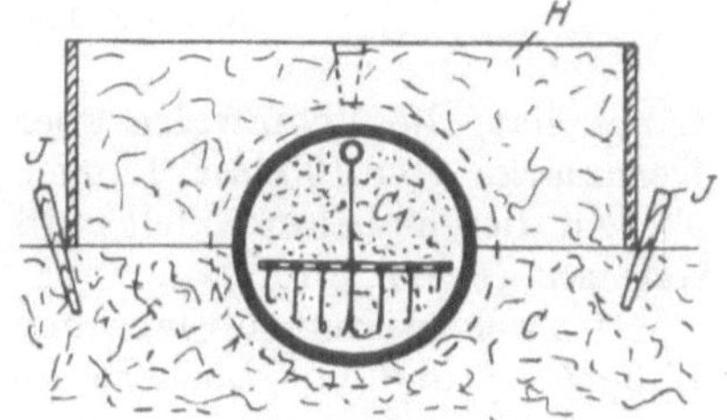

Abb. 387. Schnitt durch die ausgegossene Form.

50. Rohr mit vier Stutzen (Lehmmodell).

Abb. 388 zeigt ein Rohr mit vier Stutzen. Wollte man in diesem Falle für einen einmaligen Abguß ein komplettes Holzmodell machen, so würde dies mit großen Unkosten verknüpft sein. Man müßte den runden Körper von 1500 mm Länge und 300 mm Durchmesser als Modellkörper anfertigen. Dies kostet Material und Zeit, da der Körper selbst, um sein Gewicht niedrig zu halten und um Holz zu ersparen, als Hohlkörper verleimt werden müßte.

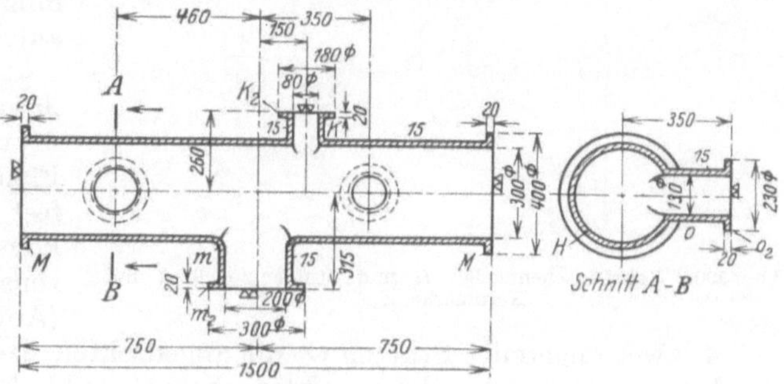

Abb. 388. Werkstattzeichnung zu einem Rohr mit vier Stutzen.

Um bei diesem Modell wenigstens den Hauptteil der Modellkosten zu ersparen, fertigt man den Hauptkörper aus Lehm an. Dies geschieht, indem der Kernmacher ein nahtloses gelochtes Rohr von etwa 2000 mm Länge auf etwa 200 mm Durchmesser auf der Kerndrehbank mit Strohseil umwickelt und auf die Ummantelung eine Lehmschicht aufträgt, um dann mit einem geraden Brett den Durchmesser von 300 mm gleich dem Kerndurchmesser oder Rohrdurchgang abzudrehen. Dieser Teil, welcher als Kern anzusprechen ist, wird geschwärzt und im Trockenofen getrocknet. Nachdem der Kern getrocknet ist, wird die Eisenstärke von 15 mm mittels Schablonenbrett *G* auf eine Länge von 1450 mm, wie Abb. 389 zeigt, aufgetragen und ebenfalls getrocknet. Da das Gußstück eine Länge von 1500 mm + zweimal Bearbeitungszugabe an den Stirnflächen = 1510 mm

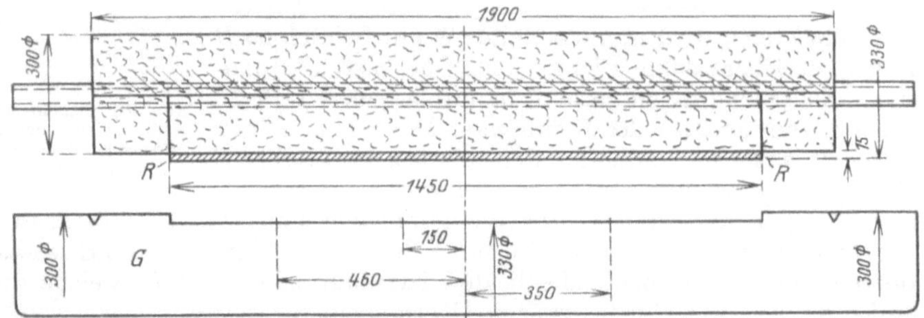

Abb. 389. Kern mit aufschablonierter Eisenstärke.

Länge hat, die Lehmwalze aber 1900 mm lang ist, bleibt auf jeder Seite eine Kernmarke von 195 mm Länge.

Zu diesem Lehmmodell muß der Modellbauer noch verschiedene lose Modellteile anfertigen, und zwar:

1. zwei zweiteilige Flanschen *H* (Abb. 390 bzw. *M* Abb. 388), geteilt auf der Linie *J—J* und mit Löchern für Ansteckstifte H_1 versehen;

2. einen zweiteiligen Stutzen *K* (Abb. 388 und 390) mit angedrehter Kernmarke K_1 und losem Flansch K_2. Aus modelltechnischen Gründen wird Flansch K_2 besonders angefertigt und, wie Abb. 390 zeigt, auf dem Stutzen *K* befestigt. Die Teilung des Stutzens befindet sich auf der Linie *L—L*;

3. einen zweiteiligen Stutzen *M* mit angedrehter Kernmarke M_1 und besonders angefertigtem Flansch M_2, welcher ebenfalls fest auf den Stutzen zu sitzen kommt. Die Teilung des Stutzens liegt auf der Linie *N—N* (Abb. 391 und 388);

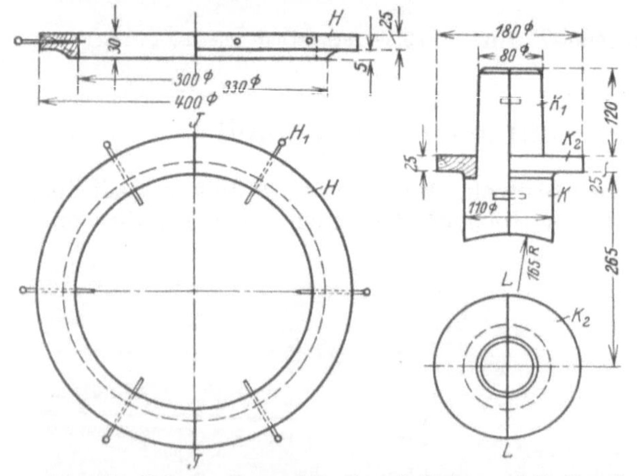

Abb. 390. Rohrflanschenmodell *H* und Stutzenmodell *K* mit Kernmarke K_1.

4. zwei ungeteilte Stutzen *O* mit angedrehten Kernmarken O_1 und lose über die Kernmarken sich führende Flanschen O_2 (Abb. 391 und 388).

Aus formtechnischen Gründen sind die letztgenannten Stutzen nicht geteilt, sondern der Formrichtung entsprechend kegelig gehalten.

Um das schwierige Anpassen der Stutzen *K*, *M* und *O* soweit als möglich auszuschalten, hilft man sich, wie Abb. 391 rechts bei Stutzen *O* zeigt.

Nach Abb. 388, Schnitt *A—B*, beträgt das Maß von Mitte bis außen Flansch 350 mm, hierzu kommen 5 mm Bearbeitung für die Stirnseite des

Flansches, mithin 355 mm, der äußere Durchmesser des Rohres 330 mm = 165 mm Radius.

Der Modellbauer richtet sich, wie auf Abb. 391 rechts zu sehen ist, ein genügend starkes Stück Holz im Vierkant, 175 mm groß, wie punktiert, zu, zeichnet seine Mittel für Körner- und Dreizackspitze an den Stirnseiten an, schneidet auf der Mittellinie den Radius von 165 mm soweit als möglich, etwa bis an die Punkte Q, ein, dreht das Stück Holz entsprechend dem Modellaufriß ab und schneidet nachher auf der Linie P—P das Stück Q—Q mit der Schweifsäge durch. Wenn der Modellbauer genau nach seinem Modellaufriß arbeitet, muß der Stutzen genau an den Lehmkörper passen, jede Nacharbeit ist ausgeschlossen. Diese Arbeitsweise ist der einzige richtige Weg, derartige Stutzen richtig herstellen zu können.

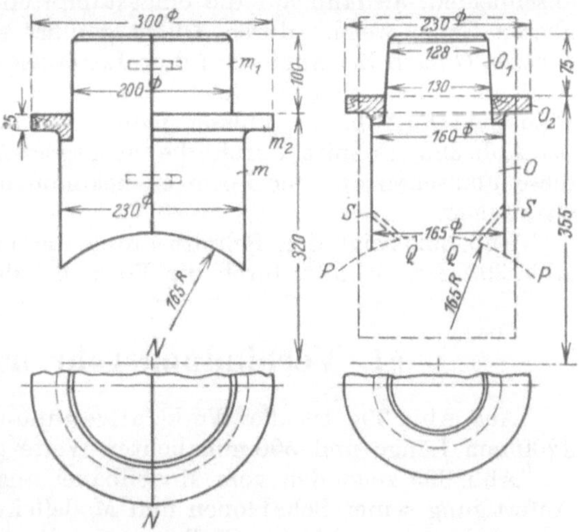

Abb. 391. Modellstutzen O und Modellstutzen m (Abb. 388).

Die beiden geteilten äußeren Flanschen H haben nach Abb. 390 eine Stärke von 25 mm + 5 mm Anschlußhohlkehle = 30 mm. Da die beiden Flanschen sich an die aufgedrehte Lehmschicht bei R (Abb. 389) ansetzen, so erhalten wir ein Längenmaß von 1450 mm + 2 × 30 = 60 mm, ergibt 1510 mm von außen bis außen Flansch, also 10 mm oder die Bearbeitungszugabe mehr als das eingeschriebene Maß 1500 mm nach Abb. 388.

Im allgemeinen ist es im Modellbau üblich, Flanschen, wie z. B. H, K_2, M_2 und O_2, aus drei Dicken in Segmenten zu verleimen, um ein Verziehen derselben zu verhindern. Da es sich hier jedoch um ein Lehmmodell handelt und derartige Modelle meist nur für Einzelabgüsse angefertigt werden, wird man von einer Segmentverleimung der Flanschen Abstand nehmen, um auch hier soweit als möglich Modellkosten zu ersparen, also Modellklasse III zur Anwendung bringen.

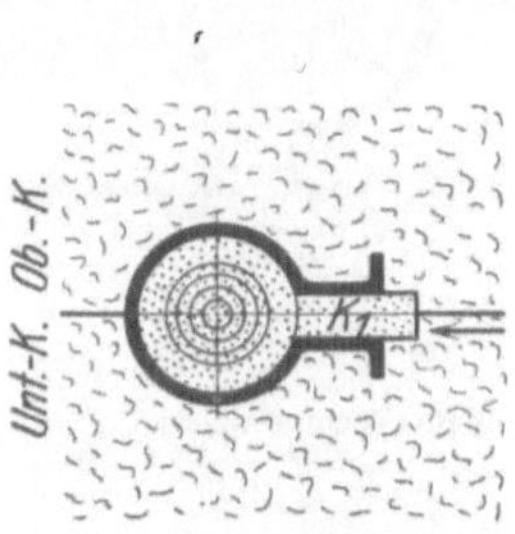

Der Arbeitsprozeß geht wie folgt weiter vor sich:

Abb. 392. Schnitt durch die Form, an der Stelle der horizontalen Stutzen.

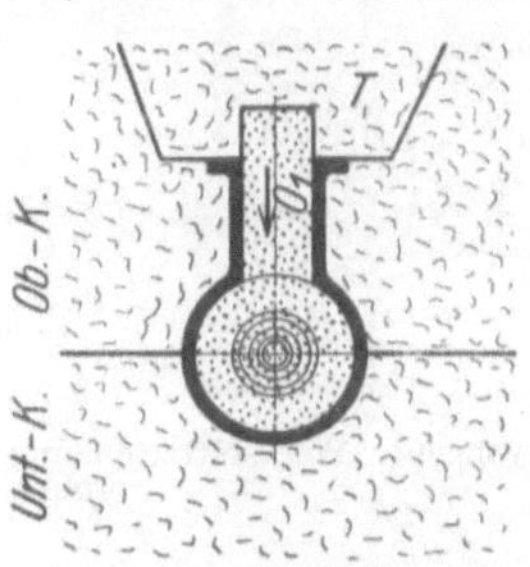

Abb. 393. Schnitt durch die Form, an der Stelle der vertikalen Stutzen.

Nachdem die mit der Wandstärke (Eisenstärke) überzogene Lehmwalze (Abb. 389) getrocknet ist, wird der Körper genau wie ein Holzmodell mit rotem Modellack überzogen. Mittels Parallelreißers werden die Diagonalen in der Längsrichtung aufgetragen, alsdann die geteilten Flanschen H (Abb. 390) aufgesteckt und die beiden Stutzen O (Abb. 391) an der Walze nach angegebenen Maßen befestigt. Dieses geschieht, indem man eine Anzahl Löcher S, etwa im Winkel von 45^0, schräg durch die Stutzen bohrt, um mittels Stifte dieselben befestigen zu können. Die beiden Stutzen k und m gehen ebenfalls lose mit zur Gießerei.

Die Arbeit des Formers baut sich wie folgt auf:

Da der Hauptkörper sich in Lehm in der geschilderten Weise nicht zweiteilig herstellen läßt, wird der Former den Gießereiherd als Unterkasten benutzen. Er wird das Lehmmodell genau bis zur Hälfte, welche ihm ja auf dem Hauptkörper scharf angezeichnet ist, in den Herd einstampfen und dann je eine Hälfte der Stutzen *k* (Abb. 390) und *m* (Abb. 391) an dem Lehmkörper im Unterkasten anschneiden, alsdann auf die eingestampften unteren Modellteile *k* und *m* die oberen Teile, welche durch Dübel geführt sind, aufsetzen, ebenso die beiden Stutzen *O* nach Zeichnung auf dem Lehmkörper anbringen, das Ganze mit Streusand abstäuben, den Oberkasten aufsetzen und aufstampfen. Die beiden losen Flanschen O_2 (Abb. 391) müssen jedoch im Oberkasten angeschnitten werden, wie bei Abb. 393, Schnitt durch die ausgegossene Form, bei *T* ersichtlich ist, um diese Flanschen aus der Form zu bekommen und die Kerne O_1 besser einsetzen zu können.

Abb. 392 zeigt den Schnitt durch die Form bei den horizontalen Stutzen, Abb. 393 den Schnitt durch die Form bei den vertikalen Stutzen.

51. Verbindungsrohr mit zwei Stutzen.

Aus Abb. 394 ist die Werkstattzeichnung zu einem Verbindungsstück von 1200 mm Länge und 500 mm lichter Weite ersichtlich.

Abb. 395 zeigt den vom Modellbauer angefertigten Modellaufriß, den er zur Anfertigung seiner Schablonen und Modelleinzelteile benötigt. Die an den Flanschen schwarz markierten Stellen geben die Bearbeitungszugabe an, die auch aus den eingeschriebenen Maßen gegenüber Abb. 394 ersichtlich ist.

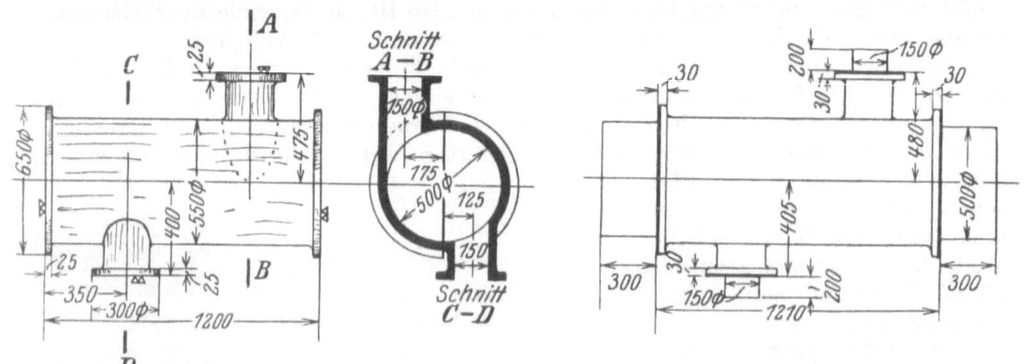

Abb. 394. Werkstattzeichnung zu einem Verbindungsrohr.

Abb. 395. Modellaufriß zum Verbindungsrohr nach Abb. 394.

Bei der Herstellung des Lehmmodells wird der zylindrische Teil des Modells aus Lehm hergestellt, und zwar wie Abb. 396 zeigt. Der obere Teil der Abbildung zeigt den eigentlichen Lehmkern, welcher hier zum Modell mitbenötigt wird. Die Länge des Lehmkernes ist gleich Modellänge plus Länge der beiden Kernmarken nach Abb. 395, also 1210 mm plus zweimal 300 mm Kernmarkenlänge, insgesamt 1810 mm Gesamtlänge des Lehmmodells. Die genaue Länge des Lehmmodells wird auf dem Schablonenbrett *K* (Abb. 396) gekennzeichnet, damit der Kernmacher einen Anhaltspunkt hat. Der Kernmacher dreht also auf die Spindel *f* Strohseil oder Holzwolle bis etwa 450 mm Durchmesser und schabloniert auf diesen Strohseilkörper eine Lehmschicht von 500 mm Durchmesser, welche der lichten Weite des Rohrstückes entspricht. Die äußere Fläche des Lehmzylinders wird auch hier mit der geraden Seite *d* der Schablone *K* abschabloniert. Nun wird der Mantel wieder getrocknet, geschwärzt und nochmals getrocknet, und alsdann werden auf diesen Lehmzylinder die Eisenstücke *e* gleich 25 mm aufschabloniert, so daß der äußere Durchmesser des Zylinders gleich dem äußeren Durchmesser des Gußstückes, d. h. 550 mm, wird. Zum Aufschablonieren der Eisenstärke *e* benutzt der Kernmacher die andere Seite der Schablone *K*, welche entsprechend ausgearbeitet ist.

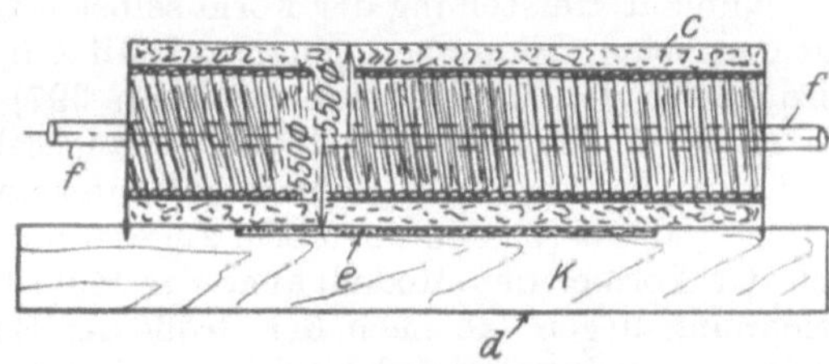

Abb. 396. Lehmmodell.

Zur Fertigstellung des Lehmmodells benötigt der Modellbauer noch die beiden Modellstutzen *F* (Abb. 397) mit den eingedrehten Flanschen *a* und *G* gemäß Abb. 398 mit dem eingedrehten Flansch *b*. Die Modellstutzen nach Abb. 397 und 398 müssen genau an den Lehmkörper *F* angepaßt werden, damit die Maße von Mitte Rohr bis Außenkanten Modellflanschen stimmen. Ferner hat der Modellbauer noch vier halbe Modellflanschen nach Abb. 399 anzufertigen und auch diese Flanschen mit Stiftlöchern zu versehen, damit sie auf dem Lehmmodell befestigt werden können.

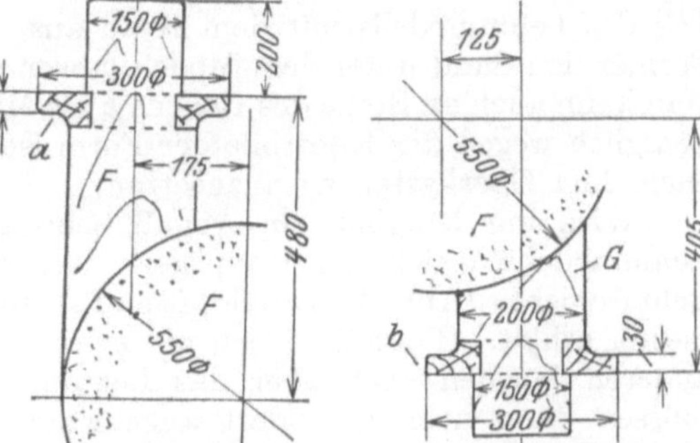

Abb. 397. Modellaufriß für Stutzen *F*.

Abb. 398. Modellaufriß für Stutzen *G*.

Die Fertigstellung der Lehmmodelle überläßt man am besten dem Modellbauer. Nachdem der Kernmacher den zylindrischen Modellkörper fertiggestellt hat, setzt der Modellbauer die beiden Modellflanschen (Abb. 399) auf das Lehmmodell auf und reißt um das Lehmmodell herum mit einem Parallelreißer die genaue Modellmitte auf. Dieser Mittelriß zeigt dem Former die Teilebene des Modells an und wird andererseits benötigt, sobald die Modellstutzen in der Form angelegt werden.

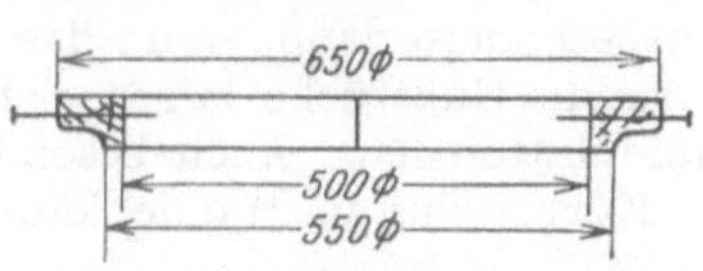

Abb. 399. Flansch zum Lehmmodell (Abb. 396).

Abb. 400. Schnitt durch die ausgegossene Form.

Abb. 400 zeigt einen Schnitt durch die ausgegossene Form, und zwar entspricht Schnitt *I* dem Schnitt *A—B* (Abb. 394) und Schnitt *II* dem Schnitt *C—D* der gleichen Abbildung.

Wie aus Abb. 400 ersichtlich ist, handelt es sich um eine zweiteilige Form, bestehend aus dem Unterkasten bzw. Gießereiherd *J* und dem Oberkasten *K*.

Die Kerne *g* und *h* der Stutzen sind glatte Kerne, die entweder in einer vorhandenen Büchse aufgestampft oder auch auf der Kerndrehbank hergestellt werden. Damit die Modellstutzen aus der Form herausgebracht werden können, muß der Former noch die beiden Ballen *i* und *k* im Unter- und Oberkasten der Form anschneiden.

Nun zur Herstellung der Form selbst. Nachdem der Former das Lehmmodell mit den beiden Flanschen genau auf Mitte in den Unterkasten *J* eingebettet hat, wird zuerst der Modellstutzen *F* (Abb. 397) im Unterkasten eingeschnitten und bis Mitte Stutzen der Sandballen *i* angeschnitten und eingestampft. Alsdann wird der Oberkasten *K* aufgesetzt, aufgestampft und hierbei der Balken *k* im Unter- und Oberkasten der Form angeschnitten. Beim Ansetzen der Stutzen wird sich der Former den Modellbauer zur Hilfe holen, damit die Stutzen genau nach Zeichnung liegen. Je nach der Größe der Ballen *i* und *k* werden diese wieder auf einen Rost gelegt, an welchem Aushebegriffe befestigt sind, welche es ermöglichen, die schweren Ballen mittels Kranen oder von Hand unbeschädigt aus und in die Form zu bringen. Nachdem die Einguß-, Steig- und Saugtrichter angeschnitten sind, wird das Lehmmodell aus der Form gehoben und die Form gießfertig gemacht. Das Ausheben des Modells ist sehr einfach. Der Former deckt den Oberkasten *K* ab, entfernt den Ballen *i*, weiter die beiden Stutzen und hebt den zylindrischen Teil des Lehmmodells mit dem Kran aus. Der Ballen *k* ist nötig, da sonst der Former den Sand unter dem Modellflansch nicht aus der Form entfernen könnte. Man kann auch an Stelle des Ballens *k* bis Mitte oberer Modellstutzen anschneiden. Lediglich wegen der Kontrolle der Form ist es von Vorteil, einen weiteren Ballen nach dem Oberkasten zu anzusetzen.

Wird nur lediglich ein Abguß benötigt, so wird der zylindrische Teil des Lehmmodells gleich als Hauptkern benutzt, indem man die aufschablonierte Lehmschicht *e* (Abb. 396) abklopft und somit den glatten Kern von 500 mm Durchmesser erhält. Handelt es sich um zwei oder drei Abgüsse, so wird man erst die anderen Formen noch über das Lehmmodell herstellen. Die fehlenden Kerne müssen dann noch gesondert angefertigt werden. Immerhin bietet schon die Verwendung des einen Modellkörpers als Kern einen großen Vorteil, weil derartig schwere Kerne sehr teuer sind.

52. Schabloniervorrichtungen.

Zweck der Schablonenformerei ist in den meisten Fällen der, an Modellkosten zu sparen. Ob man eine Form schabloniert oder über ein Modell aufstampft, ist abhängig von der Anzahl der Abgüsse sowie von der Größe und Konstruktion des Gußstückes. Oftmals kann man in der Schablonenformerei ein kostspieliges Modell durch ein paar Bretter ersetzen, insbesondere dann, wenn das Gußstück ein Rotationskörper ist. Aber nicht nur runde Gußstücke lassen sich schablonieren, sondern Körper aller Art, als Grundplatten usw. Auch besondere Schabloniervorrichtungen zum Ausziehen ovaler Körper sind im Handel käuflich. Man schabloniert in Sand, Lehm und Masse.

Die wichtigste Vorrichtung zum Schablonieren ist auf Abb. 401 ersichtlich. Die sog. „Schabloniervorrichtung" (Abb. 401) zeigt eine solche für mittlere Schablonengrößen, also leichterer Bauart, und setzt sich zusammen aus dem Stein- oder Zementsockel *a*, auf welchem das Spindelführungslager *b* befestigt ist. Die Bohrung des Lagers ist etwas kegelig gehalten und mit Weißmetall, wie bei *g* ersichtlich, ausgegossen. In diesem Lager sitzt die eigentliche Spindel *c*. Der Schwenkarm *d* sitzt über der Spindel *c* und dient zur Befestigung von Schablonenbrettern, wozu die Schlitze *f* dienen. Der Schwenkarm *d* wird in vertikaler Richtung durch den Stellring *e* in Stellung gebracht und läuft also beim Arbeitsprozeß auf dem Stellring *e* auf. Die Kante *o* der Schablonervorrichtung soll mindestens 300—400 mm tiefer im Herd liegen als die am tiefsten ausschablonierte Fläche.

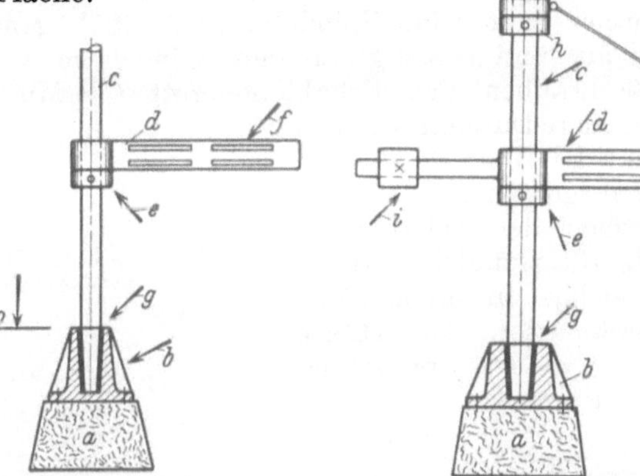

Abb. 401. Schablonervorrichtung für Rotationskörper.

Abb. 402. Schablonervorrichtung für große Schablonenbretter.

Abb. 402 zeigt eine stärkere Schablonervorrichtung für größere Schablonen. Mit der Größe, also Ausladung der Schablonen steigt auch deren Gewicht, so daß die Möglichkeit besteht, daß sich die Spindel *c* durchbiegt. Um dieses zu verhindern, befindet sich am äußersten Ende des Schwenkarmes eine Öse, am oberen Ende der Spindel sitzt ein loser Ring *g*, welcher ebenfalls mit einer Ösenschraube versehen ist. Da sich nun der Schwenkarm *d* und der Ring *g* drehen müssen, werden beide Teile in vertikaler Richtung durch die Stellringe *e* und *h* gehalten. Durch die beiden Ösen wird ein Drahtseil befestigt und das Ganze durch das Gewicht *i* ausgewuchtet.

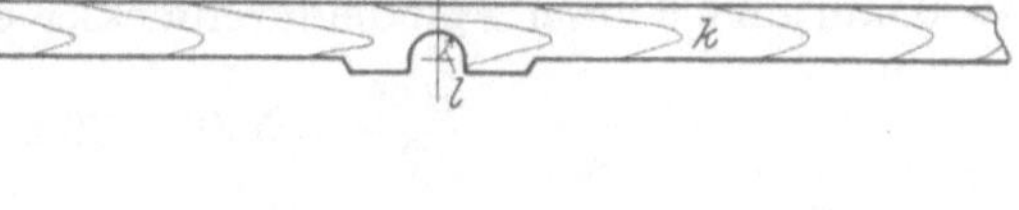

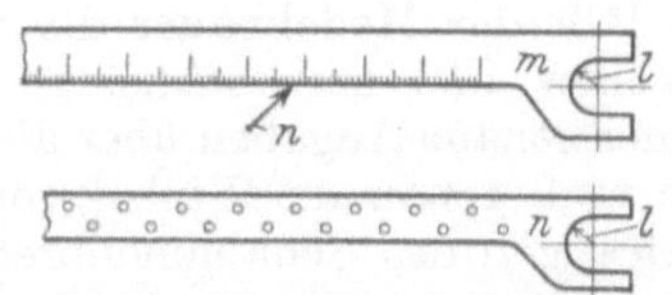

Abb. 403. Hilfswerkzeuge zu der Schablonervorrichtung nach Abb. 401 und 402.

Abb. 403 zeigt einige Hilfswerkzeuge (Lineale) zum Übertragen von Mitten und Maßen, so bei *k* ein Lineal (Richtlatte) zum Anzeichnen von diagonal zueinanderliegenden Mitten. Die halbkreisförmige Öffnung *l* entspricht jeweils dem Spindeldurchmesser *c* (Abb. 401 und 402). Bei *m* ist eine Maßlatte mit Zentimeter- und Millimetereinteilung *n*. Diese Latte dient also zum Abtragen von Maßen von Mitte Spindel aus.

Bei *n* ist eine Teilkopflatte ersichtlich, welche zur Bedienung des Teilkopfes benötigt wird und mit Löchern versehen ist, falls man das Lineal nicht auf die Grundfläche der Form auflegen kann und Klötzer unterlegen muß.

53. Ring.

Abb. 404 zeigt die Werkstattzeichnung zu einem Ring von 1200 mm größtem Durchmesser. Dieser Ring bleibt unbearbeitet. Wollte man nun zu diesem runden Ring ein Modell machen, so wären die Kosten gegenüber dem Abguß ziemlich beträchtlich, da der Ring im Modell aus drei aufeinandersitzenden Einzelringen zu je sechs Segmenten verleimt werden müßte; ferner erfordert das Auf- und Abspannen der verleimten Ringe auf der Drehbank auch kostbare Zeit, und falls derselbe auf einem Sitz, also ohne umzuspannen, auf der Holzdrehbank bearbeitet würde, müßte auch die Aufspannfläche von Hand nachgerichtet werden.

Soll die Form schabloniert werden, hat der Modellbauer dem Former nur zwei Bretter *C* (Abb. 405) und *D* (Abb. 406) anzufertigen.

Die Herstellung der Form mittels Schablonen geht wie folgt vor sich:

Der Former baut seine Spindel *f* (Abb. 405), genau lotrecht ein, stampft seinen Herd auf und befestigt an den Spindelarm *i* mittels zwei Maschinen- oder Schloßschrauben das Schablonenbrett *C*. Mit diesem Schablonenbrett wird nur der innere Durchmesser von 1000 mm und die Höhe des Ringes von 100 mm ausgedreht. Es ist also beim Anfertigen der Schablonenbretter stets die Spindelstärke in Betracht zu ziehen, in diesem Falle 60 mm Durchmesser. Die Hälfte des Durchmessers der Spindel ist

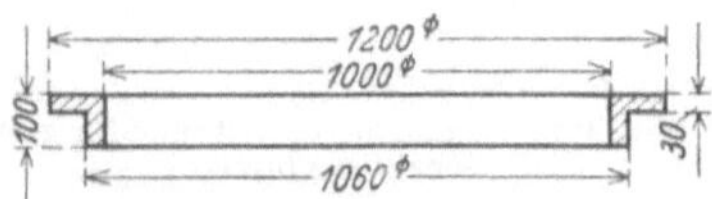

Abb. 404. Ring, 1000 mm l. W.

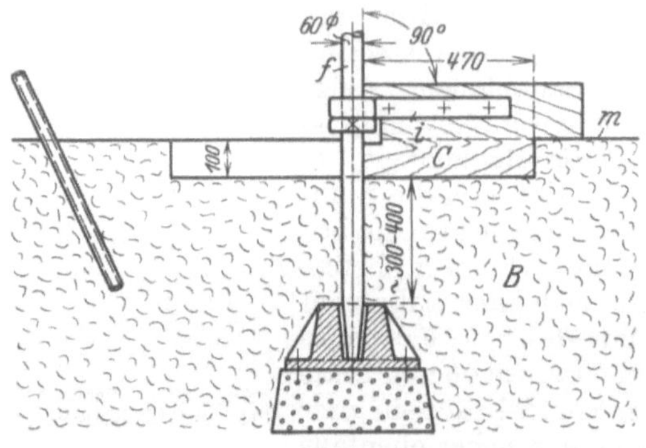

Abb. 405. Ausschablonieren des Herdes *B* zum Aufstampfen des Oberkastens.

also von Schablonenmitte aus abzuschneiden. Bei einem Durchmesser von 1000 mm und 60 mm Spindeldurchmesser ergibt sich folgende Berechnung:

$$\frac{1000}{2} = 500 - 30 \text{ mm} = 470 \text{ mm}.$$

In der Praxis läßt der Modellbauer die Schablone immer noch etwas über das Mittel hinausgehen, und man schneidet die halbe Spindelstärke erst dann ab, wenn der Former genaue Angaben über die Spindelstärke macht. Die obere Kante der Schablone muß genau im Winkel von 90° zur Spindel stehen. Der Former setzt beim Befestigen des Schablonenbrettes auf die obere Kante seine Wasser-

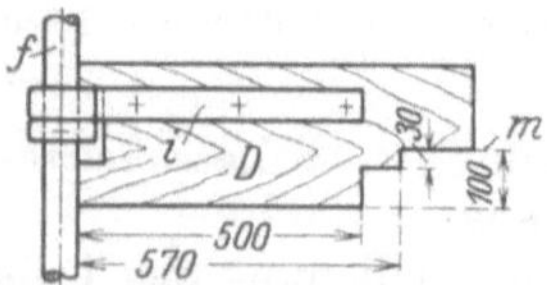

Abb. 406. Unterkasten- (Herd-) Schablone.

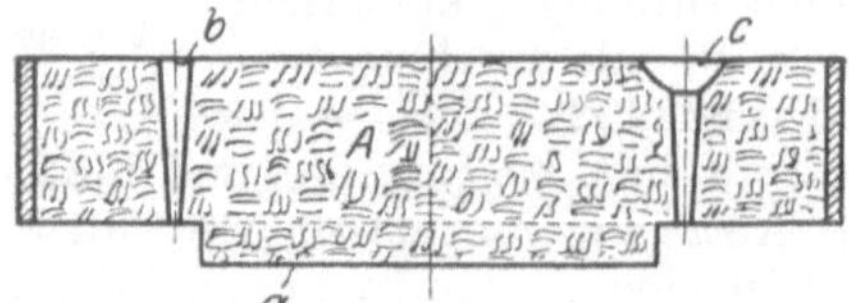

Abb. 407. Fertiger Oberkasten.

waage. Hieraus ergibt sich für den Modellbauer, daß auch er von dieser Kante aus arbeiten muß, von dieser Kante aus also alle Punkte zu übertragen bzw. zu überwinkeln hat.

Der Former geht beim Ausschablonieren des Bettes zum Aufstampfen des Oberkastens *A* (Abb. 405 mit der Schablone *C* so weit herunter, bis Kante *m* den Herd (Gießereiboden) streift. Ist der Durchmesser von 1000 mm ausschabloniert, so wird der Spindelarm *i* mit Schablone *C* nach oben über die Spindel abgenommen. Der ausschablonierte Raum sowie die Oberfläche des Herdes werden mit Streusand bestreut und ein genügend großer Formkasten als Oberkasten aufgesetzt. Abb. 407 zeigt den aufgestampften Oberkasten *A* mit anhängendem

Ballen *a*. Dieser Ballen entspricht der Vertiefung *d* ($H = 100$ mm) im Herd *B* (Abb. 408). Beim Aufstampfen des Oberkastens setzt der Former zwei Trichter an, den sog. Steigtrichter *b*, der beim Gießen anzeigt, wenn genügend Eisen in der Form ist, und den Eingußtrichter *c*, in welchen das flüssige Eisen eingeschüttet wird. Der Eingußtrichter wird am oberen Ende etwas erweitert, damit sich besser eingießen läßt und damit genügend Eisen zum Nachsickern vorhanden ist.

Ist der Oberkasten aufgestampft und abgehoben, wird der Spindelarm *i* mit Schablone *D* (Abb. 406) eingesetzt. Mit dieser Schablone wird die äußere Form des Ringes (Abb. 404) ausschabloniert, und zwar wird die Schablone so lange in vertikaler Richtung gesenkt, bis Kante *m* ebenfalls auf der Oberfläche des Herdes aufläuft.

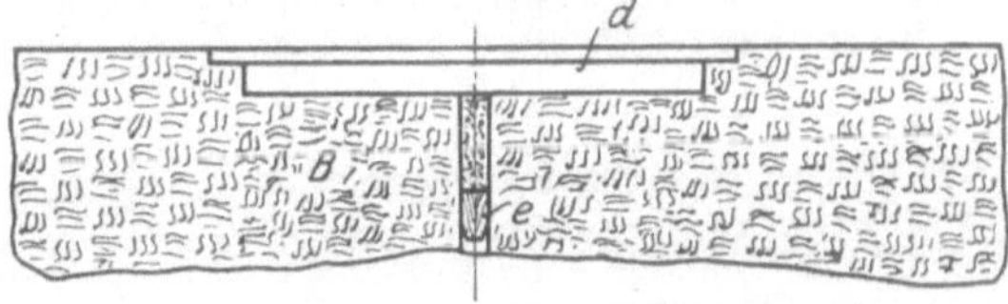

Abb. 408. Fertiger Unterkasten.

Ist der Herd, der als Unterkasten anzusprechen ist, ausschabloniert, entfernt der Former wieder seinen Spindelarm *i* mit Schablone *D* und hebt die Spindel *f* vorsichtig aus dem Spindellager *b* (Abb. 401 und 402). Sodann setzt er einen Holzstopfen so tief wie möglich in die entstandene Öffnung, damit beim Zustampfen des Loches kein Sand in die Bohrung des Spindellagers fällt.

Abb. 408 zeigt den fertigen Unterkasten *B* mit ausschablonierter Vertiefung *d*, ferner den eingesetzten Holzzstopfen *e* und das zugestampfte Spindelloch. Schon an Hand dieses einfachen Beispiels ist zu ersehen, daß eine gewisse Fähigkeit dazu gehört, Formen mittels Schablonen sachgemäß herzustellen.

54. Mantelring.

Abb. 409, Werkstattzeichnung zu einem Mantelring. Bei derartig einfachen Schablonenarbeiten kann sich der Modellbauer den Modellaufriß ersparen, da in diesem Falle nur vier Schablonenbretter in Frage kommen. Zur Herstellung der Form hat der Modellbauer zu liefern:

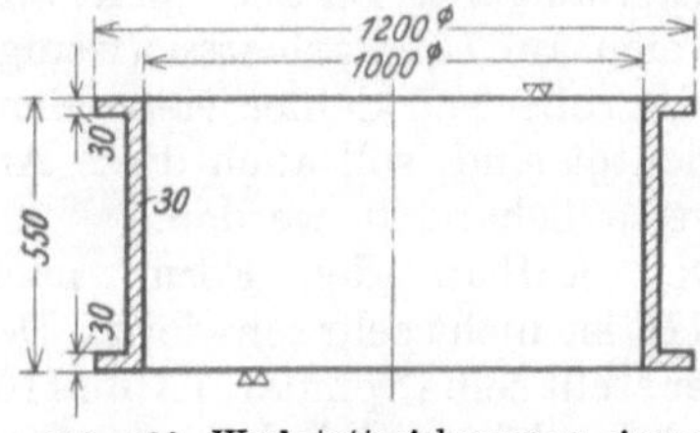

Abb. 409. Werkstattzeichnung zu einem Mantelring.

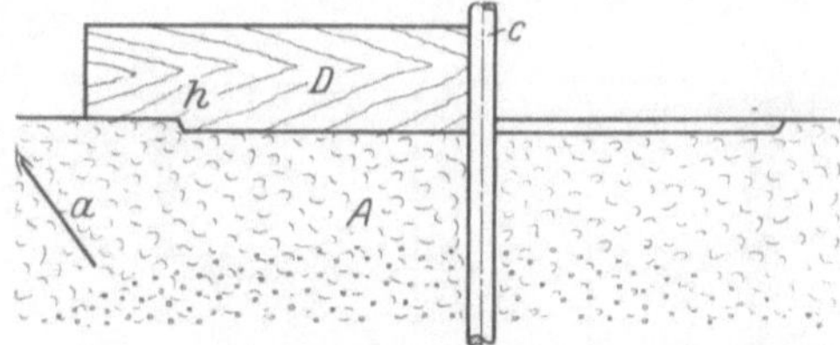

Abb. 410. Ausschablonieren des Gießereibodens (Herd).

eine Herdschablone *D* nach Abb. 410,
eine Mantelkastenschablone *E* nach Abb. 411,
eine weitere Mantelkastenschablone E_1 nach Abb. 412 und
eine Flanschschablone D_1 nach Abb. 413.

Bei einem einzelnen Abguß kann man die Schablone *D* zu D_1 und *E* zu E_1 verwenden, indem man bei *D* (Abb. 410) eine Leiste *e* in Stärke des unteren Flansches aufsetzt (Abb. 413) und bei *E* (Abb. 411) ebenfalls die Eisenstärke in Form von Leisten *f* (Abb. 412) anbringt. Man hätte die Form nach Abb. 415 auch zweiteilig herstellen können, dann hätte man einmal aus dem Herd das

Bett zum Aufstampfen des Ballens C_1 (Abb. 414) ausschablonieren müssen, und dann hätte der Former den unteren Flansch unter Schwierigkeiten ebenfalls aus

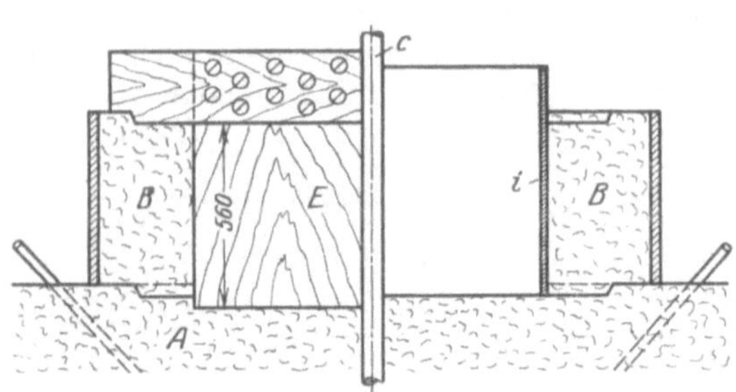

Abb. 411. Ausschablonieren des Mantelkastens *B*, zum Aufstampfen des Oberkastens.

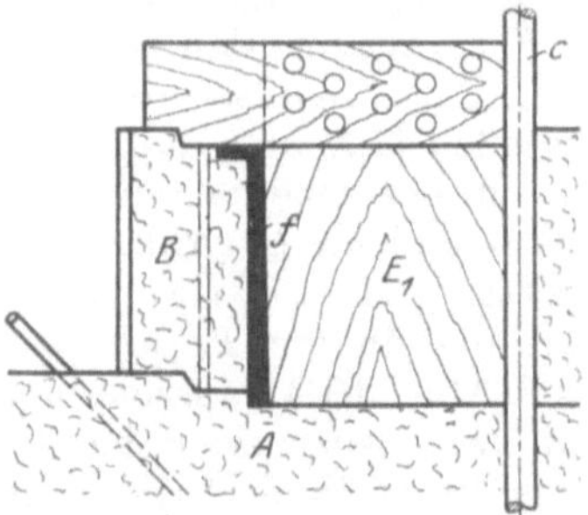

Abb. 412. Ausschablonieren der Eisenstärke aus dem Mantelkasten *B*.

dem Herd ausziehen müssen. Bei der dreiteiligen Form nach Abb. 415 hat der Former ein besseres Arbeiten. Die Form setzt sich zusammen aus dem Herd (Gießereiboden) A, dem Mantelkasten B und dem Oberkasten C mit anhängenden Ballen C_1. Wenn man mit Sandballen im Oberkasten arbeitet, so muß man diese schon, wie Abb. 414, g zeigt, auf einem Rost aufstampfen und den Rost selbst an der Oberfläche des Oberkastens anhängen. Gießereitechnisch sollte man derartig schwere Sandballen im Oberkasten möglichst vermeiden, weil derartige Ballen oft dem flüssigen Eisen nachgeben und die Wandstärke immer etwas stärker ausfällt. Da aber nicht alle Gießereien auf Lehmarbeiten (wenigstens ein großer Teil kleiner Gießereien) eingerichtet sind, soll auch diese Arbeitsweise behandelt werden.

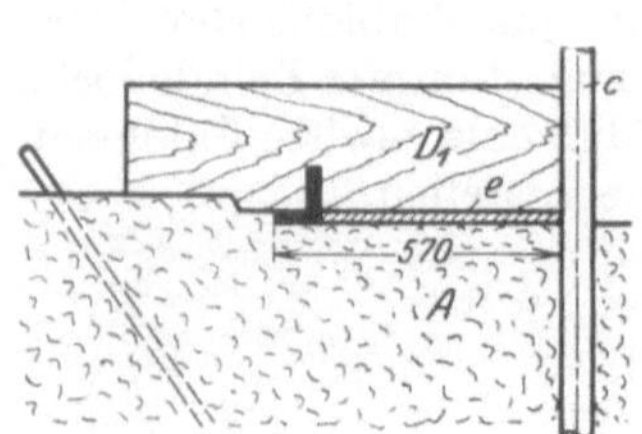

Abb. 413. Ausschablonieren der unteren Flanschstärke aus dem Herd.

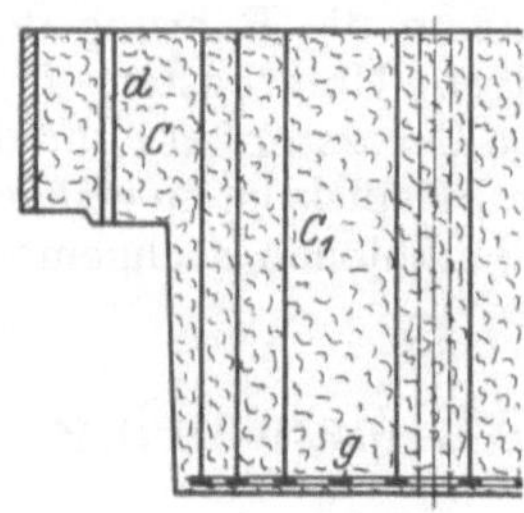

Abb. 414. Aufgestampfter Ballen C_1 am Oberkasten C.

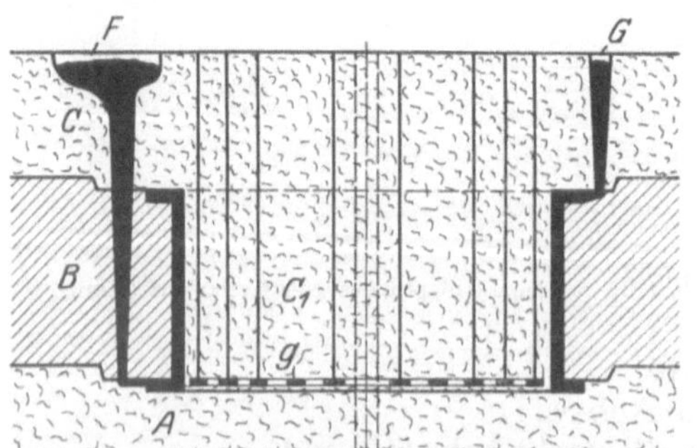

Abb. 415. Schnitt durch die ausgegossene Form zum Werkstück nach Abb. 409.

Der Aufbau der Form nach Abb. 415 ist nicht sehr schwierig. Der Former stellt seine Spindel c (Abb. 410) genau lotrecht ins Spindellager, füllt sein Kockbett auf und stellt in der Pfeilrichtung a zwei gegenüberliegende Gasröhren (Windpfeifen) zum Abziehen der Gase ein. Nun wird der Herd A aufgestampft, Schablone D an den Spindelarm gespannt und die Schlüsselkante h anschabloniert, die Schablone entfernt, die Fläche mit Streusand beworfen und der Mantelkasten B (Abb. 411) so über die Spindel c gesetzt, daß die Spindel Mitte Kasten steht. Da nun der Mantelkasten B vollständig ausschabloniert wird, wäre es falsch, wenn man denselben voll ausstampfen würde. Der Former stellt einen Blechmantel *i* von ungefähr 980 mm äußerem Durchmesser genau über die Spindel *c* und stampft den Kasten *B* um den Blechmantel herum auf. Nachdem der Blechmantel entfernt ist, wird Schablone *E*, welche kegelig zuläuft, eingespannt und das Bett zum Aufstampfen des Oberkastens ausschabloniert.

Abb. 414 zeigt den Oberkasten *C* mit dem im Mantelkasten *B* aufgestampften Ballen C_1. Vor dem Aufstampfen des Ballens muß der Rost *g* (Abb. 414 und 415) eingelegt werden, da ja sonst der schwere Sandballen keinen Halt bekäme.

Da der Ballen C_1 kegelig zuläuft, läßt sich der Oberkasten *C* gut abheben. Sobald dieses geschehen, wird Schablone E_1 (Abb. 412) am Spindelarm befestigt und mit dieser Schablone die Eisenstärke von 30 mm aus dem Mantelkasten *B* ausschabloniert. Nach Erledigung dieses Arbeitsganges wird der Mantelkasten *B* abgehoben und mit Schablone D_1 aus dem Herd *A* (Abb. 413) der untere Flansch von 1200 mm Durchmesser ausgedreht. Bei einer *c*-Spindelstärke von 60 mm Durchmesser wäre das Maß an der Schablone noch 570 mm.

Abb. 415 zeigt den Schnitt durch die ausgegossene Form mit dem Eingußtrichter *F* und dem Steigtrichter *G*.

55. Verbindungsstück.

Abb. 416 zeigt die Werkstattzeichnung zu einem Zwischenstück. Es handelt sich hierbei um einen zylindrischen Körper mit kugelförmigem Zwischenboden. Bei dieser Arbeit empfiehlt es sich schon, einen Modellaufriß anzufertigen, welcher zur Kontrolle der Schablonen dient und auch für den Former von Vorteil ist, da die Herstellung dieser Form schon gewisse Fähigkeiten voraussetzt.

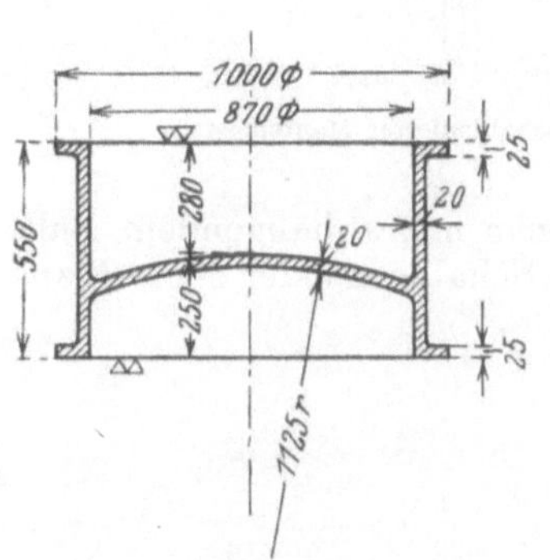

Abb. 416. Werkstattzeichnung zu einem Verbindungsstück.

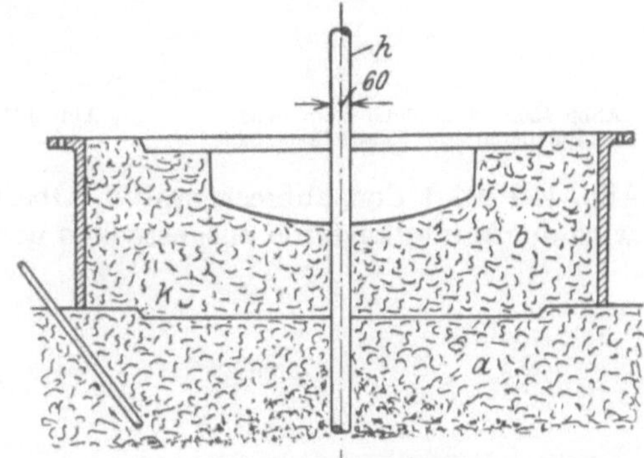

Abb. 417. Im Mantelkasten ausschabloniertes falsches Bett.

Zum Aufbau der Form benötigt der Former eine Schablone *d* nach Abb. 418 zum Ausschablonieren des falschen Bettes nach Abb. 417, eine Schablone *e* nach Abb. 420 zum Ausschablonieren des Mantelkastens nach Abb. 421 und eine weitere Schablone *f* (Abb. 422) zum Ausschablonieren des Ballens auf den Herd nach Abb. 423, und eine Schlüsselkantenschablone zum Herd nach Abb. 425.

Der Former baut seine Spindel *h* (Abb. 417) wieder lotrecht in den Herd *a* ein, befestigt an den Spindelarm seine Schablone *g* (Abb. 425) und schneidet mit dieser Schablone die Schlüsselkante von 1200 mm Durchmesser auf dem Herd an. Alsdann wird der Mantelkasten *b* aufgesetzt, aufgestampft, wobei auch der

Eingußtrichter *i* (Abb. 424) eingestellt wird, da die Form von unten ausgegossen wird. Nunmehr wird Schablone *d* am Schwenkarm befestigt und, wie Abb. 417

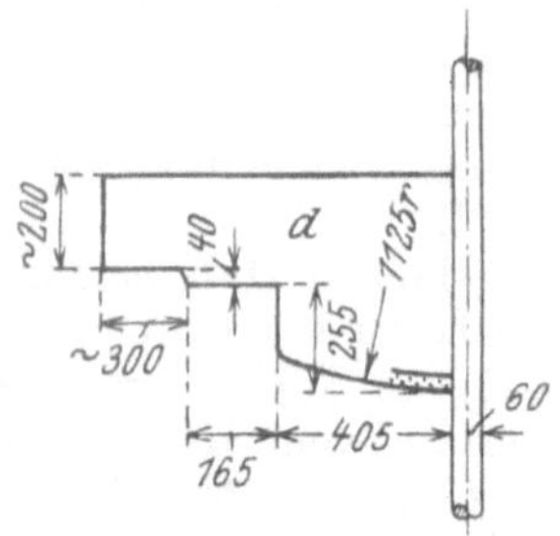

Abb. 418. Schablone zum Ausschablonieren des falschen Bettes.

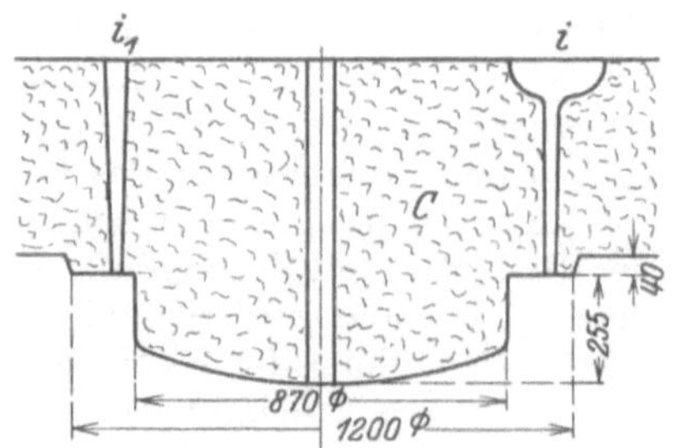

Abb. 419. Aufgestampfter Oberkasten *c*.

zeigt, mit dieser Schablone das falsche Bett zum Aufstampfen des Oberkastens aus dem Mantelkasten *b* ausschabloniert.

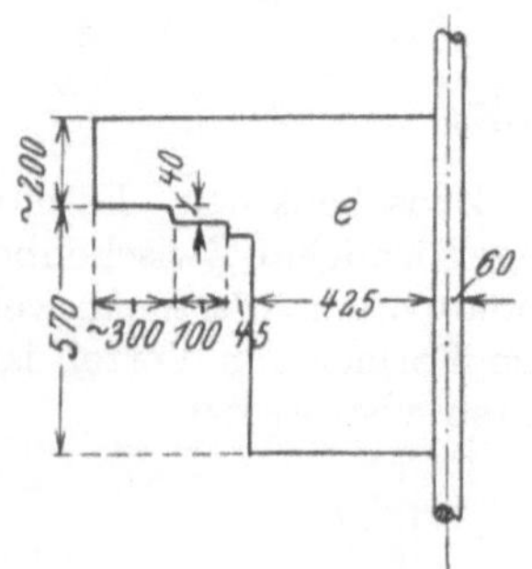

Abb. 420. Schablone zum Ausschablonieren des Mantelkastens.

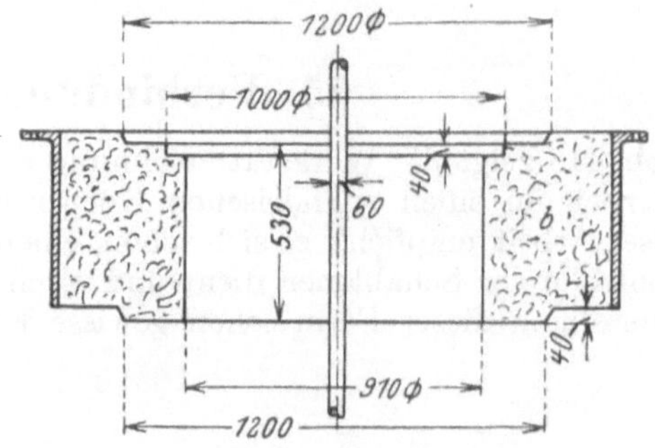

Abb. 421. Ausschablonierter Mantelkasten.

Abb. 419 zeigt den aufgestampften Oberkasten *c* mit anhängendem Ballen. Nun wird der Mantelkasten *b* ausgestochen und mit Schablone *e* der obere Flansch

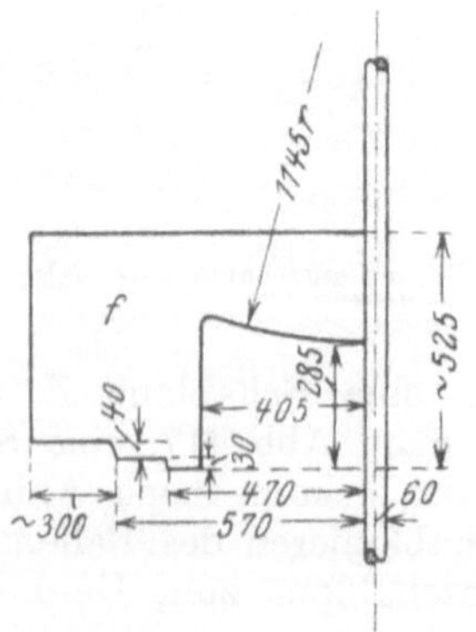

Abb. 422. Schablone zum Aufschablonieren des Ballens auf den Herd.

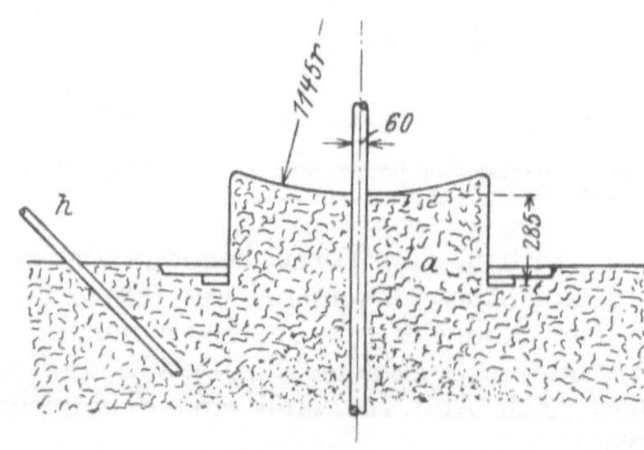

Abb. 423. Unterkasten mit aufschabloniertem Ballen.

und die Eisenstärke von 20 mm aus dem Mantelkasten *b*, wie Abb. 421 zeigt, ausschabloniert.

Wie aus Abb. 423 ersichtlich ist, sitzt auf dem Herd *a* ein Ballen, welcher aufschabloniert werden muß. Hierzu benötigt der Former wieder einen Blechmantel von etwa 880 bis 890 mm lichter Weite, da in diesem Blechmantel nunmehr erst der Ballen wieder aufgestampft werden muß. Dieser Ballen wird alsdann mit Schablone *f* (Abb. 422) abschabloniert, wobei auch der untere Flansch mit ausschabloniert wird.

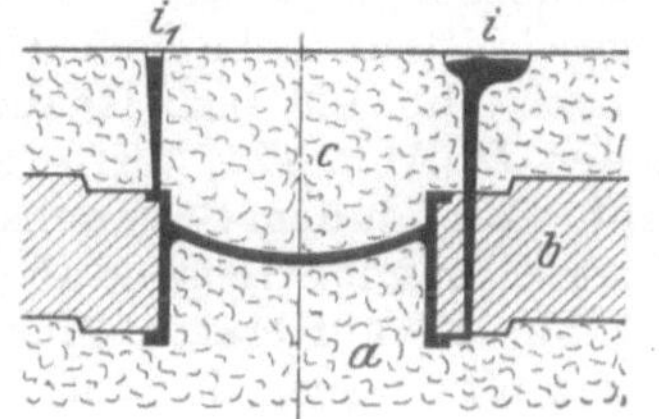

Abb. 424. Schnitt durch die ausgegossene Form zum Werkstück nach Abb. 416.

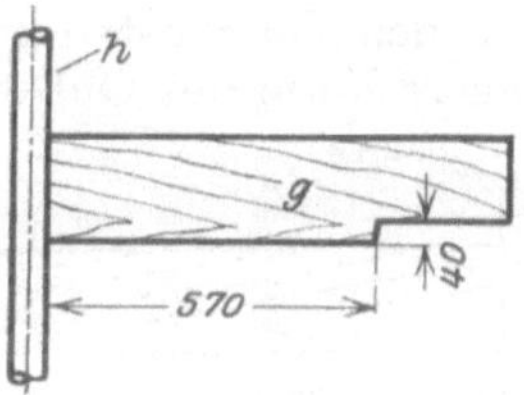

Abb. 425. Schlüsselschablone zum Herd.

Abb. 421 zeigt den Schnitt durch die ausgegossene Form mit Eingußtrichter *i* und Steiger i_1.

56. Übergangsstutzen.

Abb. 426, Werkstattzeichnung zu einem Übergangsstutzen. Bearbeitet an diesem Gußstück werden nur die beiden äußeren Flanschen von 25 mm Stärke, welche also im Rohguß 30 mm sein müssen. Abb. 427 zeigt den Schnitt durch die ausgegossene Form, welche sich aus dem Herd *A*, dem Mantelkasten *B* und dem Oberkasten *C* zusammensetzt. Steigtrichter *d* sitzt auf dem oberen Flansch, während der Eingußtrichter *c* am unteren Flansch angeschnitten ist. Auch hier besteht die Möglichkeit, auf eine Lehmform zurückzugreifen, allerdings würden sich dann die Kosten für die Form ganz bedeutend erhöhen. Wenn der Modellbauer auf das Treiben der Form Rücksicht nehmen, also eine stärkere Wandstärke

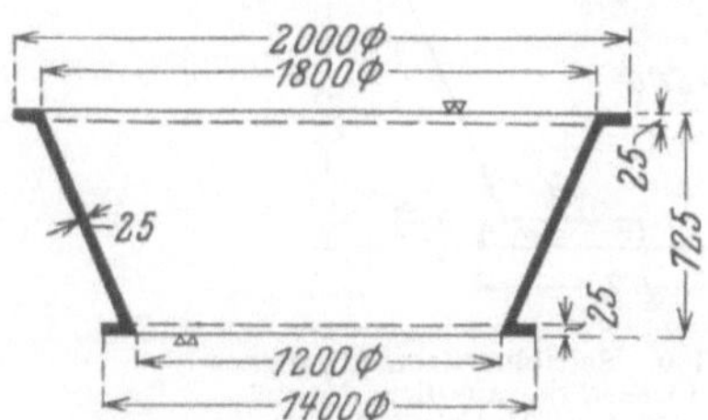

Abb. 426. Werkstattzeichnung zu einem Übergangsstutzen.

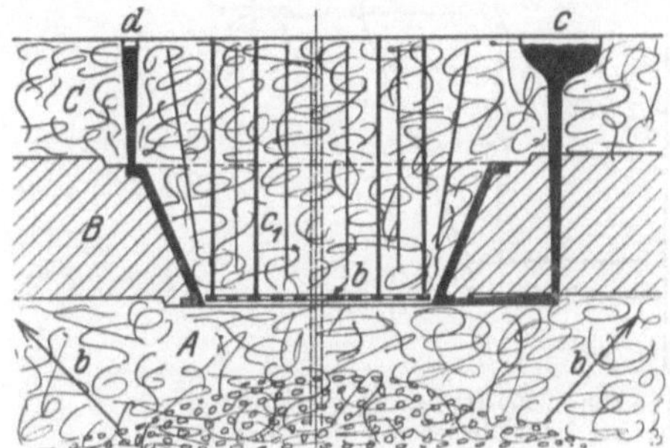

Abb. 427. Schnitt durch die ausgegossene Form zum Werkstück nach Abb. 426.

vermeiden will, ist es angebracht, die Schablone auf etwa 23 mm Eisenstärke einzurichten.

Die Herstellung der Form geschieht wie folgt. Der Former stellt seine Schabloniervorrichtung, füllt den Herd *A* (Abb. 472) auf und stellt dabei Windpfeifen in den Pfeilrichtungen *b*. Sind diese Vorbereitungen getroffen, so wird mittels Schablone A_1 (Abb. 428) die Schlüsselkante am Herd *A* (Abb. 427) anschabloniert. Nun wird Schablone A_1 mit dem Schwenkarm über die Spindel *a* abgezogen, der Mantelkasten *B* (Abb. 427) aufgesetzt und aufgestampft, wobei sich der Former wieder einen Blechmantel von etwa 1180 mm äußerem Durchmesser, genau nach Spindelmitte ausgerichtet, in den Mantelkasten einstellt und den Eingußtrichter *c* mit ansetzt. Nach dem Entfernen des Blechmantels wird der Mantelkasten ungefähr auf Maß kegelig ausgeschnitten und dann mit Schablone C_1 (Abb. 429) das Bett zum Aufstampfen des Oberkastens aus dem Mantelkasten ausschabloniert, ebenso wird der Kastenschluß (Schlüsselkante) für den Oberkasten mit angeschnitten. Schablone C_1 schabloniert genau die innere Form des Gußstückes nach Abb. 426 aus. Ist diese Vertiefung im Mantelkasten B (Abb. 427) fertiggestellt, wird Schablone C_1 (Abb. 429) mit dem Schwenkarm wieder abgehoben, die Form selbst mit Streusand abgedeckt und der Oberkasten C (Abb. 427) aufgesetzt. Nun wird der Oberkasten aufgestampft, wobei der auf dem Rost b anhängende Ballen c_1 sich mit in den Oberkasten aufstampft. Beim Aufstampfen des Oberkastens müssen die beiden Trichter C und d angesetzt werden, wobei ersterer also noch durch den Mantelkasten B durchgezogen werden muß. Ist der Oberkasten aufgestampft, wird er abgehoben, gewendet und gießfertig gemacht. Nun muß aus dem Mantelkasten B (Abb. 427) die Eisenstärke ausschabloniert werden. Hierzu bedient sich der Former der Schablone D (Abb. 430). Mittels dieser Schablone wird also die Wand- und Flanschenstärke aus dem Mantelkasten abgezogen. Es entsteht somit später beim Aufdecken vom Oberkasten C auf Mantelkasten B so viel Hohlraum, als die Eisenstärke ausmacht. Schieber K an Schablone D (Abb. 430) dient zum Ausschablonieren des unteren Flansches von 1400 mm Durchmesser.

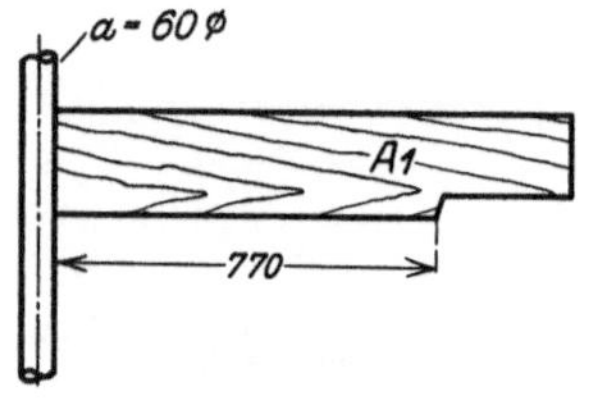

Abb. 428. Schlüsselkantenschablone.

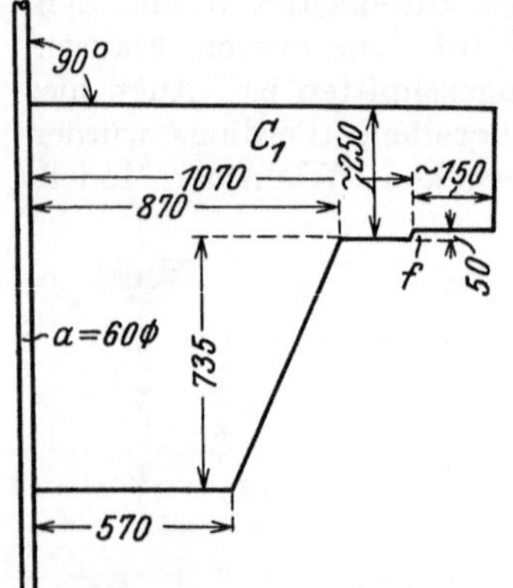

Abb. 429. Schablone zum Ausziehen des kegeligen Bettes aus dem Mantelkasten B (Abb. 427).

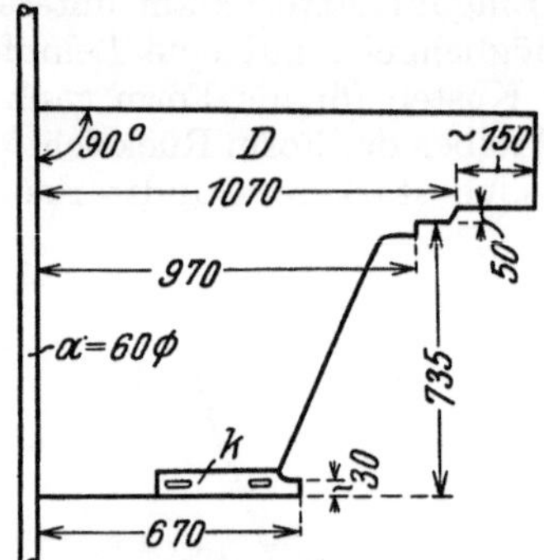

Abb. 430. Schablone zum Ausziehen der Eisenstärke aus dem Mantelkasten B (Abb. 427).

Alle horizontalen Schablonen sind gleich Radius minus einer halben Spindelstärke a.

Zur Herstellung der Form zum Gußstück nach Abb. 426 hat der Modellbauer demnach nur anzuliefern:

ein Schablonenbrett A_1 (Abb. 428), ein Schablonenbrett C_1 (Abb. 429) und ein Schablonenbrett D (Abb. 430).

57. Bremsscheibe.

Abb. 431, Werkstattzeichnung zu einer Bremsscheibe, welche als Gußstück allseitig bearbeitet wird. Abb. 432 zeigt den Modellaufriß, welcher durch Schwindmaß- und Bearbeitungszugabe ganz wesentlich von der Werkstattzeichnung abweicht und entsprechend der Formrichtung aufgezeichnet ist. Da es sich in diesem Falle um einen zylindrischen Körper handelt, genügt ein halber Modellaufriß.

Der Aufbau der Form geht wie folgt vor sich. Der Former stellt seine Spindel nebst Spindelführungslager genau lotrecht in den Herd und füllt diesen auf.

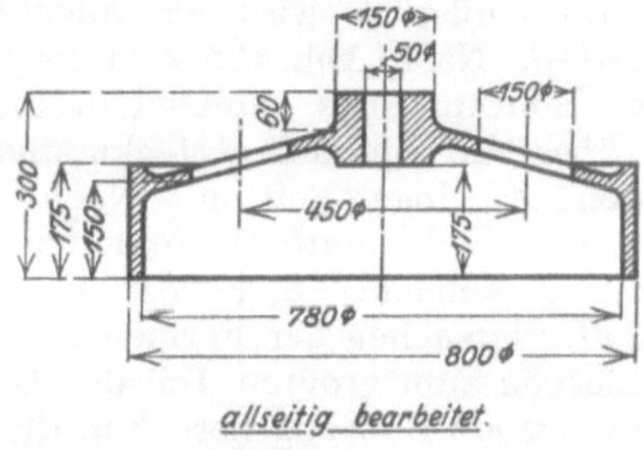

Abb. 431. Werkstattzeichnung zur Bremscheibe.

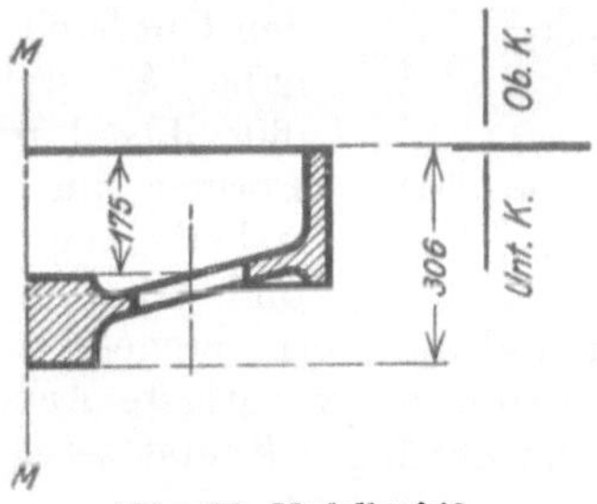

Abb. 432. Modellaufriß.

Auch hier dient der Herd als Unterkasten. Nun nimmt der Former das Schablonenbrett E (Abb. 433) und befestigt dieses an dem Spindelarm. Dieses Schablonenbrett E entspricht der inneren Kontur des Gußstückes nach Abb. 438. Der Former dreht mit dieser Schablone die Vertiefung in den Unterkasten A (Gießereiherd), setzt nach Abb. 438 den Oberkasten B auf, stampft diesen voll, so daß also der ausschablonierte Teil in Form eines Ballens am Oberkasten B hängt und setzt den Eingußtrichter C sowie den Steiger D an. Die Kante f der Schablone E dient wieder als Schlüsselkante, wie Abb. 438 zeigt. Der Oberkasten erhält also durch diese anschablonierte Kante eine Führung mit dem Oberkasten.

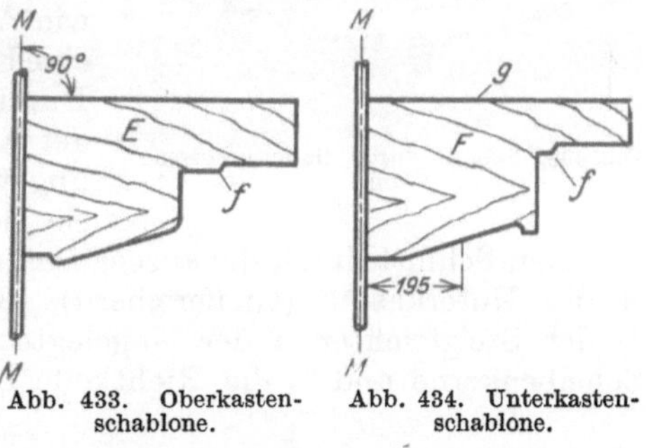

Abb. 433. Oberkastenschablone.

Abb. 434. Unterkastenschablone.

Weiter verhindern auch die Schlüsselkanten ein zu schnelles Ausweichen des flüssigen Materials aus der Form, was allerdings nur dann vorkommt, wenn der Oberkasten beim Ausgießen nicht genügend beschwert wird. Nachdem der Oberkasten B (Abb. 438) aufgestampft ist, wird er abgehoben und Schablone F (Abb. 434) mit dem Spindelarm über die Spindel gesetzt und mit dieser Schablone die Eisenstärke aus dem Unterkasten A (Abb. 438) ausschabloniert. Der Former geht hierbei wieder so lange mit seinem Schablonenbrett in senkrechter Linie abwärts, bis seine Schlüsselkante f auf der bereits mit der Oberkastenschablone ausschablonierten gleichen Kante aufläuft. Diese Unterkastenschablone F hat in waagerechter Entfernung von 195 mm einen Stift sitzen. Bei der Umdrehung der Schablone um die Spindel zeichnet der Stift den Teilkreis

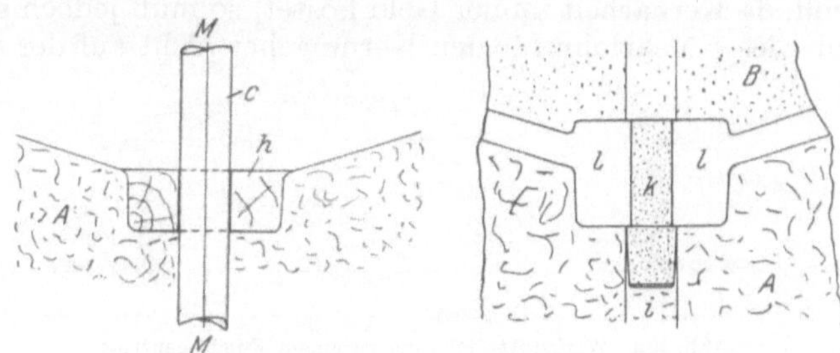

Abb. 435. Einsetzen der Modellnabe h in den Herd A.

Abb. 436. In den Herd A eingesetzter Bohrungskern k.

an, wo nach Abb. 431 die Löcher von 100 mm Durchmesser hin zu sitzen kommen. Wenn zu dem Maß von 195 mm noch die halbe Spindelstärke von 30 mm zugerechnet wird, ergibt sich ein Radius von 225 mm gleich 450 Teilkreisdurchmesser (Abb. 431).

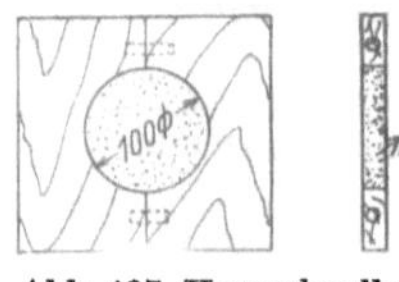

Abb. 437. Kernschnalle mit aufgestampftem Kern *m*.

Die untere Nabe am Gußstück wird als Modellteil in den Unterteil eingeschnitten. Nach Abb. 435 wird die Modellnabe *h*, welche eine Bohrung des Spindeldurchmessers (60 plus 1 mm) hat, über die Spindel gesteckt und vom Former im Unterkasten *A* eingeschnitten. Nach diesem Arbeitsgang wird die Nabe wieder entfernt und der Unter- und Oberkasten gießfertig gemacht, d. h. die Form auspoliert und die Kerne eingesetzt. Das Gießfertigmachen der Formen ist für den Former stets die wichtigste Arbeit, weil hiervon zum größten Teil das Gelingen der Form abhängt. Zuerst setzt der Former seinen Bohrungskern *k* in die Kernführung des Unterkastens. Nach Abb. 436 dient in diesem Falle das Spindelloch *i* als Kernführung. Da nun die Spindel einen Durchmesser von 60 mm hat, die Bohrung des Gußstückes abzüglich Bearbeitungszugabe nur 45 mm beträgt, muß der Former einen abgesetzten Kern, wie Abb. 436 zeigt, einsetzen. — Abb. 437 zeigt eine Kernschnalle zur Herstellung der vier runden Durchbrüche von 100 mm Durchmesser. Die in der Kernschnalle aufgestampften Kerne werden ungetrocknet in der Form aufgesteckt, damit sie sich an die Wölbung des Bodens anlegen.

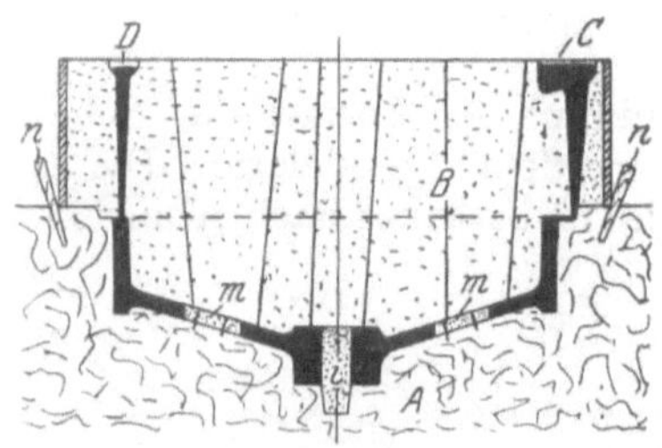

Abb. 438. Schnitt durch die ausgegossene Form.

Den Schnitt durch die ausgegossene Form ersehen wir auf Abb. 438. Es sind: *A* der Unterkasten (Gießereiherd), *B* der Oberkasten, *C* der Eingußtrichter, *D* der Steigtrichter, *i* der eingelegte Bohrungskern, *m* die vier festgesteckten Scheibenkerne und *n* die Richtkeile für den Oberkasten *B*.

58. Fundamentring.

Wenn man im Gießereiwesen auch soweit als möglich Kernarbeit vermeiden soll, da Kernarbeit immer Geld kostet, so muß jedoch stets auch erwogen werden, ob dieser Mehrlohn für den Kernmacher nicht auf der anderen Seite Formerlöhne aufhebt. Je leichter das Gußstück, um so mehr fallen die Kernmacherlöhne ins Gewicht, je schwerer das Gußstück ist, um so weniger.

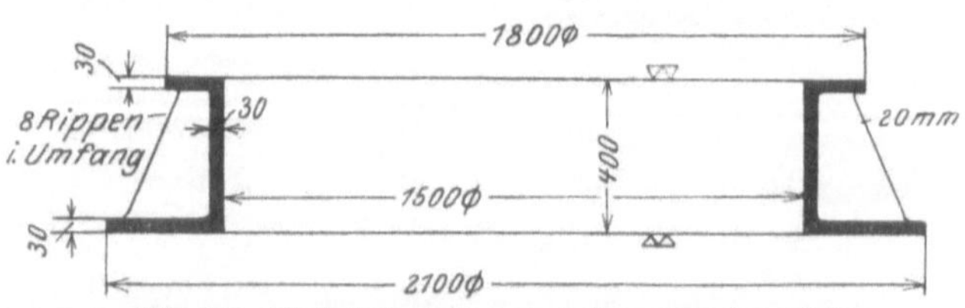

Abb. 439. Werkstattzeichnung zu einem Fundamentring.

Abb. 439 zeigt einen Fundamentring von 2100 mm größtem Durchmesser und einer Höhe von 400 mm. Zur Verstärkung sind im Umfange acht Rippen von 20 mm Stärke angebracht. Die beiden äußeren Flanschen sollen bearbeitet werden.

In Anbetracht der erheblichen Modellkosten wird man davon absehen, ein Modell anzufertigen und die Form ausschablonieren.

Bei Schablonenarbeiten mit Kernstücken sind die bekannten „Modellaufrisse" von besonderer Wichtigkeit, weil diese auch dem Former in vielen Fällen unentbehrlich sind. So zeigt Abb. 440 den Modellaufriß bei Ausführung mit den Kern-

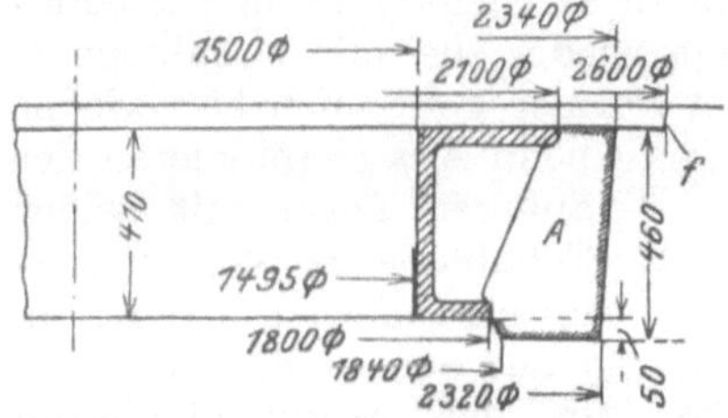

Abb. 440. Modellaufriß. Ausführung mit Kernstücken.

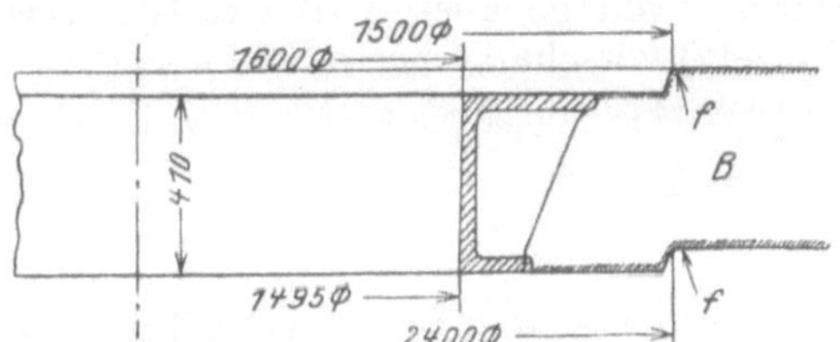

Abb. 441. Modellaufriß für eine dreiteilige Form.

stücken A, Abb. 441 den Modellaufriß unter Verwendung eines dreiteiligen Kastens, wobei B den Mantelkasten darstellt.

Der Aufbau des Unterkastens L (Abb. 447) und R (Abb. 451) ist in beiden Fällen gleich, ob es sich um eine dreiteilige Form handelt, oder ob Kernstücke verwendet werden sollen.

Die Herstellung der Form nach Abb. 440 geht wie folgt vor sich. Der Former stellt sich seine Spindel a (Abb. 442. und 443) in den Unterkasten (Herd) genau lotrecht ein, wobei beachtet werden muß, daß das Spindellager, in welchem sich die Spindel führt, tief genug zu sitzen kommt, damit, wenn der Herd ausschabloniert ist, die Spindel noch genügend Führung auch im Sande hat. Es wäre natürlich falsch, nur etwa ein kleines Loch im Unterkasten aufzuwerfen, um das Spindellager einsetzen zu können. Das Loch muß einen Durchmesser von ungefähr 3000 mm haben, um ein Koksbett im Herde aufbauen zu können. Alsdann wird ein Blechmantel von etwa 1450 mm Durchmesser über die Spindel gesetzt und um den Blechmantel herum aufgestampft.

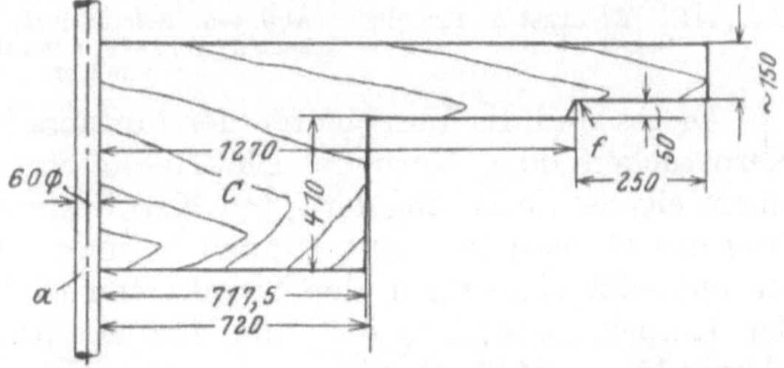

Abb. 442. Schablone zum Ausdrehen des „falschen Bettes" in den Herd.

Steht die Spindel a genau lotrecht, so wird Schablone C (Abb. 442) an dem Spindelarm befestigt und mit dieser Schablone das „falsche Bett" zum Aufstampfen des Oberkastens M (Abb. 447) ausschabloniert. Die Führung des Oberkastens M mit dem Unterkasten (Herd) L (Abb. 447) wird durch die Schlüsselkante f (Abb. 440, 447 und 451) hergestellt, so daß sich der Oberkasten M niemals versetzen kann.

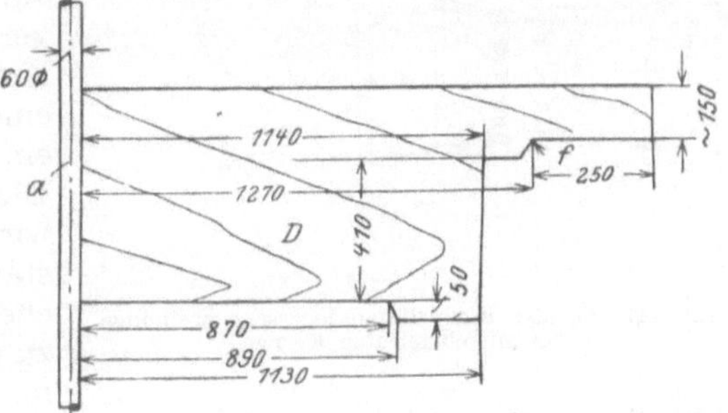

Abb. 443. Schablone zur Herstellung des Unterkastens.

Ist nun der Oberkasten M in dem mit der Schablone C (Abb. 442) ausschablonierten Bett aufgestampft, so wird an die Spindel a die Schablone D (Abb. 443) befestigt und mit dieser Schablone die äußere Form nach dem Modellaufriß nach Abb. 440 ausschabloniert.

Bei dem Arbeiten mit der zweiten Schablone D (Abb. 443) muß nun der Former einen Anhaltspunkt haben, damit er mit dieser Schablone in vertikaler Richtung sein genaues Maß einhält. Dazu dient wieder die mit Schablone C (Abb. 442) vorschablonierte Schlüsselkante f. Der Former geht auch hier wieder beim Ausschablonieren der äußeren Form mit seiner Schablone D so weit herunter, bis sich die Kante f des Schablonenbrettes D in der ausschablonierten Kante f des Unterkastens L (Abb. 447) führt.

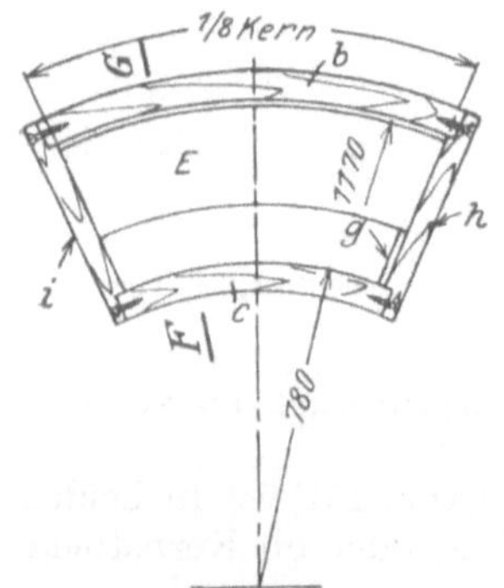

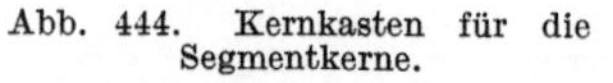

Abb. 444. Kernkasten für die Segmentkerne.

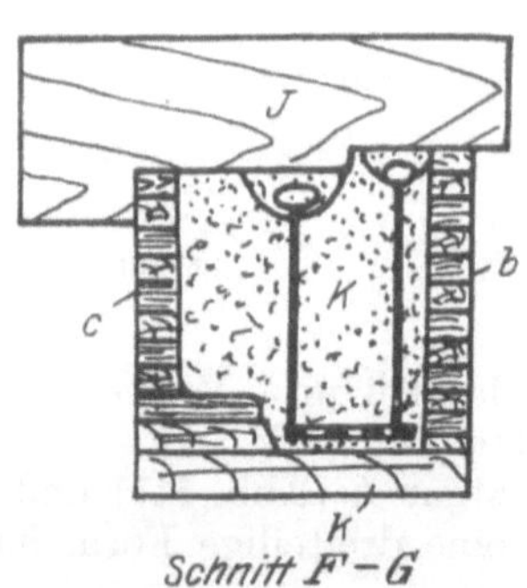

Abb. 445. Schnitt durch den Kernkasten (Abb. 444) mit aufgestampftem Kern.

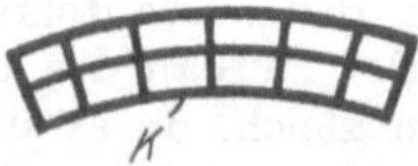

Abb. 446. Kerneisen (Rost).

Dieses sind die Vorarbeiten des Formers bei der Herstellung der Form mittels Kernstücken oder Kernen. Die Herstellung der einzelnen Kerne geschieht in einem eigens hierzu angefertigten Kernkasten E nach Abb. 444. Da sich im Umfang des Gußstückes acht Rippen befinden, fertigt man einen Achtelkernkasten an und setzt einseitig in den Kernkasten E eine Rippe g, welche genau der Form der Rippen nach Abb. 439 und 452 entspricht. Die aufgestampften Kerne K (Abb. 445 und 447) werden also in der Form so aneinandergesetzt, daß sich die Seiten i (Abb. 444) immer an die Seiten h anlegen, und sich mithin zwischen den einzelnen Kernen stets die Zwischenräume g als Rippen in der Form bilden.

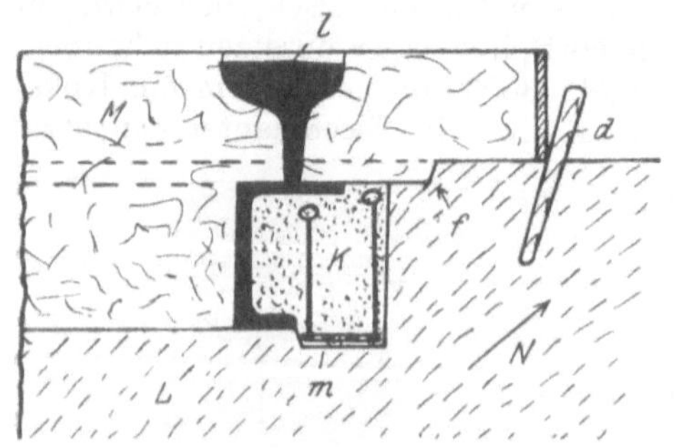

Abb. 447. Schnitt durch die ausgegossene zweiteilige Form mit eingelegten Kernen.

Abb. 445 zeigt den Schnitt durch den Kernkasten E nach Abb. 444 mit aufgestampftem Kern K. Die beiden Radienstücke c und b sind aus einzelnen Teilen aufeinandergeleimt, damit sie sich nicht verziehen können, was auf die einzelnen Kerne von großem Einfluß wäre. Auf der einen Seite des Kernkastens befindet sich ein Boden k, auf der anderen Seite, der Einstampfseite, ist der Kasten offen und wird, wie Abb. 445 zeigt, nach dem Aufstampfen mit der Schablone J abgestrichen. Um diesen Kernen K nun einen Halt zu geben, und um diese schweren Kerne mittels Kranen in die Form einlegen zu können, muß in jeden einzelnen Kern ein Kernrost K nach Abb. 446 eingelegt werden. Diese Kernroste sind in ihrer äußeren Form ringsherum etwa 20 mm kleiner als die eigentlichen Kerne und haben eine Stärke von etwa 20 mm. Derartige Roste werden bekanntlich als Herdguß hergestellt. Um nun diese Kerne anhängen zu können, ist es erforderlich, daß in die Kernroste Anhängeeisen mit eingegossen werden, wie diese aus Abb. 445 und 447 ersichtlich sind.

Den Schnitt durch die ausgegossene Form ersehen wir aus Abb. 447.

Die in den Unterkasten *L* einschablonierte Vertiefung *m* dient als doppelte Führung für die einzelnen Kerne *K*. Diese Kerne sind also in der äußeren Ummantelung und durch die Vertiefung *m* geführt, so daß ein Versetzen der einzelnen Kerne ausgeschlossen ist. Zeigt sich jedoch bei einem Abguß ein derartiger Fehler, so liegt die Schuld nur an dem Former, weil er eben an den Kanten ganz unberechtigterweise nachgeschnitten hat.

Die Form nach Abb. 447 setzt sich zusammen aus dem Herd *L* mit eingestellten Windpfeifen *N*, aus acht Einzelkernen *K* mit eingelegten Rosten *m*, aus dem Oberkasten *H* mit Schlüsselkante *f* und aus dem Eingußtrichter *l* (der Steigtrichter liegt entgegengesetzt).

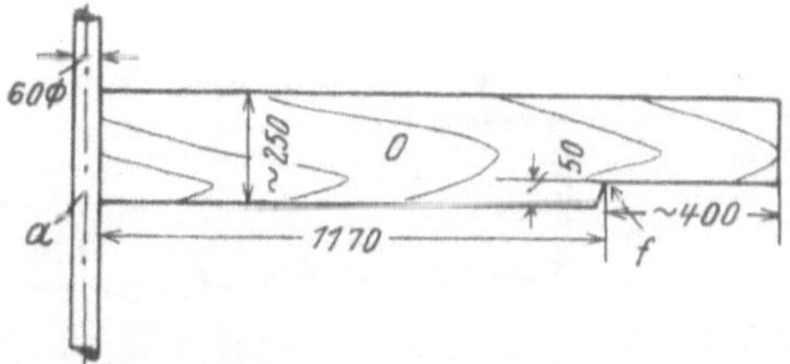

Abb. 448. Herd- (Unterkasten-) Schablone.

Während bei der Herstellung der Form zum Gußstück nach Abb. 439 mittels Kernen (Abb. 447) die Arbeitszeit für den Former im Verhältnis zur Größe des Gußstückes nicht sehr erheblich ist, erfordert andererseits die Herstellung des Kernkastens und die Herstellung der Kerne selbst immerhin eine gewisse Mehrarbeit für den Modellbauer und Kernmacher. Es dürfte sich in diesem Falle also nur empfehlen, mit Kernen zu arbeiten, wenn mehrere Gußstücke in Frage kommen, so daß der Former schneller voranarbeiten kann, denn bekanntlich sind Formerstunden teurer als Kernmacherstunden.

Bei einem einzelnen Abguß wird man also aus den angegebenen Gründen stets die Ausführung nach Abb. 441 vorziehen, wenn auch dieser Aufbau der Form für den Former eine Mehrarbeit bedeutet, weil er hierbei mit drei Kasten

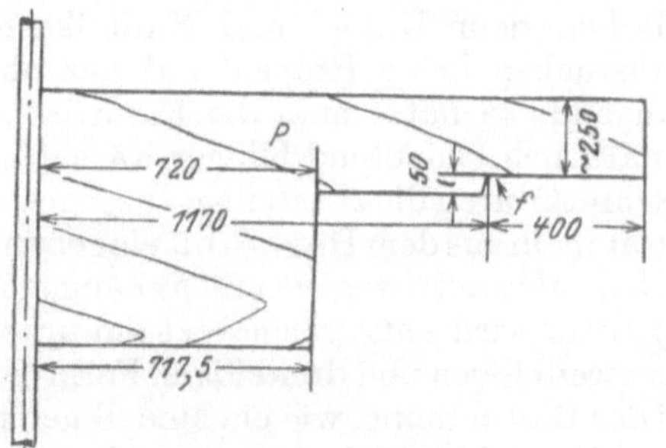

Abb. 449. Schablone zum Ausdrehen des Oberkastenbettes aus dem Mantelkasten.

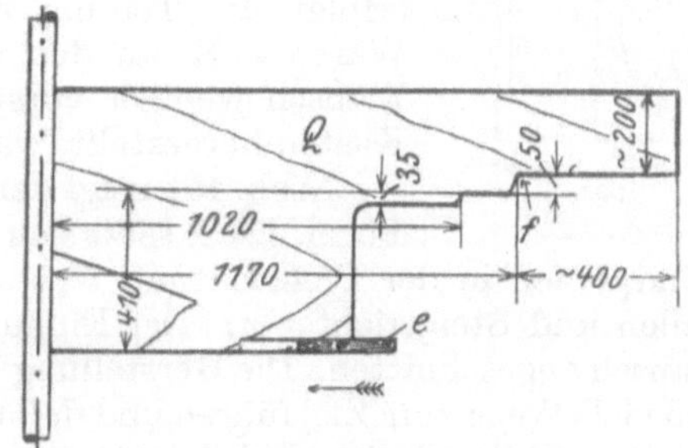

Abb. 450. Mantelkastenschablone.

arbeiten muß, eine Arbeit, welche man, wie schon erwähnt, wenn eben möglich, vermeiden soll.

Während bei der Ausführung nach Abb. 447 sich die ganze Arbeit fast im Unterkasten abspielt, dieser also sehr tief ausschabloniert werden muß, finden wir bei der Ausführung nach Abb. 441 und 451 einen ganz flachen Herd. Zu dieser Ausführung werden gebraucht:

eine Schablone *O* (Abb. 448) zum Anschneiden der Schlüsselkante *f* im Herd *R* (Abb. 451),

eine Schablone *P* (Abb. 449) zum Ausschablonieren des falschen Bettes aus dem Mantelkasten *S*, eine Mantelschablone Q (Abb. 450) zum Ausschablonieren der Eisenstärke aus dem Mantelkasten S (Abb. 451) und

drei Modellrippen nach Abb. 452 zum Einschneiden in den Mantelkasten.

Der Former stellt wieder seine Spindel a (Abb. 448) in den Gießereiherd R (Abb. 451) ein und spannt zuerst an den Spindelarm die Schablone O (Abb. 448). Mit dieser Schablone wird nun der Führungsschlüssel f angeschnitten, welcher dem Mantelkasten S die Führung mit dem Unterkasten R gibt. Alsdann wird der Mantelkasten aufgesetzt, ein Blechmantel von etwa 1450 mm Durchmesser über die Spindel gesetzt und der Kasten selbst aufgestampft. Nun wird der Blechmantel wieder entfernt und mit Schablone P das falsche Bett zum Aufstampfen des Oberkastens T (Abb. 451) in den Mantelkasten einschabloniert, die Schablone P wieder entfernt und der Oberkasten T in diesem Bett aufgestampft. Wie aus Abb. 449 ersichtlich, ist das Schablonenbrett nach unten zu um $2^1/_2$ mm verjüngt; die Ausdrehung im falschen Bett wird also kegelig. Das hat den Zweck, daß sich der aufgestampfte Ballen des Oberkastens T (Abb. 451) besser aushebt. Nach Erledigung dieses Arbeitsganges wird Schablone Q (Abb. 450) an den Spindelarm befestigt und mit dieser Schablone die Eisenstärke aus dem Mantelkasten ausschabloniert. Der an der Schablone angebrachte eiserne Schieber e dient dazu, den oberen Flansch aus dem Mantelkasten auszuschneiden. Der Schieber läßt sich in der angegebenen Pfeilrichtung hereinziehen. Um die mit dem Schieber e ausschablonierte Fläche besser polieren zu können, erfolgt die Teilung zwischen dem Unter- und Mantelkasten. Wären z. B. an den Gußstücken keine Rippen und der obere Flansch weniger vorspringend, so hätte man die Form in zwei Kasten hergestellt, was natürlich bedeutend billiger wäre.

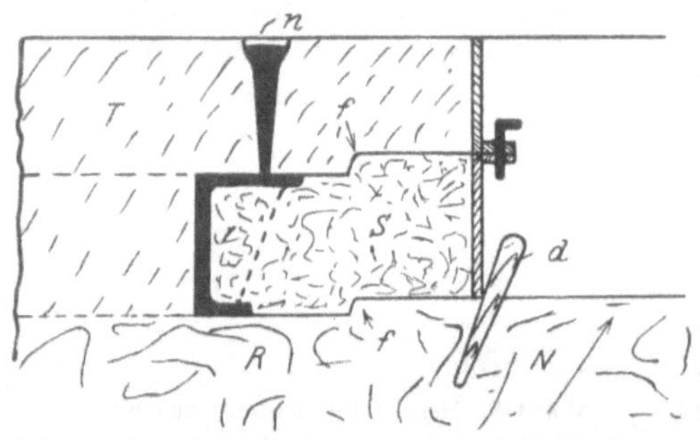

Abb. 451. Schnitt durch die ausgegossene dreiteilige Form.

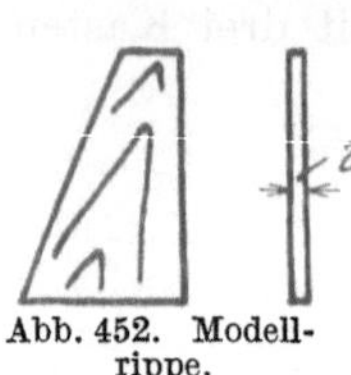

Abb. 452. Modellrippe.

Abb. 451 zeigt den Schnitt durch die zweiteilige ausgegossene Form. Diese setzt sich zusammen aus dem Herd R mit eingebauten Windpfeifen in der Pfeilrichtung N, aus dem Mantelkasten T mit anhängendem Ballen und Steigtrichter n. Der Eingußtrichter wird entgegengesetzt am unteren Flansch angeschnitten. Die Herstellung der zweiteiligen und dreiteiligen Form zeigt, daß viele Wege zum Ziel führen und daß bei der Bestimmung, wie ein Modell geformt werden soll, stets wirtschaftliche Gründe und Betriebsverhältnisse ausschlaggebend sind. Auch diese Form hätte man sehr gut in Lehm aufbauen können, so daß eigentlich drei Aufbauarten in Frage kommen.

59. Abschlußdeckel.

Abb. 453, Werkstattzeichnung zu einem Abschlußdeckel. Abb. 454 zeigt den Modellaufriß hierzu. Wie aus dem Modellaufriß ersichtlich, ist der obere Teil der Haube etwas kegelig gehalten, damit sich später der über den Ballen aufgestampfte Oberkasten besser abhebt.

Zur Herstellung der Form hat der Modellbauer zu liefern: eine Schablone A nach Abb. 455, einen Modellstutzen C mit abnehmbarem Flansch nach Abb. 454 und ein Schablonenbrett J nach Abb. 456.

Die Herstellung der Form geht nach Abb. 455 nun wie folgt vor sich:

Der Former baut seine Schabloniervorrichtung, wie bereits beschrieben, in den Gießereiherd *D* (Gießereiboden) etwa 1 m tief ein, füllt den Herd mit Koks und Formsand auf und stellt in der Pfeilrichtung ein oder mehrere Windpfeifen ein, damit die später beim Gießen sich entwickelnden Gase Abzug ins Freie haben. Alsdann wird mit Schablone *A* der erhöhte Sandballen *E* aufschabloniert. Auch hier wird die Schablone *A* wieder durch den Stellring *d* geführt. Ist dieser Arbeitsprozeß erledigt, so wird der Ballen mit Streusand abgerieben und

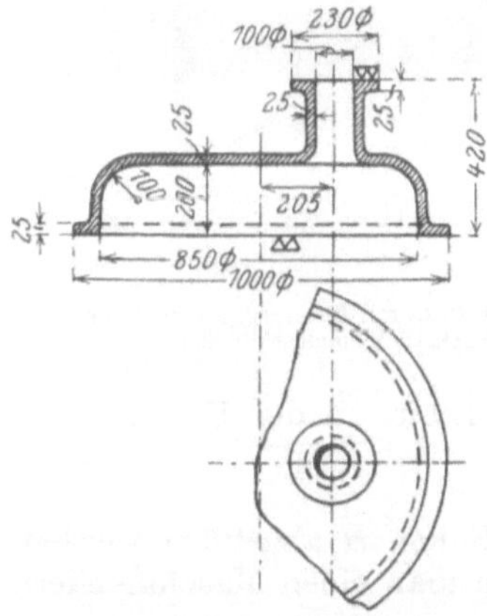

Abb. 453. Werkstattzeichnung zu einem Abschlußdeckel.

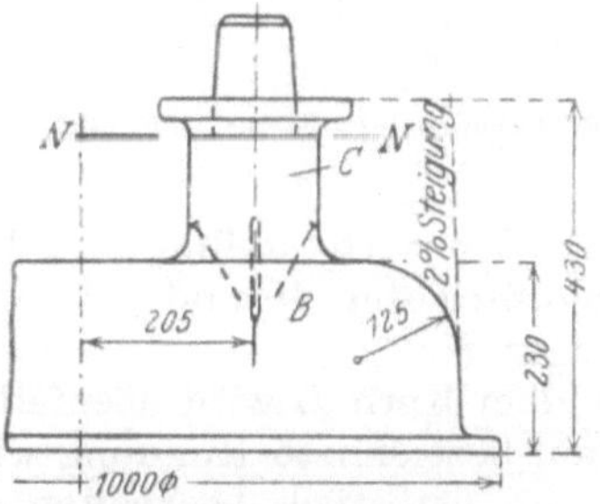

Abb. 454. Modellaufriß zum Abschlußdeckel nach Abb. 453.

der Modellstutzen *C* (Abb. 454) entsprechend dem Modellaufriß aufgesetzt und seitlich mit Formerstiften auf dem Ballen *E* befestigt. Nun nimmt der Former seinen Formkasten *F* und setzt diesen so auf den Herd auf, daß Spindelmitte etwa Mitte Oberkasten ist. Nunmehr wird der Oberkasten aufgestampft und an der Stelle, wo der Stutzenflansch sitzt, ein Ballen *H* angeschnitten. Während der Eingußtrichter *M* am Herd angeschnitten wird, schneidet man den Steigtrichter *N*, wie Abb. 457 zeigt, am Oberkastenballen *H* an.

Um den Modellstutzen nach Abb. 454 aus der Form entfernen zu können, muß der Former den Ballen *H* aus dem Oberkasten nehmen, dann den Modellflansch, welcher lose bei *N*—*N* am Modellstutzen Abb. 454 aufsitzt, aus dem Oberkasten entfernen und dann den Oberkasten selbst in der Pfeilrichtung *G* (Abb. 455) abheben, so daß der Modellstutzen frei zu liegen kommt. Abb. 455 zeigt also die äußere Kontur des Gußstückes in der Form. Nach Beendigung dieses Arbeitsganges wird der Spindelarm *e* mit der Schablone *J* (Abb. 456) über die Spindel gesetzt und mit dieser Schablone die Eisenstärke vom Ballen *K* abschabloniert. Dieser abschablonierte Ballen *K* entspricht dann der inneren Kontur des Gußstückes nach Abb. 453.

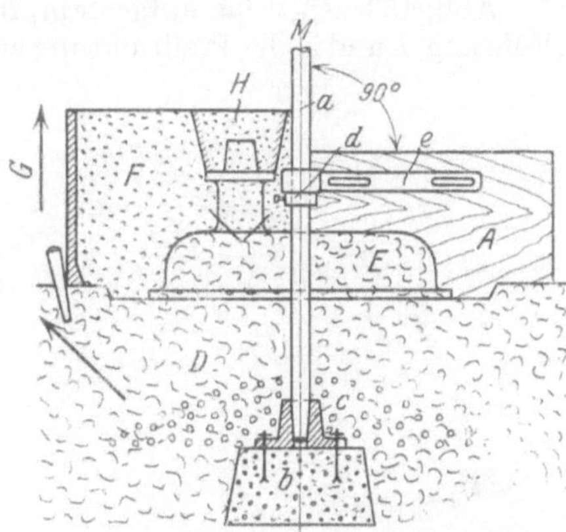

Abb. 455. Rechte Hälfte. Auf den Herd aufschabloniertes falsches Bett. Linke Hälfte. Über das falsche Bett aufgestampfter Oberkasten.

Abb. 457 zeigt den Schnitt durch die fertige, ausgegossene Form. Die im Unterkasten (Gießereiherd) befindliche Spindelöffnung wird nach dem Herausnehmen der Spindel mit einem Holzstopfen abgeschlossen und zugestampft. Die ausgegossene Form setzt sich zusammen aus:

dem Unterkasten D,
dem Oberkasten F mit Ballen H,

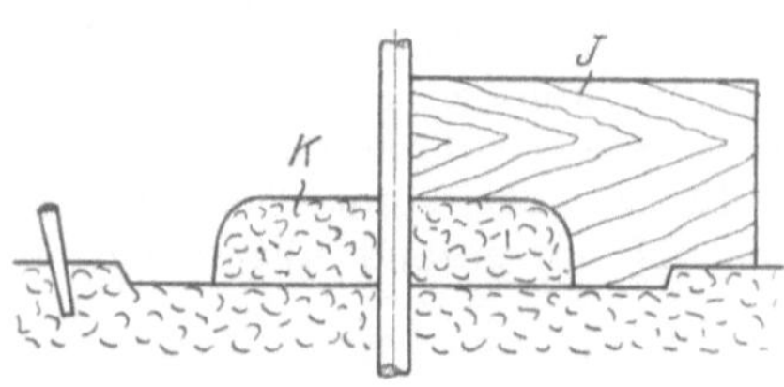

Abb. 456. Abschablonieren der Eisenstärke vom Ballen E.

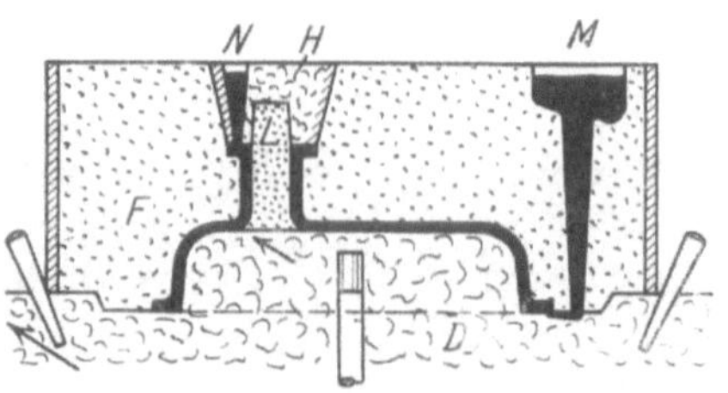

Abb. 457. Schnitt durch die ausgegossene Form zum Werkstück nach Abb. 457.

dem Kern L zur Herstellung der lichten Stutzenweite in der Form,
dem Eingußtrichter M und
dem Steiger N.

Die Luft aus dem Kern L wird ebenfalls durch den Ballen H abgeführt werden. Die durch Pfeil bezeichnete Rundung wird man, wenn man einen Maschinenkern verwendet, beim Gußstück bearbeiten müssen.

60. Abschlußhaube.

Abb. 458, Werkstattzeichnung zu einer Abschlußhaube. Im allgemeinen bewegen sich die Arbeitsvorgänge im Rahmen der bis jetzt geschilderten Schablonenarbeiten.

Abb. 459 zeigt das aufgestampfte Bett (Unterkasten A) mit Kastenschlüssel (Führung) h und in der Pfeilrichtung eingesetzten Windpfeifen zum Abziehen der beim Gießen entstehenden Gase.

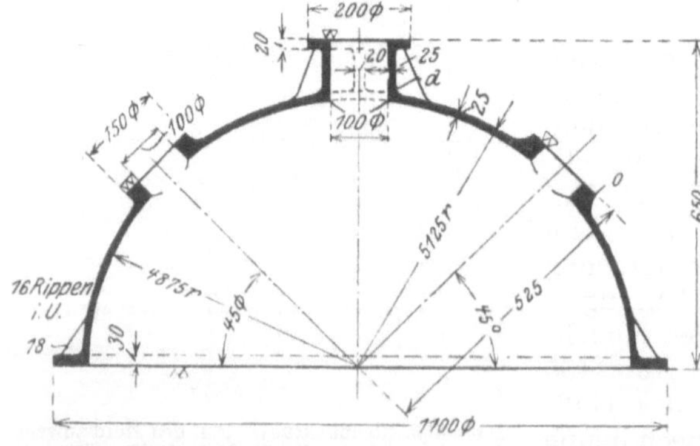

Abb. 458. Werkstattzeichnung zu einer Abschlußhaube.

Der aufgedrehte Ballen auf Bett A entspricht der äußeren Form des Gußstückes nach Abb. 458, die beiden Modellscheiben a mit Kernmarken b werden mittels Ansteckstifte c nach Zeichnung auf den Ballen aufgesteckt, und zwar so, daß beim Aufstampfen der Oberkasten die Steckstifte c herausgezogen werden können, da Scheiben selbst lose im Oberkasten sitzen müssen, wo sie später nach dem Abheben des Kastens herausgenommen werden.

Um dem Former das Suchen des genauen Stichmaßes von 45° (Abb. 458) zu erleichtern, setzt der Modellbauer an der nach dem Modellaufriß in Frage kommenden Stelle X (Abb. 460) einen angefeilten Drahtstift ein. Wird nun beim Arbeitsprozeß die Spindel mit der am Spindelarm befestigten Schablone A_1 (Abb. 460) gedreht, so schneidet der Stift eine scharfe Mittellinie auf dem Ballen ein.

Ist dieser Arbeitsprozeß erledigt, und die Modellscheiben *a* mit Kernmarken *b* sind in besprochener Weise auf den Ballen befestigt, so wird der Spindelarm einschließlich Schablonenbrett von der Spindel entfernt, und Kernmarke *g* sowie Modellstutzen *d*, die eine Bohrung von 51 mm haben, über die Spindel gesetzt.

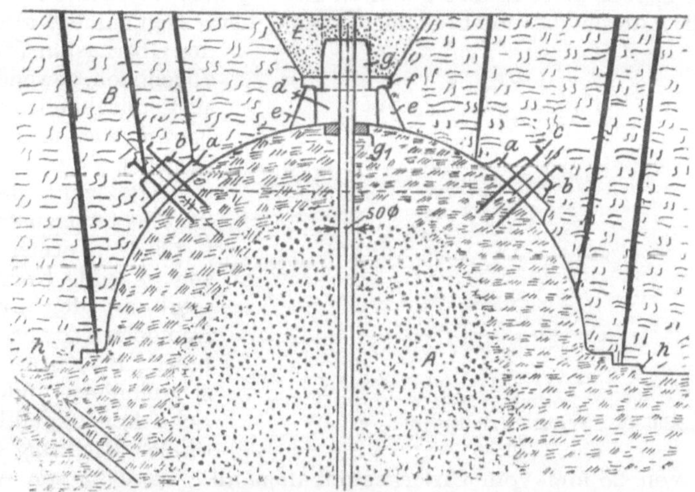

Abb. 459. Aufgestampfter Herdballen *A* mit Oberkasten *B*.

Während nun die Rippen *e* und die Kernmarke *g* mit dem Stutzen *d* ein Ganzes bilden, sitzt der Flansch *f* auch hier lose über der Kernmarke *g*, wie Kernmarke g_1 ebenfalls ein loser Ring ist.

Sitzen alle Teile genau nach Zeichnung auf dem Ballen *A*, so wird der Oberkasten *B* aufgesetzt und aufgestampft. Die Scheiben *a* mit Kernmarken *b* werden

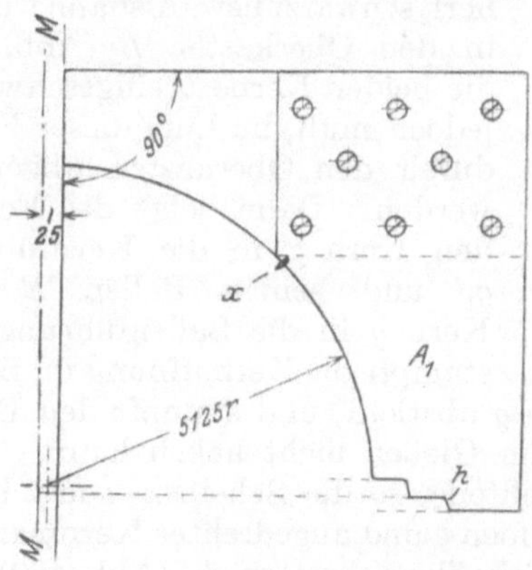

Abb. 460. Schablone zum Aufschablonieren des Herdballens *A* (Abb. 459).

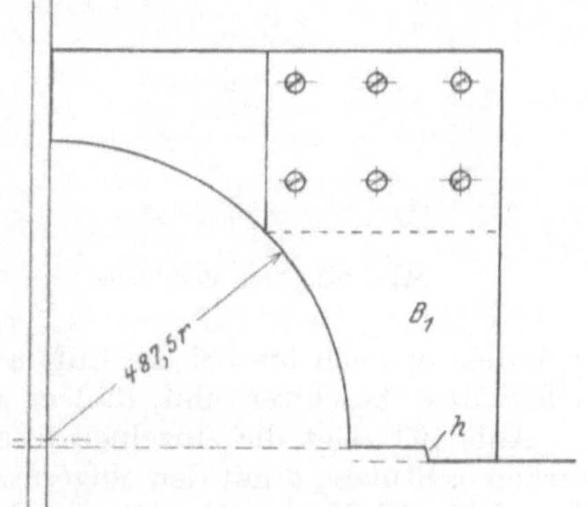

Abb. 461. Schablone zum Abdrehen der Eisenstärke vom Ballen *A* (Abb. 459).

beim Ausführen dieses Arbeitsprozesses also beigestampft, d. h. die Steckstifte *c* werden erst dann entfernt, wenn der Former Gewähr hat, daß sich die Scheiben beim weiteren Aufstampfen nicht mehr versetzen können.

Ist der Oberkasten *B* vollständig aufgestampft, so wird der Flansch *f* freigelegt. Der Former schneidet wieder eine Öffnung in den Oberkasten, die genügend groß sein muß, um Flansch f bequem nach oben abziehen zu können. Diese Öffnung wird kegelig angeschnitten, da der Former den Ballen E einsetzen muß, um die Form wieder schließen zu können.

Das Abheben des Oberkastens geschieht nun wie folgt. Zuerst wird der Ballen E, der mittels Rost in sich gehalten ist, aus dem Oberkasten entfernt und Modellflansch f durch die entstandene Öffnung herausgenommen, alsdann wird der Oberkasten B (Abb. 459) abgehoben, gewendet und die sich mitabhebenden Scheiben a aus diesem Kasten entfernt.

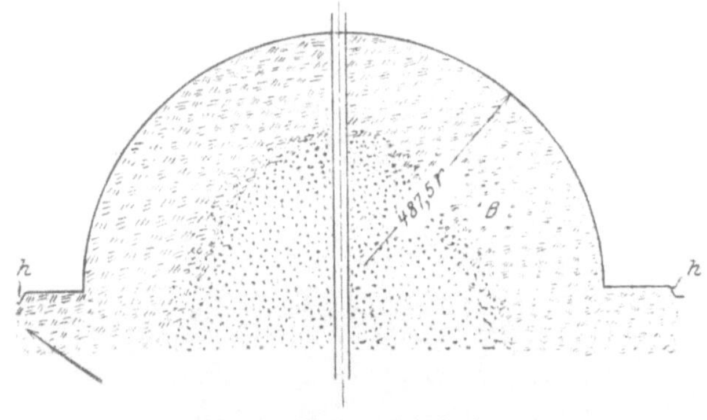

Abb. 462. Fertiger Unterkasten.

Um nun den Unterkasten fertigzustellen, entfernt der Former den Stutzen d mit Kernmarke g, setzt an den aufgesetzten Spindelarm das Schablonenbrett B_1 (Abb. 461) und schabloniert, indem er die Schablone allmählich in vertikaler Richtung senkt, die Wandstärke von 25 mm vom Unterkastenballen ab. Diese 25 mm Wandstärke sind abschabloniert, sobald die Schlüsselkante h (Abb. 461) auf Schlüsselkante h (Abb. 462) aufläuft. Ballen B (Abb. 462) entspricht also der inneren Form der Haube nach Abb. 458.

Das Abdecken (Fertigmachen) der Form geschieht, indem der Former zuerst die Spindel aus der Spindelführung durch den Ballen B heraushebt, dann die entstandene Spindelöffnung zustampft und den fertigen Ballen poliert, schwärzt usw. Alsdann werden in den Oberkasten B (Abb. 459) die beiden Kerne b eingeschwärzt, jedoch muß die Luft dieser Kerne durch den Oberkasten abgeführt werden. Dann setzt der Former den Kern g in die Kernführung g_1 und seinen Ballen E über Kern g in die Ballenführung ein, stampft die Kernöffnung im Ballen zu, indem er auch hierbei die Luft aus Kern g absticht, und stampft den Ballen so fest bzw. beschwert ihn, daß er sich beim Gießen nicht heben kann.

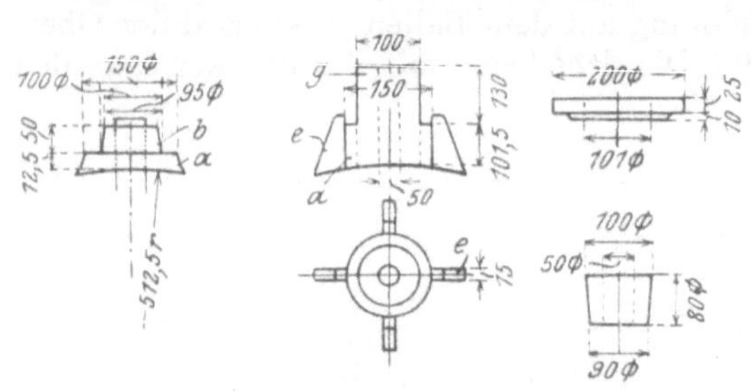

Abb. 463. Lose Modellteile.

Abb. 463 zeigt die einzelnen losen Modellteile, so die Scheiben a mit Kernmarken b, Stutzen d mit den eingesetzten Rippen e und angedrehter Kernmarke g, Flansch f und Kernmarke g_1. Die beiden Schablonenbretter A_1 (Abb. 460) und B_1 (Abb. 461) sind übereinandergeplattete und im Winkel zusammengeschraubte Bretter.

61. Haube mit vier Stutzen.

Abb. 464 zeigt die Werkstattzeichnung zu einer gußeisernen Haube mit vier Stutzen am Umfang. Die Modellkosten hierfür wären sehr beträchtlich. In Anbetracht der Wirtschaftlichkeit wird man eine derartige Form schablonieren, wobei die Modellkosten ganz bedeutend geringer sind als bei einem ganzen Modell. Abb. 465 zeigt rechts, wie der Ballen aufgedreht wird, über den der Oberkasten aufzustampfen ist. Spindel *a* ist mit der Spindelführung in den Gießereiboden eingegraben. Schablone *b* ist mittels Verbindungsstücke *c* an dem üblichen Spindelarm befestigt. Ballen *d* wird auf dem Gießereiboden aufgestampft und durch die Schablone *b* abgestrichen. Die Form des Ballens *d* entspricht der äußeren Form der Haube nach Abb. 464, das Schablonenbrett *b* ist also dementsprechend ausgeschnitten. Der gestrichelte Vorsprung *e* ist wieder der Schlüssel und dient später der Unterkastenschablone sowie dem Oberkasten als Führung. Auf der linken Seite der Abb. 465 sind auf dem abgezogenen Ballen *d* die vier im Modell angefertigten Stutzen *f* mit losem Flansch *g* und angedrehter Kernmarke *h* versehen aufgesetzt. Um den Durchmesser *n* von 1000 mm (Stutzenmitte) genau anreißen zu können, bringt der Modellbauer an der Schablone wieder einen kurzen, scharf angefeilten Stift bei *i* an, und zwar 475 mm von der Anschlagkante *k* der Schablone aus. Die Schablonen sind stets an der Anschlagkante um die halbe Spindelstärke kürzer zu halten, im vorliegenden Falle also 25 mm, da die Spindelstärke mit 50 mm angenommen ist.

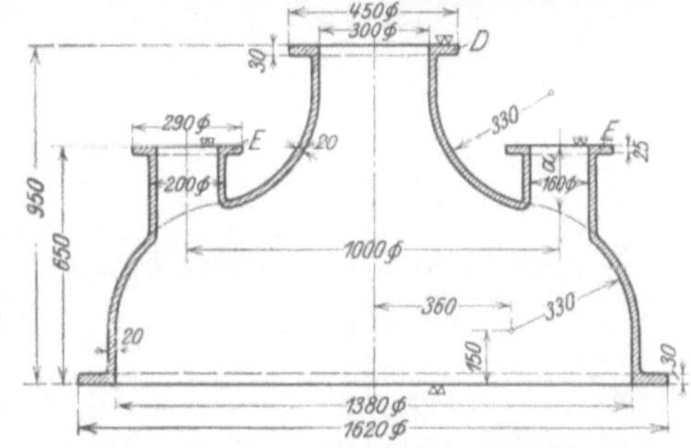

Abb. 464. Werkstattzeichnung zur gußeisernen Haube mit vier Stutzen.

Die vier in Frage kommenden Stutzen *f* werden von dem Former genau nach der Mitte aufgesetzt und seitlich mit Nägeln (bei *l*) befestigt, ebenfalls der Flansch *D* (Abb. 468) bei *m* (Abb. 465). Nach dem Entfernen des Spindelarmes mit der Schablone *b* wird der Oberkasten aufgesetzt, aufgestampft und nach dem Aufstampfen abgehoben und gewendet, wobei die in einzelne Teile geschnittenen Flanschen *g* der Stutzen *f* mit in den Oberkasten gehen und nachher seitlich herein und durch den entstandenen Hohlraum *f* nach oben herausgenommen werden. Die Öffnungen für die Kernmarken *h* führt der Former durch den Oberkasten durch, wie bei Abb. 467 zu sehen ist.

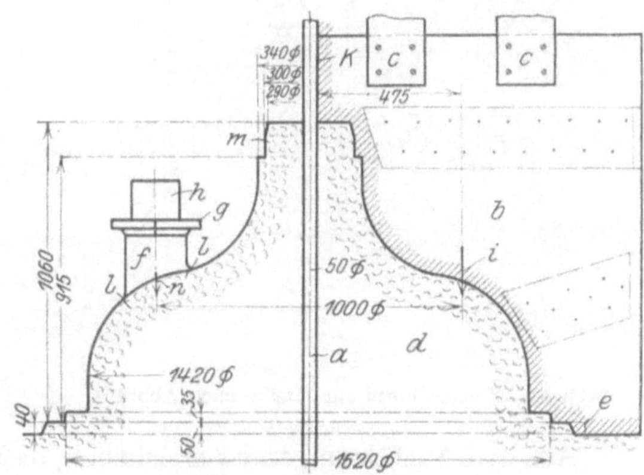

Abb. 465. Aufschablonierter Ballen zum Aufstampfen des Oberkastens.

Auch hier macht sich der Former wieder im Oberkasten eine entsprechend große Öffnung, um den oberen Flansch *D* vor dem Abheben des Oberkastens nach oben abziehen zu können (Abb. 467).

Abb. 466 ist der mittels Schablone b_1 abgedrehte Unterkastenballen. Die Form des Ballens a_1 entspricht der inneren Form der Haube Abb. 464, dementsprechend ist auch die ausgeschnittene Form der Unterkastenschablone b_1. Diese Schablone hat ihre Führung an der oberen Spindelkante bei *k* und unten am Schlüssel *e*. Die Schablone b_1 muß also wieder so lange über den Ballen a_1 gedreht werden, bis sie genau in der Schlüsselführung *e* läuft.

Abb. 467 gibt die fertige Form zur Haube nach Abb. 464 wieder: Oberkasten *a* hat seine Führung durch den punktierten Schlüssel *e*; die vier Stutzenkerne *b* werden durch den Oberkasten durch die Öffnungen *B* eingeführt, bekommen also somit in jeder Richtung einen festen Halt. Der noch offen bleibende Raum *B* wird, wenn die Kerne *b* eingesetzt sind, vollgestampft und die Luft der Kerne durch diese Öffnungen abgeführt. Öffnung *d*, die notwendig war, um den Modellflansch *D* (Abb. 468) abzuziehen, wird mit einem sog. „Lehmdeckel", einer aus Lehm angefertigten Platte *c*, abgedeckt. Diese wird wieder, wie bei *d* zu sehen ist, eingestampft.

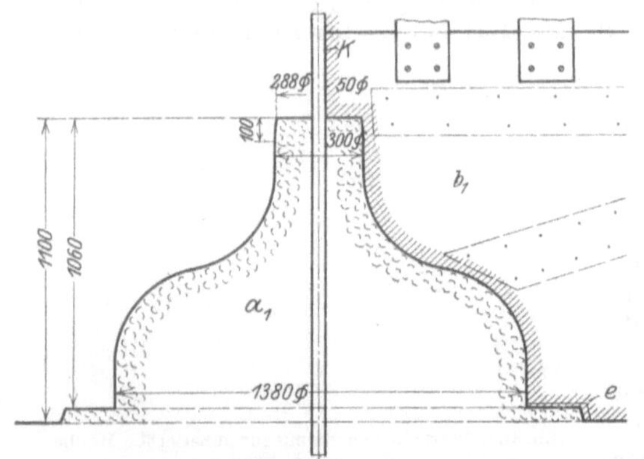

Abb. 466. Abschablonierter Unterkastenballen.

Abb. 468 zeigt die einzelnen im Modell anzufertigenden Teile zum Schablonieren der Haube, und zwar den oberen Flansch *D*, die vier Stutzen *f*, abgeschnitten auf der der Haubenform entsprechenden Linie *i*—*i* der vier Flanschen *g*. Diese Flanschen müssen in einzelne Teile geschnitten werden, wobei die Größenmaße *b* nicht größer sein dürfen als der Durchmesser *c*, mindestens aber noch um 5—10 mm kleiner, damit die einzelnen Stücke in der Pfeilrichtung abgezogen werden können. Einen Teil (*2*) macht man kleiner und zieht ihn zuerst ab, um Luft zum Abziehen der anderen Teile zu erhalten.

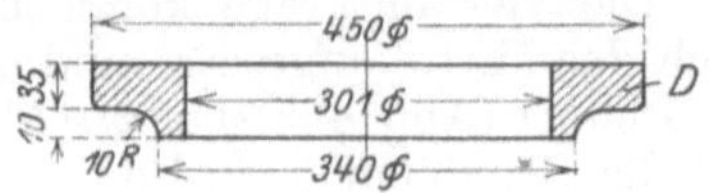

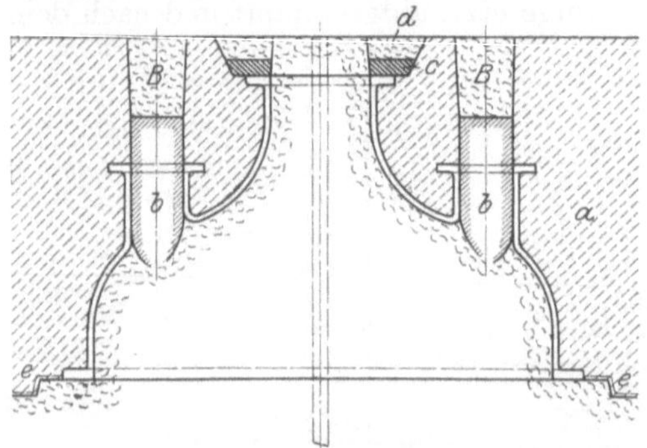

Abb. 467. Fertige Form zur Haube nach Abb. 464.

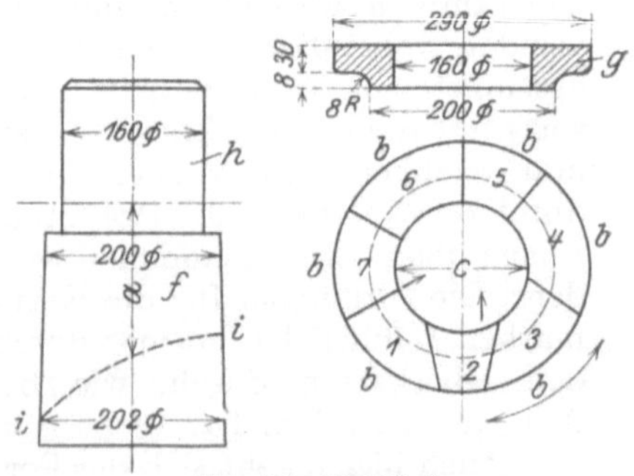

Abb. 468. Modellteile.

Aus den Ausführungen ist ersichtlich, daß durch Ausschablonieren schwieriger Formen oft hohe Modellkosten erspart werden können. In diesem Falle hat der Modellbauer nur anzufertigen:

eine Schablone *b* nach Abb. 465, eine Schablone b_1 nach Abb. 466, einen Flansch *D*, vier Stutzen *f* und vier Flanschen *g* nach Abb. 468.

62. Unterteil mit vier Füßen.

Abb. 469, Werkstattzeichnung zu einem Untersatz mit vier Füßen. Die erste Arbeit des Formers ist wieder, sein Koksbett im Herd zuzurichten, die Spindelvorrichtung einzubauen und den Herd wieder aufzufüllen. Ist dies geschehen, dann wird über Mitte Spindel ein Blechmantel von etwa 450 mm Höhe und etwa 1100 mm lichte Weite aufgesetzt und der Mantel im Inneren aufgestampft. Nun wird Schablonenbrett A_1 (Abb. 470) an den Spindelarm befestigt und der Ballen A abschabloniert. Dieser Ballen entspricht genau der äußeren Form des Untersatzes (Abb. 469). Auf diesen aufschablonierten Ballen A setzt der Former nun die vier vom Modellbauer angefertigten Füße C nach Abb. 471. Die Anpaßfläche der vier Modellfüße an den Ballen A (Abb. 470) arbeitet der Modellbauer genau nach seinem Modellaufriß aus.

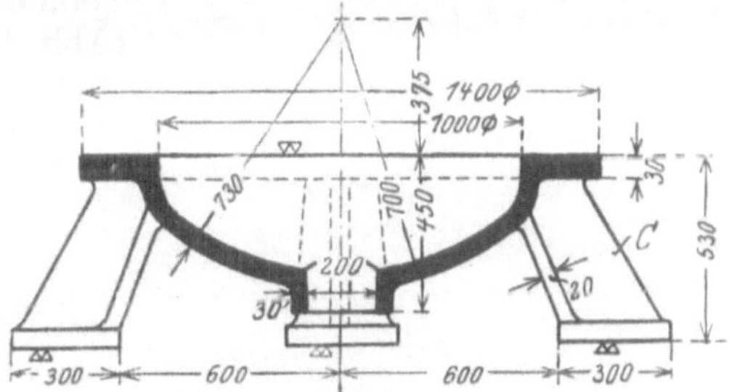

Abb. 469. Werkstattzeichnung zu einem Untersatz mit vier Füßen.

Das Aufsetzen der vier Füße ist sehr einfach. Der Modellbauer fertigt ein im Winkel übereinandergeplattetes Kreuz d (Abb. 472) an. Auf diesem Armkreuz werden die Mittellinien m und m_1 genau aufgetragen und nach diesen gegebenen Mittellinien die vier Füße C (Abb. 471) auf das Armkreuz aufgeschraubt. Genau im Schnittpunkt der Mittellinien m und m_1, also Mitte Armkreuz, wird ein Loch c_1 gleich 1 mm größer als der Spindeldurchmesser, eingebohrt und dann das Kreuz mit den vier Füßen so über die Spindel gesteckt, daß letztere mit der Anpaßfläche auf dem Ballen A (Abb. 470) sitzen.

Diese Arbeitsweise ist erforderlich, wenn man Gewähr haben will, daß die vier Füße in die richtige Lage zu sitzen kommen.

Sind die vier Füße aufgesetzt, so nimmt der Former seinen Oberkasten A_2 (Abb. 473) und stampft ihn bis an die Kanten g, also Oberkante der Füße, auf,

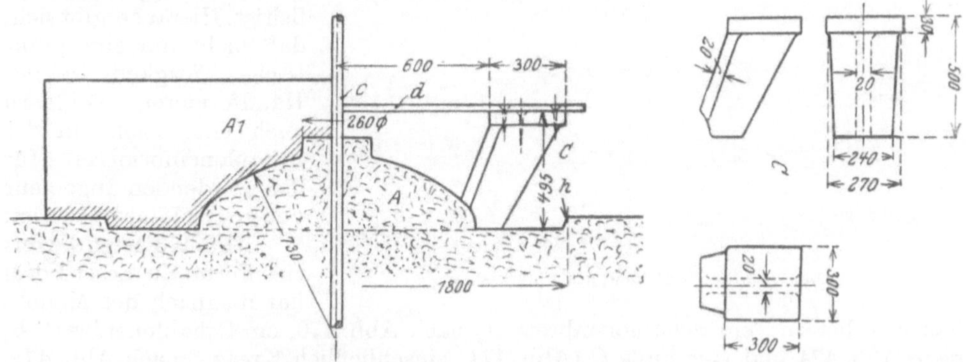

Abb. 470. Ausschablonieren des Oberkastenballens und Aufsetzen der vier Modellfüße nach Abb. 471.

Abb. 471. Aufbau der vier Modellfüße.

entfernt nun das aufgeschraubte Kreuz d (Abb. 472), legt auf die Sohlflächen der vier Modellfüße C je einen Lehmdeckel D (Abb. 473), stampft seinen Oberkasten A_2 auf und schneidet sich vier Öffnungen F bis auf die Lehmdeckel an.

Ist der Oberkasten aufgestampft, werden die vier Lehmdeckel D aus dem Kasten herausgenommen und durch die dadurch entstandenen Öffnungen die vier Modellfüße C in der Pfeilrichtung, wie Abb. 473 zeigt, aus dem Kasten herausgenommen und dann der Oberkasten A_2 über die Spindel c abgehoben.

Abb. 474 zeigt die Herstellung des Unterkastens B mittels Schablone B_1. Das Schablonenbrett B_1 wird in der üblichen Weise an der Spindel c befestigt und damit die Eisenstärke vom Ballen A (Abb. 470) abgezogen. Kante h ist der Schlüssel, also die Führung des Oberkastens A_2 (Abb. 473).

Ist der Unterkasten fertig, wird die Spindel c herausgenommen, Oberkasten A_2 (Abb. 473) aufgesetzt, die vier Lehmdeckel D eingelegt und der angeschnittene Hohlraum F vollgestampft.

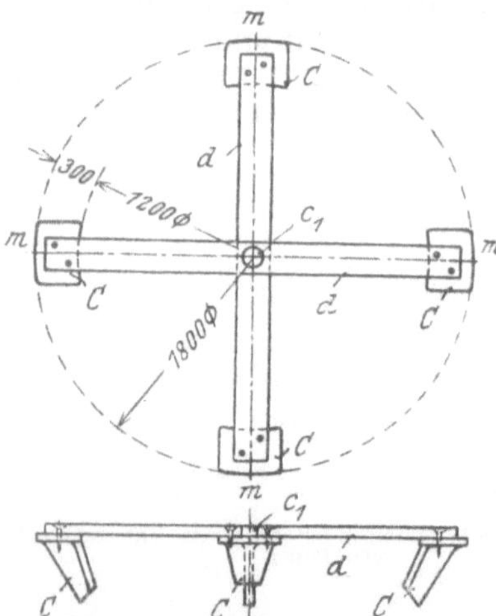

Abb. 472. Armkreuz mit den vier aufgeschraubten Modellfüßen.

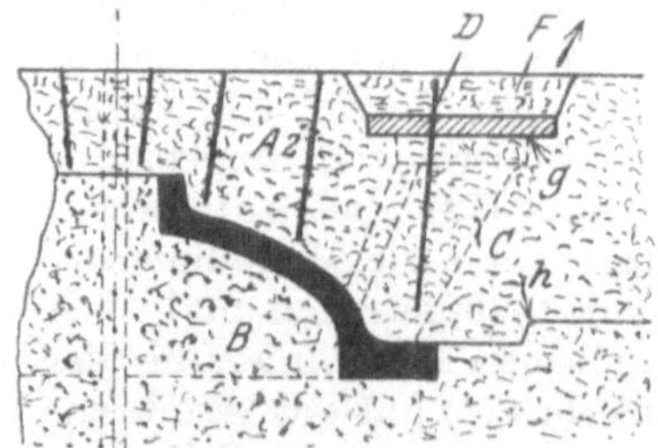

Abb. 473. Aufgestampfter Oberkasten.

Das Anschneiden der vier Öffnungen F hat also lediglich den Zweck, die eingestampften Füße C aus dem Oberkasten abziehen zu können, es ist aber auch Sache des Konstrukteurs, Fuß C so zu konstruieren, daß das Ausheben der Füße ohne Schwierigkeiten möglich ist. Hieraus ergibt sich, daß nicht nur eine praktische Tätigkeit in der Handformerei, sondern auch eine solche in der Schablonenformerei für den werdenden Ingenieur von großer Wichtigkeit ist.

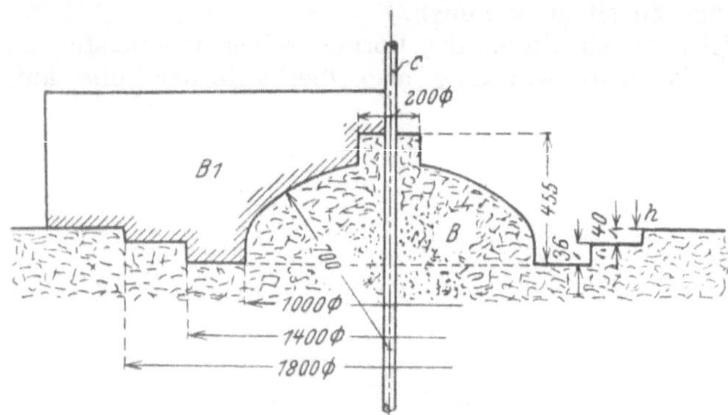

Abb. 474. Die Herstellung des Unterkastens.

Abb. 473 zeigt die fertige Form. Zu dieser Form hat demnach der Modellbauer zu liefern: ein Schablonenbrett A_1 nach Abb. 470, ein Schablonenbrett B_1 nach Abb. 474 und vier Füße C (Abb. 471) einschließlich Kreuz d nach Abb. 472.

63. Führungsstück.

Abb. 475 stellt auf der rechten Hälfte die Werkstattzeichnung zu einem Führungsstück, auf der linken Hälfte den Modellaufriß hierzu da. Da das Modell zylindrisch ist, läßt sich die Form gut schablonieren. Das bedeutet große Ersparnisse an Modellbauerlohn und Material. An Modellbauerlohn (Zeit) sind für das Modell $\sim$ 26 Stunden, für Material $\sim$ 0,200 cbm Modellholz anzusetzen. Die Herstellung der Schablonen erfordert $\sim 6^1/_2$ Stunden Arbeitszeit, für Material ist $\sim$ 0,0250 cbm Modellholz in Anrechnung zu bringen, also der vierte Teil Arbeitszeit und etwa der zehnte Teil Holz beim Schablonieren gegenüber einem Modell. Allerdings muß beim Schablonieren an Formerlohn etwas mehr angesetzt werden, was aber in der Frage der Modellanfertigung nicht ausschlaggebend sein kann.

Der Kernkasten muß angefertigt werden, ob die Form durch Modell oder auf Schablonenwege hergestellt wird, er ist darum in obiger Kalkulation nicht enthalten.

Abb. 476 zeigt das Bett zum Aufstampfen des Oberkastens. Nachdem der Former seine Spindel A_1 gestellt, sein Koksbett aufgefüllt und den Herd auf-

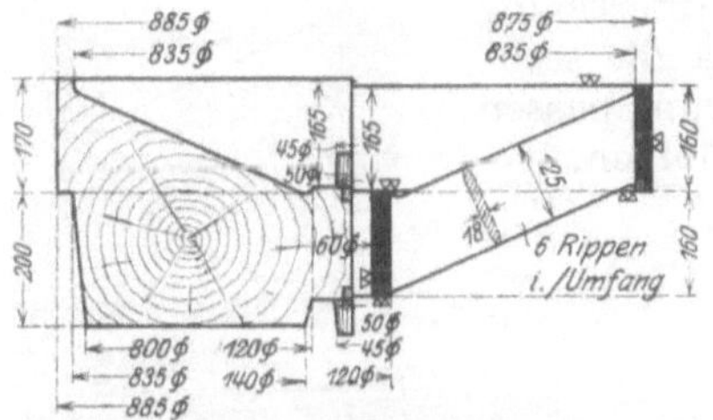

Abb. 475. Führungsstück. Rechte Hälfte, Werkstattzeichnung. Linke Hälfte, Modellaufriß.

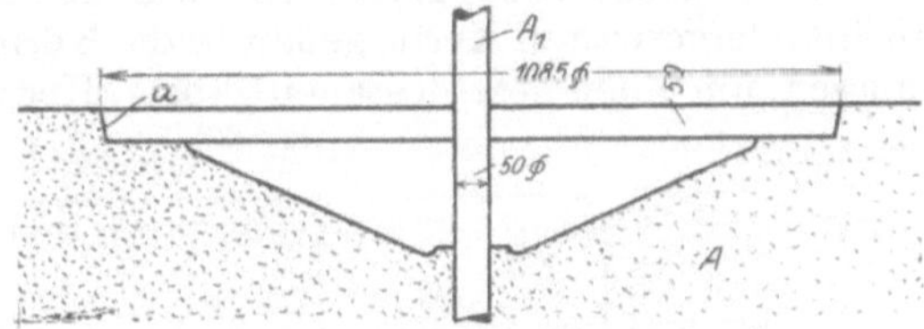

Abb. 476. Bett zum Aufstampfen des Oberkastens.

gestampft hat, setzt er an die Spindel A_1 das Schablonenbrett B_1 (Abb. 477) und schabloniert damit sein Bett zum Aufstampfen des Oberkastens im Unterkasten A (Abb. 476) aus. Es sei auch hier nochmals darauf hingewiesen, daß die Schablone genau im Winkel von 90° zur Spindel stehen muß und dementsprechend am Spindelarm zu befestigen ist, denn beim Aufreißen aller Schablonen für zylindrische Teile geht der Modellbauer stets von Mitte Spindel aus. Die halbe Spindelstärke wird erst abgeschnitten, wenn der Spindeldurchmesser genau festliegt. Die an der Schablone B_1 (Abb. 477) gekennzeichnete Kante a dient dazu, den Kastenschlüssel (oder auch Kastenführung genannt) auszuschablonieren. Die Form der Schablone entspricht genau der Vertiefung des Modellaufrisses (Abb. 475, linke Hälfte).

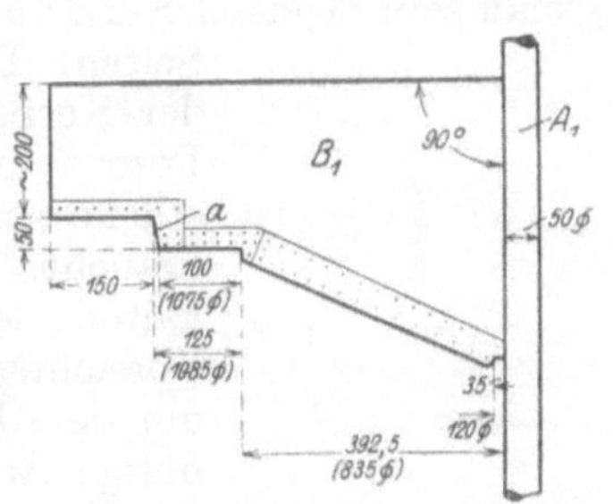

Abb. 477. Schablone zum Ausdrehen des Bettes.

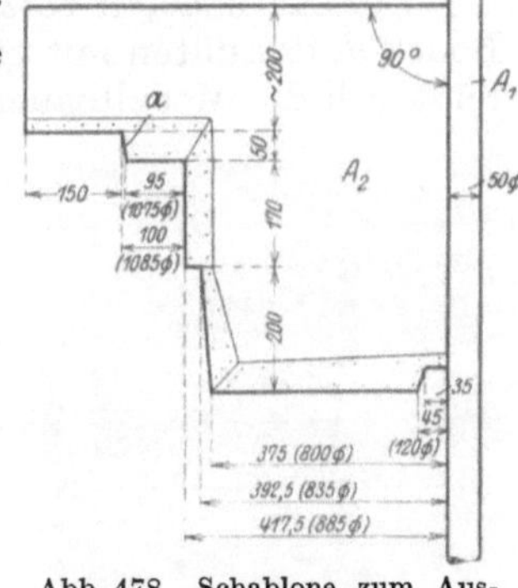

Abb. 478. Schablone zum Ausschablonieren des Unterkastens.

Ist die Vertiefung im Herd nach Abb. 475 hergestellt, so wird sie mit Streusand bedeckt, der Oberkasten aufgesetzt, aufgestampft, Einguß- und Steigtrichter angeschnitten, dann der Kasten abgehoben und gewendet, damit der anhängende Ballen abpoliert werden kann.

Alsdann nimmt der Former die Schablone A_2 (Abb. 478) und setzt sie wieder genau im Winkel von 90° an den Spindelarm. Der Former entfernt vorerst allen überflüssigen Sand und arbeitet sich in senkrechter Richtung langsam so weit herunter, bis Kante a der Schablone die Schlüsselkante a im Unterkasten (Abb. 481) berührt. Diese Kante darf nicht verletzt werden, da sie dem Oberkasten als Führung dient. Da beim Schablonieren die Schneidflächen großer Schablonen stark leiden, ist es empfehlenswert, diese mit Blech (Abb. 477 und 478) zu beschlagen.

Bei Abb. 479 ist der Schnitt durch den fertigen Unterkasten ersichtlich.

Abb. 480 zeigt den Kernkasten zum Aufstampfen der Kerne, die zur Herstellung der Form benötigt werden. Die Verbindung des äußeren Ringes mit der Nabe (Abb. 475, rechts) ist durch sechs Rippen hergestellt. Wollte man einen ganzen, halben oder drittel Kernkasten machen, so müßte eine Menge Holz verschnitten werden und die Bearbeitung der Kernkasteneinzelteile erforderte mehr Zeit als nötig, da mit einem Sechstel Kernkasten dem Former vollständig gedient ist. Die Kernteilung geht von Mitte zu Mitte Rippe. Die Anfertigung des Kernkastens muß genau vor sich gehen, da die sechs aneinandergesetzten Kerne genau in die Kernführung passen müssen, um einen geschlossenen ganzen Kern zu bilden.

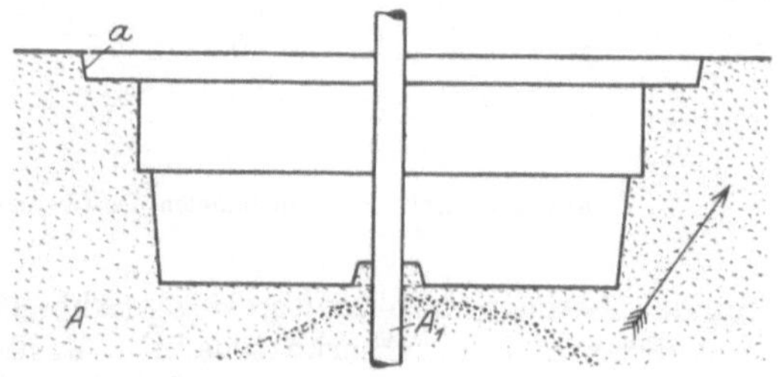

Abb. 479. Fertiger Unterkasten.

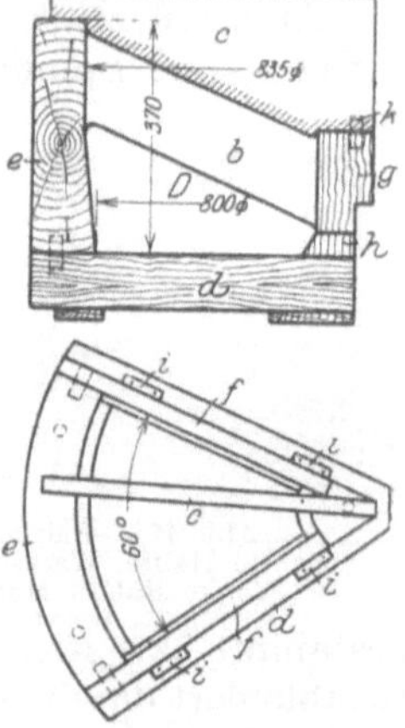

Abb. 480. Kernkasten zum Modell nach Abb. 475 linke Hälfte.

Der Kernkasten setzt sich nach Abb. 480 zusammen aus dem eigentlichen Boden *d*, der unten mit zwei Verstärkungsleisten versehen ist. Auf diesem Boden reißt sich der Modellbauer genau sein Sechstel Kern auf minus $^1/_2$ mm auf beiden Seiten. Diese seitliche Schwächung der Kerne hat den Zweck, daß der Former beim Einlegen der Kernstücke nicht etwa zu schaben braucht. Es ist dieses Knapperhalten des Kernes also nur eine Vorsichtsmaßregel des Modellbauers, um dem Former gegebenenfalls unnötige Arbeit zu ersparen.

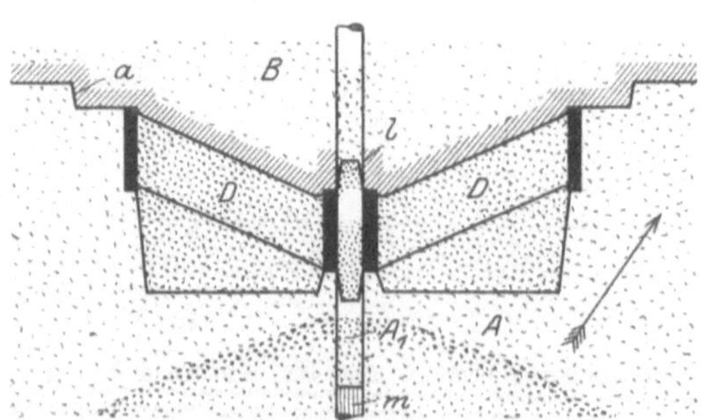

Abb. 481. Schnitt durch die ausgegossene Form zum Werkstück nach Abb. 475 rechte Hälfte.

Auf diesem Kernkastenboden *d* bauen sich nun der Reihe nach die einzelnen Teile auf. *e* ist das äußere Segmentstück, *f* sind die beiden Seitenwände, *g* und *h* sind ebenfalls Kreissechstel, die vier Leisten *i* dienen den Seitenwänden *f* als Führung, damit diese beim Kernaufstampfen nicht seitlich verschoben werden. Auf jeder *f*-Seite sitzt eine halbe Rippe *b* von 9 mm Stärke, so daß sich also beim Zusammensetzen der Kerne eine Rippenstärke von 18 mm ergibt. Die obere Fläche des Kernes wird mit einer Schablone *c* abgezogen. Der Kernkasten ist in seinen Einzelteilen durch Dübel und Schrauben so verbunden, daß er beim Zusammensetzen immer wieder in seine richtige Lage zu sitzen kommt. Abb. 481 gibt die fertige Form im Schnitt wieder. Sobald der Unterkasten nach *A* (Abb. 479) ausschabloniert ist, entfernt der Former die Spindel A_1, indem er sie aus dem eingestampften Spindelführungslager heraushebt, setzt wieder einen Holzdorn *m* von 50 mm Durchmesser = Spindelstärke in die entstandene Öffnung, damit beim Aufstampfen des 50er-Loches kein Sand in das Spindelführungslager fällt, und setzt seinen Bohrungskern *l* so tief ein, daß dieser noch etwas Führung im Oberkasten erhält. Alsdann werden die sechs Kerne *D* eingesetzt und der Oberkasten *B*, der durch die Schlüsselkante *a* geführt ist, aufgesetzt. Die Spindelöffnung im Oberkasten muß ebenfalls zugestampft werden, damit sich Kern *l* beim Gießen nicht hebt. Im Unterkasten *A* (Abb. 481) müssen dann wieder die Windpfeifen eingesetzt werden, wie die angegebene Pfeilrichtung zeigt.

64. Planscheibe.

Die genaue Lage der in die Form einzulegenden Kerne wird in den meisten Fällen durch Kernführungen erzielt. Allerdings kommt es auch in der Gießereipraxis vor, daß sich Kerne in der Form ineinanderführen. In einem solchen Falle befinden sich dann die Kernführungen an den tragenden Kernen. Handelt es sich nun darum, in einer Form möglichst viele gleichmäßige Kerne anzubringen, so kann man auch einen anderen Weg einschlagen, der den Vorteil bietet, daß man durch ihn noch ganz erheblich an Modellkosten spart. Nachstehend soll das Einsetzen von Schlitzkernen in die Form zu einer Planscheibe erläutert werden.

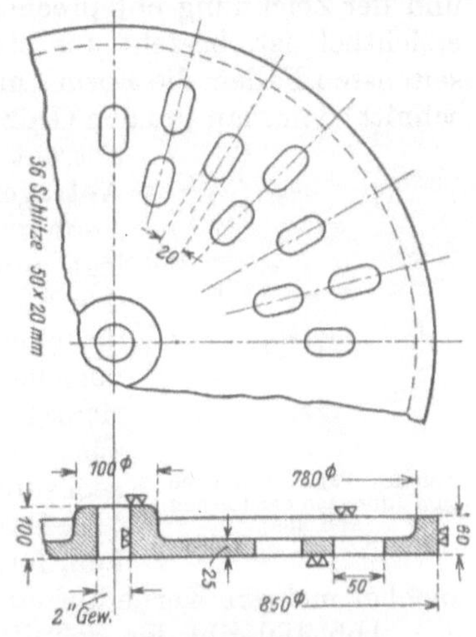

Abb. 482. Werkstattzeichnung zu einer Planscheibe.

Abb. 482 zeigt die Werkstattzeichnung zu dieser Planscheibe, in welcher sechsunddreißig Schlitze, 50 × 20 mm, eingegossen werden sollen. Es wird angenommen, daß es sich nicht um Massenherstellung derartiger Planscheiben handelt, sondern um ein Ersatzgußstück, welches schabloniert werden soll, um mit möglichst geringen Modellkosten auszukommen.

Abb. 483 gibt den bekannten Modellaufriß wieder. Der schraffierte Teil kennzeichnet die Bearbeitungszugabe. Bei diesem Modellaufriß sind die Schlitzkerne nicht aufgezeichnet, weil Kernmarken zur Führung der Kerne bei dieser Ausführung nicht in Frage kommen.

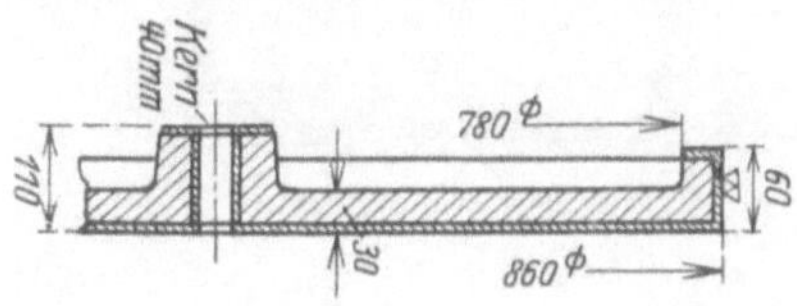

Abb. 483. Modellaufriß zur Planscheibe nach Abb. 482.

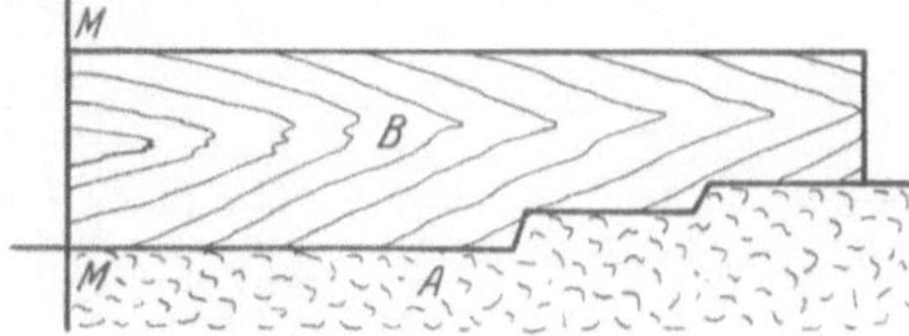

Abb. 484. Ausschablonieren des falschen Bettes zum Aufstampfen des Oberkastens.

Die schablonenmäßige Herstellung der Form zur Planscheibe nach Abb. 482 und 483 geht in der üblichen Weise vor sich. Der Former befestigt das Schablonenbrett *B* (Abb. 384) an die Spindel und schabloniert mit dieser Schablone das

Bett zum Aufstampfen des Oberkastens *D* (Abb. 489) aus dem Herd aus. Dann setzt er die Modellnabe *E* (Abb. 485) über die Spindel, bringt den Oberkasten *D* auf den Herd und stampft diesen auf. Nachdem der Oberkasten abgedeckt ist, wird die Nabe *E* wieder entfernt und das Schablonenbrett *C* (Abb. 486) an der Spindel befestigt und mit dieser Schablone die Eisenstärke aus dem Unterkasten (Herd) *A* ausschabloniert.

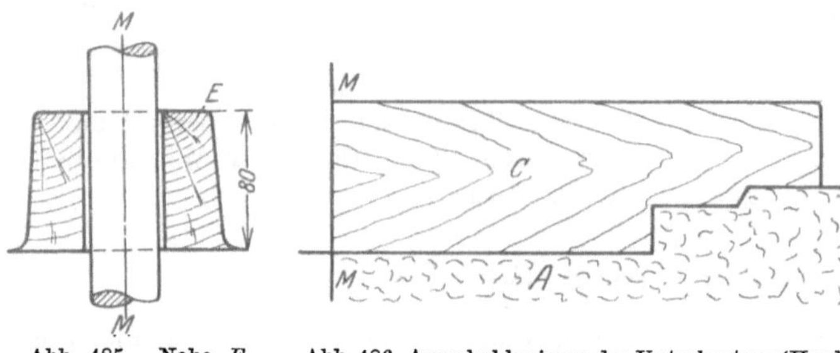

Abb. 485. Nabe *E* zum Überstecken über die Spindel.

Abb. 486. Ausschablonieren des Unterkastens (Herd).

Da nun die Kernmitten genau radial zur Mitte Spindel liegen, muß der Modellbauer dem Former eine Schablone anfertigen, welche es diesem ermöglicht, die Kerne genau und der Zeichnung entsprechend einzulegen. Diese Schablone *F*, die aus Abb. 487 ersichtlich ist, besteht aus starkem Zeichenpapier. Die Schablone deckt in den seltensten Fällen die Form; man begnügt sich in der Regel mit einem Kreisausschnitt, den man je nach Größe des Gußstückes vier-, sechs-, acht- und mehrmals abträgt. Im vorliegenden Falle würde sich ein viermaliges Abtragen nötig machen. Die Schlitze schneidet man etwa 1 mm größer im Umfang aus dem Papier heraus. Der Former legt nun zum Einlegen der Kerne die Papierschablone auf den Boden des ausschablonierten Herdes (*A*) auf und steckt die einzelnen Kerne *a* (Abb. 489), welche mit Stiftlöchern versehen sind, in den Öffnungen fest. Sind die Schablonen richtig geschnitten, fügen sich also die vier Sektoren gut zusammen, so ist es dem Former eine Leichtigkeit, die sechsunddreißig Schlitzkerne genau einzusetzen.

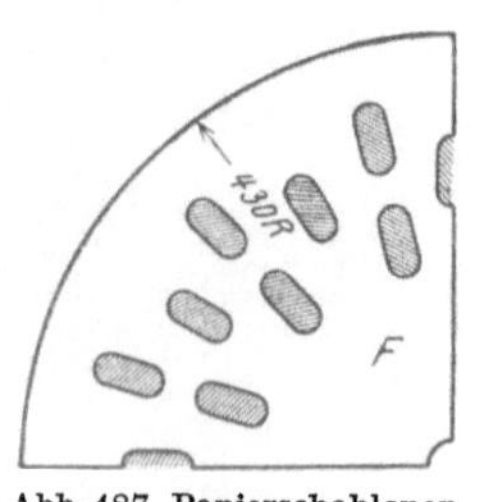

Abb. 487. Papierschablonen zum Einsetzen der Kerne *a* (Abb. 489).

Um Zeit bei der Herstellung der Schlitzkerne zu gewinnen, fertigt man einen Kernkasten an, in welchem der Kernmacher mehrere Kerne auf einmal herstellen kann, wie auf Abb. 488 ersichtlich ist.

Abb. 489 gibt den Schnitt durch die ausgegossene Form mit den eingesetzten und angestifteten Kernen *a* wieder. — Wenn man bei dieser Schablonenarbeit die einzelnen Schlitzkerne in Kernführungen geführt hätte, so wäre das Aus-

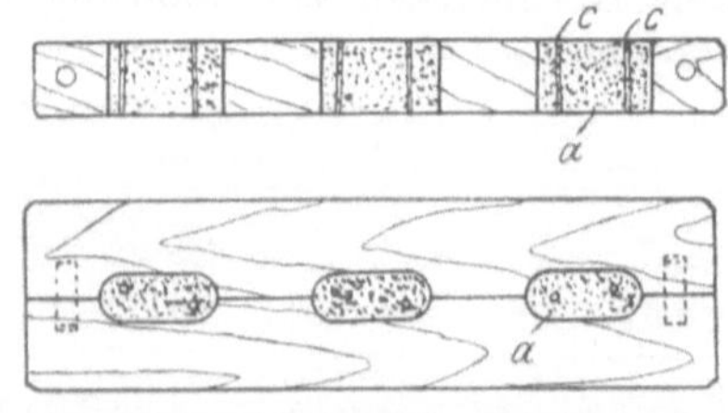

Abb. 488. Kernkasten mit aufgestampften Schlitzkernen.

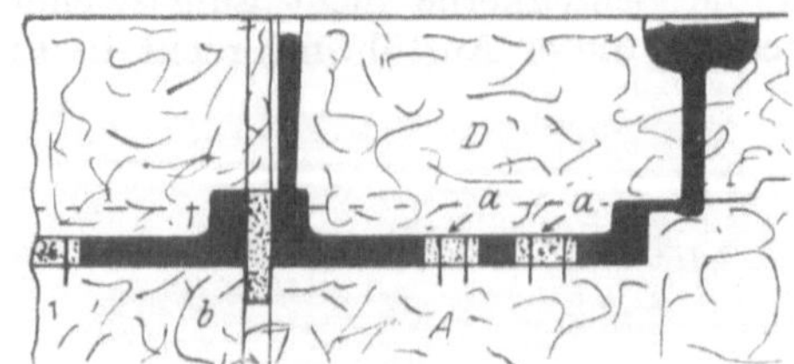

Abb. 489. Schnitt durch die ausgegossene Form.

schablonieren der Form bedeutend umständlicher gewesen. Hätten aber gar die Kerne, wie dies leicht und häufig vorkommt, nicht genau in die Kernführungen gepaßt, so wäre auch noch die Mehrarbeit, welche das Abfeilen der Kerne beansprucht, mit einzukalkulieren gewesen.

65. Fundamentring.

Ob man zu einer Form einen Sand- oder Lehmkern verwendet, hängt lediglich von der Konstruktion des Kernes ab. In der Regel verwendet man Lehmkerne (gemauerte Kerne), wie bereits schon erwähnt, bei großen Kernen, da letztere widerstandsfähiger sind. Abb. 490 gibt die Werkstattzeichnung zu einem Fundamentring wieder, welcher im Inneren eine kreisförmige Aussparung besitzt, die durch acht Rippen unterteilt ist.

Wenn auch die Konstruktion in formtechnischer Hinsicht keine Schwierigkeiten aufweist, so kann man doch bei der Herstellung des Kernes zwei Wege einschlagen. Nach der Bauart des Kernes richtet sich auch die Ausschablonierung der Form, da ja in der Form die Kernlagerung bzw. Kernführung vorhanden sein muß. Im vorliegenden Falle besteht die Möglichkeit, entweder einen zylindrischen Lehmkern zu verwenden, wie Abb. 491 zeigt, oder aber man verwendet acht Segmentkerne aus Lehm nach Abb. 492.

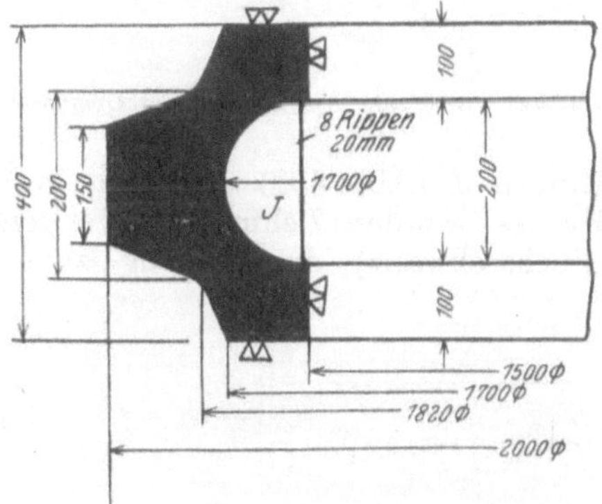

Abb. 490. Werkstattzeichnung zu einem Fundamentring.

Die Herstellung der Form bei der Verwendung eines zylindrischen Kernes geht wie folgt vor sich:

Der Former stellt seine Spindel a (Abb. 494) wieder lotrecht in den Herd und schabloniert aus dem Herd A mit Schablone C das Bett zum Aufstampfen des Oberkastens F (Abb. 495) aus. Beim Aufstampfen des Oberkastens F muß der Former einen oder mehrere Eingußtrichter G und Steigtrichter H anschneiden. Wenn nun kein entsprechend runder Formkasten vorhanden ist, wird man aus wirtschaftlichen Gründen selbstredend den Oberkasten F nicht weiter aufstampfen, als nötig ist, d. h. nur so weit, daß der Lehmkern genügend gedeckt ist.

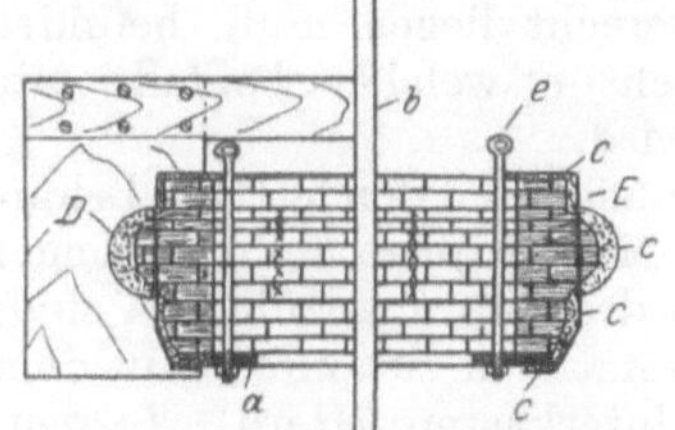

Abb. 491. Schablonierter Lehmkern.

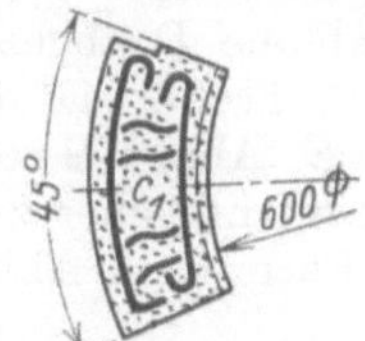

Abb. 492. 1/8 Sandkern.

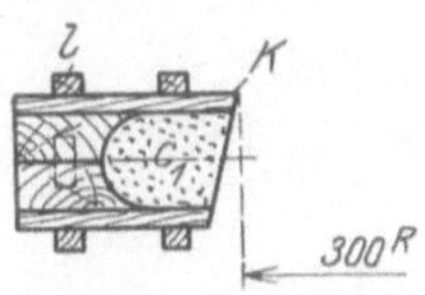

Abb. 493. Kernkasten zu einem 1/8 Sandkern.

Ist der Oberkasten aufgestampft, so wird er abgehoben, gewendet, poliert und geschwärzt. Alsdann setzt der Former Schablone B (Abb. 496) an den Spindelarm und schabloniert mit dieser Spindel die Profilierung des Unterkastens A einschließlich der Kernführung m nach Modellaufriß Abb. 497 aus. Der aufgemauerte Lehmkern E, welcher zur Herstellung der Form nach Abb. 495 verwendet werden soll, ist aus Abb. 491 ersichtlich. Die Herstellung des Kernes geht etwa wie folgt vor sich:

Der Kernmacher stellt seine Spindel in einen „Königsstuhl" (ein Wagen mit Schabloniervorrichtung) und legt auf eine mit Lehm bestrichene Platte einen entsprechend großen Rost d, welcher mit zwei oder vier Trageisen (Anhängeeisen) e

versehen ist. Auf diesen Rost d baut der Kernmacher seine Steine auf und rechnet den Durchmesser des Mauerwerkes so viel kleiner, daß er ringsherum noch etwa 25 mm Lehmschicht c auftragen kann. An der Stelle, wo der Kernmacher die acht

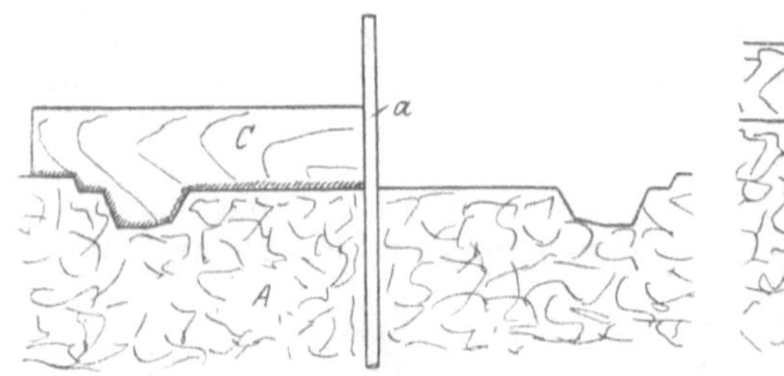

Abb. 494. Bett zum Ausstampfen des Oberkastens.

Abb. 495. Schnitt durch die ausgegossene Form, bei Verwendung eines Lehmkernes nach Abb. 491.

Rippen J (Abb. 499) einsetzen muß, also an der kreisförmigen Rundung des Kernes, werden Lehmsteine verwendet, weil der Kernmacher mit einer Säge (Fuchsschwanz) die Öffnung zum Einsetzen der Rippen einschneiden muß. Nach dem Auftragen der Lehmschicht c wird Schablone D (Abb. 491) an

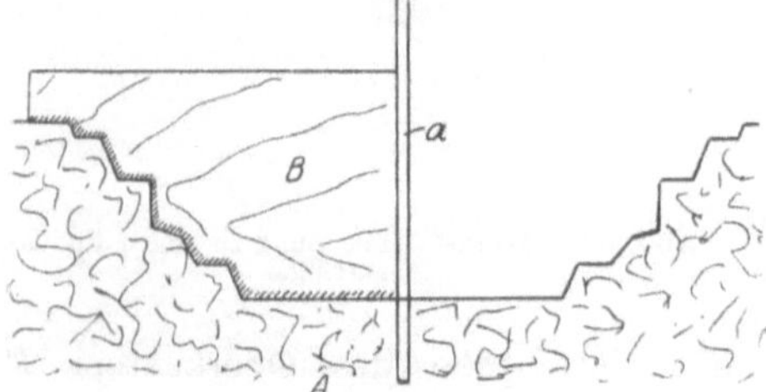

Abb. 496. Ausschablonierter Unterkasten zur Form nach Abb. 495.

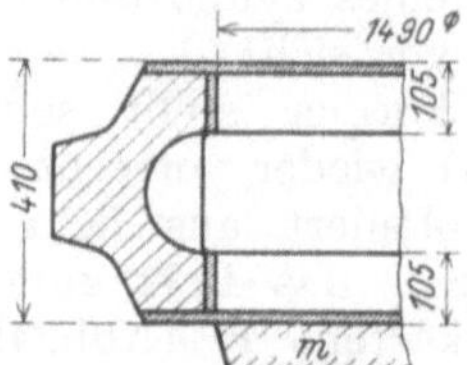

Abb. 497. Modellaufriß bei Benutzung eines Lehmkernes nach Abb. 495.

den Spindelarm befestigt und damit die äußere Profilierung des Kernes gezogen. Da der Kern in der Form genau waagerecht liegen muß, befindet sich auch unter dem Rost d noch eine Lehmschicht c, welche ebenfalls mit Schablone D abgezogen wird.

Abb. 498 zeigt die Draufsicht auf den fertigen Lehmkern E. Abb. 499 zeigt die Modellrippen J, von welchen dem Kernmacher zwei bis drei Stück anzuliefern sind. Die Form nach Abb. 495 setzt sich zusammen aus dem Unterkasten (Herd) A, dem nicht ganz aufgestampften Oberkasten F, aus dem Eingußtrichter G und dem Steigtrichter H. Die Schlüsselkante f—g dient dem Oberkasten F wieder als Führung.

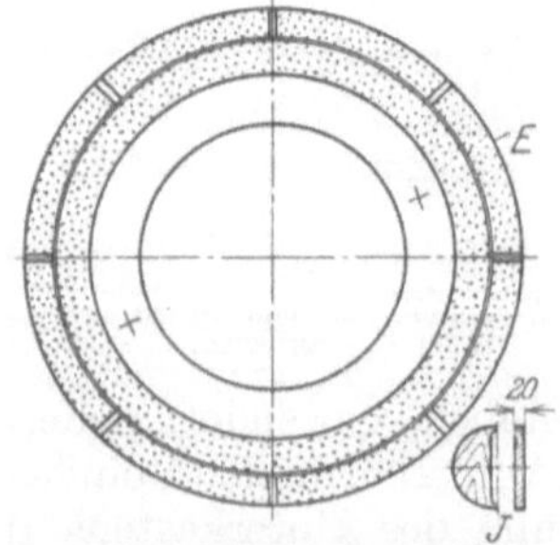

Abb. 498 u. 499. Draufsicht auf den Lehmkern E und Modellrippe J.

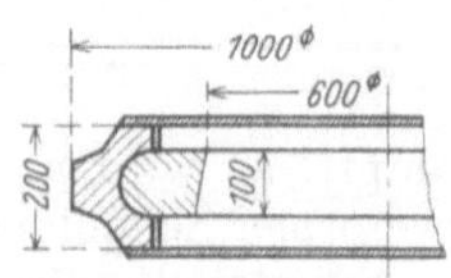

Abb. 500. Modellaufriß bei Verwendung von Segmentkernen.

Der Modellbauer hat zur Herstellung dieser Form zu liefern: ein Schablonenbrett C nach Abb. 494, ein Schablonenbrett B nach Abb. 496, eine Kernschablone D nach Abb. 491 und zwei bis drei Modellrippen nach Abb. 499.

Der zweite Weg, welcher zur Herstellung der Form beschritten werden kann, ist, wie schon erwähnt, die Verwendung von Segmentkernen. In diesem Falle stellt sich nach Abb. 500 und 501 die Ausschablonierung der Form etwas anders. Der Former zieht mit Schablone J (Abb. 501, obere Schraffur) sein Bett zum Aufstampfen des Oberkastens F, welcher im Inneren mit der Oberkante des Kernes c_1 abschneidet. Die Schablone zum Ausschablonieren des Herdes A hat die Profilierung der unteren Schraffur und geht ebenfalls bis Oberkante der Kerne c_1, so daß sich an dieser Stelle die beiden Kerne decken und die Segmentkerne c_1 mithin fest in der Form liegen. Bei geöffneter Form, also wenn der Oberkasten F abgehoben ist, lassen sich die Segmentkerne sehr gut einlegen. Abb. 492 zeigt einen Segmentkern mit eingelegten Eisen, Abb. 493 den zweiteiligen Kernkasten K, dessen Wände durch die Leisten l verstärkt sind.

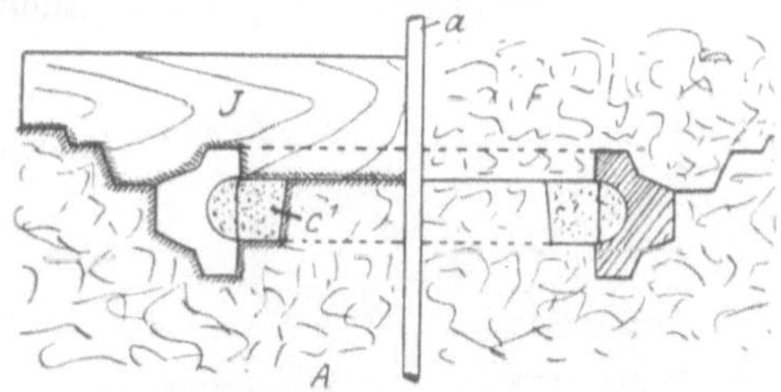

Abb. 501. Herstellung und Schnitt durch die Form mit eingelegten Segmentkernen.

Es wirft sich nun hierbei die Frage auf, welche Kernanfertigung ist vorteilhafter. Die Herstellung des zylindrischen Kernes nach Abb. 491 ist kostspieliger, aber man muß auf der anderen Seite berücksichtigen, daß zur Herstellung dieses Kernes nur ein Schablonenbrett D erforderlich ist, zuzüglich der zwei oder drei Modellrippen J (Abb. 499), die Modellkosten also sehr gering sind, und der Former nur einen Kern einzulegen hat. Anders liegen die Verhältnisse bei der Verwendung von Segmentkernen nach Abb. 492 und 493. Hier ist ein Kernkasten erforderlich. Der Kernmacher muß acht Kerne anfertigen, der Former ebensoviel einlegen und genau ausrichten. Während bei einem Kern nach Abb. 491 keine Kernzusammenstöße, also Gußnähte, in Erscheinung treten, lassen sich diese bei der Ausführung in Segmentkernen nach Abb. 492 und 493, selbst bei einwandfreier Arbeit des Formers, nicht vermeiden. Trotzdem wird man Segmentkernen den Vorzug geben, weil die Materialkosten und auch der Arbeitslohn für den Kern E nach Abb. 491 zu hoch sind.

66. Zylindrisches Zwischenstück.

Abb. 502 zeigt die Werkstattzeichnung zu einem zylindrischen Zwischenstück, Abb. 503 den Modellaufriß hierzu. Hier setzt sich die Form aus drei Teilen zusammen: aus dem Unterkasten, dem Mantelkasten (mittlerem Kasten) und dem Oberkasten. Während Kern a nur im Unterkasten Führung bekommt, führt der Modellbauer den Kern b im Kern a und im Oberkasten. Die Herstellung der Form geht wie folgt vor sich:

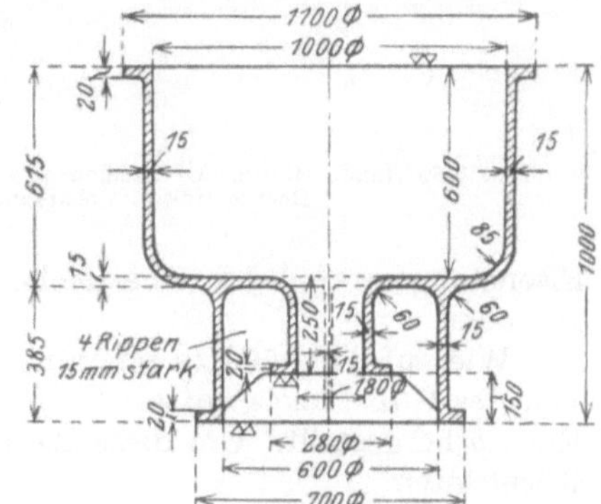

Abb. 502. Werkstattzeichnung zu einem Zwischenstück.

Der Former stellt seine Spindel von 60 mm Durchmesser, füllt sein Koksbett auf und stellt seine Windpfeifen. Dann wird der Herd planiert.

Abb. 504 zeigt Schablone D zum Ausdrehen der Mantelkastenführung. Ist die Schlüsselführung h (Abb. 513) ausschabloniert, so wird ein entsprechend passender Mantelkasten B (Abb. 511) ausgesetzt, vollgestampft und mit Schablone E (Abb. 505) das falsche Bett zum Aufstampfen des Oberkastens sowie die Schlüsselkante *b* zu deren Führung ausschabloniert.

Ist der Mantelkasten mittels Schablone *E*, wie Abb. 505, rechts zeigt, ausschabloniert, so wird die Schablone nebst Spindelarm von der Spindel abgezogen und Kernmarke *F* (Abb. 506) über die Spindel gedeckt. Befestigt braucht diese Kernmarke nicht zu werden, da sie ja rund ist, und ein Verdrehen um ihre Achse keinen Nachteil bringt. Es empfiehlt sich, auch diese Schablone mit Blechstreifen, wie bei (Abb. 477) gekennzeichnet, zu beschlagen, damit sich die schrägen Kanten durch den scharfen Sand nicht zu sehr abnutzen.

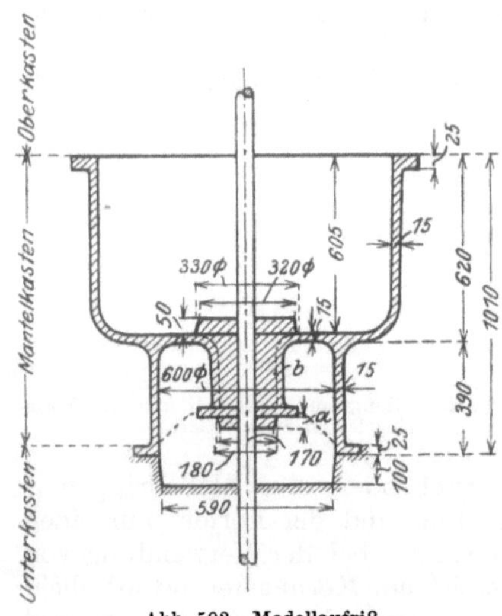

Abb. 503. Modellaufriß.

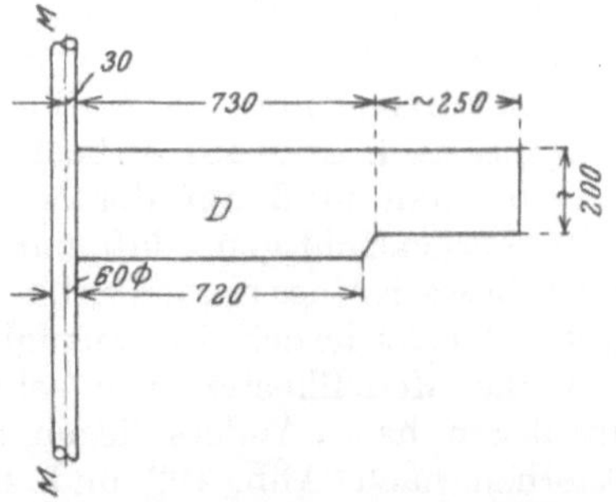

Abb. 504. Schablone zum Anschneiden der Mantelkastenführung.

Auf Abb. 505, links sehen wir den aufgestampften Oberkasten *C*. Der anhängende Ballen C_1 wird durch einen Rost *G* wieder gehalten und dieser mittels

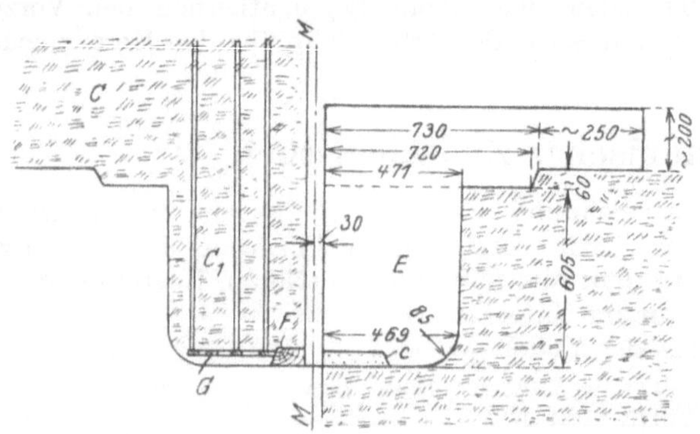

Abb. 505. Linke Hälfte. Oberkasten mit anhängendem Ballen. Rechte Hälfte. Schablone *E*.

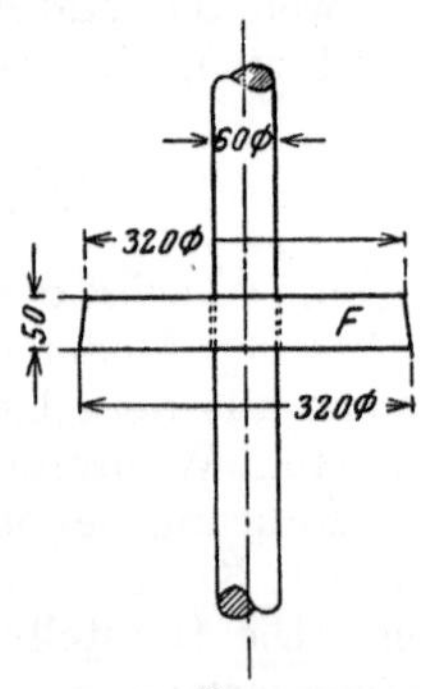

Abb. 506. Über die Spindel gesetzte Kernmarke *F*.

Eisenstangen von der Oberfläche des Oberkastens aus in eine feste Stellung gebracht.

Wie auf Abb. 503 zu sehen ist, wird der Innenraum im unteren zylindrischen Teil des Gußstückes mittels Kern *a* und der Durchgang durch den Stutzen durch Kern *b* hergestellt. Um diese Kerne herzustellen, benötigt der Kernmacher zwei Kernkästen.

Auf Abb. 509 sehen wir den Schnitt durch den Kernkasten zum Aufstampfen des Kernes *b* (Abb. 509). Der Kernkasten ist dreiteilig. Er besteht aus dem

Boden f, der durch aufgeschraubte Leisten f_1 verstärkt ist. In diesen Boden ist die Nabe g mit losem Ring h_1 und vier Rippen i sowie der aus mehreren aufeinander-

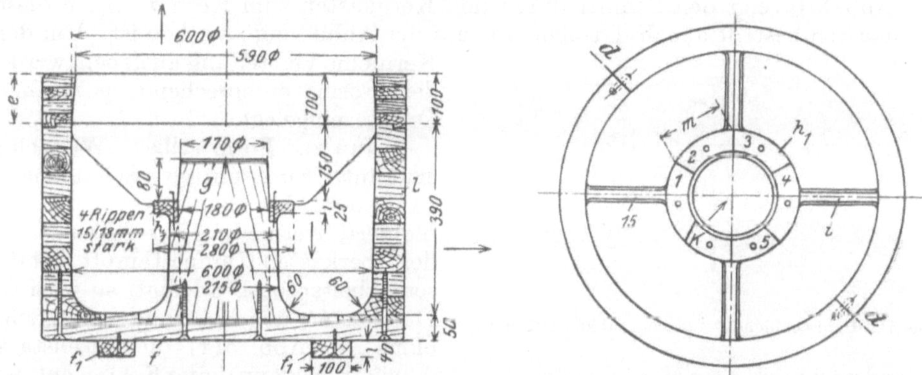

Abb. 507. Schnitt durch den Kernkasten zum Kern h (Abb. 513).

Abb. 508. Draufsicht auf den Kernkasten (Abb. 507).

geleimten Segmenten bestehende Kernkastenkranz l eingefalzt. Der obere Teil e der Kernkasten entspricht der Kernmarke F (Abb. 505 und 506), ist dementsprechend kegelig ausgedreht und mittels Falz mit dem Teil l verbunden. Während Teil e des Kernkastens in vertikaler Pfeilrichtung abgehoben wird, wird Teil l in horizontaler Richtung abgenommen. Bei Abb. 508 finden wir die Teilung des Kernkastenmittelstückes e bei d—d. Die vier Rippen i sind 16 auf 18 mm konisch gehalten, damit sie sich in der angegebenen Pfeilrichtung gut aus dem aufgestampften Kern herausnehmen lassen. Beim Herausnehmen der Nabe g mit den angesetzten Rippen i ist natürlich der Flansch h_1 im Wege. Derselbe bleibt aus diesem Grunde lose und wird, wie auf Abb. 508 zu sehen ist, in verschiedene Teile geschnitten.

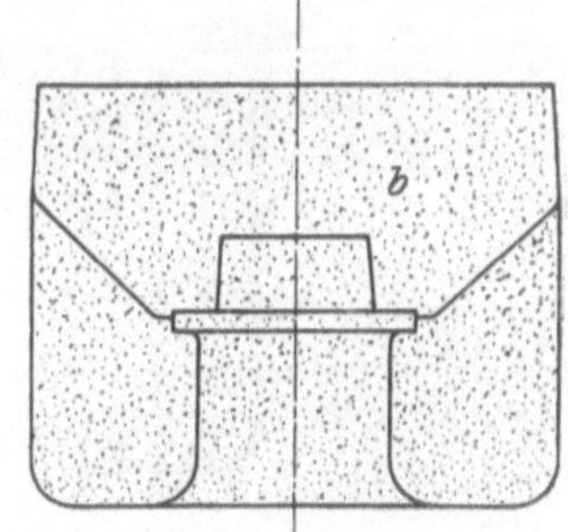

Abb. 509. Schnitt durch den Kern.

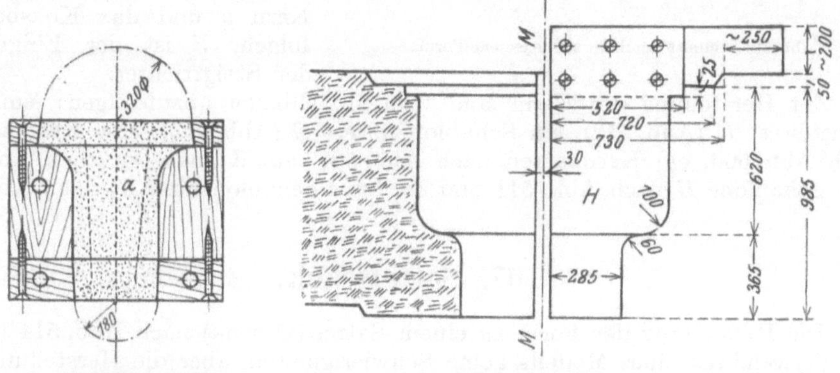

Abb. 510. Schnitt durch den Kernkasten mit aufgestampftem Kern a (Abb. 513).

Abb. 511. Ausschablonieren der Eisenstärke aus dem Mantelkasten B (Abb. 513).

Dabei wird ein Teil k so geschnitten, daß er sich in der Pfeilrichtung hereinziehen läßt, und es darf keiner der Teile *1* bis *5* ein größeres Maß m aufweisen als der obere Durchmesser der Nabe $g = 210$ mm (Abb. 507) ist, da sonst die einzelnen Teile nicht aus dem aufgestampften Kern zu entfernen sind.

Abb. 510 zeigt den Schnitt durch den Kernkasten zum Kern a. Auch dieser Kernkasten besteht aus drei Teilen, wie auf der Abbildung zu sehen ist. Um dem Kern eine Versteifung zu geben, werden der Form entsprechend gebrochene Drähte eingelegt.

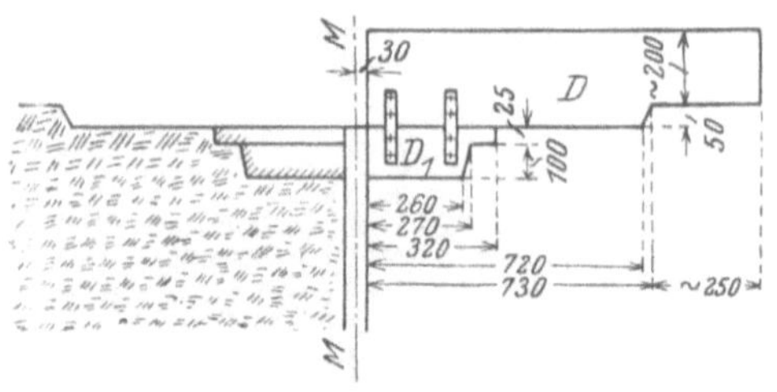

Abb. 512. Herdschablone D und ausschablonierter Herd.

Nun zur Form selbst. Wie schon erwähnt, wird mittels Schablone E (Abb. 505) der Mantelkasten ausschabloniert, Kernmarke F eingesetzt und der Oberkasten C aufgestampft. Ist dieser Arbeitsprozeß erledigt, so wird der Oberkasten abgehoben und mit Schablone H (Abb. 511) die Eisenstärke (Wandstärke) aus dem Mantelkasten ausschabloniert, alsdann dieser Kasten entfernt und an den Spindelarm, Schablone D (Abb. 512), mit angeschraubtem Teil D_1 befestigt.

Mit dieser Schablone wird die Führung des Kernes b (Abb. 509) und der untere Flansch des Gußstückes aus dem Unterkasten (Herd) ausschabloniert.

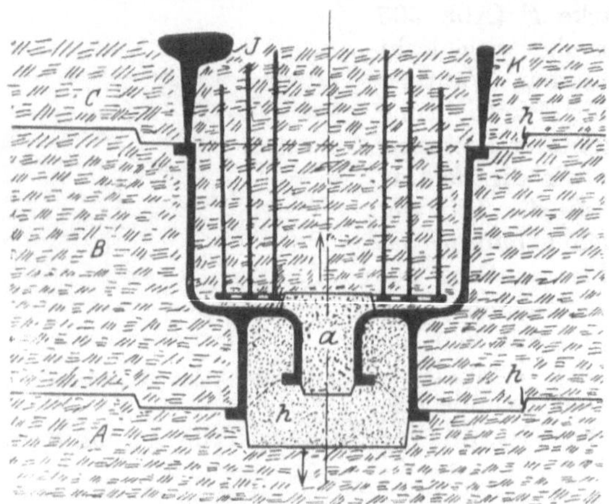

Abb. 513. Schnitt durch die ausgegossene Form.

Das Fertigmachen der Form nach Abb. 513, geschieht wie folgt:

Herausnehmen der Spindel, Einsetzen des Kernes b (Abb. 509) in den Unterkasten A, Aufsetzen des Mantelkastens B, Einsetzen von Kern a, Aufsetzen des Oberkastens und Einführen von Kern a in diesen. Die Luft von Kern b wird in der Pfeilrichtung durch das Koksbett abgeleitet. Die Luft von Kern a kann, wie angegeben, durch den Oberkasten oder aber durch Kern b und das Koksbett erfolgen. J ist der Einguß-, K der Steigtrichter.

Zur Herstellung der Form sind vom Modellbauer anzufertigen: ein Schablonenbrett D (Abb. 512), ein Schablonenbrett E (Abb. 505), eine Kernmarke F nach Abb. 506, ein Kernkasten nach Abb. 507, ein Kernkasten nach Abb. 510, eine Schablone H nach Abb. 511 und ein loser Schablonenteil D_1 nach Abb. 512.

67. Sattelstück.

Die Herstellung der Form zu einem Sattel (Gesenk) nach Abb. 514 bereitet bei Verwendung eines Modells keine Schwierigkeiten, aber die Herstellung eines Modells wäre mit großen Kosten verknüpft, weil die Bearbeitung der vorderen Wand, bei welcher der Radius von 1900 mm eingehalten werden muß, sehr viel Zeit erfordert. Man müßte hierfür mindestens zwölf Arbeitsstunden in Ansatz bringen, da es sich allermeist um Handarbeit handelt.

Es ist daher vorteilhafter, wenn man das eigentliche Bett ausschabloniert und den Kasten selbst ohne die gewölbte Wand zusammenschraubt.

Dieses Beispiel zeigt wieder eine Vereinigung von Modell- und Schablonenformerei, also eine Methode, die in der Praxis sehr oft angewendet wird.

Die Herstellung der Form erfordert etwas geschicktes Arbeiten, denn der in Abb. 514 angegebene Radius von 1900 mm muß genau eingehalten werden, da diese Fläche als Matrizenfläche angesprochen werden muß.

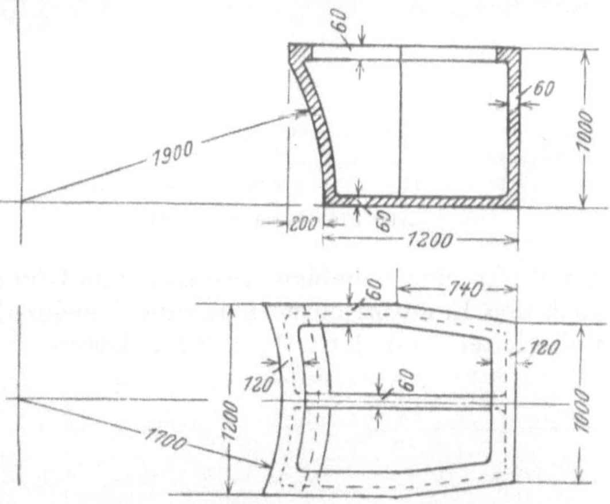

Abb. 514. Werkstattzeichnung zu einem Gesenk.

Der Former stellt nach Abb. 515 seine Spindel *a* in den Herd (Unterkasten) wieder genau lotrecht ein, wobei das Mittel der Wölbung auf der Achsenmitte liegt.

Abb. 516 gibt die Schablone *C* mit Ansatz *D* wieder. Letzterer ist an das Schablonenbrett angeschraubt, also abnehmbar. Schablonenbrett *C* mit Ansatz *D* werden nun an dem Spindelarm befestigt und mit dieser Schablone das Bett zum Einbauen des Modells in den Unterkasten *A* (Abb. 517) ausschabloniert. Hierbei wird nicht etwa vollständig rund oder halbrund ausschabloniert, sondern nur auf eine Breite von etwa 1500 mm (1200 mm äußeres Kastenmaß), also so breit, daß der Kasten, welcher als Modellteil angefertigt ist, eingesetzt werden kann.

Nachdem die Wölbung von 1900 mm einschabloniert ist, wird der gewölbte Ballen abgestreut, Leiste *D* von Schablone *C* (Abb. 516) losgeschraubt und mit dieser Schablone die Wandstärke *B* (von 60 mm) auf den Ballen aufschabloniert, wie Abb. 518 zeigt. Die obere Vertiefung von 50 mm dient wieder als Kastenführung. Der Oberkasten kommt also immer wieder in die gleiche Lage zu sitzen, was für das Einhalten der Eisenstärke von Wichtigkeit ist.

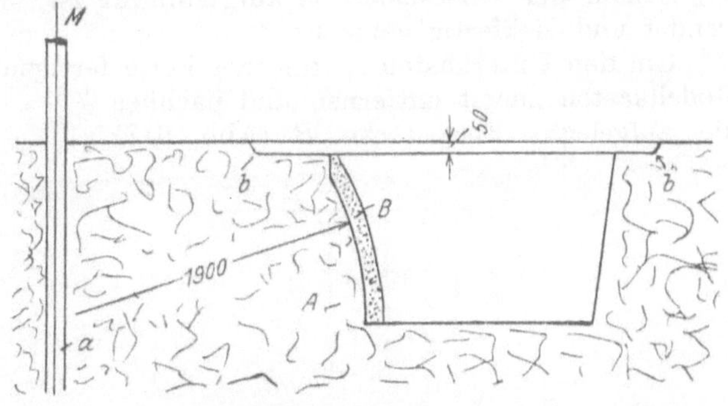

Abb. 515. Bett zum Aufstampfen des Ballens *Q* und des Oberkastens *P* nach Abb. 519.

Abb. 517 gibt den Schnitt durch den Herd (Unterkasten) *A* mit eingebautem Kasten, Abb. 518 die Draufsicht auf den Unterkasten wieder.

Nach Abb. 518 besteht das Modellteil aus den beiden gekröpften Seitenwänden *E* und *F*, aus der Kopfwand *G*, der mittleren Rippe *L*, aus den Leisten *H*, *J*, *K* und *N*, sowie aus dem Boden *O* (Abb. 517).

Wie aus Abb. 518 ersichtlich, laufen die beiden Modellseiten *E* und *F* auf den Ballen von 1900 mm Radius (Abb. 517) auf, die Rippe *L* und die Leiste *N* hingegen auf der aufgestampften Eisenstärke *B* (Abb. 517 und 518).

Sobald das Modell eingestampft ist, wird die obere Fläche des Unterkastens A mit Streusand abgestäubt und der Oberkasten P (Abb. 519) aufgestampft. Dieser Oberkasten nimmt den Hohlraum des Sattelstückes in Form eines anhängenden Ballens Q in sich auf. Wie Abb. 519 zeigt, wird der Ballen Q durch einen eingelegten Rost und dieser wieder mittels Trageisen mit dem Oberkasten P verbunden.

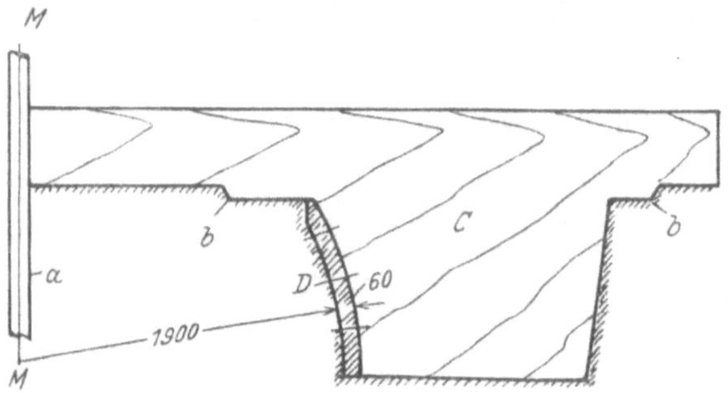

Abb. 516. Schablonenbrett.

Beim Aufstampfen des Oberkastens müssen der Eingußtrichter R und der Steigtrichter S mit angeschnitten werden. Je nach der Größe des Gußstückes kann man eine beliebige Anzahl Einguß- und Steigtrichter aufsetzen. Man kann auch den Eingußtrichter R in einen nochmals aufgebauten kleineren Formkasten weiterleiten und dort abschließen lassen.

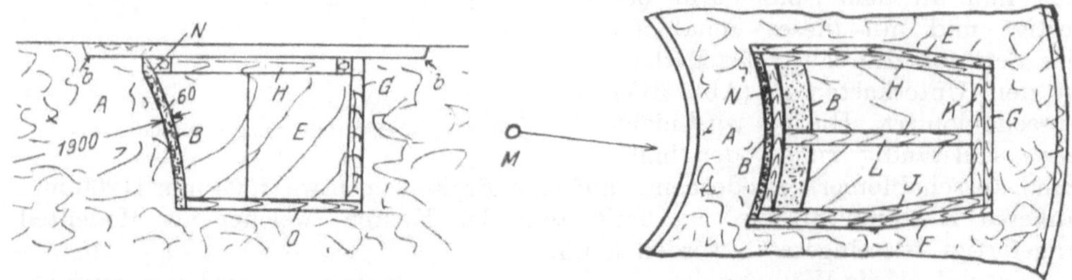

Abb. 517. Schnitt durch den Herd A (Unterkasten) mit eingestampften Modellteilen.

Abb. 518. Draufsicht auf die eingestampften Modellteile.

Sobald der Oberkasten P aufgestampft ist, wird derselbe abgehoben, gewendet und gießfertig gemacht.

Um den Unterkasten A in seiner Form fertigzustellen, muß der Former den Modellkasten zuerst entfernen und nachher die aufgelegte Eisenstärke B (Abb. 518)

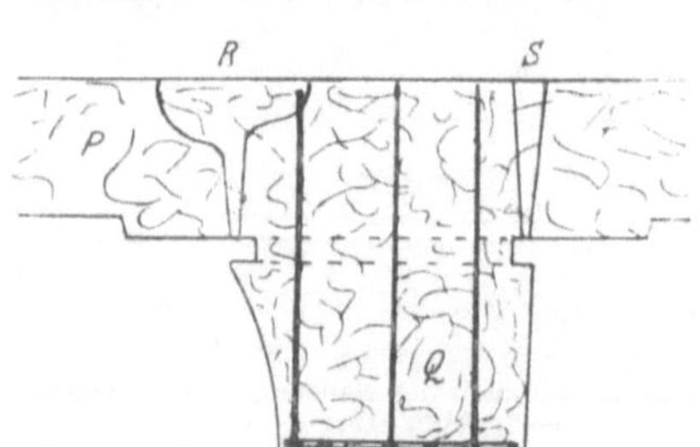

Abb. 519. Aufgestampfter Oberkasten mit anhängendem Ballen.

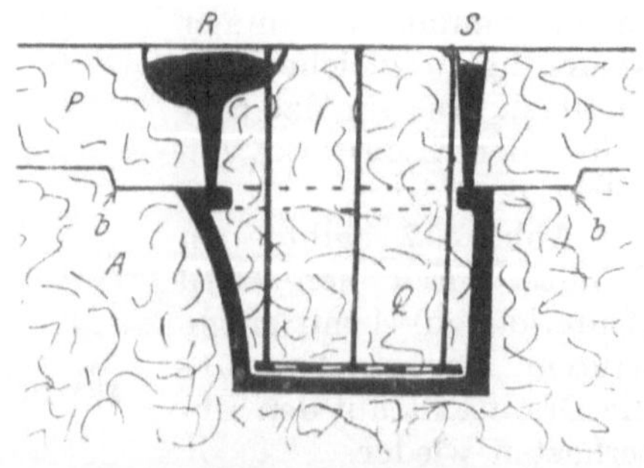

Abb. 520. Schnitt durch die ausgegossene Form zum Werkstück nach Abb. 514.

fortnehmen, was sich sehr leicht ausführen läßt, da ja zwischen dem eigentlichen Ballen A und der aufschablonierten Wandstärke B Streusand aufgetragen ist. Nach dem Auspolieren des Unterkastens A wird die Form gießfertig gemacht, d.h. der

Oberkasten P auf den Unterkasten A aufgesetzt, die Form genügend beschwert und ausgegossen.

Abb. 520 zeigt den Schnitt durch die ausgegossene Form mit Eingußtrichter R und Steigtrichter S.

An Hand dieses einfachen Beispiels ist zu sehen, wie Modellbauer und Former zusammenarbeiten müssen. Wenn der Modellbauer seine Schablone C genau von Mitte Spindel a anzeichnet, und der Former seine Schablone genau an den Spindelarm ansetzt, wobei Bedingung ist, daß die obere Kante der Schablone genau horizontal liegt, d. h. mit der senkrechten Spindel genau im Winkel von 90⁰ steht, so muß das Bett genau ausschabloniert werden.

Es empfiehlt sich, bei Schablonenarbeiten stets sog. Gießereizeichnungen mit in die Gießerei zu geben, also Zeichnungen, welche nur den Gußkörper wiedergeben und die Maße klar und deutlich erkennen lassen. In der Praxis liegen doch einmal die Verhältnisse so, daß der Modellbauer ausschließlich nach Zeichnung arbeitet, während der Former sich nur dann der Zeichnung bedient, wenn Kerne einzulegen sind. Gießereizeichnungen müssen daher besonders einfach und übersichtlich sein.

68. Einlaufstutzen.

Das Einschneiden von Einzelteilen in ausschablonierten Formen soll niemals ohne Hilfsmittel geschehen, d. h. der Modellbauer muß dem Former soweit als

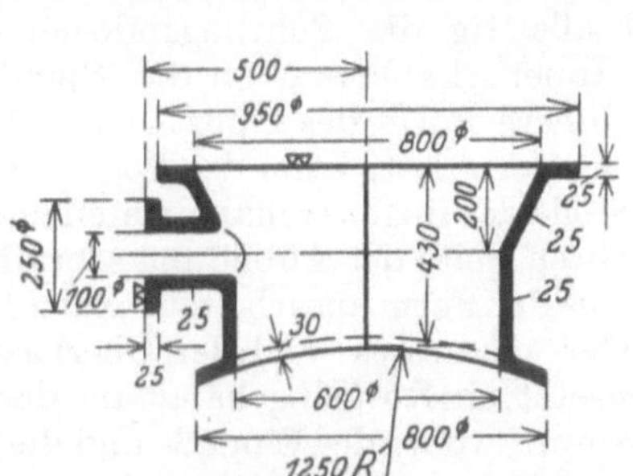

Abb. 521. Werkstattzeichnung zu einem Einlaufstutzen.

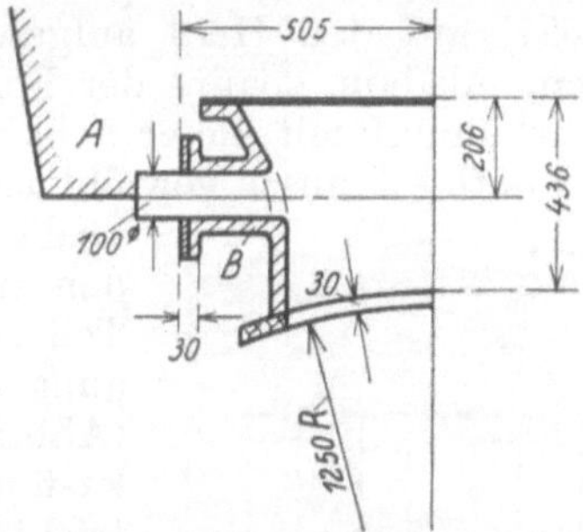

Abb. 522. Modellaufriß zum Werkstück nach Abb. 521.

eben möglich bei derartigen Arbeiten durch Hilfsmittel, seien es Richtleisten, Maßlatten usw., behilflich sein.

Abb. 521 zeigt die Werkstattzeichnung zu einem Einlaufstutzen, dessen oberer Teil trichterförmig und dessen unterer Teil zylindrisch ausläuft, ferner ist der Anschlußflansch gewölbt. An dem runden Körper befindet sich außerdem noch ein Auslaufstutzen, welcher diagonal zur Mitte läuft.

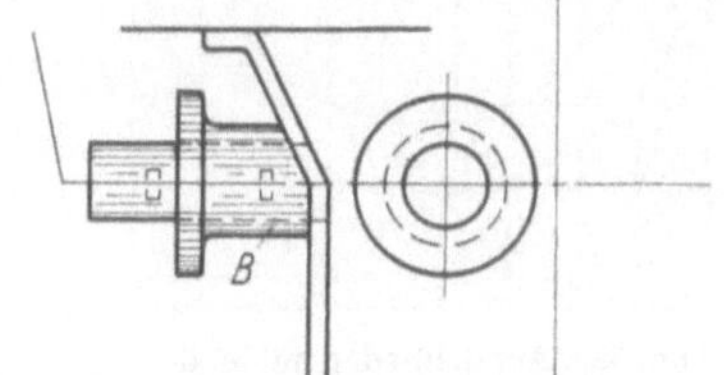

Abb. 523. Modellstutzen „B" zum Modellaufriß nach Abb. 522.

Aus Abb. 522 ist der Modellaufriß ersichtlich. Hierbei hat der Modellbauer bei A einen Ballen angeschnitten, um den Modellstutzen B und später den Stutzenkern, überhaupt genau in die Form einlegen zu können. An Modelleinzelteilen muß der Modellbauer dem Former den zweiteiligen Stutzen, den gewölbten Flansch von 1250 mm Radius und die beiden Schablonen zur Herstellung des zylindrischen Teiles der Form liefern.

Aus Abb. 523 ist der Modellstutzen *B* ersichtlich. Dieser Modellteil ist zweiteilig, damit der Former ein besseres Arbeiten hat, wie wir noch sehen werden. Etwas schwieriger ist die Herstellung des Modellflansches *C* nach Abb. 524. Zur Herstellung dieses Flansches muß sich der Modellbauer einen Boden *D* nach Abb. 525 anfertigen und auf diesen Boden nun die einzelnen Segmentstücke *1—6* genau aufpassen. Die Herstellung dieser Segmentstücke erfordert immerhin Zeit und muß auch genau sein, wenn sich am Abguß keine Mängel herausstellen sollen. Wie auf Abb. 525 ersichtlich ist, befindet sich genau in der Flanschmitte im Boden ein Loch, welches der Spindelstärke entsprechen muß.

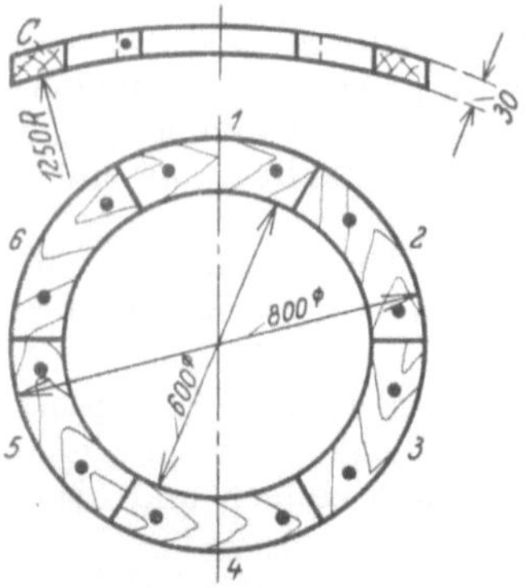

Abb. 524. Modellflansch 800 mm äußerer Durchmesser zum Modellaufriß nach Abb. 522.

Die Herstellung der Form geht nun wie folgt vor sich. Der Former füllt sich seinen Herd auf, füllt also sein Koksbett auf und stellt seine Windpfeifen und seine Spindel ein. Auf diesen Herd *E* nach Abb. 526 legt nun der Former seinen Rahmen *D* mit Flansch *C*. Dieses geschieht, indem der Former einfach seinen Aufziehboden (Abb. 525) über die Spindel steckt, denn damit hat er ohne viel Mühe sofort die Modellmitte. Nun wird der Rahmen bzw. der Flansch *C* bis Oberkante (Abb. 526) aufgestampft, mit Streusand bedeckt und der Mantelkasten *F* (Abb. 527) auf den Herd aufgesetzt und allseitig die Führungspflöcke eingeschlagen. Alsdann spannt der Former die Innenschablone *G* an den Spindelarm und schabloniert mit dieser Schablone die innere Form des Gußstückes aus. Da nun der untere Flansch gewölbt ist, also Bogenform hat, kann der Former nur bis an die höchste Stelle des Bogens schablonieren und muß den auf der rechten Seite der Abbildung schraffierten Teil von Hand aus der Form ausarbeiten. Nach Erledigung dieses Arbeitsprozesses wird der Oberkasten *K* (Abb. 530) aufgesetzt, ein Rost eingehängt und der Oberkasten aufgestampft, wobei der Einguß- und die Steigtrichter mit anzusetzen sind. Damit nun der untere zylindrische Teil des Oberkastens sich gut aushebt, empfiehlt es sich, auch den unteren Teil der Innenschablone *G*

Abb. 525. Aufziehboden mit Modellflansch *C* (Abb. 524).

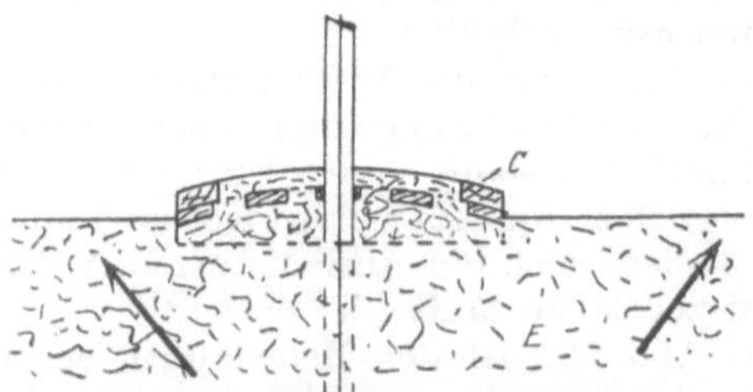

Abb. 526. Herd mit aufgestampftem Boden und Flansch *C*.

(Abb. 527) seitlich mindestens 2—2,5 mm kegelig zu halten, damit sich der Former beim Abheben des Kastens nicht den ganzen Ballen verreißt. Die Hauptschwierigkeit in der Herstellung der Form liegt nun am Fertigmachen des Unterkastens *E*, (Abb. 530) bzw. des Mantelkastens *F* (Abb. 528). Der Former schabloniert zuerst wieder mit dem Schablonenbrett *H* aus dem Mantelkasten die Eisenstärke aus, und zwar auch hier bis an die höchste Stelle des Bogens. Die schraffierte Eisenstärke h_1 muß der Former wieder von Hand sauber herausschneiden. Nun muß der Former im Mantelkasten *F* (Abb. 529) den Modellstutzen *B* einschneiden. Um dem Former hierbei die Arbeit zu erleichtern und damit der Stutzen auch genau horizontal zu liegen kommt, d. h. das Maß von Oberkante Gußstück, bis Mitte Stutzen muß 206 mm (200 plus 6 mm Bearbeitung) sein, fertigt der Modellbauer ein Winkelbrett *J* (Abb. 529) an, an welches der halbe Modellstutzen *B* befestigt

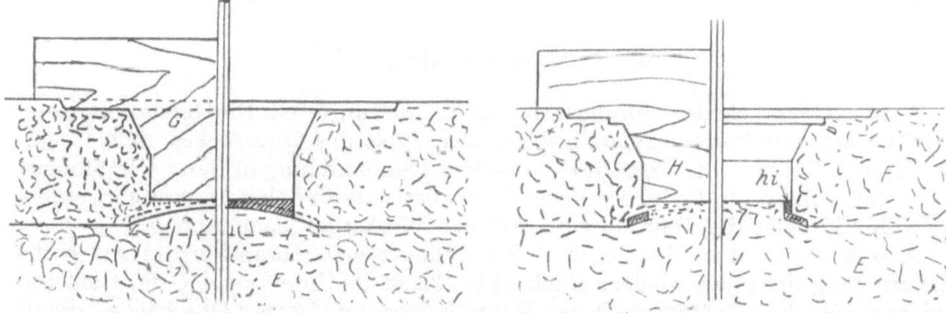

Abb. 527. Herstellung von Mantelkasten *F*.

Abb. 528. Ausschablonieren der Eisenstärke aus dem Mantelkasten.

wird. Sobald der Ballen rings um den Stutzen herum genügend weit angeschnitten und die untere Stutzenhälfte beigestampft ist, wird der Winkel *J* an der unteren Stutzenhälfte losgeschraubt und die obere Modellstutzenhälfte auf das Unterteil aufgesetzt und der Ballen aufgestampft. Je nach der Größe des Ballens empfiehlt es sich natürlich auch hier einen Rost mit Anhängeeisen einzulegen, damit man den Ballen beim Entfernen des Modellstutzens besser und ohne Beschädigung der Form ausheben und einsetzen kann. Ist dieser Arbeitsprozeß vollendet, dann wird der Mantelkasten *F* abgehoben und vom Herd (Unterkasten) der Aufziehboden *D* mit Ring *C* (Abb. 525) abgenommen. Die Vertiefungen der Rostleisten *m* (Abb. 525) müssen im Herd zugestrichen werden.

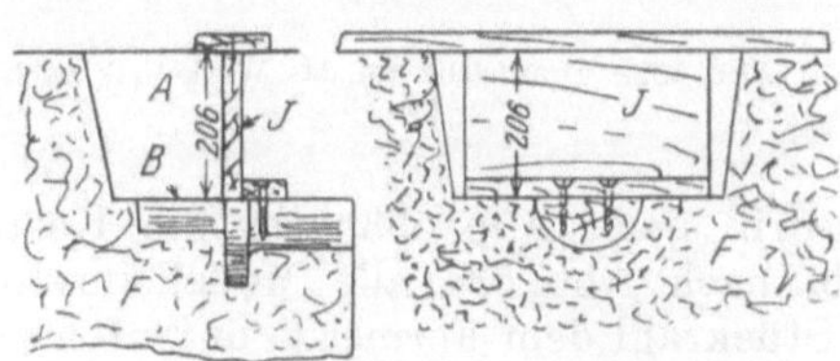

Abb. 529. Einschneiden der Modellstutzen *B* (Abb. 523) in den Mantelkasten.

Abb. 530. Schnitt durch die ausgegossene Form des Werkstückes nach Abb. 521.

Abb. 530 zeigt den Schnitt durch die ausgegossene Form, wobei *E* den Herd (Unterkasten), *F* den Mantelkasten, *K* den Oberkasten, *L* den Einguß- und *M* den Steigtrichter, *A* den angeschnittenen Ballen und *1* den Stutzenkern wiedergeben. Hierbei läßt sich der Oberkasten mit dem anhängenden Ballen schon schwieriger in Lehm herstellen, weil sich die untere Wölbung am Ballen besser in der Form aufstampfen läßt.

Etwas Vorsicht ist geboten beim Einlegen des Stutzenkernes *o*, und es empfiehlt sich hierbei, daß sich der Former beim Modellbauer ein Brett mit einem Ausschnitt der Eisenstärke anfertigen läßt, damit er beim Einlegen des Kernes feststellen kann, ob der Kern nicht zu weit vorsteht und etwa beim Zudecken der Form abgedrückt wird.

Wollte man zum Gußstück nach Abb. 521 ein Modell anfertigen, so würden sich die Kosten hierfür ziemlich hoch belaufen und man müßte entweder doch einen gewölbten Aufstampfboden von 1250 mm Radius oder aber zum mindesten eine entsprechende Schablone mitliefern und der Former müßte sich mit dieser Schablone den Herd gewölbt abziehen, damit er überhaupt das Modell aufstampfen könnte.

69. Gehäuseunterteil.

Abb. 531. Werkstattzeichnung zu einem Gehäuseunterteil. Die Herstellung eines Modells wäre sehr kostspielig und würde den Preis des Gußstückes stark beeinträchtigen. Während die Form für die äußere Ummantelung in Sand schabloniert wird, soll der Kern für die innere Form des Gußstückes in Lehm hergestellt werden.

Abb. 532 zeigt die Teildraufsicht auf das Werkstück nach Abb. 531.

Abb. 533 gibt den Modellaufriß des zylindrischen Hauptkörpers sowie die Kastenteilung der Form wieder. Nach Abb. 533 ist als Unterkasten *C* der Gießereiherd anzusprechen, während *D* als Mantelkasten und *E* als Oberkasten dient. Die einzelnen Kasten erhalten durch die Schlüsselkanten *F* ihre Führung. Die am Modellaufriß schwarz gekennzeichneten Teile gelten als Bearbeitungszugabe.

Abb. 534 zeigt den Modellaufriß an der Stelle der Nocken und Schraubenlappen, Abb. 535 den Schnitt *Q—R* nach Abb. 534. Hier hat sich der Modellbauer

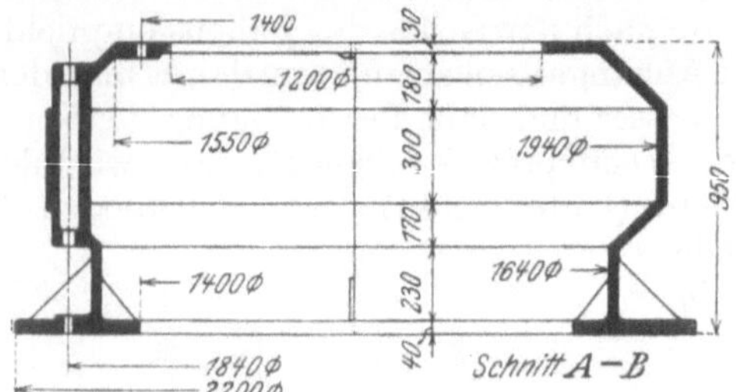

Abb. 531. Werkstattzeichnung zu einem gußeisernen Gehäuseunterteil.

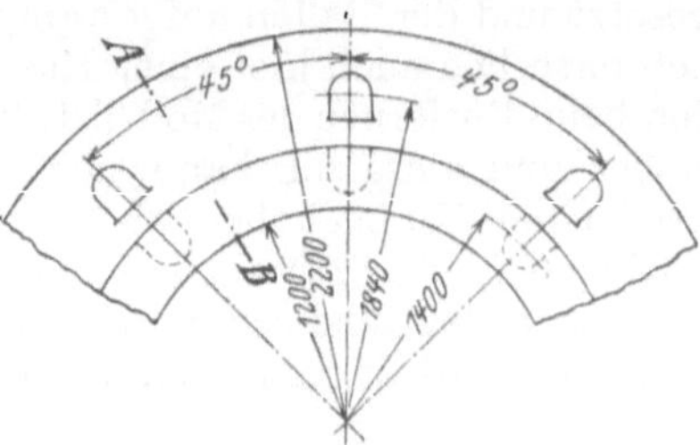

Abb. 532. Draufsicht auf das Werkstück nach Abb. 531.

zwei Modellaufrisse angefertigt. Modellaufriß nach Abb. 533 gibt die Kastenteilung wieder, während der Modellaufriß nach Abb. 534 alle Modelleinzelteile zeigt, welche der Modellbauer in gewisser Stückzahl dem Former zum Aufbau der Form mitliefern muß. Außerdem geben die beiden Modellaufrisse dem Former ein klares Bild über den Aufbau der Form.

Wir sehen hier, daß der Modellbauer dem Former den Aufbau der Form angibt. Das heißt nicht, daß der Modellbauer hierbei kann selbständig handeln. In Wirklichkeit dürfte aber der Former in den wenigsten Fällen gefragt werden. Den Aufbau der Form wird stets der Formermeister im Einvernehmen mit dem Modellbauer treffen, allerdings nur dann, wenn es sich um mehrteilige und schwierige Formen handelt, weil ja auch die Gießtechnik mit berücksichtigt werden muß.

Die Herstellung der Form geht wie folgt vor sich:

Der Former baut seine Spindel *a* (Abb. 536) wieder in den Herd, füllt sein Koksbett auf, stellt die nötigen Windpfeifen und stampft den Herd *C* (Abb. 549) auf. Alsdann wird Schablone T (Abb. 536) an dem Spindelarm befestigt und mittels dieser Schablone die Kernführung für den Lehmkern, die Vertiefung des unteren Anschlußflansches und der Kastenschlüssel F zur Führung des Mantelkastens D angeschnitten (s. Abb. 553).

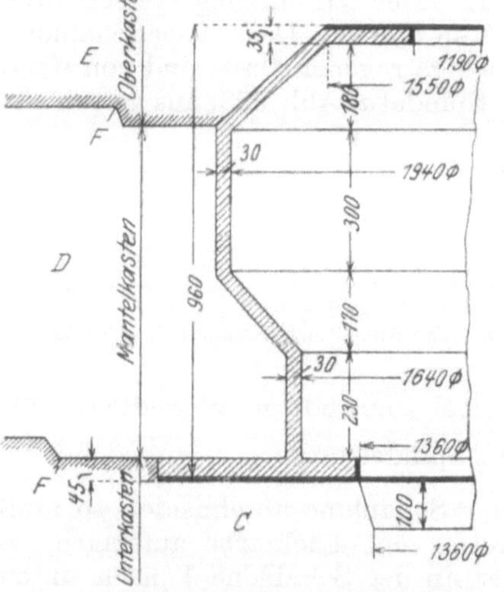

Abb. 533. Modellaufriß des zylinderischen Körpers mit Kasteneinteilung.

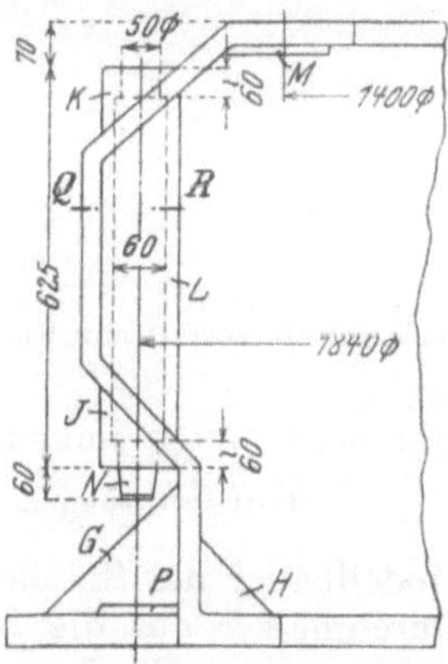

Abb. 534. Modellaufriß an der Stelle der Schraubenlappen.

Nachdem die Oberfläche des Gießereiherdes C (Unterkasten) mit Streusand abgestäubt ist, werden in den ausschablonierten Durchmesser von 2200 mm acht Modellsegmentstücke nach Abb. 540 eingelegt, alsdann wird der Mantelkasten D aufgesetzt. Da dieser Kasten im kleinsten Durchmesser auf 1700 mm ausschablo-

Abb. 535. Schnitt Q bis R (Abb. 534).

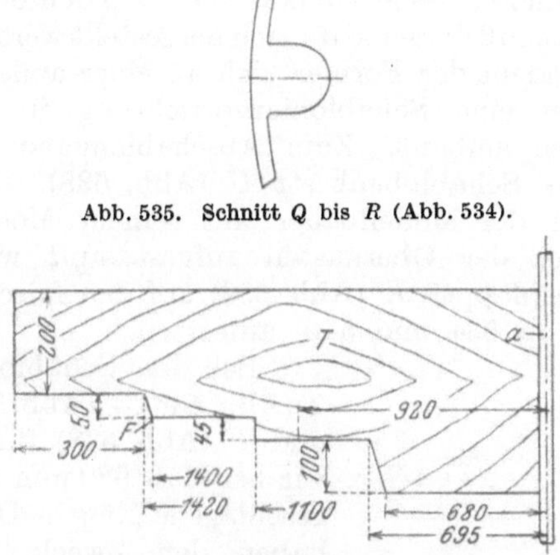

Abb. 536. Schablonenbrett zum Unterkasten C (Abb. 549).

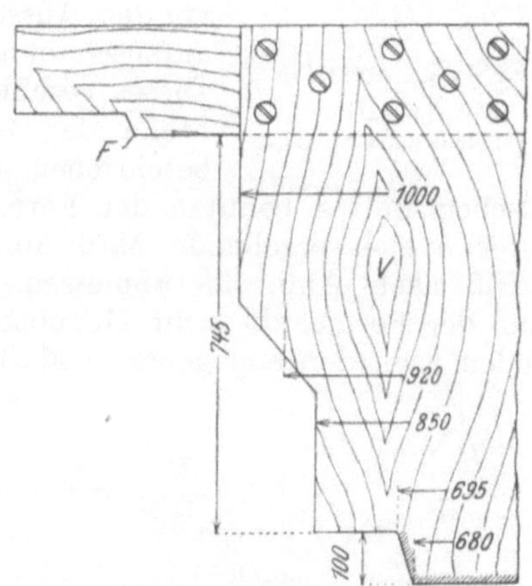

Abb. 537. Schablonenbrett zum Mantelkasten D (Abb. 549).

niert ist, wäre es in wirtschaftlicher Beziehung wieder falsch, wenn man diesen Mantelkasten voll ausstampfen würde. Der Former stellt in die Mitte des Kastens wieder einen zusammengeschraubten Blechmantel von etwa 1650 mm Durchmesser und stampft um den Blechmantel herum den Mantelkasten D auf. Wenn der Kasten aufgestampft und der Blechmantel entfernt ist, wird Schablone V (Abb. 537) an den Spindelarm gesetzt, mit dieser Schablone der Mantelkasten *D* ausschabloniert und zu gleicher Zeit die Schlüsselkante *F* zur Führung des Oberkastens *E* (Abb. 549) angeschnitten. Schablone *V* besteht aus zwei aufeinandergeplatteten Brettern, welche in ihrer Verbindung verschraubt sein müssen. Die auf der Schablone eingetragenen Maße sind von Mitte Spindel *a* (Abb. 538) aus gerechnet,

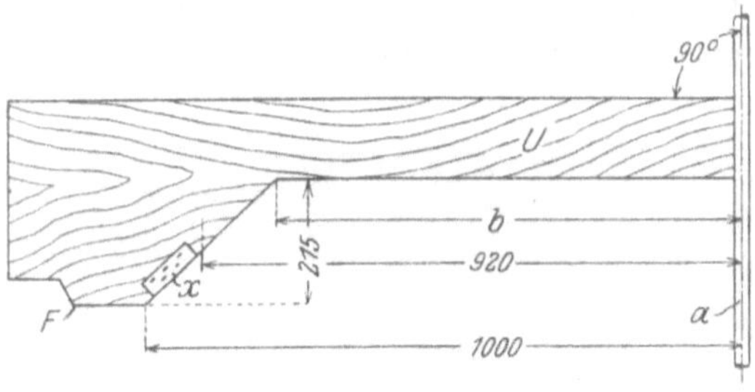

Abb. 538. Schablonenbrett zum Oberkasten *E* (Abb. 549).

Abb. 539. Schraubenlappen *K* (Abb. 534).

da bei Schablonenarbeiten immer folgende Formel zugrunde gelegt werden muß:

$$\text{Durchmesser} = \text{Radius} - {}^1/_2\ \text{Spindelstärke}\,.$$

Falls der Modellbauer die Spindelstärke an der Schablone abschneidet, so muß er deren Durchmesser auf die Schablonenbretter mit Lackfarbe auftragen, so z. B.: 50er Spindel. Der an der Schablone *V* nach unten vorspringende und schraffierte Teil entspricht dem gleichen Teil an Schablone *T* (Abb. 536). Schablone *V* führt sich also in der ausschablonierten Vertiefung im Unterkasten *C* (Abb. 549).

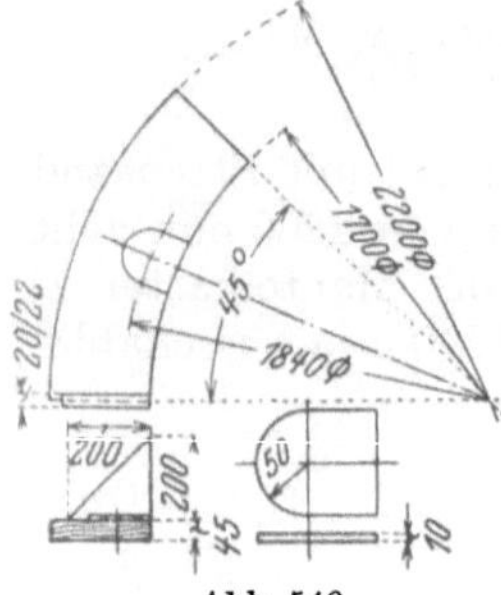

Abb. 540. Modellsegmentstück.

Oberkasten *E* (Abb. 549) wird am besten auf einem falschen Bett aufgestampft. Da bei dem beschriebenen Arbeitsprozeß keine Möglichkeit besteht, dieses falsche Bett vor dem Ausschablonieren des Mantelkastens *D* auf denselben aufzuschablonieren, muß dasselbe für sich hergestellt werden. Dieses geschieht, indem der Former sich an einer anderen Stelle der Gießerei eine Schabloniervorrichtung in der beschriebenen Weise einbaut. Zum Abschablonieren des falschen Bettes benutzt der Former das Schablonenbrett *U* (Abb. 538). Das unter *b* sich ergebende Maß muß sich der Modellbauer auf seinem Modellaufriß nach Abb. 533 abmessen. Bevor der Oberkasten aufgestampft wird, muß der Former die acht Modellschraubenlappen *K* (Abb. 539) auf den falschen Boden nach den angegebenen Maßen (Abb. 534 und 540) aufsetzen.

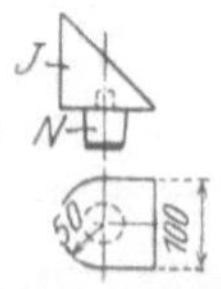

Abb. 541. Schraubennocken *J* mit Kernmarke *N* (Abb. 534).

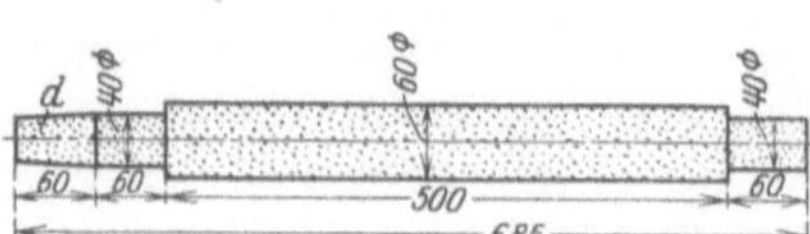

Abb. 542. Bohrungskern *C* (Abb. 549).

Bei den Schablonen *T* (Abb. 536), *V* (Abb. 537) und *U* (Abb. 538) finden wir bei Maß 920 mm eingeschlagene Nägel. Diese haben den Zweck, den Schraubenkreisdurchmesser genau im Formsand anzuzeigen. Die durch die scharfen Nägel im Formsand hergestellten Vertiefungen übertragen sich beim Aufstampfen auf die Abdeckkasten und sind somit auch hier die Schraubenkreismitten übertragen.

Grundbedingung bei dieser Arbeit ist, daß die Oberkante der Schablonenbretter genau im Winkel von 90° zur Mitte der Spindelachse liegen. Für größere

Schablonenbretter ist es empfehlenswert, anstatt deutschen Kiefernholzes amerikanisches zu verwenden, da dieses eine größere Festigkeit besitzt; auch soll man in diesem Falle die Schneidflächen der Schablonenbretter mit Blechstreifen beschlagen, wie Abb. 538 *x* zeigt.

Abb. 541 zeigt den Schraubenlappen *J* mit Kernmarke *N* (Abb. 534), wovon der Modellbauer ebenfalls drei bis vier Stück anzufertigen hat. Diese drei bis vier Modellschraubenlappen muß der Former in den Mantelkasten *D* ebenfalls einschneiden. Die Einteilung von Mitte zu Mitte Schraubenlappen geschieht mittels Teilkopf, wie solche in jeder Gießerei vorhanden sind. Schwieriger ist die Übertragung der Mitten in vertikaler Richtung. Aber auch hier weiß sich der Former zu helfen, indem er sich durch Einstecken von Stiften seine Mitten von Kasten zu Kasten überträgt. Die an den Modellschraubenlappen *J* angebrachten Kernmarken *N* dienen zur Führung der Kerne *e* (Abb. 549). Diese Kerne haben im Oberkasten keine Führung, da es natürlich unmöglich ist, den schweren Oberkasten *E* in die acht Kerne *e* einzuführen. Aus diesem Grunde ist die Kernmarke *N* 60 mm hoch. Der Einführungsteil *d* der Kerne *e* (Abb. 542) entspricht dem Teil *N* (Abb. 534).

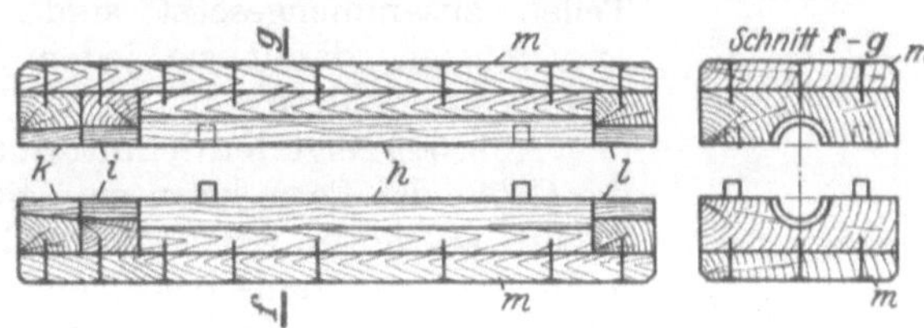

Abb. 543. Kernkasten zum Herstellen des Bohrungskernes „e" (Abb. 549).

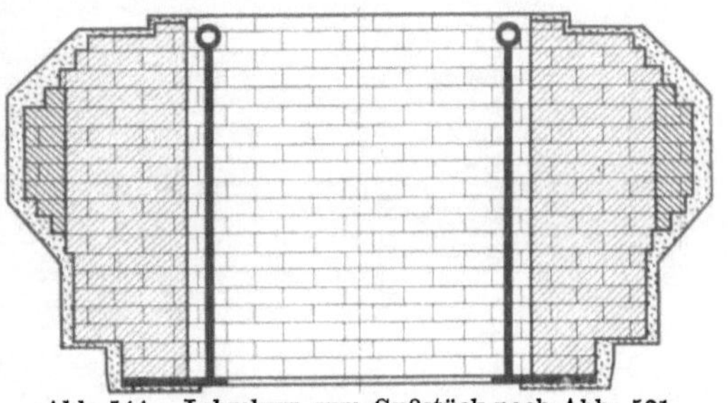
Abb. 544. Lehmkern zum Gußstück nach Abb. 531.

Zur Herstellung dieser Kerne muß der Modellbauer einen zweiteiligen Kernkasten nach Abb. 543 anfertigen. Dieser Kernkasten setzt sich zusammen aus den Teilen *h*, welche aufeinandergedübelt sind, *i*, *k* und *l*. Die zusammengeleimten Kernkastenteile werden durch zwei Verstärkungsbretter *m* versteift, diese Bretter sind außerdem noch zu verschrauben.

Abb. 544 zeigt den fertigen Lehmkern. Dieser Kern wird auf einer eisernen Platte aufgemauert. Der Arbeitsprozeß geht wie folgt vor sich:

Die mit etwa vier Anhängeeisen versehene Platte wird auf einen „Königsstuhl" gelegt (einer fahrbaren Vorrichtung mit fester Schabloniervorrichtung), und zwar so, daß die Platte genau Mitte Spindel und genau in der Waage liegt. Das Aufmauern der Steine muß so vor sich gehen, daß im Durchmesser noch genügend Fläche zum Auftragen von Lehm bleibt. An den Stellen, an welchen Modellteile einzuschneiden sind, verwendet man Lehmsteine.

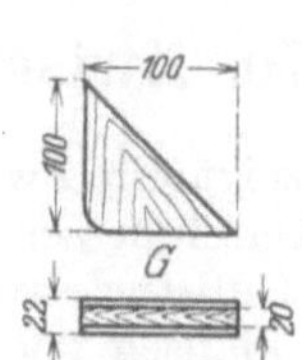

Abb. 545. Äußere Rippen *G* nach Abb. 534.

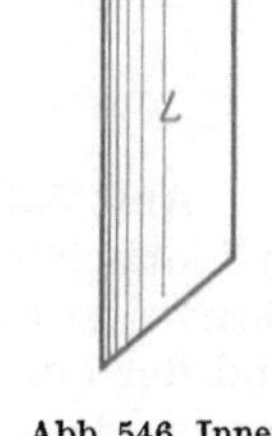

Abb. 546. Innenverstärkungen *L* nach Abb. 534.

Abb. 545 zeigt die in den Kern einzuschneidenden Modellrippen *G*,

Abb. 546 die acht Innenverstärkungen *L*, welche der Modellbauer ebenfalls anzufertigen hat,

Abb. 547 die acht Modellschraubenlappen *M* (Abb. 543 *P*) und

Abb. 548 zeigt Schablone W zum Abschablonieren des Lehmkernes, wobei a als Spindel anzusprechen ist. Es soll nochmals darauf hingewiesen werden, daß alle Schablonenbretter, insbesondere solche, welche aus mehreren Teilen zusammengesetzt sind, äußerst stabil zusammengebaut sein müssen, damit sie jedem unsanften Druck beim Arbeitsprozeß standhalten.

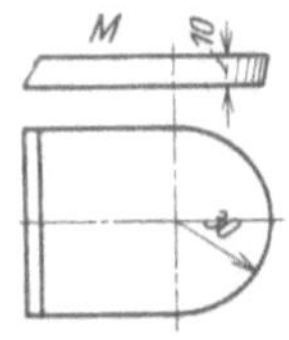

Abb. 547. Schraubenlappen M (Abb. 534).

Abb. 549 zeigt den Schnitt durch die ausgegossene Form. Je nach der Größe der Form kann man ein oder mehrere Einguß- und Steigtrichter anbringen, evtl., wenn es der Formermeister für nötig befindet, auch am oberen Flansch noch mehrere starke Steiger oder aber auf dem Flansch selbst, an Stelle eines verlorenen „Kopfes" mit 15—20 mm Bearbeitung versehen. Erscheint die eine oder andere Maßnahme erforderlich, muß es aber dem Modellbauer vorher gemeldet werden, da sich in diesem Falle die Schablonen etwas ändern würden. Wie auf Abb. 549 ersichtlich, wird die Form von unten ausgegossen, d. h. der Einguß H wird durch den Oberkasten E und den Mantelkasten D nach dem Herd C geführt.

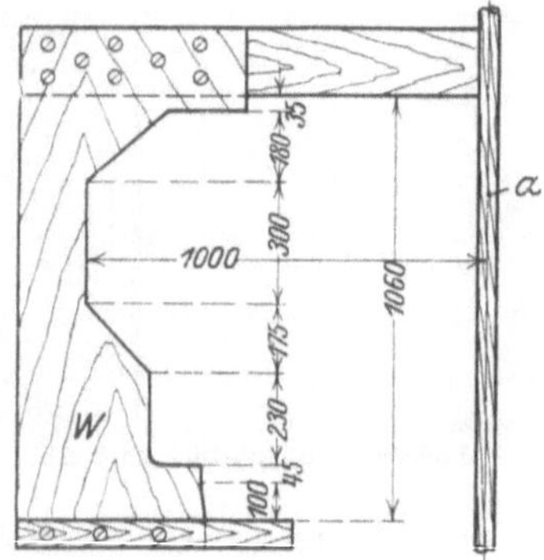

Abb. 548. Schablonenbrett W zum Lehmkern nach Abb. 544.

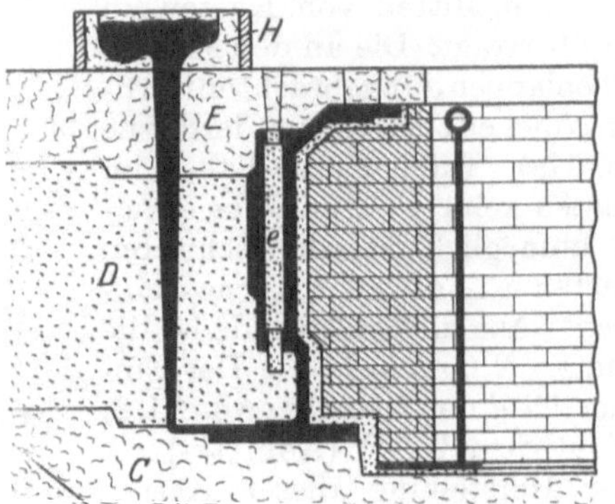

Abb. 549. Schnitt durch die ausgegossene Form zum Werkstück nach Abb. 531.

Auch zeigt Abb. 549, daß der Oberkasten E nicht weiter aufgestampft wird, als daß er den Lehmkern abdeckt. Die Luft aus dem Herd wird durch Windpfeifen in der angegebenen Pfeilrichtung an verschiedenen Stellen vom Koksbett aus abgeführt. Die Luft der Kerne wird nach oben abgeführt.

70. Zwischenstück mit Ablaufstutzen.

Abb. 550 zeigt ein Zwischenstück mit einem Ablaufstutzen, dessen größter zylindrischer Durchmesser 1300 mm und dessen Gesamthöhe 730 mm beträgt. Bearbeitet am Gußstück werden nur der untere Flansch von 850 mm Durchmesser und der obere Flansch von 1300 mm Durchmesser, ferner der Ansatzflansch und runde Flansch des Stutzens.

Abb. 551 gibt den Modellaufriß zum Werkstück nach Abb. 550 wieder, welchen der Modellbauer benötigt, um seinen Stutzen E und seine Schablonen genau passend anfertigen zu können. Da der untere Flansch von 850 mm Durchmesser und Flansch F von 280 mm Durchmesser bearbeitet werden, bleibt Maß $G = 275$ mm. Stutzen E muß aus formtechnischen Gründen so gebaut sein, daß sich Flansch F in der angegebenen Pfeilrichtung abziehen läßt. Der Stutzen selbst paßt genau auf die äußere Form des zylindrischen Hauptkörpers, wie an der schraffierten Linie ersichtlich.

Um die Form herstellen zu können, muß der Modellbauer dem Former nachstehende Teile anfertigen:

a) ein Schablonenbrett L gleich der äußeren zylindrischen Form des Gußstückes (Abb. 563);

b) eine zweite Schablone L_1 entsprechend der inneren Form des Hauptkörpers (Abb. 559);

c) eine dritte Schablone L_2 (Abb. 560);

d) einen zweiteiligen Flansch H (Abb. 551 und 552);

e) einen kompletten Stutzen E mit Flansch F; Flansch I und Kernmarke K (Abb. 551);

f) sechs Segmente (Abb. 556) für Flansch H_1 (Abb. 552);

g) einen Kernkasten zur Herstellung des Stutzenkernes (Abb. 563).

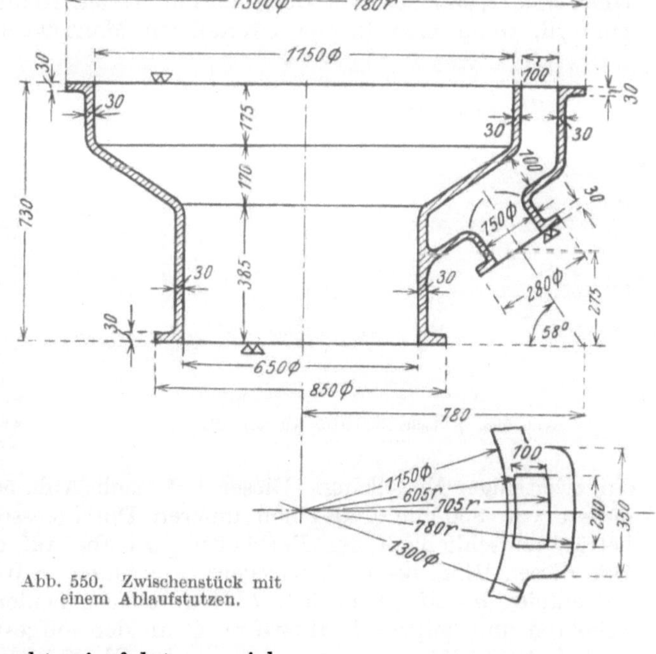

Abb. 550. Zwischenstück mit einem Ablaufstutzen.

Der Aufbau der Form geht wie folgt vor sich:

Der Former baut sein Führungslager für die Drehspindel K_1 (Abb. 552) etwa 800 mm tief ein, stellt seine Spindel K_1 genau ins Lot, worauf er beim Einstampfen des Führungslagers achten muß. Beim Aufstampfen des Herdes ist grobkörniger Koks dem Sande beizustampfen, damit die beim Ausgießen der Form entstehenden Gase durch miteingestampfte Windpfeifen in der Pfeilrichtung abziehen können. Ist der Herd genügend hoch aufgestampft, so wird Schablone L (Abb. 553) mit angeschraubtem Spindelarm von oben über die Spindel gesetzt.

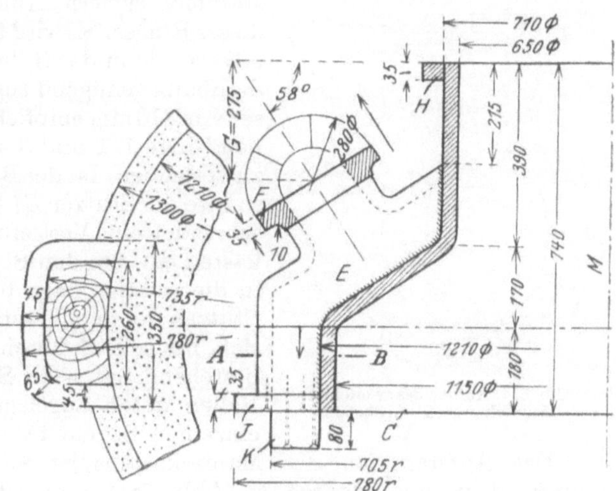

Abb. 551. Modellaufriß zum Ablaufstutzen nach Abb. 550.

M—M ist Spindelmitte. Diese Linie dient dem Modellbauer als Anhaltspunkt beim Aufzeichnen des Schablonenbrettes. Die Anschlagkante O liegt also um die halbe Spindelstärke = 25 mm zurück. Auch hier empfiehlt es sich, sämtliche

Abstreichflächen der Schablonen, insbesondere wenn sie mehrmals gebraucht werden, mit Blech zu beschlagen, damit sich die Kanten durch den rauhen Sand oder Lehm nicht so schnell abnützen. Die auf der Abbildung angegebenen Klammermaße entsprechen den Durchmessern. Abb. 552 gibt den aufgedrehten Aufstampfballen wieder, welcher nach oben um mindestens 10 mm im Durchmesser verjüngt sein soll, wenn man keinen zweiteiligen Mantelkasten verwenden will. *H* ist

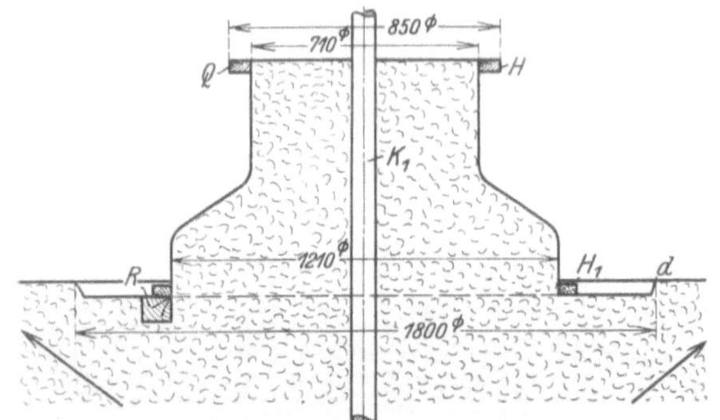

Abb. 552. Aufschablonierter Aufstampfballen.

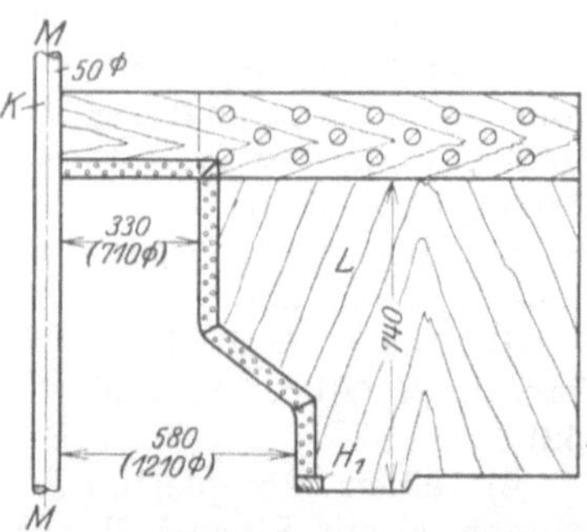

Abb. 553. Schablone zum Andrehen des falschen Ballens (Abb. 552).

ein zweiteiliger Modellring. Dieser hat nach Abb. 554, *I* einen äußeren Durchmesser von 850 mm und einen inneren Durchmesser von 710 mm, die Stärke beträgt einschließlich der Bearbeitungszugabe auf der oberen Fläche 35 mm. Um diesen Ring besser befestigen zu können, empfiehlt es sich, ihn auf der Mittellinie *M—M* (Abb. 554, *III*) durchzuschneiden, Löcher *x* seitlich durchzubohren und mittels Drahtstiften *Q* an den aufgestampften Ballen (Abb. 552) zu befestigen. Man könnte auch an der Oberfläche des Aufstampfballens noch einen breiten Falz aufschablonieren und so den Flansch *H* doppelt vor dem Verstampfen sichern. Abb. 554 *II* zeigt die Verleimung dieses Ringes. Es wird im äußeren und inneren Durchmesser wie in der Höhe zum Bearbeiten auf der Holzdrehbank genügend zugegeben. Bei einem Durchmesser von 810 mm empfiehlt es sich schon, die drei einzelnen Ringe *1, 2* und *3* aus je sechs bis acht Segmenten zu verleimen. Ist der Ballen nach Abb. 552 aufgedreht, so wird der Stutzen *E* (Abb. 551) angesetzt. Der Former schneidet eine Vertiefung *R* (Abb. 552) in den Unterkasten ein, um den Stutzen *E* mit der Kernmarke *K* in die richtige Lage bringen zu können. Um diesen Stutzen vor dem Verstampfen zu sichern, empfiehlt es sich, ihn seitlich durch Stifte zu sichern. Flansch H_1, bestehend aus sechs Segmenten (Abb. 556), wird am Ballen unten angelegt, und auch hier werden die einzelnen Segmente mit Formerstiften angesteckt.

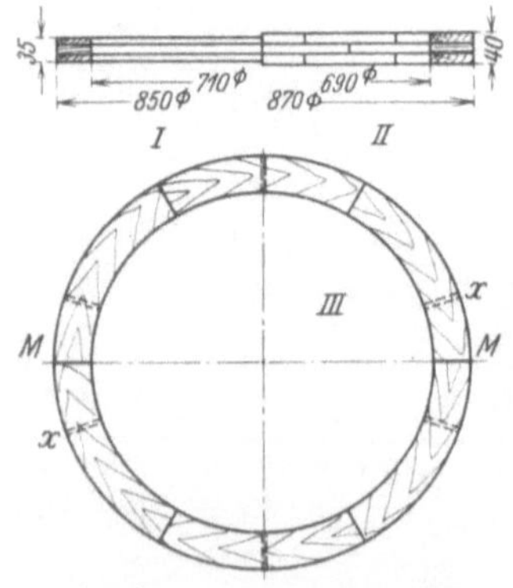

Abb. 554. Aufbau des zweiteiligen Modellringes „*H*“ (Abb. 552).

Das Aufstampfen des Mantelkastens ist mit etwas Schwierigkeiten verknüpft, denn der Flansch *F* (Abb. 551) muß, da es die Konstruktion nicht anders zuläßt, in der Pfeilrichtung abgezogen werden, außerdem muß der Former, um den Kern einzusetzen und den Stutzen *E* selbst aus dem Mantelkasten zu bringen, zwei Ballen *S* und *T* (Abb. 558, 557 und 561) anschneiden.

Abb. 555 gibt den Aufbau von Stutzen *E* wieder. Dieser setzt sich zusammen aus dem Mittelstück *U* (Abb. 555, *I*), dem Flansch *V* (Abb. 555, *II*), der Kernmarke *W* (Abb. 555, *III*), dem auf dem Teil *U* sitzenden runden Teil (Abb. 555, *IV*) und aus dem Flansch *F* (Abb. 555, *V*). Bei E_1 wird ein Klotz verleimt, damit der Modellbauer genügend Material zum Abdrehen hat. Der Radius *c*—*c*, 735 mm, wird vor dem Abdrehen von beiden Seiten so eingeschnitten, daß in der Mitte noch ~ 20 mm stehenbleiben. Erst wenn der Stutzen genau nach Aufriß abgedreht ist, werden die stehengebliebenen 20 mm mit der Schweifsäge durchgeschnitten. Stutzen E_1 muß also, sobald er gedreht, ohne weitere Nacharbeit auf Teil *E* passen. Flansch *F* (Abb. 555, *V*) ist ein runder Flansch; linke Ansicht fertig bearbeitet, rechte Ansicht Verleimung. Die Verleimung besteht aus drei aufeinandergesetzten Ringen von je sechs Segmenten. Alle eingeschriebenen Maße werden am Aufriß (Abb. 551) abgenommen und übertragen, so daß der Stutzen bei genauer Arbeit passen muß.

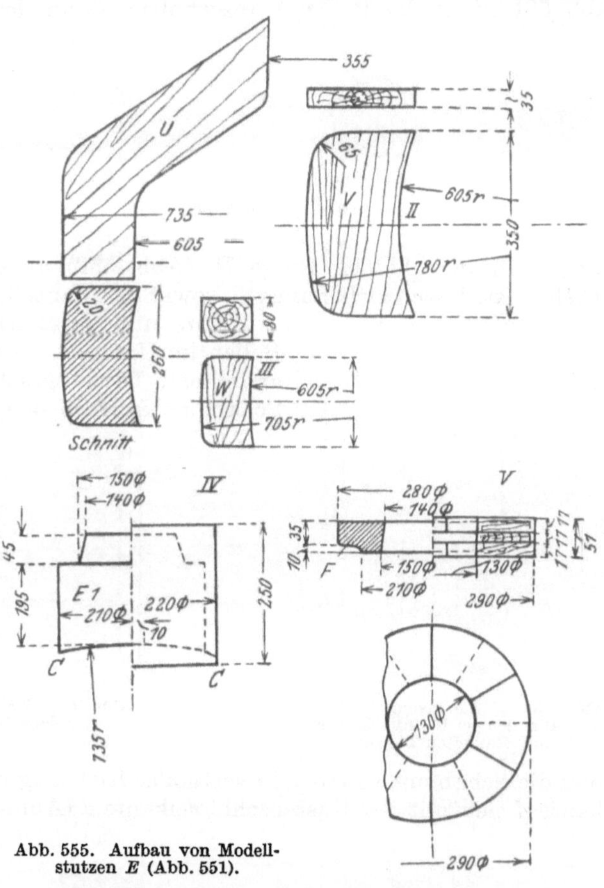

Abb. 555. Aufbau von Modellstutzen *E* (Abb. 551).

Das Aufstampfen des Mantelkastens geht nach Abb. 561 wie folgt vor sich: Hat der Former seinen Aufstampfballen (Abb. 552) mit Schablone (Abb. 553) aufgedreht, werden Stutzen *E* (Abb. 551), die beiden halben Ringe *H* und die Segmente H_1 (Abb. 551) angesetzt. Ist der Mantelkasten vollständig aufgestampft, so werden die Ballenöffnungen *S* und *T* (Abb. 561) angeschnitten. Die Möglichkeit, mit einem Ballen auszukommen, ist hier nicht gegeben, da der Flansch *F* (Abb. 551) in der Pfeilrichtung abgezogen werden muß. Der innere Kern *Y* vom Stutzen *E* schneidet mit dem Flansch oben ab. Eine nochmalige Führung des Kernes läßt sich hier nicht vornehmen; denn wollte man auch in dem oberen Flansch eine Kernmarke aufsetzen, so ließe sich Kern *Y* nicht einsetzen, weil Ballen *S*, wenn er bis Unterkante *T* durchging, sich nicht über die Kernmarke *J* setzen würde.

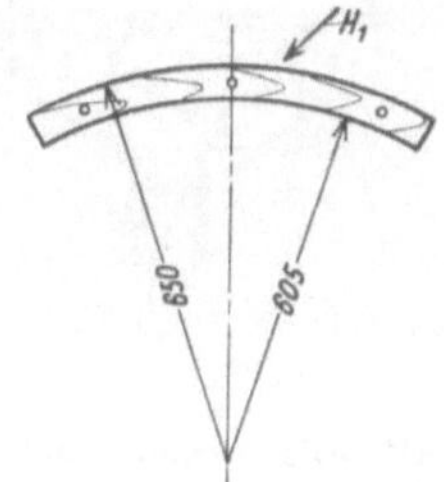

Abb. 556. 1/6 Modellsegmentstück „H_1" (Abb. 552).

Ballen *T* geht also, wie gezeichnet, bis Kante *Z* und wird nach oben schräg der Oberkante des Flansches entlang angeschnitten. Sobald die Ballen eingeschnitten und aufgestampft sind, wird mit Schablone L_2 (Abb. 560) die Oberkastenführung anschabloniert. Soll der Mantelkasten abgedeckt werden, so wird nach Abb. 561 zuerst der Ballen *S* ausgehoben, dann der Flansch am Stutzen *E* so-

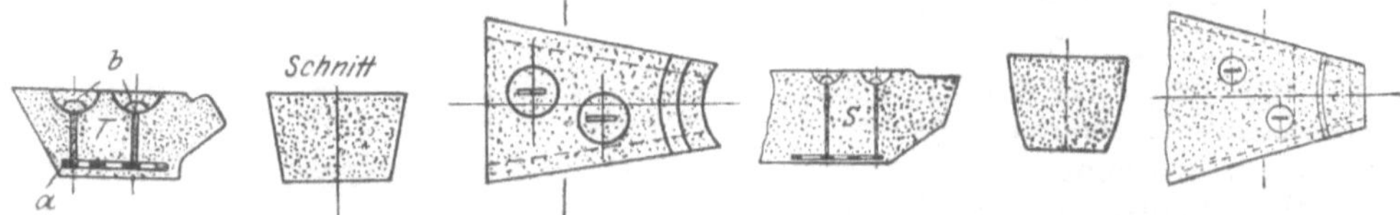

Abb. 557. Untere Ballen „*T*" (Abb. 561). Abb. 558. Obere Ballen „*S*" (Abb. 561).

wie die beiden halben Ringe *H* (Abb. 552) abgenommen. Sobald dieses geschehen ist, lassen sich Ballen *T* sowie der Mantelkasten ohne weiteres abheben.

Nun muß der Former von dem aufgestampften Ballen im Unterkasten die Wandstärke gleich 30 mm abdrehen. Dieses geschieht, indem der Former die Schablone L_1 (Abb. 559) an dem Spindelarm befestigt

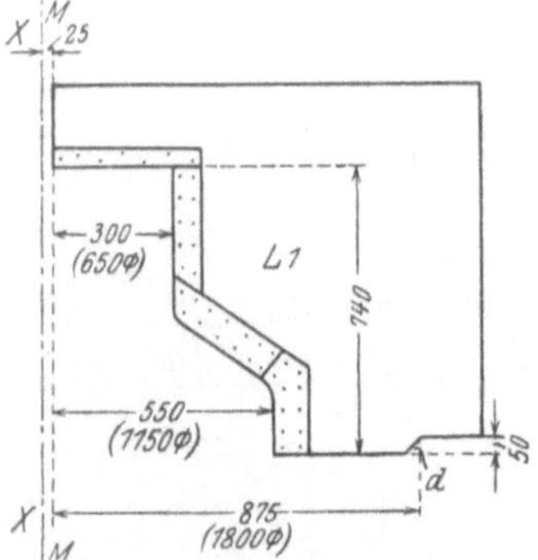

Abb. 559. Unterkastenschablone zum Abziehen der Eisenstärke vom aufgestampften Ballen.

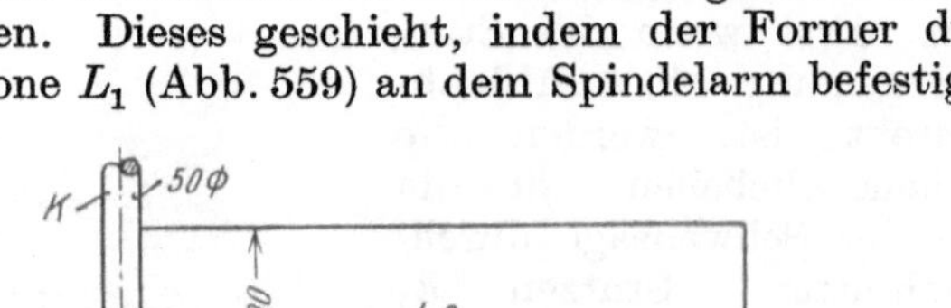

Abb. 560. Schablone zum Anschneiden der Oberkastenführung.

und die Schablone so lange in vertikaler Richtung nach unten führt, bis Schlüsselkante *d* sich mit der Kastenschlüsselkante *d* (Abb. 562) deckt. Abb. 562 gibt den fertigen Unterkasten wieder. Abb. 563, *I* und *II*, Kernkasten zum Stutzenkern *Y*. Der Kernkasten ist zweiteilig und wird aus verschiedenen Einzelteilen, wie ersichtlich, zusammengesetzt. Bretter *e* sind Verstärkungsbretter, um den zusammengesetzten Kernkastenteilen einen festen Halt zu geben. Abb. 563, *III* zeigt den im Kernkasten aufgestampften Kern *Y*. Die unteren Flächen *f* kratzt der Former etwas konisch zu, um den Kern besser in die Kernführung *R* (Abb. 552) einsetzen zu können.

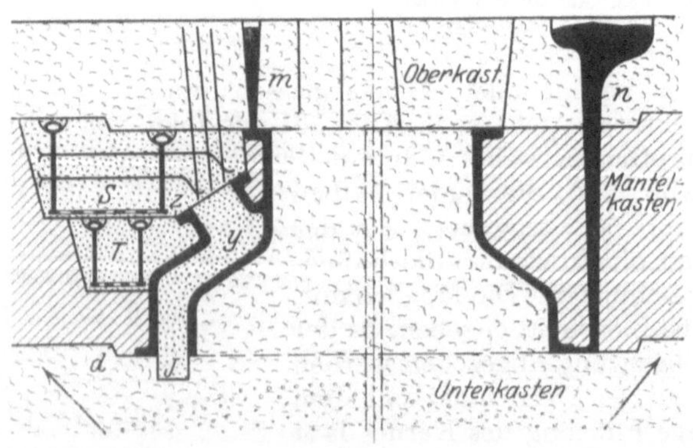

Abb. 561. Schnitt durch die ausgegossene Form zum Werkstück nach Abb. 550.

Abb. 561 zeigt die ausgegossene Form. Sie setzt sich zusammen aus:

a) dem Unterkasten (Herd),

b) dem Mantelkasten,

c) T, dem unteren Ballen,
d) S, dem oberen Ballen, und
e) dem Oberkasten.

m ist der Steigtrichter, n der Eingußtrichter. Auch hier wäre es zu empfehlen, von zwei Seiten zu gießen, also zwei Eінguß- und zwei Steigtrichter anzuschneiden.

Bei der Herstellung dieser, wenn auch nicht allzu schwierigen Form mittels Schablone wird sich die Frage aufwerfen: „Wäre es nicht besser, dem Former ein Modell zu machen?" Die Frage muß in Anbetracht der erheblichen Mehrkosten verneint werden, außerdem müßten die gleichen Ballen wie beim Ausschablonieren der Form angeschnitten werden. Nach überschläglicher Kalkulation würden sich die Modellkosten bei einwandfreier, solider Arbeit etwa wie folgt stellen:

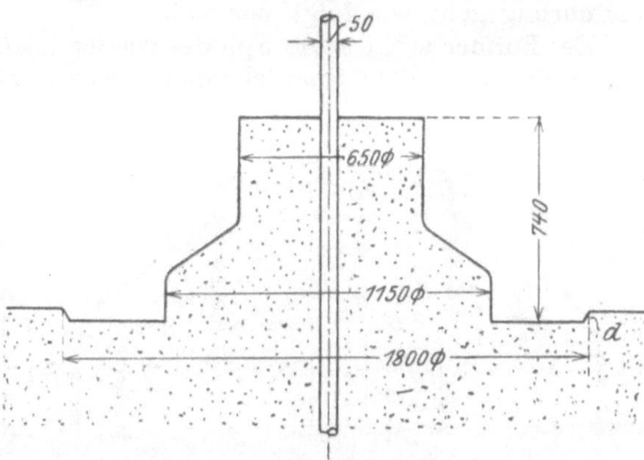

Abb. 562. Fertiger Unterkasten mit aufschabloniertem Ballen.

Modellbauerlohn, 120 Std. zu 1,00 M. ...	120,00 M.
100 % Regiespesen	120,00 „
für Modellholz 0,375 cbm, pro cbm 140 M.	52,50 „
für Lack, Leim und sonstiges Material ..	20,00 „
Gesamtkosten:	312,50 M.

Bei Schablonenarbeit setzen sich die Modellkosten wie folgt zusammen:

35 Lohnstunden zu 1,00 M.	35,00 M.
100 % Regiespesen ..	35,00 „
für Modellholz 0,100 cbm	16,00 „
für Lack, Leim und sonstiges Material ...	7,50 „
Gesamtkosten:	93,50 M.

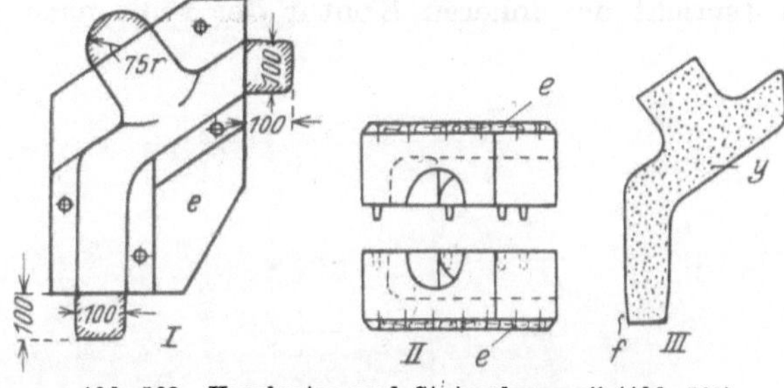

Abb. 563. Kernkasten und Stutzenkern „y" (Abb. 561).

Diese Gegenüberstellung zeigt, daß 219 M. oder rund 70% an Modellkosten erspart werden, wenn die Form schabloniert wird. Selbst wenn sich bei der Schablonenarbeit der Formerlohn etwas höher stellen sollte, kann doch noch von Ersparung an Modellkosten gesprochen werden, insbesondere wenn nur ein Abguß benötigt wird.

71. Unterbau mit vier Füßen.

Abb. 564 gibt die Werkstattzeichnung für einen Unterbau zu einem zylindrischen Körper mit vier Füßen wieder. Bei der Herstellung der Form ist von Wichtigkeit, daß die angegossenen Füße genau in Flucht zu sitzen kommen, da ein Schiefsitzen der Füße zur Unbrauchbarkeit des Gußstückes führen würde. Abb. 565 zeigt den Schnitt A—B durch die Füße nach Abb. 564, während Abb. 566 den üblichen Modellriß wiedergibt. Während der mittlere zylindrische Körper schabloniert wird, müssen die vier Füße als Modell hergestellt werden. Man könnte gegebenenfalls auch mit einem Modellfuß auskommen, aber das würde dem Former die Arbeit erschweren, weil er dann mehrmals den Oberkasten aufsetzen müßte. — Die Herstellung dieser Form in der billigsten Ausführung geht wie folgt vor sich:

Der Former stellt seine Spindel wieder lotrecht in den Herd, füllt diesen auf und stellt über Mitte Spindel einen Blechmantel a von etwa 850 mm äußerem

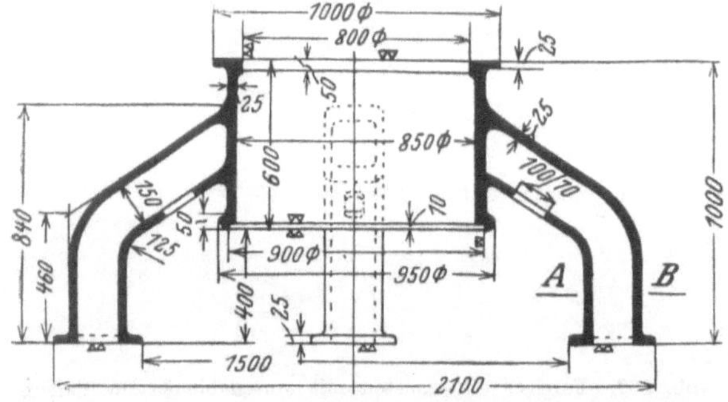

Abb. 564. Werkstattzeichnung zu einem Unterbau mit vier Füßen.

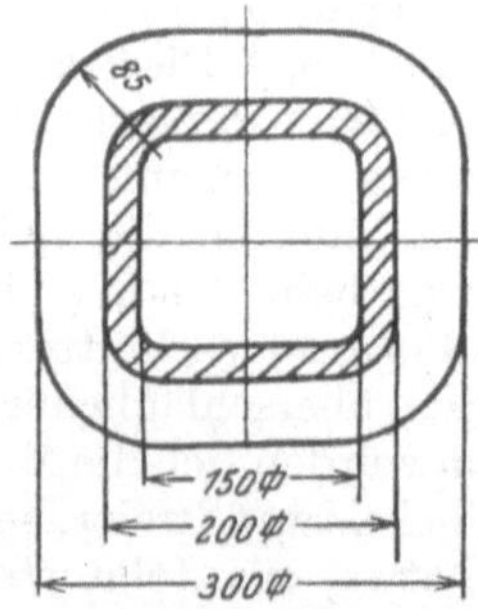

Abb. 565. Schnitt A bis B (Abb. 564) durch die Füße.

Durchmesser, wie Abb. 567 zeigt. Um diesem Blechmantel einen Halt zu geben, wird innen der Ballen C_1 aufgestampft. Außen um den Blechmantel stampft sich der Former den Ballen C auf und schabloniert diesen mit der Schablone N (Abb. 567) ab. Die äußere Kontur des abschablonierten Ballens C entspricht der inneren Kontur der Füße nach Abb. 564 und 566.

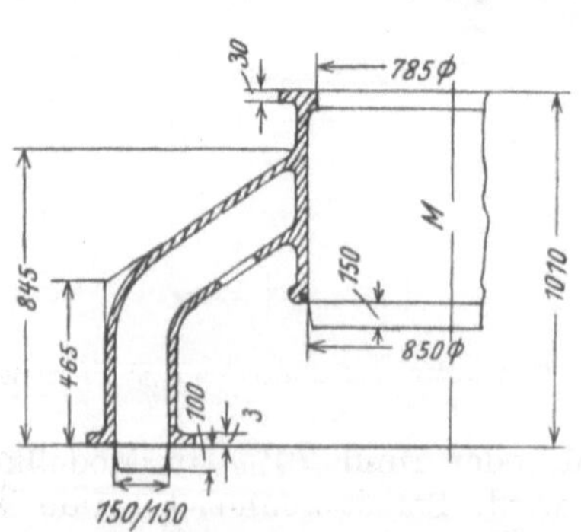

Abb. 566. Modellaufriß zum Werkstück nach Abb. 564.

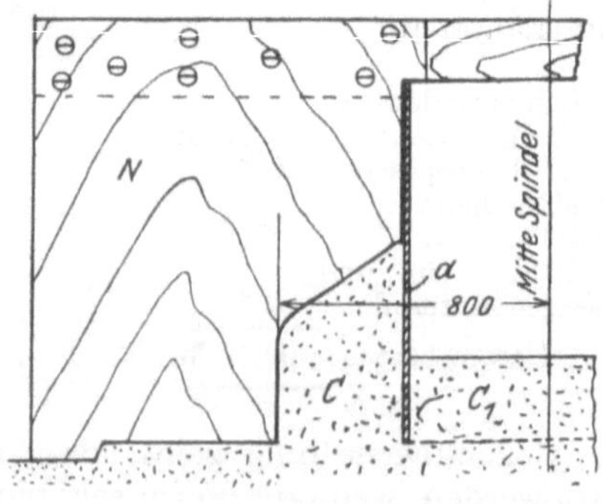

Abb. 567. Vorgestampfter und aufschablonierter Ballen auf den Herd.

Auf diesen Ballen C werden nun die vier Modellfüße D entsprechend Abb. 568 aufgesetzt, wobei die unteren vorspringenden Kernmarken in den Herd eingeschnitten werden, und die am Modell vorspringenden Flanschleisten b lose am Modell sitzen müssen, damit der Former mit der Schablone O die aufgestampften Zwischenräume zwischen den Füßen besser abstreichen kann. Da die Füße D nach Abb. 569 stark abgerundete Ecken haben, muß der Former diese in der Form anschneiden, wie aus Abb. 569 zu ersehen ist. Der Mantelkasten E muß also an den schraffierten Stellen der Füße angeschnitten werden. Dieser Übelstand würde sich auch bei einem Modell nicht verhindern lassen. Nachdem der Mantelkasten E (Abb. 573) über die vier Modellfüße aufgestampft ist, wird der Blechmantel a (Abb. 567 und 568) entfernt und Schablonenbrett L (Abb. 570) an der Spindel befestigt. Mit dieser Schablone wird die äußere Kontur des zylindrischen Teiles des Gußstückes aus dem Unterkasten C und dem Mantelkasten E ausschabloniert.

Der runde Wulst d an Schablone L ist in Form eines Schiebers an der Schablone befestigt. Die Bauart der Schablonenbretter bedingt, daß diese aus je zwei Brettern im Winkel übereinandergeplattet und gut verschraubt werden, um beim Gebrauch nicht aus ihrer Lage zu kommen. Zur Herstellung der inneren Kontur des zylindrischen Teiles des Guß-

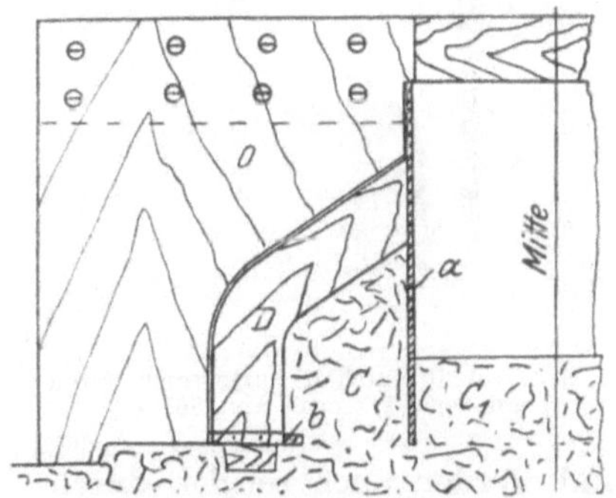

Abb. 568. Aufgesetzte Modellfüße D auf den Sandballen C.

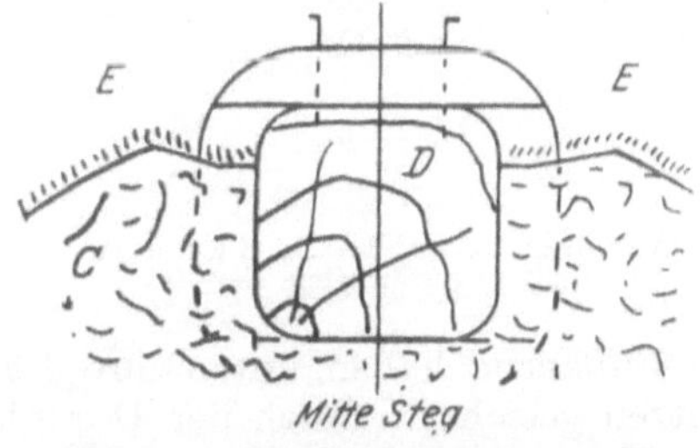

Abb. 569. Ausschneiden der Modellfüße in der Form (Abb. 573).

stückes benötigt der Former noch einen entsprechenden Kern H (Abb. 571). Da es sich um einen Kern von 850 mm Durchmesser und etwa 700 mm Höhe handelt, wird man einen Lehmkern verwenden, weil ein Sandkern in dieser Dimension zu schwer werden und keine Gewähr für Haltbarkeit bieten würde. Der Aufbau derartiger Kerne geschieht auf dem sog. „Königsstuhl" mit stationärer Spindelführung. Um nun diesem Kern (Abb. 571) einen Halt zu geben, wird man das Mauerwerk des Kernes auf eine eiserne Platte aufbauen, wie auf der Abbildung ersichtlich ist. Um das Mauerwerk herum wird wieder eine Lehmschicht von etwa 25—30 mm Stärke aufgetragen. Diese wird mittels Schablonenbrett M abschabloniert, so daß der Kern die richtige Form bekommt. Der fertige Kern wird getrocknet und in die vorschablonierte Kernführung im Ballen C (Abb. 573) eingesetzt. Abb. 572 zeigt den Kernkasten zum Aufstampfen der Fußkerne G. In diese Kerne müssen entsprechende Kerneisen eingelegt werden, wenn man nicht Gefahr laufen will, daß sich die Kerne in der Pfeilrichtung f zusammenziehen, wodurch die Brauchbarkeit dieser Kerne in Frage gestellt wäre.

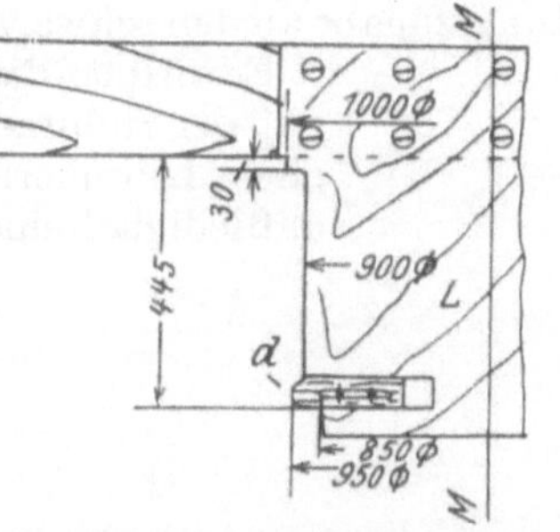

Abb. 570. Schablonenbrett L zum Ausschablonieren des zylindrischen Teiles in der Form zum Gußstück (Abb. 564).

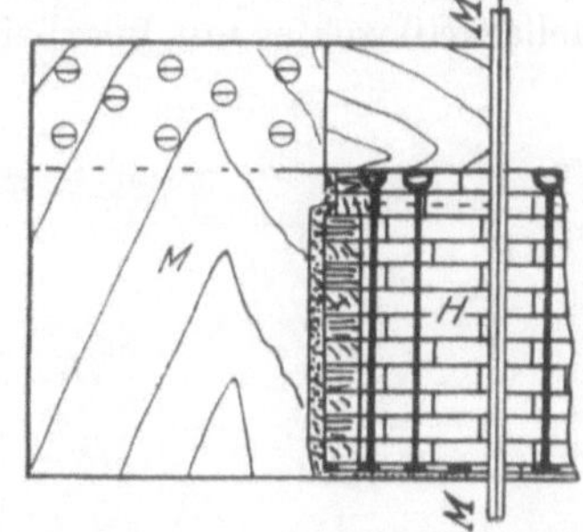

Abb. 571. Herstellung des Lehmkernes H zur Form (Abb. 573).

Die Kerne werden im Kernkasten aufgestampft und an der oberen Fläche des Kernkastens abgestrichen. Die Bauart des Kernkastens muß dafür Gewähr bieten, daß die Kerne gleichmäßig werden. Der Kernkasten muß also stabil gebaut werden.

Abb. 573 zeigt nun den Schnitt durch die ausgegossene Form. Diese setzt sich zusammen aus:

Unterkasten C mit aufgestampftem Ballen C_1,
Mantelkasten E mit angeschnittenem Eingußtrichter J,
vier Fußkernen G,
Lehmkern H sowie dem
Oberkasten F mit angeschnittenen Steigern K.

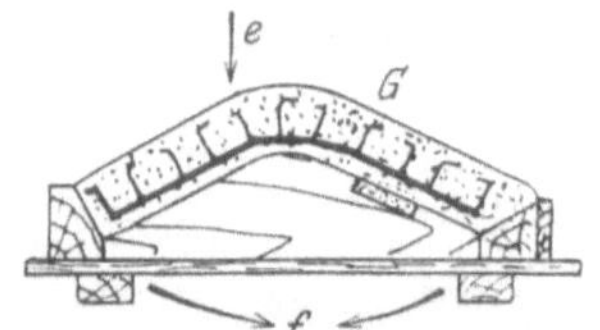

Abb. 572. Schnitt durch den Kernkasten mit aufgestampftem Kern G.

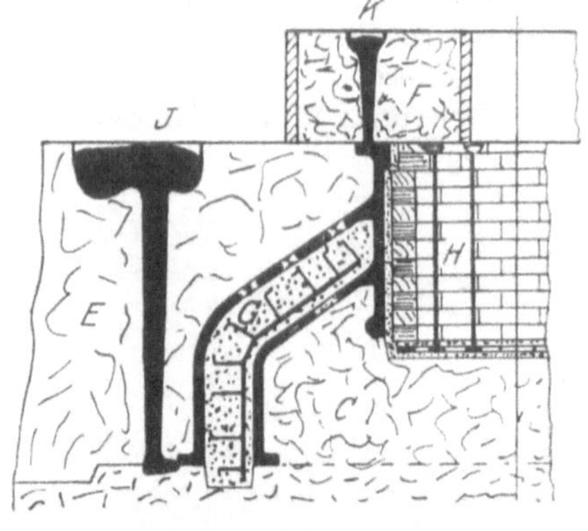

Abb. 573. Schnitt durch die ausgegossene Form zum Gußstück nach Abb. 564.

Die Fußkerne haben unten ihre Führung und werden auch seitlich durch Kernstützen gesichert. Auch der Durchbruch durch das Putzloch in den Füßen gibt den Kernen eine sichere Lage. Ein Verschieben oder Versetzen der Kerne dürfte also so gut wie ausgeschlossen sein. Auch hier werden durch schablonenmäßige Herstellung der Form mindestens 70% an Modellkosten erspart, und selbst bei einem Modell könnte der Former auch nicht viel wirtschaftlicher arbeiten.

72. Gehäusedeckel.

Abb. 574 zeigt einen Gehäusedeckel mit schiefem Boden. Abb. 575 gibt den Modellaufriß wieder mit Bearbeitungszugabe an den schwarz gekennzeichneten Stellen. Es wird bei diesem Beispiel angenommen, daß der Hohlraum des Deckels nicht durch einen Lehmkern hergestellt wird, sondern daß lediglich eine Sandform in Frage kommt.

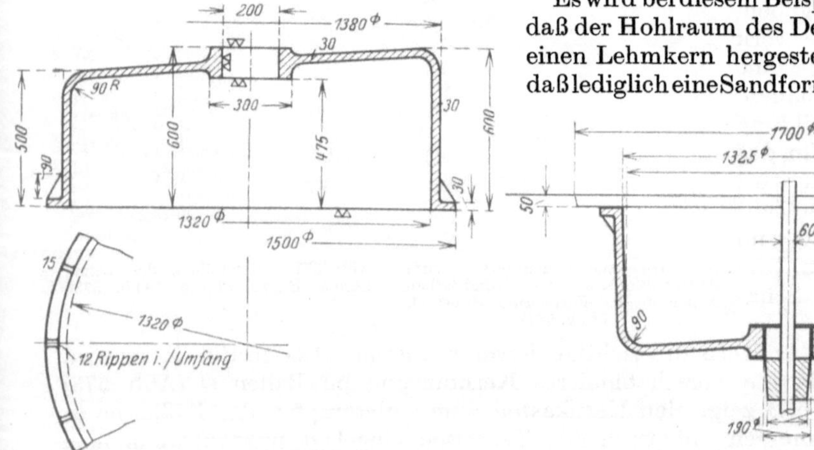

Abb. 574. Werkstattzeichnung zu einem Gehäusedeckel.

Abb. 575. Modellaufriß zum Gußstück (Abb. 574).

Zur Herstellung der Form hat der Modellbauer zu liefern: eine Schablone C (Abb. 576, links), eine Schablone D (Abb. 577 links) zum Ausschablonieren der

Eisenstärke aus dem Herd, eine Nabe h_1 mit Kernmarke h, Nabe h_2 und ein Sechstel Segmentstück E mit zwei Rippen, nach Abb. 578, und etwa sechs kegelige Leisten r nach Abb. 579 und 576 rechts. Der Aufbau der Form geht folgendermaßen vor sich: Nachdem der Former wieder seine Spindel a (Abb. 576) ordnungsgemäß eingebaut hat, wird ein Koksbett aufgeschüttet, die Windpfeifen in der Pfeilrichtung gestellt und der Herd aufgefüllt. Auch hier wird sich der Former wieder einen Blechmantel von etwa 1300 mm äußerem Durchmesser in den Herd A miteinstellen und um den Blechmantel herum aufstampfen.

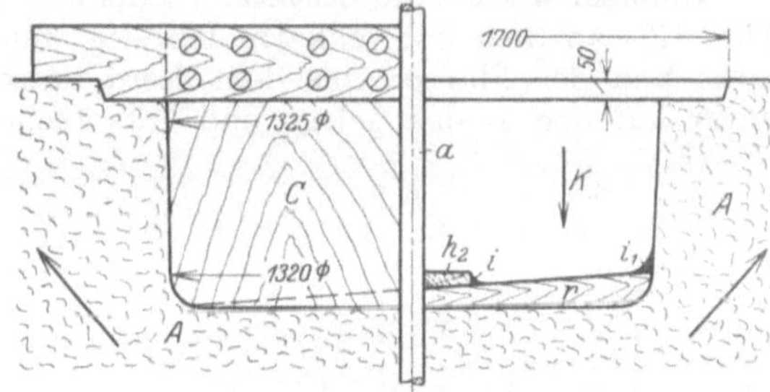

Abb. 576. Ausschablonierter Herd zum Aufstampfen des Oberkastens.

Nachdem der Blechmantel entfernt ist, wird Schablonenbrett C an den Schwenkarm befestigt und damit die innere Kontur des Deckels aus dem Herd a ausschabloniert, und zwar, wie ersichtlich, bis zur tiefsten Stelle. Die Schablone C läuft nach oben kegelig zu, so daß also die Vertiefung im Herd A, oben 5 mm im Durchmesser größer ist, damit sich später der aufgestampfte Oberkasten gut abhebt. Nachdem die Schablone C entfernt ist, werden auf den Boden des ausschablonierten Hohlraumes die Leisten r (Abb. 576 und 579) aufgelegt und die Zwischenräume s zwischen den Leisten aufgestampft. Die Schräge der Leisten r entspricht der Schräge des Gehäusedeckels nach Abb. 574. Nun wird über die Spindel a die Nabe h_2, welche mit einer Bohrung entsprechend der Spindelstärke plus 1 mm versehen ist (Abb. 578), gesteckt. Wie aus Abb. 578 ersichtlich, sind die Naben h_1 und h_2 entsprechend der Doppelschräge kegelig beigehobelt. Die

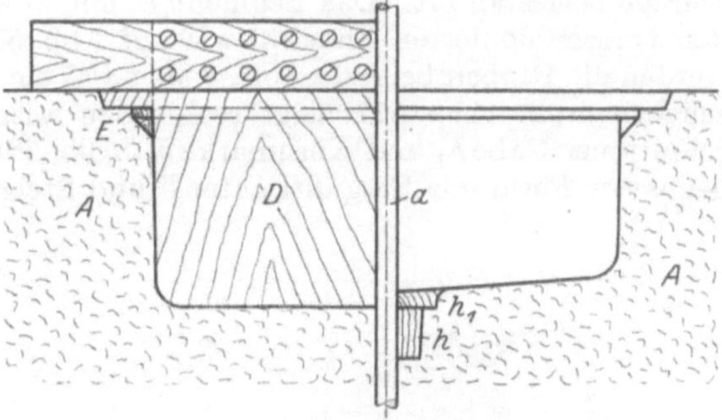

Abb. 577. Ausschablonierter Unterkasten (Herd) A.

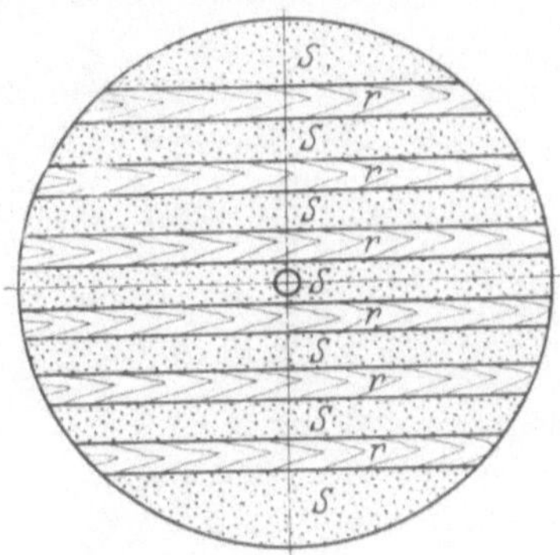

Abb. 579. Ansicht in der Pfeilrichtung „K" in den ausschablonierten Herd (Abb. 576).

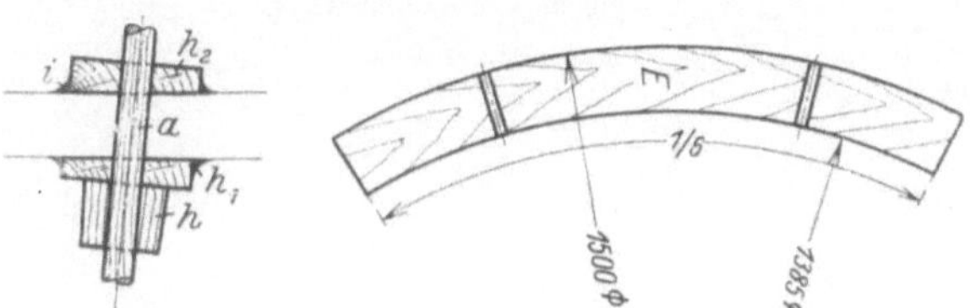

Abb. 578. Modellteile zum Modellaufriß (Abb. 575).

Hohlkehlen i (Abb. 578) muß der Former später am Oberkasten anschneiden. Abb. 580 zeigt den im Herd A aufgestampften Oberkasten B mit anhängendem Ballen B_1, welcher auf einem Rost aufgestampft ist. Die untere Rundung am

Ballen wird mit einer Blechschablone l von 90 mm Radius angeschnitten. Die Rundung an der Nabe schneidet der Former von Hand an.

Nunmehr werden die Leisten r wieder aus dem Herd entfernt, die Schablone D (Abb. 577) an dem Schwenkarm befestigt und mit dieser Schablone die Eisenstärke und der Flansch aus dem Herd ausschabloniert, alsdann die Leisten r wieder auf den Boden gelegt und entsprechend der Leistenschräge der Boden-

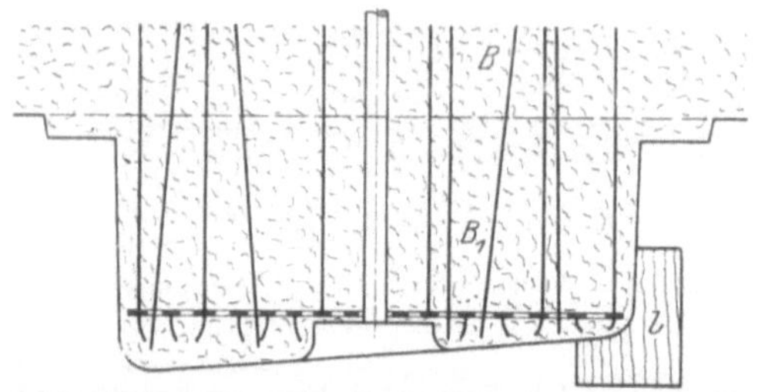

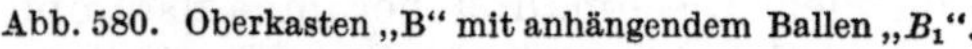

Abb. 580. Oberkasten „B“ mit anhängendem Ballen „B_1“.

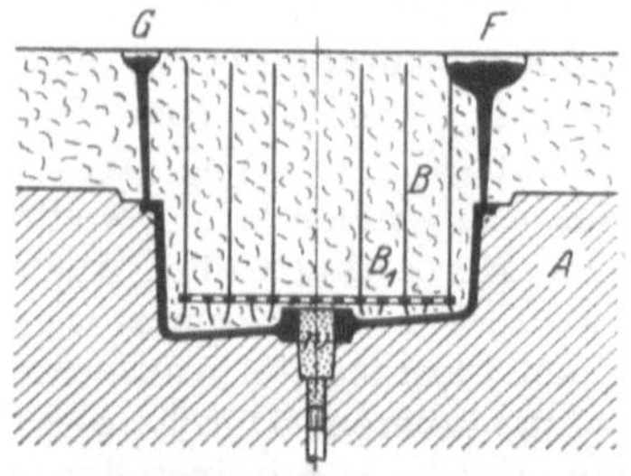

Abb. 581. Schnitt durch die ausgegossene Form zum Werkstück (Abb. 574).

schräge beigestampft. Das Segment E mit zwei Rippen (Abb. 578) wird nun in den vorschablonierten Flansch, wie auf Abb. 577 ersichtlich, eingelegt, und dabei werden die Rippen beigestampft, was, da es ein Sechstel Segment ist, sechsmal geschehen muß. Abb. 577 zeigt rechts den ausschablonierten Herd A mit eingeschnittener Nabe h_1 und Kernmarke h. Abb. 581 zeigt den Schnitt durch die ausgegossene Form mit Eingußtrichter F und Steigtrichter G mit eingelegtem Kern w.

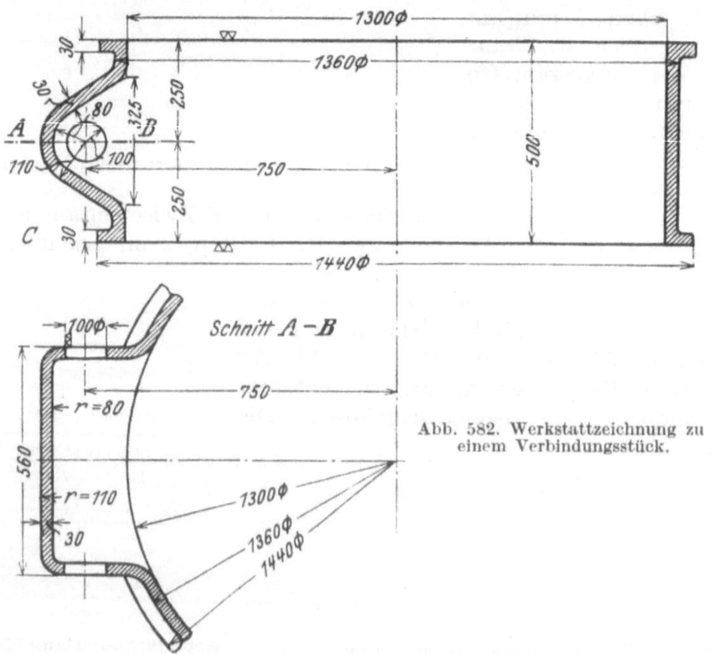

Abb. 582. Werkstattzeichnung zu einem Verbindungsstück.

73. Verbindungsstück.

Abb. 582, Werkstattzeichnung zu einem Verbindungsstück, dessen Hauptkörper zylindrisch ist. Diagonal zur Mitte befindet sich ein Vorbau C.

Um sich ein genaues Bild über das Größenverhältnis des Gußstückes, über die Teilung der Form und die Anfertigung der Schablonen zu verschaffen, fertigt sich der Modellbauer auch hier einen „Modellaufriß“ in natürlicher Größe einschließlich der Bearbeitungszugabe nach Abb. 587 an.

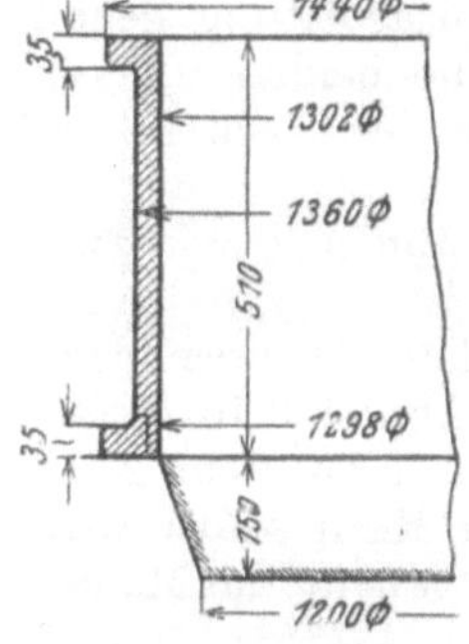

Abb. 583. Modellaufriß des zylindrischen Teiles zum Werkstück nach Abb. 582.

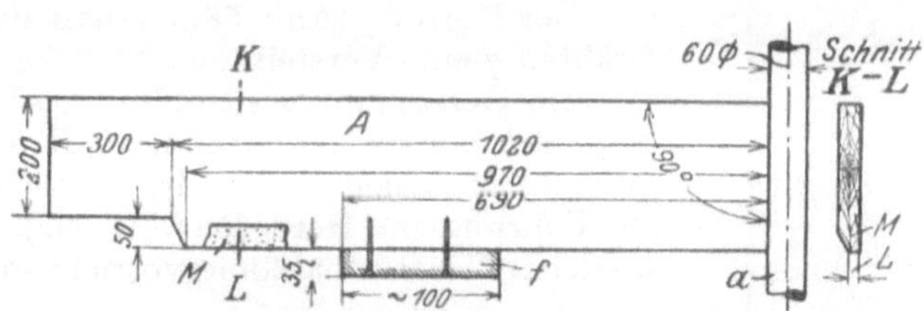

Abb. 584. Schablonenbrett zum Ausschablonieren des Mantelkastens, der Schlüsselkante und des unteren Flansches.

Zur Herstellung der Form hat der Modellbauer anzufertigen: eine Schablone A (Abb. 584) zum Herd D, eine Schablone J zum Ausschablonieren des Mantelkastens E nach Abb. 585, eine Schablone H zur Herstellung des Lehmkernes K nach Abb. 586, einen losen Modellteil C_1 nach Abb. 587 und einen Kernkasten nach Abb. 588. Die zwei Schablonenbretter H und J (Abb. 586 und 585) sind im Winkel übereinandergeplattete und verschraubte Bretter, während Schablone A (Abb. 584) ein glattes Brett mit dem Ansatz f ist. Auch hier empfiehlt sich, die Schablonenkanten (Schneidflächen) L mit Blechstreifen M zu versehen. Der auf Abb. 587 ersichtliche Modellteil C_1 entspricht in seiner äußeren Form genau dem Vorsprung C (Abb. 582).

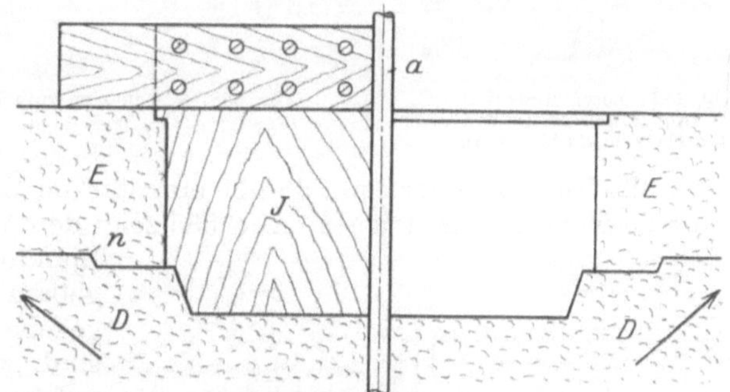

Abb. 585. Ausschablonierter Herd und Mantelkasten.

Die an dem Modellteil C_1 angebrachten Kernmarken h dienen in der Form zur Aufnahme des Kernes J_1 (Abb. 589) und bestimmen somit die genaue Lage des Kernes in der Form. Die beiden Bretter i (Abb. 587 und 590) haben den Zweck von Aufschlagleisten, damit das Modellteil C_1 (Abb. 587) beim Einsetzen in die Form (Abb. 590) in die vorgeschriebene Lage zu sitzen kommt. Abb. 588 zeigt den zweiteiligen Kernkasten, in welchem der Kern J_1 nach Abb. 589 aufgestampft wird. Der Kernkasten selbst wird aus folgenden Einzelteilen zusammengebaut:

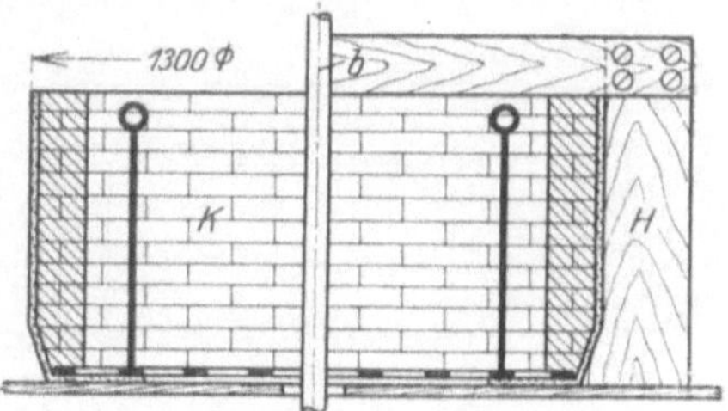

Abb. 586. Herstellung des Lehmkernes zum Gußstück nach Abb. 582.

Das zweiteilige Mittelstück K entspricht in seiner inneren Aufarbeitung genau dem Hohlraum von Teil C (Abb. 582). Die beiden Teile l sind 30 mm stark, gleich der Wandstärke, während die Bohrung gleich derjenigen durch die Wandstärke minus der Bearbeitungszugabe entspricht. Die kegeligen Teile *m* entsprechen in Stärke und innerer Ausarbeitung genau den Kernmarken *h* (Abb. 587), während die beiden äußeren Bretter *n* als Abschlußbretter dienen, da der Kern in der Pfeilrichtung *E* aufgestampft wird.

Der Kern J_1 (Abb. 589) erhält durch Einlegen von zwei Drähten *q* eine Versteifung.

Zur Herstellung des Hohlraumes innerhalb der Form nach Abb. 592 kommt ein Lehmkern *K* nach Abb. 586 in Frage. Der untere kegelige Teil des Lehmkernes dient dem Kern als Führung im Herd *D* (Abb. 592). Der Kern selbst wird wieder auf einer Schabloniervorrichtung aufgebaut, das Mauer-

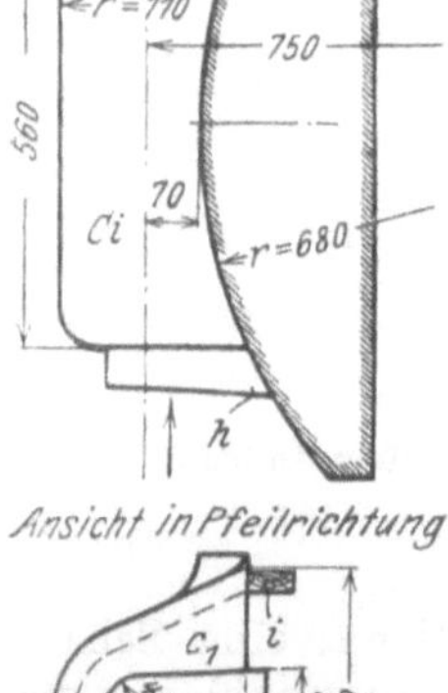

Abb. 587. Loser Modellteil C_1 zum Einsetzen in den Mantelkasten *E* (Abb. 585).

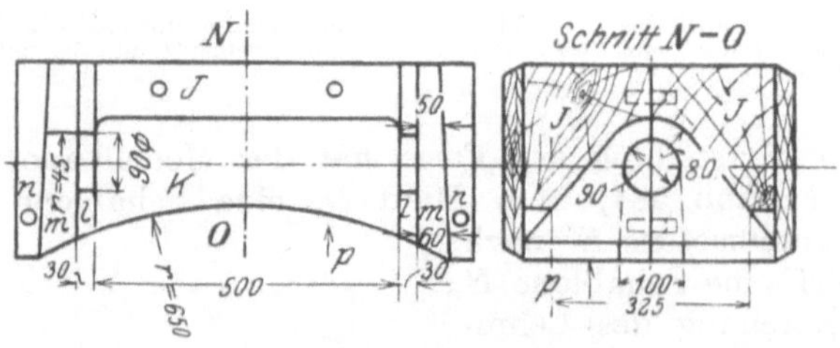

Abb. 588. Kernkasten zum Modellteil C_1 nach Abb. 587.

werk allseitig mit einer etwa 25—30 mm starken Lehmschicht versehen und dann mit Schablone *H* abgestrichen. Abb. 585 zeigt den Aufbau der Form. Nachdem die Spindel *a* in der üblichen Form eingebaut und die Windpfeifen in der angegebenen Pfeilrichtung eingebaut sind, wird der Herd (Unterkasten) *D* aufgestampft und mit Schablone *A* (Abb. 584), jedoch ohne Ansatz *f*, die Schlüsselkante *n* zur Führung des Mantelkastens *E* angeschnitten.

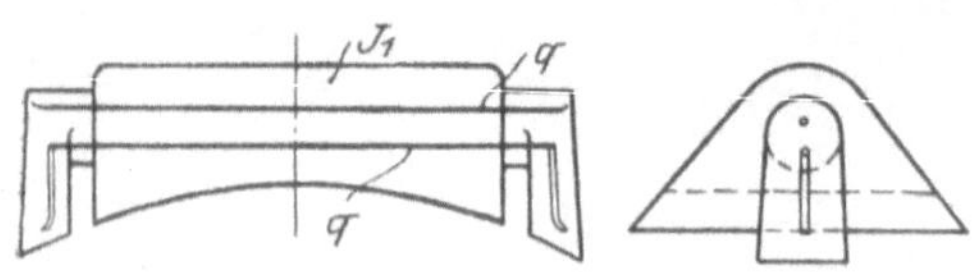

Abb. 589. Im Kernkasten nach Abb. 588 aufgestampfter Kern zur Form nach Abb. 592.

Nachdem der Mantelkasten *E* aufgesetzt ist, wird wieder ein Blechmantel von etwa 1340—1350 mm Durchmesser über Spindelmitte eingebaut und der Mantelkasten *E* um den Blechmantel aufgestampft, dann der Blechmantel entfernt und mit Schablone *J* der Mantelkasten ausschabloniert. In diesen ausschablonierten Mantelkasten *E* muß nun der Modellteil C_1 (Abb. 587), wie Abb. 590 zeigt, eingebaut werden. Um dem Former einen genauen Anhaltspunkt zu geben, muß der Modellbauer auf die Außenseite des Modellteiles C_1 (Abb. 590) einen scharfen Mittelriß *M* : *M* ziehen. Der Former entfernt nun das Modellteil C_1, poliert den Mantelkasten *E* aus und hebt denselben mittels Kranen

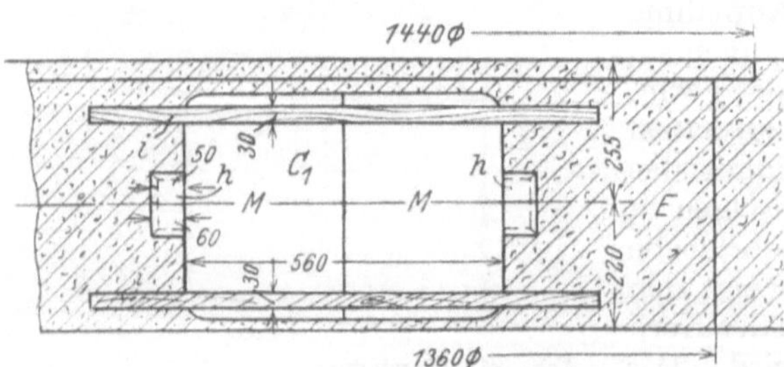

Abb. 590. In die Form eingesetzter Modellteil C_1 (Abb. 587).

von Herd D ab. Aus dem Herd D wird nun noch der untere Flansch des Gußstückes ausschabloniert, indem Schablone A (Abb. 584) mit Ansatz f an den Schwenkarm befestigt wird. Abb. 591 zeigt den fertigen Unterkasten (Herd) D.

Abb. 592 zeigt den halben Schnitt durch die ausgegossene Form mit dem eingelegten Sandkern J_1 (Abb. 589) und dem eingelegten Lehmkern K (Abb. 586).

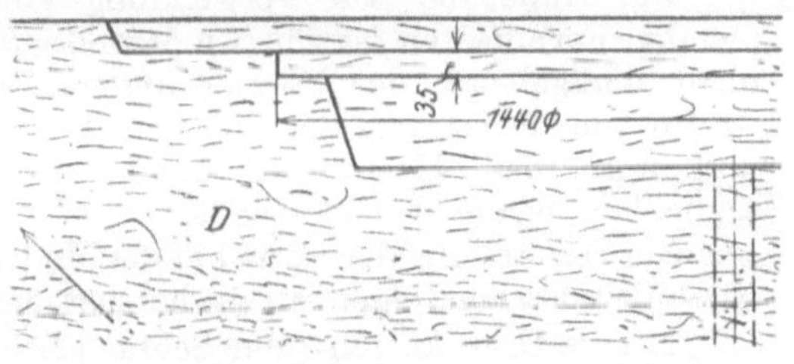

Abb. 591. Schnitt durch den ausschablonierten Herd D.

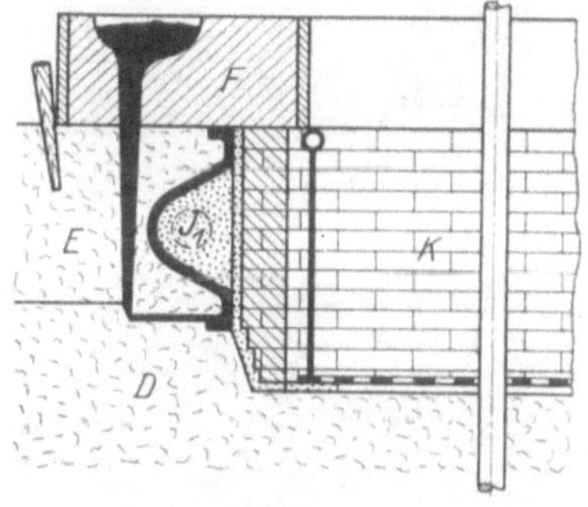

Abb. 592. Schnitt durch die ausgegossene Form zum Werkstück nach Abb. 582.

Der Oberkasten F dient lediglich als Abschlußkasten, braucht nicht weiter aufgestampft zu werden, als daß der Lehmkern K genügend gedeckt ist, und nimmt die Einguß- und Steigtrichter in sich auf.

74. Vierteilige Form zu einem trichterförmigen Zwischenstück.

Abb. 593 gibt die Werkstattzeichnung (Gießereizeichnung) eines trichterförmigen Zwischenstückes wieder, das in seiner äußeren und inneren Form rund ist, mit Ausnahme der beiden diagonal gegenüberliegenden Warzen a.

Hier vertritt der Konstrukteur mit Recht die Auffassung, daß man ein Einschreiben von Maßen in Gradmessungen, wie bereits schon erwähnt, möglichst vermeiden soll, da die Übertragung derartiger Messungen vom Arbeiter nicht mit genügender Sorgfalt ausgeführt wird und weil es auch oftmals an einem für die Werkstätten brauchbaren Gradmesser fehlt. Allerdings kann aber auch eine andere Auffassung vertreten werden: Die theoretische Ausbildung eines Facharbeiters muß so gediegen sein, daß man ihm auch derartige Abmessungen anvertrauen kann.

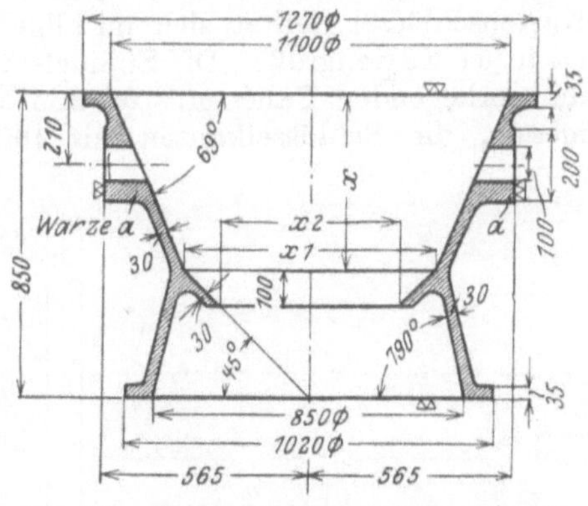

Abb. 593. Werkstattzeichnung eines trichterförmigen Zwischenstückes.

Wenn nach Abb. 593 der Konstrukteur die Maße von 45, 69 und 79° nicht einschreiben will, so muß er dem Modellbauer die Maße x, x_1 und x_2 angeben. Bei einem Modellbauer ist ohne weiteres Voraussetzung, daß er eine einwandfreie Gradübertragung vornehmen kann, wie ja auch bei der ganzen Arbeit zur Herstellung des Gußstückes nach Abb. 593 nur der Modellbauer mit diesen Gradabmessungen zu tun hat.

Abb. 594 zeigt den Modellaufriß zum trichterförmigen Zwischenstück nach Abb. 593. Nach Abb. 594 setzt sich die Form zusammen aus dem Unterkasten *d* (Herd), den beiden Mantelkästen *e* und *f* und aus dem Oberkasten *g*. Die auf dem Modellaufriß bezeichneten Kanten *h* sind wieder „Schlüsselkanten".

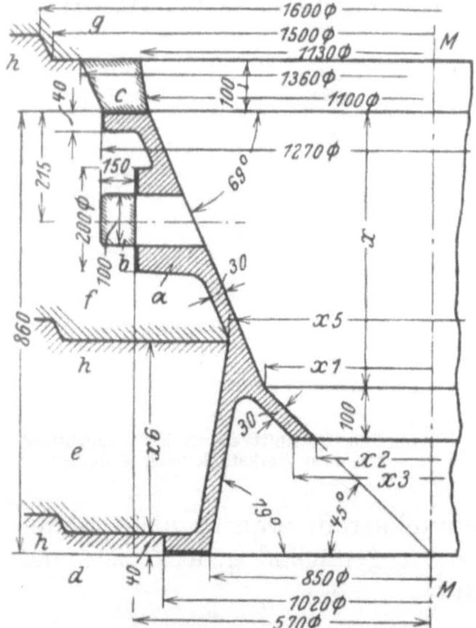

Abb. 594. Modellaufriß zum trichterförmigen Zwischenstück nach Abb. 593. *a* Warze, *b* Kernmarke, *c* verlorener Kopf, *d* Unterkasten (Herd), *e*, *f* Mantelkästen, *g* Oberkasten, *h* Schlüsselkanten zur Kastenführung.

Die Höhe der zur Verwendung kommenden Formkästen ist für den Modellbauer nicht maßgebend, der Former andererseits ist an die Teilstellen der Form gebunden und muß den Kasten entsprechend anschneiden, wenn er nicht paßt.

Zur Herstellung der Form hat der Modellbauer dem Former folgende Teile herzustellen:

1. eine Unterkasten- und Schlüsselschablone (Abb. 595);
2. ein Schablonenbrett nach Abb. 596;
3. ein Schablonenbrett nach Abb. 597;
4. ein Schablonenbrett nach Abb. 598;
5. ein Schablonenbrett nach Abb. 599 und
6. eine Warze *a* mit ansitzender Kernmarke *b* als loser Modellteil (Abb. 600).

Unterkasten- und Schlüsselschablone (Abb. 595) dient dazu, den Unterkasten (Herd) in Flucht zu schablonieren. Ebenso werden mit dieser Schablone sämtliche Schlüsselkanten zwischen den Kästen *d*, *e* und *f* hergestellt.

Der Modellbauer geht beim Aufzeichnen sämtlicher Schablonenbretter stets von Mitte Spindel *M—M* aus. Der Durchmesser der Kastenschlüssel richtet sich im allgemeinen nach der Kastengröße. Die Spindelstärke ist im vorliegenden Falle mit 60 mm Durchmesser, die Schlüsselkanten mit 1600 mm

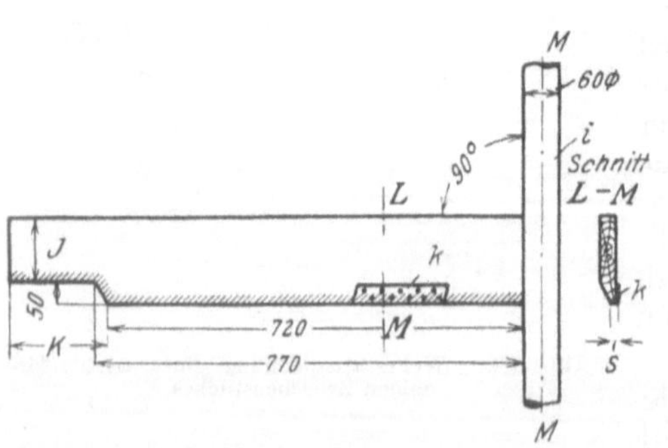

Abb. 595. Unterkasten- und Schlüsselkantenschablonenbrett. *i* Spindelstärke (60 mm), *k* Blechstreifen, *J*, *K* Schablonenmaße.

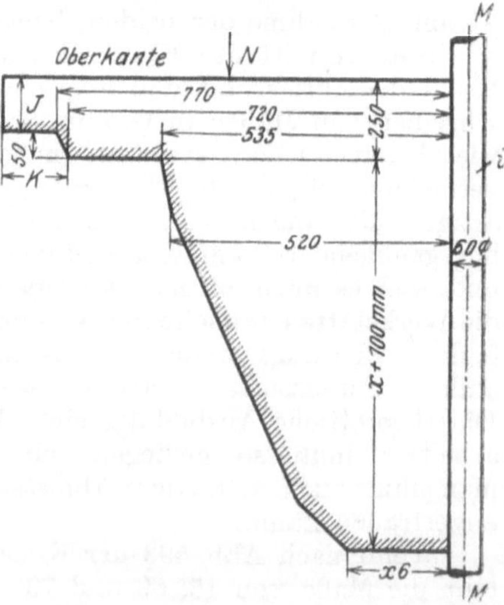

Abb. 596. Schablonenbrett zum Ausschablonieren des Bettes, worin der Oberkastenballen aufgestampft wird.

kegelig auf 1500 mm Durchmesser und 50 mm Höhe angenommen. Die auf den Schablonen angegebenen Maße *J* und *K* werden ~ 200 und 300 mm gehalten.

Das Schablonenbrett (Abb. 596) dient dazu, aus den Mantelkästen *e* und *f* das Bett zum Aufstampfen des Oberkastens *g* auszuschablonieren. Bei diesem Schablonenbrett ist dem Former das Maß 535 mm, das einem Durchmesser von 1130 mm entspricht, als Kontrollmaß maßgebend. Es muß immer wieder betont werden, daß alle Schablonenbretter so an dem Spindelarm zu befestigen sind, daß sämtliche Oberkanten der Schablonenbretter, die dem Modellbauer auch als Winkelkante dienen, genau im Winkel von 90° zur Spindel *i* stehen. Der Former richtet also die Kanten stets genau nach der Wasserwaage aus. Würde z. B. die Schablone nach Abb. 596 nur ungenau ausgerichtet, so bekäme der Former nie den genauen Durchmesser x_2. Die geringste Neigung oder Steigerung der Oberkante wird die vorgeschriebene Eisenstärke von 30 mm beeinflussen.

Schablone Abb. 597 findet Verwendung zum Ausschablonieren der Eisenstärke von 30 mm aus dem Mantelkasten. Bei dieser Schablone wird der Former das Maß 605 mm = 1270 mm Durchmesser als Stichmaß annehmen, da diese 1270 mm Durchmesser das obere Flanschmaß darstellen. Maß 465 ist nicht bindend, sondern kann dem Maß x Abb. 594 entsprechen. Auch dieses Schablonenbrett greift zum Teil noch in den Mantelkasten *e* ein. Dieses Verfahren wendet man in der Praxis an, um eine saubere untere Kante des Mantelkastens *f* zu erhalten. Ferner hat der Modellbauer auf der Schablone (Abb. 597) die genauen Warzenmitten M_1—M_1 aufzuzeichnen, um dem Former später das Einschneiden der Warzen zu erleichtern, wie er auch dem Former die Eisenstärke auf der Schablone bezeichnen wird.

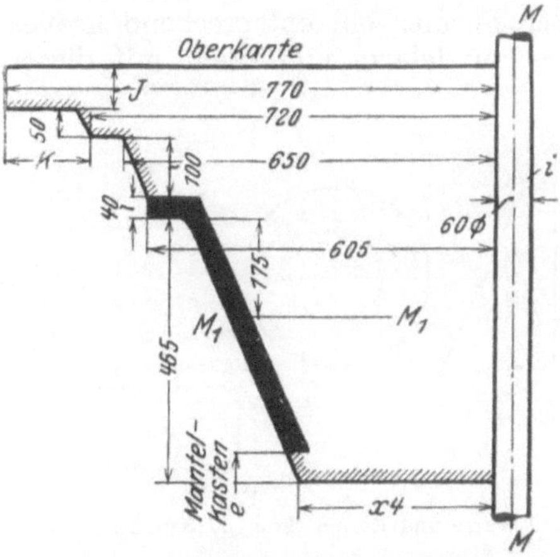

Abb. 597. Schablonenbrett zum Ausschablonieren der Eisenstärke aus dem Mantelkasten *f*.

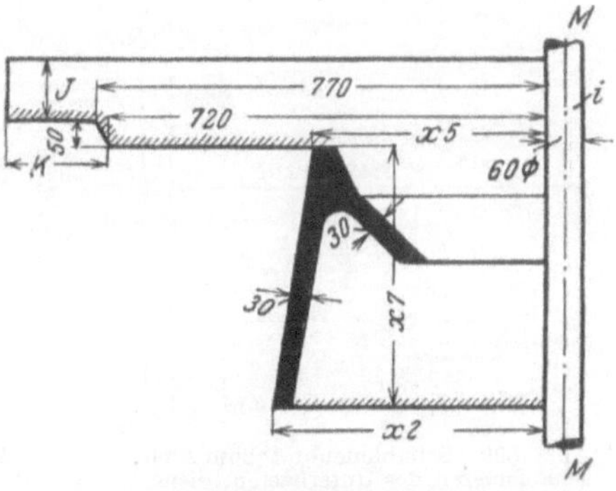

Abb. 598. Schablonenbrett zum Ausschablonieren des Mantelkastens *X*.

Mit Schablone Abb. 598 wird aus dem Mantelkasten *e* die Eisenstärke ausschabloniert. Die Durchmessermaße x_2 und x_6 sowie das Höhenmaß x_7 sticht sich der Modellbauer genau auf seinem Modellriß (Abb. 594) ab und schreibt diese Maße dem Former mit schwarzem Modellack auf die Schablone. Ebenso gibt er die Eisenstärke darauf an.

Schablone Abb. 599 dient zum Ausschablonieren des unteren Flansches aus dem Unterkasten und des vorstehenden Unterkastenballens. Bei dieser Schablone dient dem Former das Maß 480 mm = 1020 mm unterer Flanschdurchmesser als Stichmaß.

Abb. 600 zeigt bei *I* die Warze *a* mit Kernmarke *b*, die vom Modellbauer als einziger Modellteil angefertigt wird. Diese Warze wird in ihren Abmessungen genau nach Modellaufriß auf Höhe a_1 gedreht und nachher einseitig auf Maß a_2 schräg gehobelt.

Auf die abgeschrägte Fläche dieser Warze muß der Modellbauer die Kreuzmittellinien M_3—M_3 und M_4—M_4 auftragen, da dem Former diese Fläche der Warze als Kontrollseite dient, wie wir noch sehen werden.

Man soll dem Former nicht unnötig viele Maße auf die Schablonen schreiben, da ihm ein bis zwei Stichmaße vollständig genügen, denn alle übrigen Maße ergeben sich von selbst. Es empfiehlt sich stets, größere Formen, insbesondere wenn der Former einzelne Modellteile einzuschneiden hat, von der Modellbauerei aus nachkontrollieren zu lassen.

Der Aufbau der Form selbst geht nach Abb. 601 wie folgt vor sich:

Der Former stellt wie üblich seine Spindel im Herd, füllt sein Koksbett und stampft den Oberkasten auf. Ist dieses geschehen, so wird Schablone Abb. 595 an dem Spindelarm befestigt und damit der Herd geplant und die Schlüsselkante *h* zur Führung des Mantelkastens *e* anschabloniert.

In gleicher Weise wird beim Aufsetzen des Mantelkastens *f* auf Mantelkasten *e* verfahren unter Benutzung von Schablone Abb. 595. Ist die Form bis Oberkante Kasten *f* aufgestampft, so schaufelt sich der Former ein entsprechend großes Loch, befestigt Schablone Abb. 596 an dem Spindelarm und dreht mit dieser

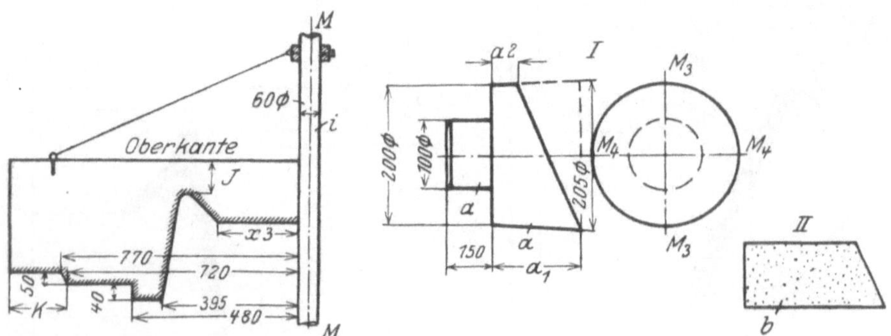

Abb. 599. Schablonenbrett zum Ausschablonieren des Unterkastenballens.

Abb. 600. *I* Warze und Kernmarke *a*. *II* Sandkern.

Schablone das Bett zum Aufstampfen des Oberkastens *g* aus, stäubt sein Bett einschließlich der Oberfläche des Mantelkastens *f* mit Streusand ab, entfernt seine Spindel und deckt die Spindelöffnung ab. Um dem an dem Oberkasten hängenden schweren Ballen einen Halt zu geben, wird ein Rost *r*, der durch Spannschrauben an der Oberfläche des Kastens gehalten ist, mit eingestampft. Beim Aufstampfen müssen die in Frage kommenden Einguß- und Steigtrichter mit angesetzt werden.

Sobald Oberkasten *g* aufgestampft ist, wird er abgedeckt und mit Schablone Abb. 597 die Eisenstärke von 30 mm sowie der verlorene Kopf *c* aus dem Mantelkasten *f* aufschabloniert. Warze *a* mit Kernmarke *b* wird diagonal nach eingeschriebenen Maßen, wobei die schon erwähnten Kreuzmittellinien M_3—M_3 und M_4—M_4 als Anhaltspunkte dienen, in die Form eingeschnitten. Die auf der Abb. 601 ersichtlichen Anschlußhohlkehlen *s*, die sich nicht am Modellteil einwandfrei anbringen lassen, schneidet der Former an.

Nach Erledigung dieser Arbeit wird der Mantelkasten *f* entfernt, Schablone Abb. 598 an dem Spindelarm befestigt und damit Mantelkasten *e* ausschabloniert. Hierbei wird der Sand, der auf Abb. 601 als Unterkastenballen *i* anzusehen ist, mit ausschabloniert.

Ist Mantelkasten *e* fertig, so wird er auch abgedeckt, Schablone Abb. 599 am Spindelarm befestigt und mit dieser Schablone der untere Flansch aus dem Herd (Unterkasten) ausschabloniert sowie der wieder aufgestampfte Ballen aufschabloniert. Somit wären die eigentlichen Schablonenarbeiten für den Former erledigt. Danach geht er an das Fertigmachen der Form.

Zuerst wird aus dem Herd (Unterkasten *d*) die Spindel entfernt und die Spindelöffnung selbst mit einem Holzpfropfen verschlossen, so daß beim Zudecken der Form kein Sand in die Bohrung des Spindellagers fällt. Alsdann werden die beiden Mantelkästen *e* und *f* aufgesetzt und darin die beiden Kerne *b* (Abb. 600 *II*) eingesetzt. Die Längenmaße der Kerne können auf dem Modellaufriß (Abb. 594) genau abgemessen werden. Der Former wird sie jedoch vorsichtshalber etwas kürzer halten, um beim Aufsetzen vom Oberkasten *g* nicht Gefahr zu laufen, daß die Kerne, wenn sie zu lang sind, aus ihrer richtigen Lage gedrückt werden.

Abb. 601 zeigt die ausgegossene Form mit den Eingußtrichtern *u* und dem verlorenen Kopf *c*. Entgegengesetzt der Eingußtrichter werden die Steigtrichter angeschnitten. Der verlorene Kopf *c* dient dazu, genügend flüssiges Eisen zum Nachsickern in sich aufzunehmen und alle im Eisen befindlichen Unreinlichkeiten (Schlacken) beim Gießen nach oben zu treiben.

Nun wirft sich auch hier die Frage auf: Wo liegt die Grenze der Wirtschaftlichkeit zwischen Modell- und Schablonenformerei?

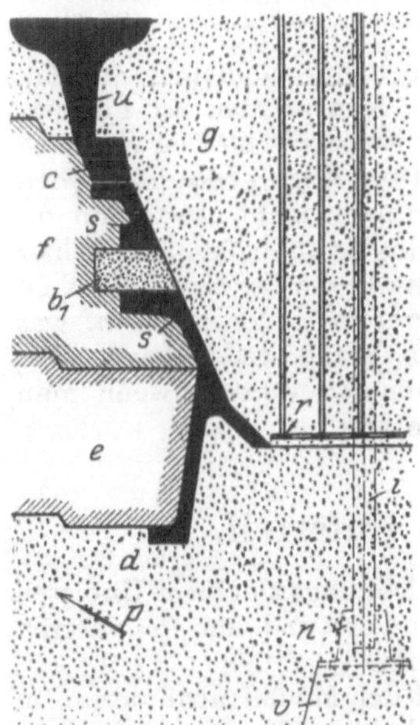

Abb. 601. Schnitt durch die ausgegossene Form zum Gußstück (Abb. 593).

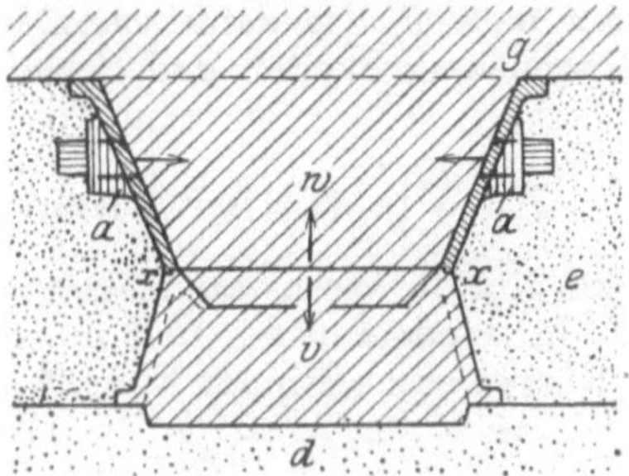

Abb. 602. Schnitt durch die Form mit eingestampftem Modell.

Eine genaue Statistik aufzustellen, wo die Wirtschaftlichkeit anfängt oder aufhört, ist schwer. Hier spricht die Praxis das Wort, und in gegenseitigen Aussprachen muß man das Richtige finden. Aber zwei Punkte müssen als Grundlagen dienen:

1. Wie hoch sind die Ersparnisse an Modellkosten, wenn die Form schabloniert wird?

2. Wieviel betragen die Mehrausgaben an Formerlohn bei Herstellung der Form mittels Schablonen?

Nur wenn der Unterschied beträchtlich ist, wird man zur Schablonenformerei übergehen, bei Massenabgüssen niemals, denn bei Schablonenformerei wird nie ein Abguß wie der andere ausfallen, selbst wenn der tüchtigste Former mit dieser Arbeit betraut wird.

Abb. 602 zeigt ein eingestampftes Modell nach Abb. 594, jedoch ohne „verlorenen Kopf“ „*C*“. Auch hierbei kommen drei Kasten, nämlich Unterkasten (Herd) *d*, Mantelkasten *e* und Oberkasten *g* in Frage. Der untere Teil des Modells *v* muß bei Modellformerei mit Kern gemacht werden, während der obere Teil in Natur hergestellt werden kann. Der Ballen *w* wird also in den Oberkasten gehängt. Die beiden Warzen *a* müssen am Modell angeschraubt und seitlich in der Pfeilrichtung aus der Form gezogen werden.

An Hand dieses Beispiels soll die Wirtschaftlichkeit festgestellt werden:

Die Modellkosten (nach Abb. 602) betragen einschl. Material und 100% Regiespesen ungefähr	400,00 M.
Der Formerlohn bei Modellarbeit beträgt einschl. Kernmacherlohn und 100% Regiespesen ungefähr	95,00 „
Die Selbstkosten bei dem ersten Abguß (ohne Materialzuschlag für Gußeisen) betragen also	495,00 M.
Bei allen weiteren Abgüssen fallen die Modellkosten fort.	
Bei Schablonenarbeit kämen an Former- und Kernmacherarbeiten in Frage etwa	120,00 „
also gegenüber Modellformerei ein Mehr von rund	25,00 „

Die Modellkosten für Schablonenarbeiten, die auch nur einmal erscheinen, betragen etwa 75 M. Mithin werden 325 M. erspart. Nun werden an Formerlohn 25 M. mehr gebraucht, so daß noch ∼ 300 M. Ersparnis bleiben und sich in Wirklichkeit das Modell erst beim zehnten oder zwölften Abguß bezahlt machen würde. Man wird aber aus den schon erwähnten Gründen nicht etwa zehn bis zwölf Abgüsse schablonieren, sondern vielleicht zwei bis drei Abgüsse, denn hier liegt die Grenze der Wirtschaftlichkeit. Im übrigen muß man bei einer so hohen Anzahl von Abgüssen mit ganz beträchtlichen Maßunterschieden rechnen, was die Verwendung der Gußstücke unter Umständen in Frage stellen kann. Die Modellkosten müssen also dann schon in Kauf genommen werden, wenn man sich vor Unannehmlichkeiten und Schaden bewahren will.

75. Vierteilige Form zu einem Unterteil.

Abb. 603 gibt die Werkstattzeichnung (Gießereizeichnung) zu einem Unterteil wieder, das in seiner äußeren und inneren Form rund ist und nur im unteren kugeligen Körper sechs Rippen von 25 mm Stärke hat.

Abb. 604 zeigt den Modellaufriß der Form zum Gußstück nach Abb. 603, den der Modell-

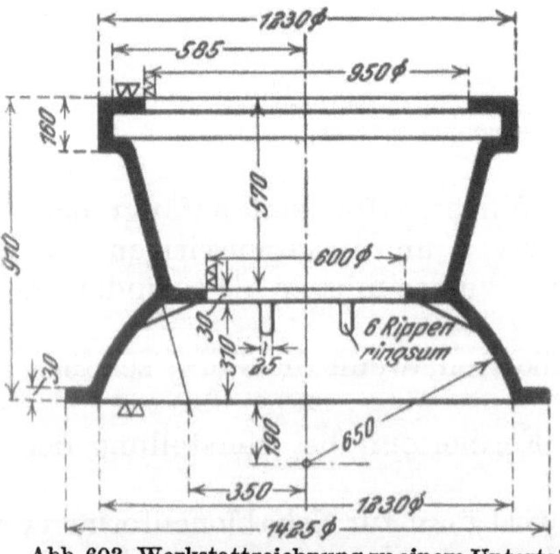

Abb. 603. Werkstattzeichnung zu einem Unterteil.

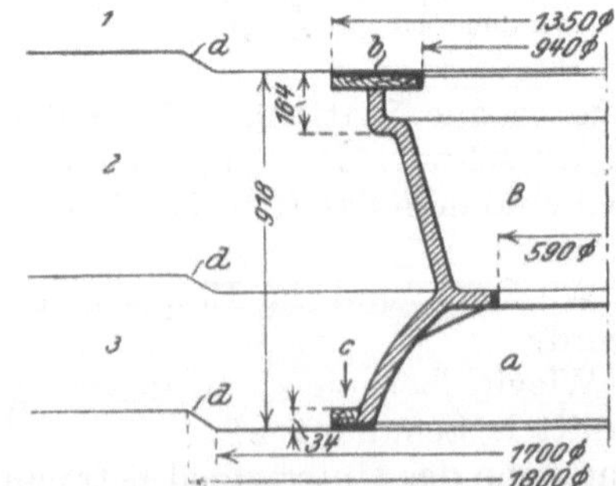

Abb. 604. Modellaufriß zum Gußstück nach Abb. 603.

bauer unbedingt braucht, damit er einen Anhaltspunkt bei der Anfertigung seiner Schablonenbretter und Einzelteile hat.

Nach dieser Abbildung setzt sich die Form zusammen aus dem Oberkasten Nr. *1* mit anhängendem Ballen *B*, aus den Mantelkasten Nr. *2* und Nr. *3* und aus dem Herd Nr. *4*. Die Teile *b* und *c* sind Modellringe. Die schwarz gekennzeichneten Stellen geben die Bearbeitungszugabe an. Im allgemeinen überläßt man es dem Modellbauer, welche Bearbeitungszugabe er für angemessen hält. Das ist aber grundfalsch, weil dadurch oft unliebsame Auseinandersetzungen entstehen. Ist die Bearbeitungszugabe zu knapp, dann wälzt man die Schuld auf den Modellbauer ab, ist zuviel Bearbeitung vorhanden und der Dreher kommt

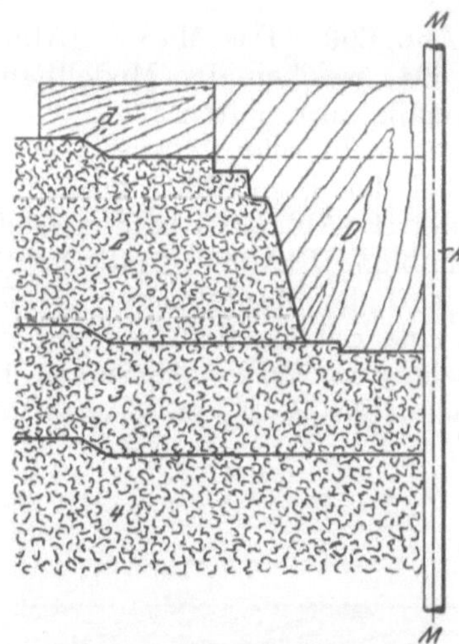

Abb. 605. Ausschablonieren des Bettes zum Aufstampfen des Oberkastens.

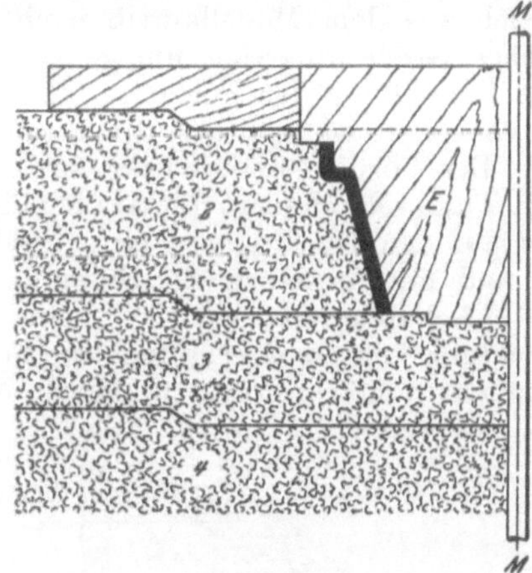

Abb. 606. Ausschablonieren der Eisenstärke aus dem Mantelkasten Nr. 2.

mit dem festgesetzten Akkordpreis nicht aus, so schiebt man die Schuld wieder auf den Modellbauer. Die Frage der Bearbeitungszugabe ist in der Betriebswirtschaft von so einschneidender Bedeutung, daß sie von den mit der Zeitstudie betrauten Beamten festzusetzen ist. Es soll nicht verkannt werden, daß die

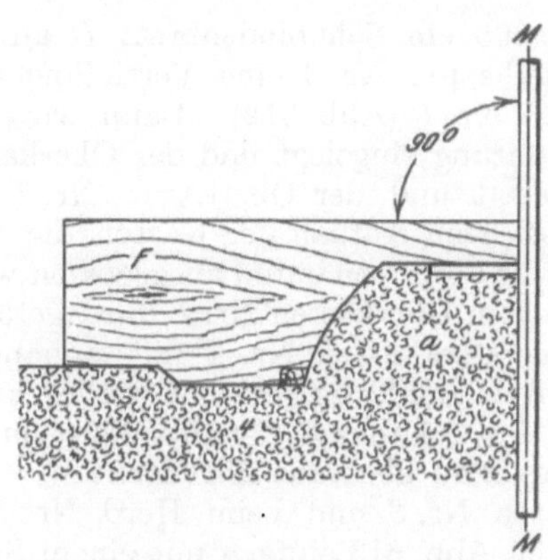

Abb. 607. Aufschablonieren des Aufstampfballens „a" auf den Herd.

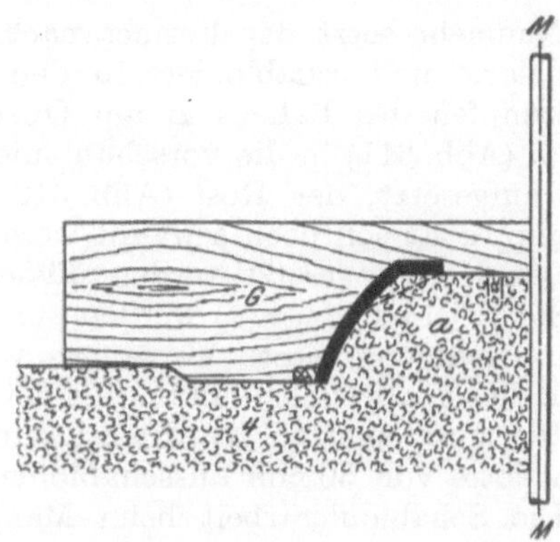

Abb. 608. Abschablonieren der Eisenstärke vom aufgestampften Ballen „a" (Abb. 607).

Ausarbeitung von Normen für Bearbeitungszugaben nicht sehr einfach ist; aber das ist gerade der springende Punkt in der Erfassung des Modellbaues und der Formerei für die moderne Betriebswirtschaft.

Der auf Abb. 604 gekennzeichnete Ballen *a* wird auf dem Herd Nr. *4* aufschabloniert.

Zur Herstellung der vierteiligen Form braucht der Former neben den beiden Modellringen *b*, Abb. 604 und 611 und *C*, Abb. 609 noch:

ein Schablonenbrett *D* nach Abb. 605,
ein Schablonenbrett *E* nach Abb. 606,
ein Schablonenbrett *F* nach Abb. 607 und
ein Schablonenbrett *G* nach Abb. 608,

ferner mindestens zwei Modellrippen *d* nach Abb. 609. Das Maß e_1 (Abb. 609) ergibt sich aus dem Modellaufriß nach Abb. 604, welchen der Modellbauer in natürlicher Größe anfertigt, um genaue Stichmaße zu erhalten.

Die Herstellung der Form ist im Verhältnis nicht sehr schwierig, erfordert jedoch vom Former größte Aufmerksamkeit bei der Herstellung der einzelnen Kasten. Der Former stellt wieder seine Spindel *A* (Abb. 605) in den Gießereiherd Nr. *4* und schabloniert mit der Schlüsselschablone *J* (Abb. 610) die Schlüsselkante *d* auf den Gießereiherd auf. Alsdann wird der Mantelkasten Nr. *3* aufgesetzt und mit derselben Schablone wieder eine Schlüsselkante *d* auf diesen Kasten aufschabloniert, was sich beim Mantelkasten Nr. *2* wiederholt. Durch diese Schlüsselkanten *d* erhalten die Formkasten Nr. *1*, *2* und *3* eine genaue Führung mit dem Unterkasten (Herd) Nr. *4*.

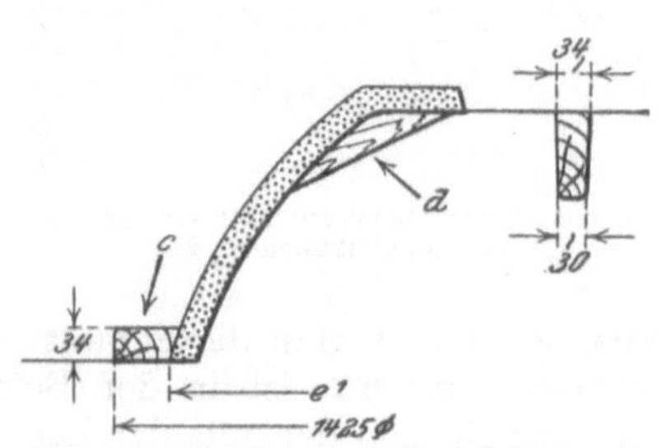

Abb. 609. Modellrippen „*d*“ und Ring „*c*“.

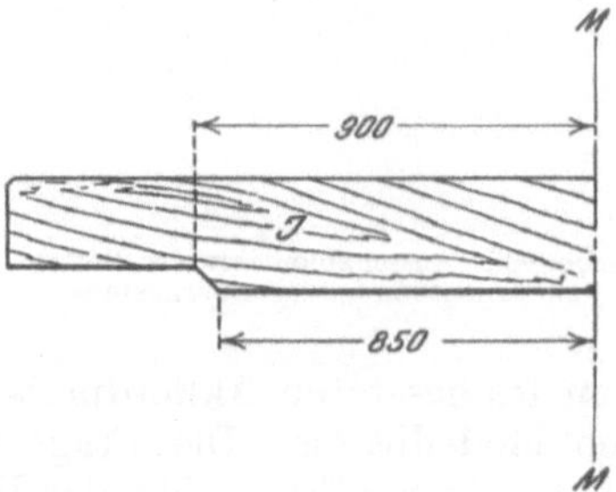

Abb. 610. Schlüsselkantenschablone.

Nunmehr setzt der Former nach Abb. 605 ein Schablonenbrett *D* an den Spindelarm und schabloniert in den Mantelkasten Nr. *2* eine Vertiefung zum Aufstampfen des Ballens *B* am Oberkasten Nr. *1* (Abb. 612). Dann wird der Ring *b* (Abb. 611) in die vorschablonierte Führung eingelegt und der Oberkasten Nr. *1* aufgesetzt, der Rost (Abb. 612) eingelegt und der Oberkasten Nr. *1* aufgestampft. Es soll noch erwähnt werden, daß beim Aufbau der Kästen die Eingüsse am Herd angesetzt werden müssen, da die Form von unten ausgegossen wird. Die Steigtrichter hingegen werden nur durch den Oberkasten Nr. *1* durchgeführt. Nach Erledigung dieses Vorganges wird der Oberkasten Nr. *1* mit anhängendem Ballen *B* abgehoben und gewendet, damit er gießfertig gemacht werden kann.

Der Mantelkasten Nr. *2* wird nun mit der Schablone *E* (Abb. 606) um die Eisenstärke von 30 mm ausschabloniert und dann ebenfalls abgedeckt.

Die Schablonierarbeit beim Mantelkasten Nr. *3* und beim Herd Nr. *4* ist etwas schwieriger. Man kann nicht etwa nach Abb. 613 einfach mit einem Schablonenbrett *H* den Mantelkasten Nr. *3* ausschablonieren, weil der Former den Mantelkasten Nr. *3* mit dem Schablonenbrett *H* unterdrehen müßte. Das ist schon darum nicht möglich, weil der Kasten an seiner oberen Fläche etwa 275 mm vorspringt und da sich der Formsand beim Ausschablonieren lockert, wird er in der Pfeilrichtung *f* durchsacken.

Man wird statt dessen den Mantelkasten wie folgt aufstampfen: Der Former setzt den Mantelkasten Nr. *3* ab und schabloniert auf den Herd Nr. *4* mittels

Schablone *F* (Abb. 607) den Ballen *a* auf. Dieser Ballen *a* entspricht der äußeren Kontur des Gußstückes. Der untere Flansch *c* (Abb. 609) wird als Modellteil um den Ballen *a* herumgelegt und der Ballen selbst abgestäubt. Da nun der Mantelkasten Nr. *3* nach Abb. 606 noch vollgestampft ist, muß der Former in der Mitte des Kastens eine Öffnung von etwa 1500 mm Durchmesser ausstoßen, dann den Kasten

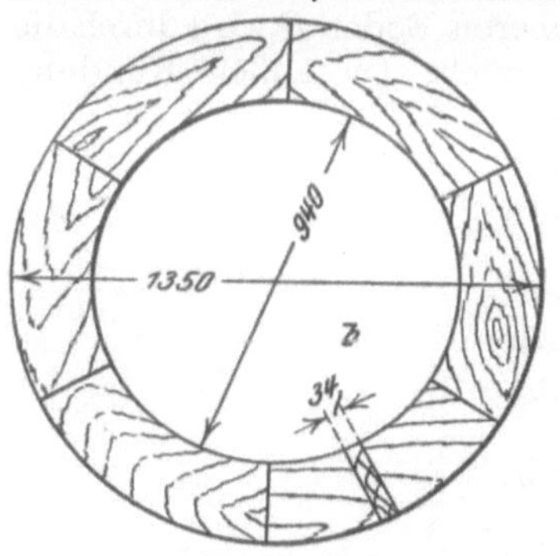

Abb. 611. Modellring „*b*" (Abb. 604).

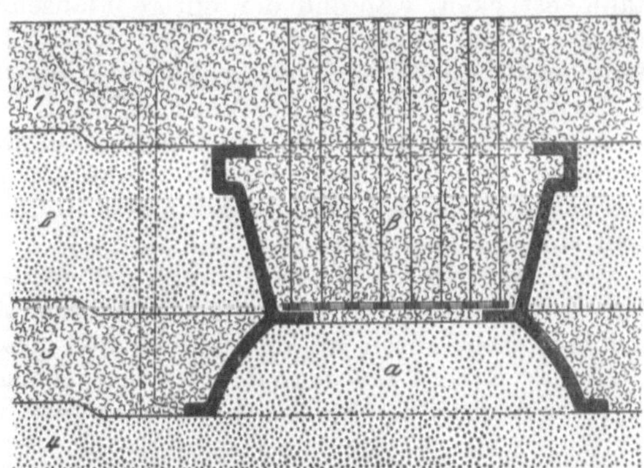

Abb. 612. Schnitt durch die ausgegossene Form zum Werkstück nach Abb. 603.

auf den Herd aufsetzen und den Mantelkasten Nr. *3* über den Ballen *a* (Abb. 607) aufstampfen. Ist auch das erledigt, so wird Mantelkasten Nr. *3* abgedeckt und mit Schablone *G* (Abb. 608) die Eisenstärke vom Ballen des Herdes Nr. *4* abschabloniert. In diesen Ballen muß nun der Former die sechs Modellrippen „*a*" Abb. 609 genau diagonal zueinander einschneiden, wie punktiert auf Abb. 608 ersichtlich ist.

Abb. 612 zeigt den Schnitt durch die ausgegossene Form zum Gußstück nach Abb. 603.

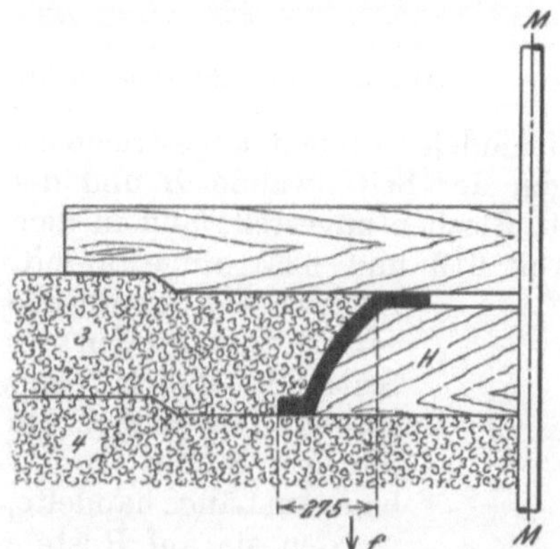

Abb. 613. Falsche Anordnung beim Ausschablonieren des Mantelkastens.

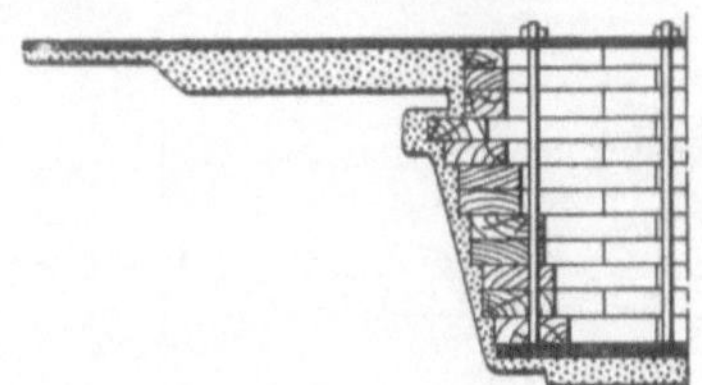

Abb. 614. Lehmkern.

Will man den schweren Ballen *B* nicht im Mantelkasten aufstampfen, so kann man ihn als Lehmkern nach Abb. 614 aufschablonieren. Der Lehmkern ist leichter als ein massiver Sandkern, weil eben der ganze aufgestampfte Oberkasten Nr. *1* nicht mit dem Kern in Verbindung steht. Außerdem ist natürlich der Lehmkern nach Abb. 614 beim Ausgießen der Form widerstandsfähiger, das flüssige Eisen wird also weniger treiben.

76. Behälter.

Abb. 615 gibt die Werkstattzeichnung zu einem gußeisernen Behälter wieder, wie er in einer süddeutschen Gießerei hergestellt wurde. Da nur zwei Stücke abgegossen werden sollten, mußten die Modellkosten so niedrig wie möglich gehalten werden, und man beschloß, ein primitives Modell zu bauen, wälzte also einen großen Teil der Herstellungsarbeiten an den Former ab.

Hierbei ist ein Modellaufriß nach Abb. 616 unerläßlich. Dieser Modellaufriß zeigt die Längsseiten *B*, die Kopfseiten *C* und den oberen Boden *D* in Form von Rahmenstücken, während der untere Flansch *A* aufgeschraubt ist.

Der Modellaufbau geht aus den Abb. 617 und 618 hervor. Der ganze Zusammenhalt der Seitenwände *B* (Abb. 617) mit dem oberen Boden *D* wird durch die Holzschrauben *d*, welche das Verbaustück *E* fassen, erzielt. Die äußere Rundung wird dadurch hergestellt, daß man nach dem Zusammenschrauben dieses Hilfsmodells die schraffierten Teile *a* und *b* abhobelt. An Stelle der inneren Hohlkehle hat man eine Eckleiste *c* eingesetzt.

In Abb. 618 ist die Verbindung des Steges *O* mit den Seitenwänden *B* ersichtlich. Flansch *A* wurde ebenfalls von unten an das Hilfsmodell geschraubt. Die runde Ecke *K* ließ man den Former abziehen.

Der Aufbau der Form geht nun wie folgt vor sich:

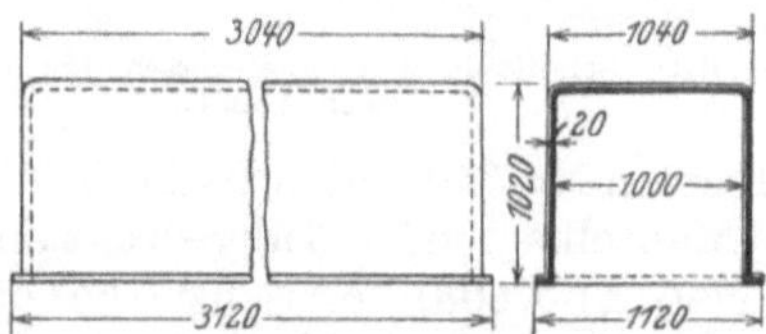

Abb. 615. Werkstattzeichnung zu einem gußeisernen Behälter.

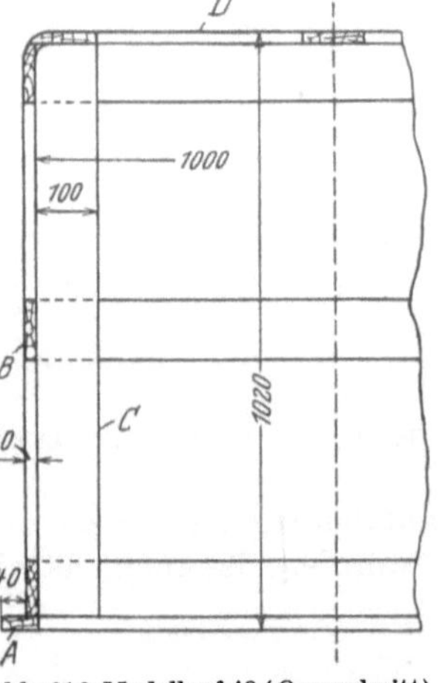

Abb. 616. Modellaufriß (Querschnitt).

Der Former stellt nach Abb. 619 sein Hilfsmodell auf den abgestrichenen Boden der ausgeworfenen Grube. Die Öffnungen der Seitenwände *B* und der Kopfwände *C* (Abb. 616) wurden von außen mit Blechen zugestellt und in dem Hohlraum des Modellkörpers der Ballen *F* (Abb. 619 und 623) aufgestampft. Nun wurden die Bleche entfernt und an den vier Seiten die Ballen *H* angesetzt. Da es sich um schwere Ballen von 3 bzw. 4 m Länge handelte, wurden sie auf Roste *e* gelegt, in welche die Aushebeeisen *f* befestigt wurden. Der obere Kasten *J* wurde an der Rundung angeschnitten, wie Abb. 623 zeigt.

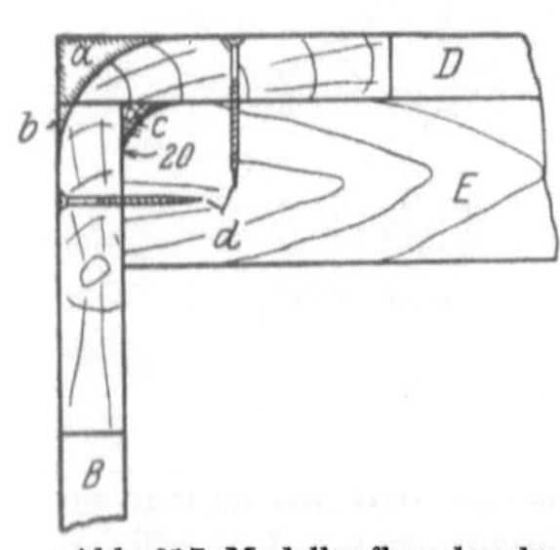

Abb. 617. Modellaufbau des oberen Modellteiles nach Abb. 616.

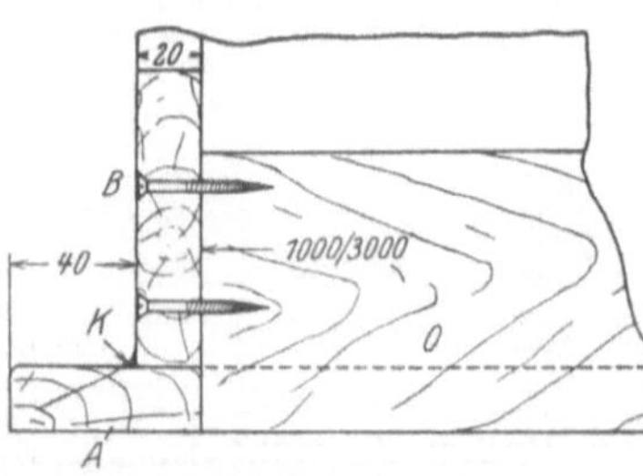

Abb. 618. Modellaufbau des unteren Modellteiles nach Abb. 616.

Nachdem der Oberkasten *J* (Abb. 623) abgedeckt war, wurden die vier Ballen *H* (Abb. 619 und 623) ausgehoben und mit Schablone *g* (Abb. 620) der aufgestampfte Sand vom Ballen *F* (Abb. 619) aus den Rahmenstücken abgestrichen. Um eine glatte Fläche beim Ausstreichen zu erhalten, hat man auf das Brett *g* (Abb. 620) ein Flacheisen *h* mit 20 mm Vorsprung, gleich der Eisenstärke, aufgeschraubt. Alsdann wurden die Verbindungsstücke *E* und *O* (Abb. 617 und 618), welche ein Auseinanderstampfen der Form verhinderten, gelöst und die Keilstücke von der in Abb. 621, *O* gezeichneten Form in der Pfeilrichtung der Abb. 621 aus dem

Ballen F (Abb. 619) herausgezogen und die entstandenen Öffnungen aufgestampft. Die obere Kante C (Abb. 617) wurde mit Schablone (Abb. 622) abgestrichen, ebenso die in vertikaler Richtung laufenden Eckkanten.

Abb. 623 zeigt den Schnitt durch die ausgegossene Form, wobei J der Oberkasten, i die seitlichen Richtkeile, K einen Einguß- und L einen Einsteigtrichter und M und N aufgesetzte Trichterkästen wiedergeben. Ausgegossen wird die Form nach Abb. 623 von zwei Seiten mit Trichterstellung über Eck.

Die Ersparnisse an Modellkosten, die durch dieses Hilfsmodell erzielt wurden, mögen höchstenfalls 15% ausgemacht haben, denn die Kopf- und Seitenwände mußten als gestemmte Rahmen hergestellt werden. Dafür hatte aber der Former eine Mehrarbeit von 15% zu leisten, so daß man tatsächlich unwirtschaftlich gearbeitet hat, da die Modellkosten nur einmal, die Formkosten zweimal zu zahlen waren. Der Former mußte mit Schablone g (Abb. 620) die Eisenstärke aus sämtlichen vier Seitenwänden ausstreichen und die innere Rundung mit Schablone

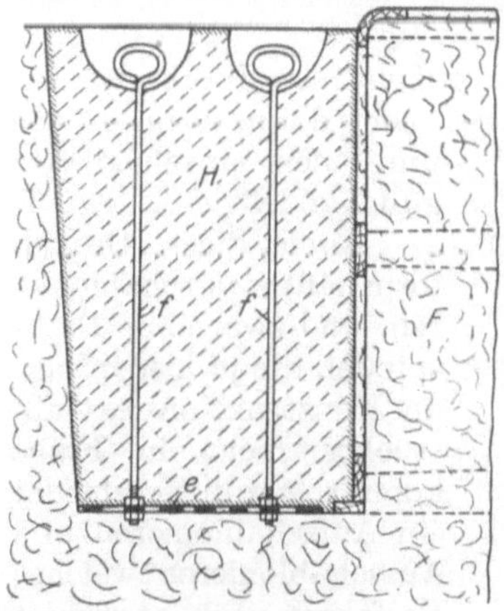

Abb. 619. Aufstampfen der Form.

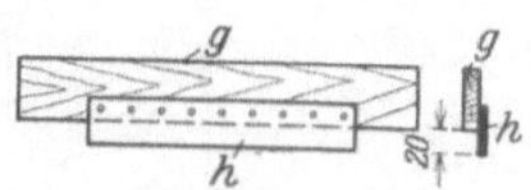

Abb. 620 Ausstreichschablone.

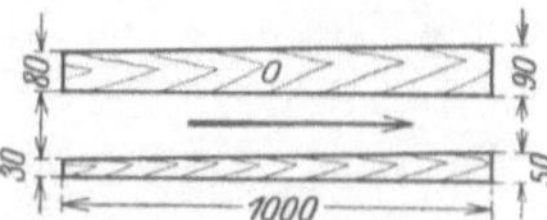

Abb. 621. Keilstücke.

(Abb. 622) abstreichen, ebenso an den vier Ballen H (Abb. 619 und 623) die Kanten k (Abb. 618) abpolieren. Alle diese unnötige Arbeit hätte man ersparen können, wenn man dem Former ein einwandfreies, sauberes Modell mit geschlossenen Kopf- und Seitenwänden hergestellt hätte. In diesem Falle wäre der Ballen F (Abb. 619) fest und glatt aufgestampft worden, und der Former hätte die Eisenstärke nur aus dem oberen Boden mit dem Richtscheit abstreichen müssen, und alle Flächen und Abrundungen wären sauber gewesen.

Dieses eine Beispiel zeigt, wie man in betriebswirtschaftlicher Hinsicht oftmals sündigt, wenn man an Modellkosten sparen will, um den Auftrag hereinzubekommen. Dafür werden die ersparten Modellkosten auf einer anderen Seite meist verdoppelt zugelegt.

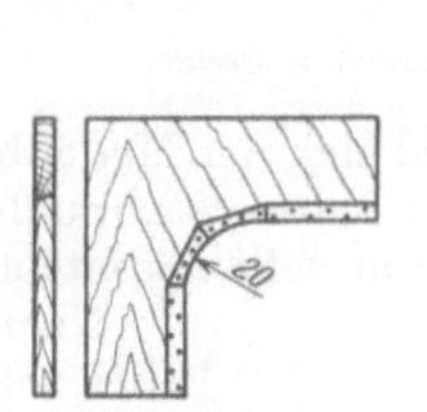

Abb. 622. Abrundungsschablone.

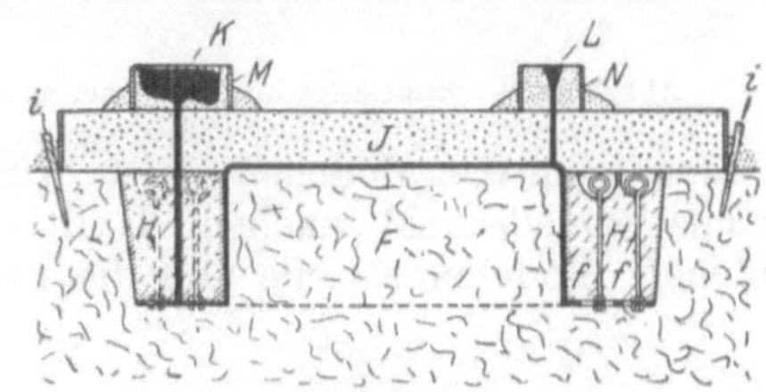

Abb. 623. Schnitt durch die ausgegossene Form zum Gußstück nach Abb. 615.

Es ist nicht immer leicht, die Rentabilität des eigenen Modellbaus festzustellen, denn man verteilt das Modellunkostenkonto zum Teil ganz verschieden. So gibt es Werke, welche die Modellunkosten auf die einzelnen Abteilungen verteilen; andere belasten die Gießerei damit. Wenn man aber tatsächlich eine genaue Übersicht über das Modellkonto haben will, muß man die Modellwerkstatt ihre Spesen selbst tragen lassen. Erst nach genauer Feststellung der Modellkosten darf man sie dann den Betriebsabteilungen, für die die Modelle angefertigt wurden, in Rechnung stellen. Der einzige Vorteil, welcher durch dieses primitive Modell erreicht wurde, bestand lediglich darin, daß man kein sperriges Modell auf Lager nehmen mußte, und da das Behelfsmodell nicht lackiert war, wurde das Modell wieder auseinandergenommen und das Holz so weit als eben möglich wieder anderweitig verwendet. Hierbei tritt ein Scheingewinn zutage, denn das Auseinanderschrauben der Modellrahmen kostet auch Geld. Dieser Verlust wurde aber auf andere Modellarbeiten gebucht.

77. Haube.

Abb. 624 gibt die Werkstattzeichnung zu einem gußeisernen Haube wieder. Ein Modell hierzu wäre immerhin kostspielig, und erst recht dann, wenn es sich um einen einzelnen Abguß handelt.

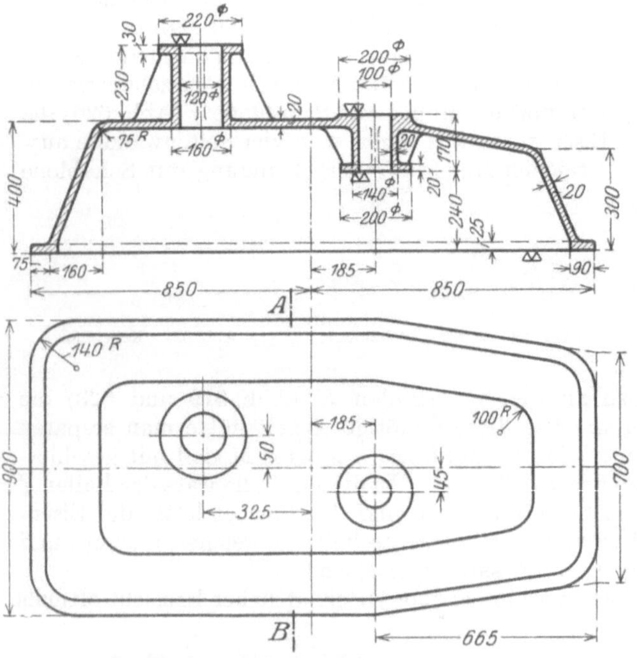

Abb. 624. Werkstattzeichnung zu einem gußeisernen Deckel.

Auch diese Deckelform läßt sich schablonieren, und zwar ohne Drehspindel, die ja hier infolge der Konstruktion des Gußstückes nicht in Frage kommt. Man unterscheidet ein Aufschablonieren und Ausschablonieren; welches Verfahren man anwendet oder anwenden muß, wird sich immer wieder nach der Konstruktion des betreffenden Gußstückes richten. Die äußere Schräge des Gußstückes wird nicht durch eine Gradabmessung bestimmt, hierfür ist das Stichmaß von 160 mm maßgebend, wie auch im Schnitt A—B (Abb. 625) ersichtlich ist. Wie bei der Anfertigung von Modellen üblich, wird sich der Modellbauer auch bei dieser Arbeit einen Modellaufriß machen, damit er seine Stichmaße abmessen und die Schablonen, Modelleinzelteile und die Form selbst kontrolliert werden können.

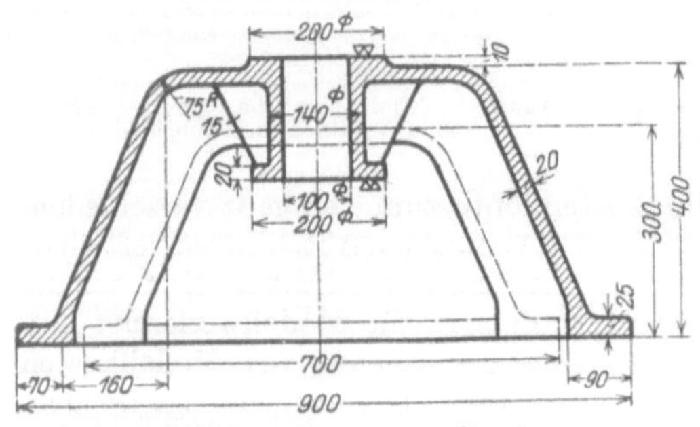

Abb. 625. Schnitt A—B (Abb. 624).

Nach Abb. 626 hat der Modellbauer folgende Modelleinzelteile anzufertigen:

eine Scheibe a,

eine Nabe b mit den Kernmarken b_1 und d_1,

eine Nabe c mit Rippen,

eine lose Kernmarke d_1 sowie

einen Rahmen C.

Abb. 627 zeigt den Modellrahmen C, der aus mehreren Teilen besteht und in seinen Überplattungen verschraubt ist. Diese Überplattungen geben dem Modellrahmen die gewünschte Stabilität. Letztere muß unbedingt vorhanden sein, da die äußere Kontur des Rahmens als Gleitfläche der Schablonenbretter dient. Würde sich also infolge unsachgemäßer Modellarbeit der Rahmen aus dem Winkel drücken, so wäre die Folge, daß das ganze Gußstück aus dem Winkel wäre. In seiner inneren Form entspricht der Rahmen genau der unteren inneren Form des Deckels.

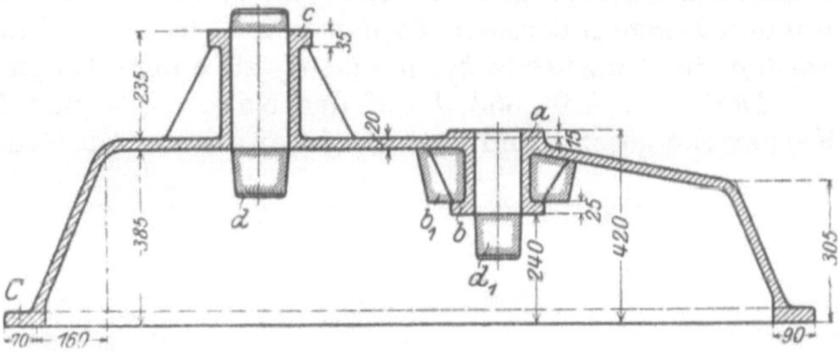

Abb. 626. Modellaufriß zum Gußstück nach Abb. 624.

Abb. 628 zeigt ein im Winkel überplattetes und verschraubtes Schablonenbrett D, dessen Kanten, die zum Abstreichen dienen, mit Blech beschlagen sind. Je nach der Breite der Schablonenbretter kann man dieselben durch Aufschrauben von Verstärkungsleisten vor dem Verziehen schützen.

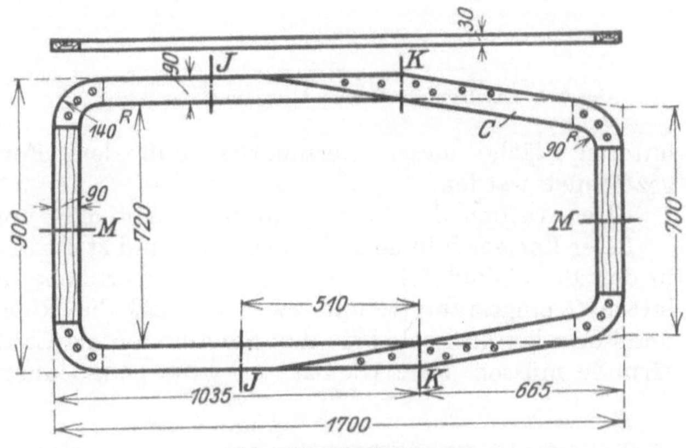

Abb. 627. Modellrahmen.

Abb. 629, Schablone E mit eingeschraubten Leisten von 20 mm Stärke, ein Maß, das der Eisenstärke entspricht. Das Aufschrauben der Leisten, welche der Eisenstärke entsprechen, hat den Zweck, ein zweites Schablonenbrett zu sparen. Kommen jedoch mehrere Abgüsse in Frage, so empfiehlt es sich schon, ein zweites Schablonenbrett anzufertigen.

Abb. 630 stellt die im Winkel überplattete und verschraubte Innenschablone F dar. In der Praxis trägt man bei Innenschablonen die Eisenstärke mit Modellack auf, wodurch der Former eine bessere Orientierung erhält.

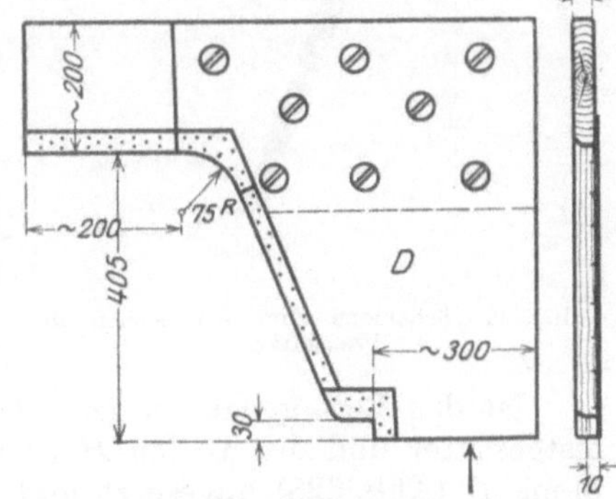

Abb. 628. Schablonenbrett zum Abziehen des Aufstampfballens.

Auf Abb. 631, I finden wir die Nabe a. Diese wird als Scheibe im Durchmesser von 200—205 mm und 35 mm Stärke gedreht. Der schraffierte Teil wird ausgearbeitet, so daß diese Fläche mit der im Modellaufriß in Frage kommenden sich genau deckt.

Abb. 631, II zeigt die Nabe b mit den Kernmarken b_1 und d_1 sowie ihren Aufbau.

Diese Nabe setzt sich zusammen aus der als Kernmarke dienenden Scheibe b_1, welche ebenfalls als gerade Scheibe auf der Drehbank hergestellt, während der schraffierte Teil erst nachher abgehobelt wird. Die Scheibe ist kegelig, 310 auf 350 mm Durchmesser, und ist in der Mitte mit einem Loch von

70 mm Durchmesser und 40 mm Tiefe versehen. Teil b entspricht dem eigentlichen Flansch, kegelig 200 auf 203 mm Durchmesser und 25 mm stark mit einem Loch von 70 mm Durchmesser gedreht. Teil d_1 ist eine Kernmarke, 100 auf 98 mm Durchmesser, 100 mm Länge mit einem Zapfen von $\sim$ 69,8 Durchmesser. Durch diesen Zapfen werden die Einzelteile b_1, b und d_1 zu einem Ganzen verbunden.

Der nach Abb. 633, *I* auf der Nabe c sitzende Flansch c_1 ist lose über die Kernmarke gesetzt und darf aus formtechnischen Gründen nicht befestigt werden. Die Nabe ist, wie bei Abb. 633, *II* ersichtlich, mit vier Rippen versehen, die, wie Abb. 633, *III* zeigt, in die Nabe eingelassen sind. Die Übergangshohlkehlen e sind Leder- oder Kitthohlkehlen.

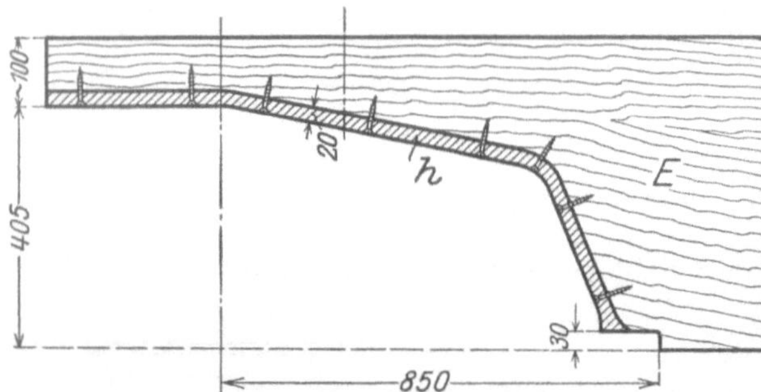

Abb. 629. Schablonenbrett zum Abstreichen der Schrägen.

Abb. 633, *IV* zeigt eine lose Kernmarke, 120 mm auf 117 mm Durchmesser kegelig gedreht und 100 mm lang. Auf der unteren Fläche dieser Kernmarke muß dem Former genau das Mittel f angezeichnet werden.

Der Aufbau der Form geht nach Abb. 634 vor sich:

Der Former füllt sein Koksbett auf und stellt in der angegebenen Pfeilrichtung in das Bett Windpfeifen ein. Auf der Oberfläche des Bettes werden zwei Richtlatten G eingestampft, und zwar so, daß die Richtlatten in der Längsrichtung der Form laufen, wobei sie den Schablonen als Laufschienen dienen. Aus diesem Grunde müssen diese Richtlatten ganz genau ausgerichtet werden.

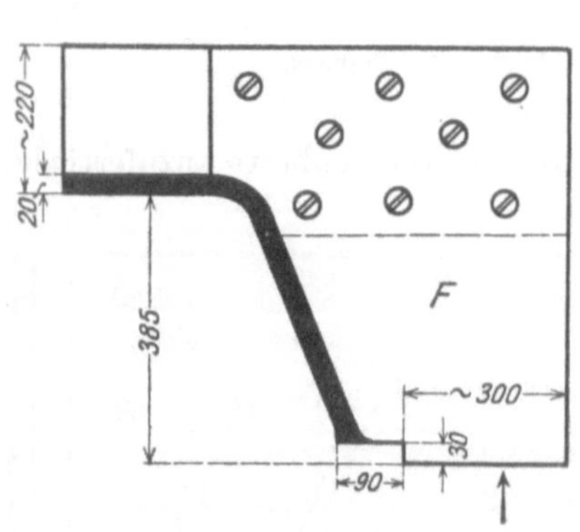

Abb. 630. Schablone zum Abstreichen der Eisenstärke.

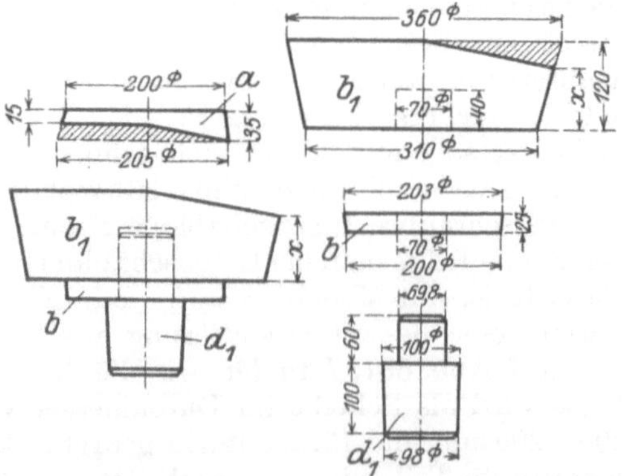

Abb. 631. Aufbau der Naben „a“ und „b“ (Abb. 626).

Ist das Bett genau ausgerichtet, wird der Rahmen C (Abb. 627) aufgelegt, festgestiftet und der Ballen H (Abb. 634 und 635) aufgestampft, sodann Schablone D (Abb. 628) angesetzt und damit, wie Abb. 634 zeigt, der Ballen ringsherum, gemäß der äußeren Form von Rahmen C, abgezogen. Die schräge Seite des Ballens nach Abb. 635 wird mit Schablone E (Abb. 629) abgestrichen. Bei diesem Arbeitsprozeß müssen jedoch die angeschraubten Leisten h vorher von der Schablone entfernt werden. Dieser abgestrichene Ballen entspricht nun der äußeren Form des Deckels. Die beiden Kanten längs der abgeschrägten Fläche werden mit einem kleinen Schablonenbrettchen, welches einen Radius von 75 mm hat, abgestrichen. Nachdem der Ballen poliert und mit Streusand abgestäubt ist, werden die auf dem Rahmen *C* (Abb. 627) scharf gekennzeichneten Mittel-

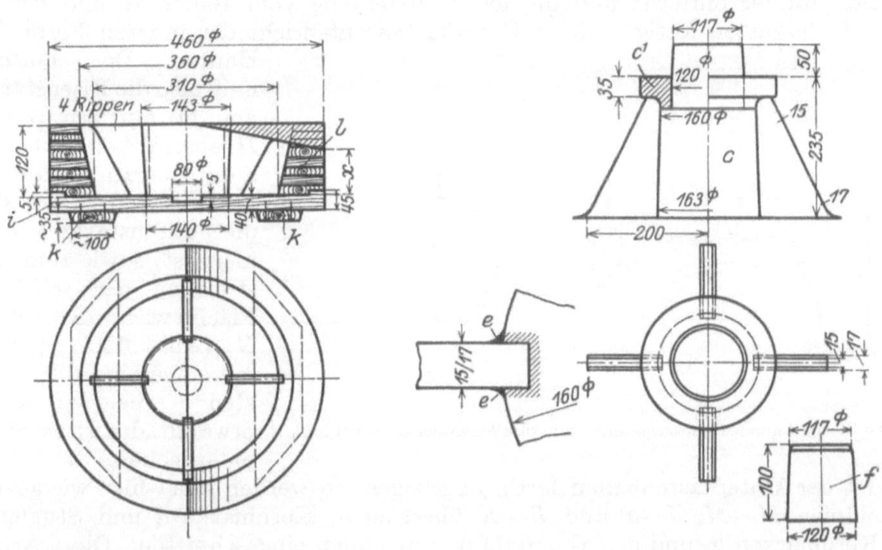

Abb. 632. Kernkasten zum Mantelkern „b_1" (Abb. 626).

Abb. 633. Aufbau der Modellnabe „*c*" (Abb. 626).

linien *M—M*, *J—J* und *K—K* auf die obere Fläche des Ballens übertragen und das Scheibenmittel *a* wie Stutzenmittel *c* nach Zeichnung festgelegt. Um nun diese losen Modellteile auf dem Ballen befestigen zu können, muß der Modellbauer an geeigneten Stellen dieser Teile Löcher vorsehen.

Die losen Modellteile *a* (Abb. 626 und 631, *I*) und *c* (Abb. 626 und 633, *I—III*) werden also auf den Ballen aufgesetzt und mit Formstiften befestigt. Alsdann wird der Oberkasten aufgesetzt und aufgestampft, wobei die Steigtrichter *M* und die Eingußtrichter *N* angeschnitten werden müssen. Um nun den am Stutzen *c* lose aufgesteckten Flansch c_1 (Abb. 633) aus der Form zu bekommen, schneidet der Former an der oberen Kante des Flansches einen Ballen *U* (Abb. 635) in den Oberkasten ein. Dieser Ballen ermöglicht also ohne Schwierigkeiten, den Modellflansch aus der Form zu entfernen. Ob man in einen derartigen Ballen einen Rost mit einstampft, hängt lediglich von seiner Größe und seinem Eigengewicht ab. Abb. 635 zeigt den Ballen mit eingestampftem Rost.

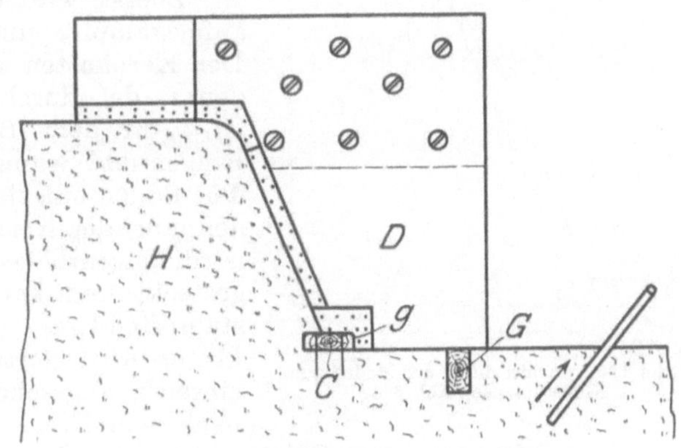

Abb. 634. Aufschablonieren des Aufstampfballens.

Hat der Former nun seinen Oberkasten so weit fertig, so wird der Ballen *U* entfernt, der lose Modellflansch c_1 durch die entstandene Öffnung aus der Form genommen und der Oberkasten abgedeckt, was, da alle Modellteile gut kegelig gehalten sind, ohne Schwierigkeiten vor sich geht.

Der Former entfernt nun die losen Modellteile vom Ballen *H* und macht seinen Unterkasten fertig. Dieser Unterkasten entspricht der inneren Form der Haube. Der Former muß also die Eisenstärke von 20 mm am Ballen *H* abstreichen und benutzt hierzu Schablone *F* (Abb. 630), auf der die Eisenstärke markiert ist, sowie zum Abstreichen der schrägen Fläche wieder Schablone *E* (Abb. 629), jedoch mit eingeschraubten Leisten *h*, die, wie schon erwähnt, der Eisenstärke entsprechen.

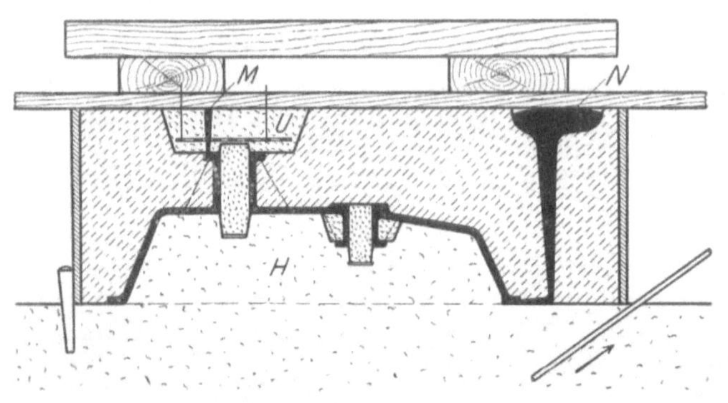

Abb. 635. Schnitt durch die ausgegossene Form zum Werkstück nach Abb. 624.

Ist der Unterkastenballen fertig abgezogen, so werden auch hier wieder die Mittellinien *M—M*, *J—J* und *K—K* übertragen, Kernmarke *d* und Stutzen *b* mit Kernmarken b_1 und d_1 (Abb. 631) in den Ballen eingeschnitten. Diese Arbeit muß sehr genau ausgeführt werden, und es empfiehlt sich, die Form durch den Modellbauer kontrollieren zu lassen. Die über dem Flansch von Stutzen *b* sitzende Kernmarke b_1 ist erforderlich, da man sonst den Flansch selbst nicht aus der Form bekommen kann. Nach Entfernung der eingeschnittenen Modellteile wird auch der Rahmen *C* abgehoben, und der Former geht an das Fertigmachen der Form.

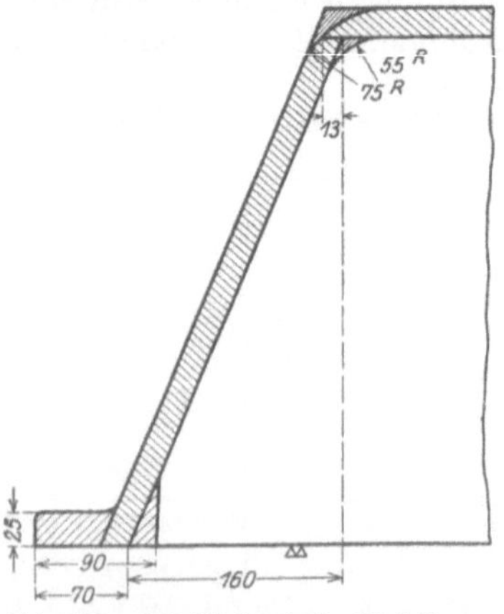

Zuerst wird der im Kernkasten (Abb. 632) aufgestampfte und getrocknete Kern eingelegt. Der Kernkasten selbst besteht aus einem Boden *i*, der durch zwei Querleisten *k* versteift ist. Auf dem Boden sitzt ein aus mehreren Ringen und Segmenten verleimter Ring *l*, der in den Boden eingefalzt und innen genau die Ausdehnung der Kernmarke hat. Mitte der Scheibe ist die eigentliche Nabe mit den vier Rippen aufgesteckt und kann nach oben aus dem aufgestampften Kern entfernt werden. Auch der Kernkasten wird genau wie Kernmarke b_1 (Abb. 631) einseitig abgeschrägt, der schraffierte Teil also nach dem Drehen abgehobelt.

Abb. 636. Schnitt durch das Modell zum Gußstück nach Abb. 624.

Kern d_1 hat seine Führung nur im Unterkasten und muß aus diesem Grunde stramm in der Kernführung sitzen. Sind die beiden Kerne b_1 und d_1 eingesetzt, wird der Oberkasten aufgesetzt und durch die Ballenöffnung Kern *d* in den Unterkasten eingesetzt. Dieser Kern hat seine obere Führung im Ballen *U*, wie wir in Abb. 635 sehen. Ist die Kernmarke *d*, welche ganz unabhängig vom Oberkasten in dem Unterkasten sitzt, nicht genau eingeschnitten, so kommt der Kern *d* schief zu stehen, mithin würde die Wandstärke des Stutzens ungleich.

Der in Abb. 635 dargestellte Schnitt durch die ausgegossene Form zeigt den Einguß *N* an der tiefsten Stelle, während Steigtrichter *M* an der höchsten Stelle angeschnitten ist. Ballen *U* muß gut beigestampft und beschwert werden, daß er beim Ausgießen der Form nicht hochgeht.

Ein Modell zur Herstellung dieser Form würde ziemliche Zeit erfordern. Die Konstruktion selbst ist so gehalten, daß dem Modell keine lange Lebensdauer zugesprochen werden kann. Die starke Abrundung der Kanten nimmt dem Modell jeden Halt, da die ganze Aufleimfläche nach Abb. 636 nur 13 mm beträgt und selbst durch Holzschrauben keine Standfestigkeit zu erzielen ist.

Das Einsetzen von Innenhohlkehlen bei derartigen Konstruktionen wird man auch bei einem Modell nicht vornehmen, da die dafür aufzuwendende Arbeitszeit viel zu teuer ist. In der Praxis wird man derartige Hohlkehlen stets vom Former am Ballen mittels einer Holz- oder Blechschablone abstreichen lassen.

78. Kegeliges Unterteil mit zylindrischem Ansatz.

Abb. 637 gibt die Werkstattzeichnung zu einem gußeisernen kegeligen Unterteil mit zylindrischem Ansatz wieder.

Die erste Aufgabe des Modellbauers ist wieder, daß er sich wieder einen Modellaufriß in natürlicher Größe anfertigt unter Berücksichtigung der Schwindmaßzugabe, außerdem hat der Modellbauer an den gekennzeichneten Stellen die nötige Bearbeitungszugabe zuzugeben.

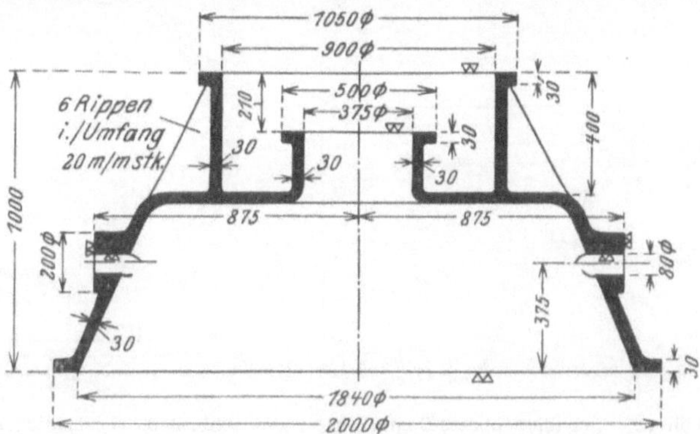

Abb. 637. Werkstattzeichnung zu einem kegeligen Unterteil mit zylindrischem Ansatz.

An Hand von Abb. 638 ist die Teilung der Form ersichtlich. Dieselbe besteht aus dem Unterkasten *A*, dem Mantelkasten *B* und dem Oberkasten *C*.

Zur Herstellung der Form sind von dem Modellbauer herzustellen:

ein Schablonenbrett *D* nach Abb. 639 zum Abschablonieren des Mantelkastenballens,

ein sechsteiliger Flanschring *E* nach Abb. 640,

zwei schräge Nocken *F* nach Abb. 641,

sechs Modellrippen *G* nach Abb. 642,

ein Schablonenbrett *H* nach Abb. 643,

ein Modellring *J* nach Abb. 644,

ein Schablonenbrett *K* nach Abb. 645.

Wenn man nun diese Modellkosten dem Gesamtwert eines kompletten Modells gegenüberstellt, so machen sich die Ersparnisse an Modellkosten sofort bemerkbar.

Die Arbeit des Formers geht nun wie folgt vor sich:

Der Former baut seine Schabloniervorrichtung in der bisher besprochenen Weise im Herd ein und stellt die Vorrichtung so, daß die Spindel *d* wieder genau lotrecht steht. Die ausgehobene Vertiefung wird mit grobkörnigem Koks etwa bis zur Hälfte aufgefüllt und von da aus Windpfeifen eingelegt, etwa in der Pfeilrichtung, wie auf Abb. 638 ersichtlich ist.

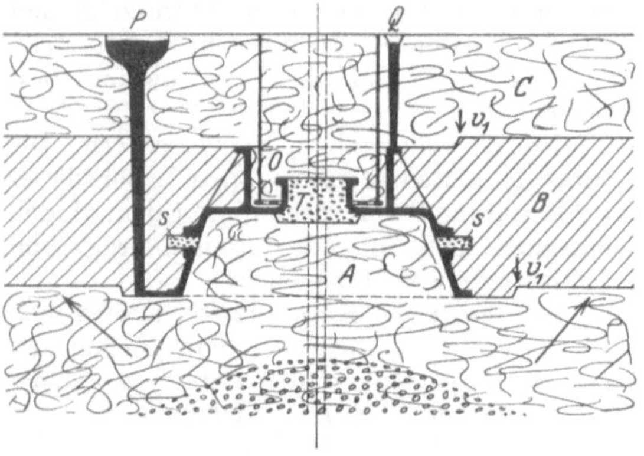

Abb. 638. Schnitt durch die Form zum Gußstück nach Abb. 637.

Der Former füllt sein Bett auf und stampft einen Ballen etwas über die Höhe des werdenden Gußstückes auf. Da der Ballen, wie Abb. 646 zeigt, sich nicht ohne weiteres fest aufstampfen läßt, muß sich der Former einen Blechmantel von etwa 2100 mm Durchmesser und 1050 mm Höhe auf den Herd setzen. Ist der Ballen aufgestampft, so wird der Blechmantel entfernt und Schablone D (Abb. 639) an dem Spindelarm befestigt. Mit dieser Schablone dreht sich der Former den auf Abb. 646 ersichtlichen Ballen A ab.

Alsdann wird das Schablonenbrett und der Schablonenarm von der Spindel abgenommen, und die Modellteile E, F und G werden genau nach Zeichnung aufgestiftet.

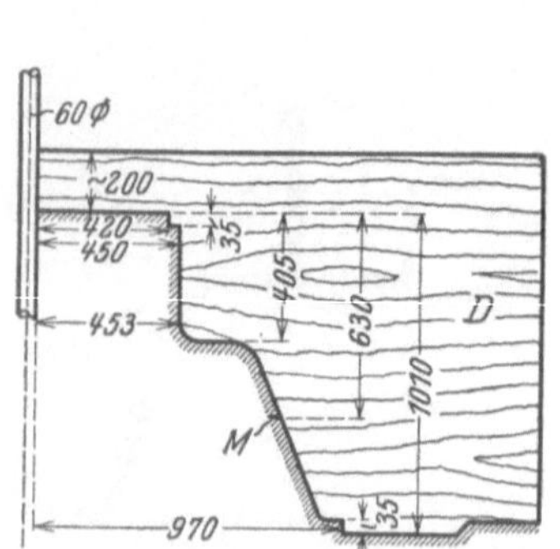

Abb. 639. Schablonenbrett D zum Aufschablonieren des Mantelkastenballens.

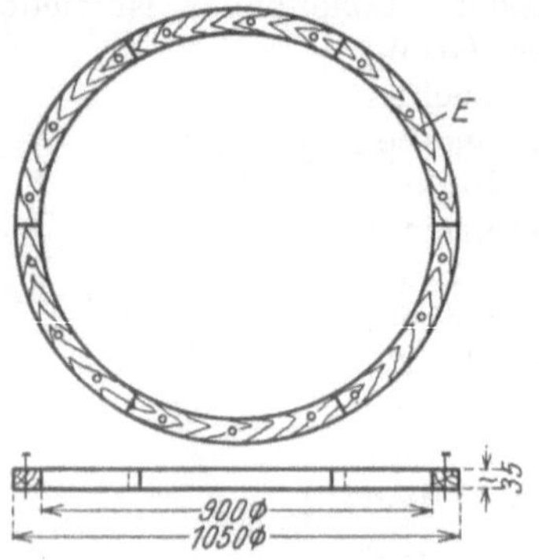

Abb. 640. Sechsteiliger Modellflanschring.

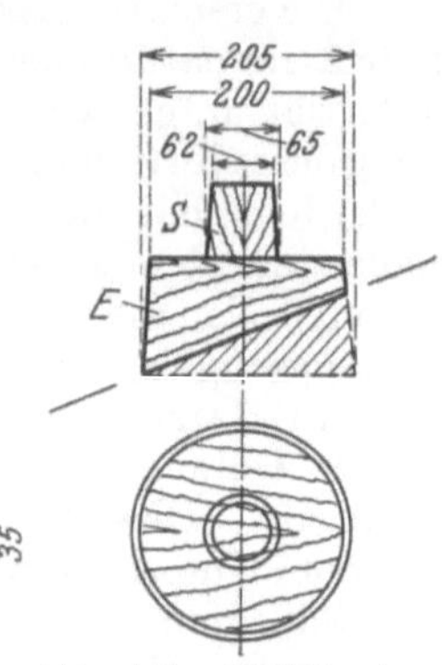

Abb. 641. Modellnocken.

Da nach Abb. 637 die Höhe bis Mitte Stutzen F 375 mm beträgt, im Abguß aber genau 380 mm betragen muß, da der untere Flansch bearbeitet wird, und das Anreißen der Mittellinie für den Former mit Schwierigkeiten verknüpft ist, schlägt der Modellbauer an der Stelle in das Schablonenbrett H einen Stift M ein, wie Abb. 639 zeigt. Dieser Stift überträgt also beim Umdrehen des Schablonenbrettes die genaue Mittellinie auf den Ballen auf, wodurch dem Former die Arbeit erleichtert wird.

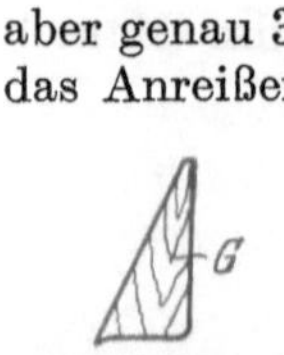

Abb. 642. Modellrippen.

Dieser nach Abb. 649 aufgestampfte Ballen entspricht mit den aufgesteckten Modellteilen genau der äußeren Form eines Modells, er dient also dem Former als Modell, und man nennt einen derartigen Ballen in der Gießereipraxis einen „Aufstampfballen", weil ja darüber der Mantelkasten B (Abb. 638) aufgestampft wird. Der Mantelkasten kann auch in der Seitenrichtung zum Auseinandernehmen sein, jedoch ist dieser bei der Herstellung dieser Form nicht unbedingt nötig.

Während die sechs Rippen *G* (Abb. 642) fest angestiftet werden können, müssen aus formtechnischen Gründen die Nocken *F* und Ring *E* zum Abnehmen sein, weil sich sonst der Mantelkasten nicht abheben läßt. Bei der Konstruktion dieses Gußstückes hätte der Konstrukteur anstatt der beiden runden Scheiben *F* (Abb. 646) zwei an die kegelige Fläche anlaufende Nocken nach Abb. 648 wählen sollen. Hierbei wäre eine Gefahr des Verstampfens der Nocken ausgeschlossen gewesen.

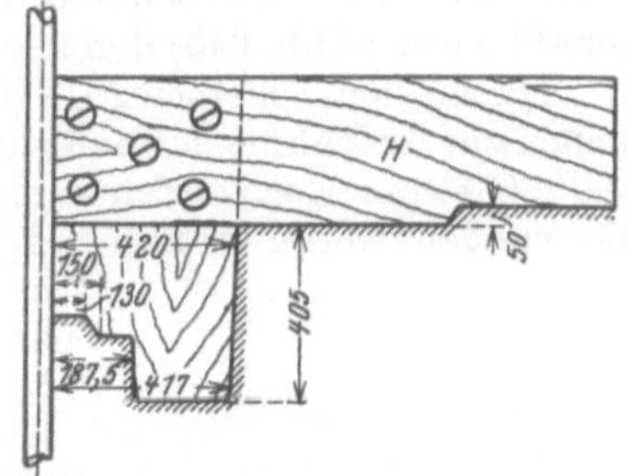

Abb. 643. Schablonenbrett „*H*" zum Ausschablonieren des Aufstampfbettes für den Oberkasten.

Auf diesen als Modell hergestellten Unterkasten *A* setzt der Former nun seinen Mantelkasten *B* (Abb. 638) auf. Beim Aufstampfen des Mantelkastens muß der Former also die Scheiben *F* lose stecken, damit sich dieselben mit dem Mantelkasten abheben, wo dieselben nachher herausgenommen werden können.

Bevor der Mantelkasten abgenommen wird, muß jedoch das Bett zum Aufstampfen des Oberkastens *C* (Abb. 638) aus dem aufgestampften Ballen *A* ausschabloniert werden. Hierbei bedient sich der Former der Schablone *H* (Abb. 643). Mit dieser Schablone wird die Vertiefung in den aufgestampften Ballen *A* eingeschnitten. Wie die Schablone zeigt, ist die Vertiefung nach unten um 6 mm im Durchmesser verjüngt, damit sich der im Oberkasten anhängende Ballen *O* (Abb. 638) besser aus der Vertiefung aushebt und somit nicht unnötig beschädigt wird.

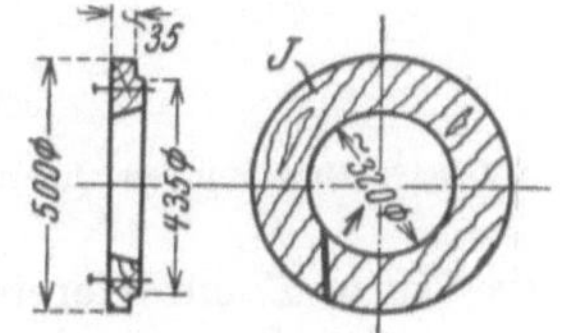

Abb. 644. Modellring „*J*".

Abb. 638 zeigt den aufgestampften Oberkasten *C* mit anhängendem Ballen *O*, welcher durch einen Rost gehalten wird. Der Rost wird durch Eisenstangen,

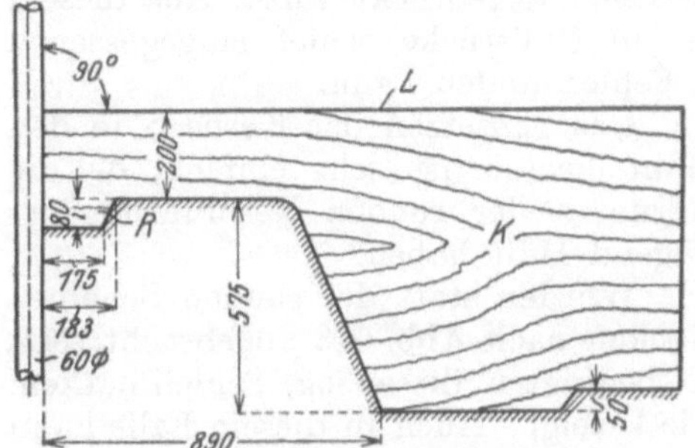

Abb. 645. Schablonenbrett zum Abschablonieren des Unterkastenballens.

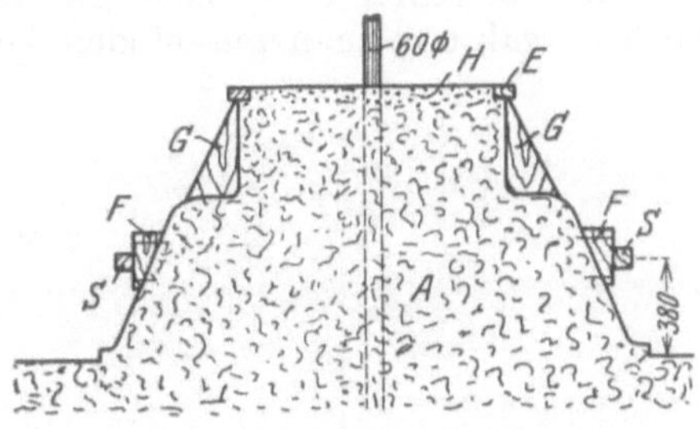

Abb. 646. Ballen zum Aufstampfen des Mantelkastens.

welche bis zur oberen Fläche des Kastens durchgehen, gehalten. Der im Oberkasten miteingestampfte Ring *J* (Abb. 644) wird seitlich aus der Form herausgenommen. Aus diesem Grunde ist auch das eine Viertel des Modellringes *J* nochmals durchgeschnitten, da derselbe sonst nicht aus der Form geht.

Sobald der Oberkasten mit dem angeschnittenen Eingußtrichter *P* und dem Steigtrichter *Q* abgedeckt ist, wird der obere Modellring *E* (Abb. 646) entfernt und der Mantelkasten *B* (Abb. 638) abgehoben.

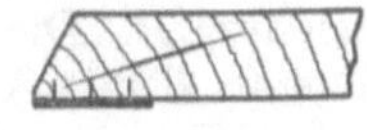
Abb. 647. Schnitt durch ein Schablonenbrett.

Zur Herstellung der Form für den unteren kegeligen Ballen am Unterkasten *A*, also zur Schablonierung des inneren Konturs, muß sich der Former den Ballen *A* (Abb. 646) auf etwa 600 mm Höhe abschneiden, sodann schneidet er mit der Schablone *K* (Abb. 645) den kegeligen Teil des Ballens und die Kernführung *R* an.

Die an den Scheiben *F* (Abb. 646) mittels Zapfen angesetzten Kernmarken *S* dienen zur Aufnahme der Bohrungskerne *S* nach Abb. 649. Während für den Kern *T* (Abb. 638) ein Kernkasten zum Aufstampfen des Kernes erforderlich ist, können die runden Kerne *S* auf der Kernmaschine angefertigt werden. Die Schräge des einen Endes schneidet sich der Former genau nach dem Modellaufriß zu, da letzterer ihm Gewähr für die genaue Länge der Kerne bietet.

Nach Fertigstellung des Unterkastens *A* wird die Spindel aus dem Spindellager entfernt. In die entstandene Öffnung von 60 mm Durchmesser braucht man in diesem Falle keinen Stopfen einzusetzen,

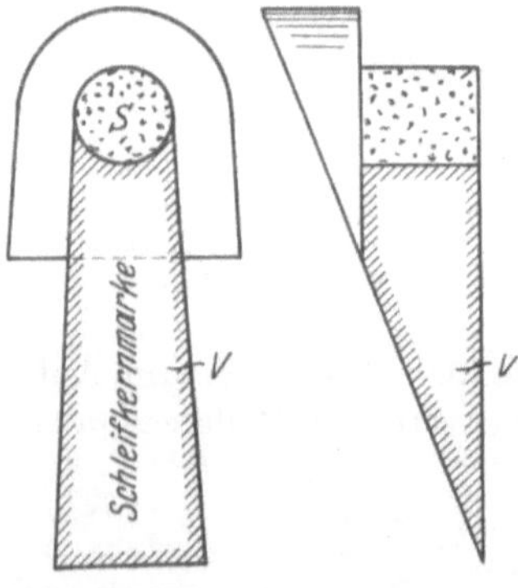

Abb. 648. Nabe mit Schleifkernmarke.

Abb. 649. Bohrungskern.

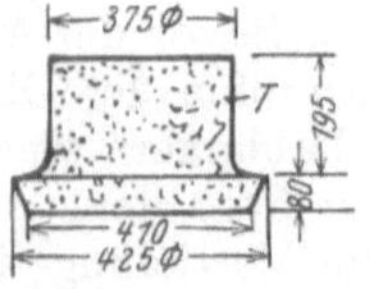

Abb. 650. Kern „*T*" (Abb. 638).

da Kern *T* ein Hereinfallen von Sand in das Spindellager verhütet. Alsdann setzt der Former den Kern *T* (Abb. 650) in den Unterkasten ein. Man soll bei Formerarbeit soviel als angängig Kernmarken im Oberkasten vermeiden, da das Einführen der Kerne in Oberkasten immer mit Schwierigkeiten verknüpft ist, da der Former nicht sehen kann, wie sich der Kern einführt. Es besteht in solchen Fällen die Gefahr, daß der Kern seitlich abgedrückt wird. Aus diesem Grunde verstehen sich auch die oftmals in Gußstücke schief eingegossenen Löcher, während man am Modell keinen Fehler finden kann.

Das Einsetzen der Kerne *S* in den Mantelkasten ist sehr einfach, da die Kerne in der runden Kernführung genügend Halt haben.

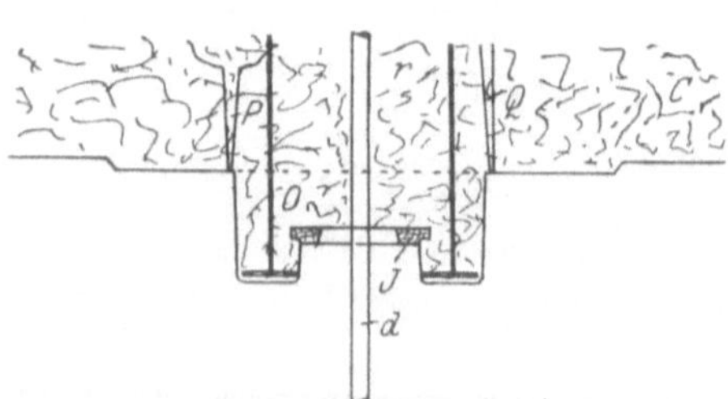

Abb. 651. Schnitt durch den Oberkasten *C* mit anhängendem Ballen.

Würden statt der runden Scheiben Nocken nach Abb. 648 angebracht sein, so bedingten diese sog. Schleifmarken, wie *V* zeigt. Auch in diesem Falle kann der Former runde Kerne verwenden, nur muß der auf Abb. 648 schraffierte Teil mit Sand ausgestampft werden. Man nennt dieses Verfahren „Kerneinschwärzen", weil der Kern vor dem Trocknen der Form eingesetzt werden muß, da der ausgestampfte Teil sonst den schweren Kern nicht halten würde. Abb. 638 gibt den Schnitt durch die ausgegossene Form wieder mit Steigtrichter *Q* und Eingußtrichter *P*. Die Form selbst setzt sich zusammen aus dem Herd *A*, dem Mantelkasten *B* mit Anschnitt des Eingusses und den beiden eingelegten Kernen *S* und Kern *T* sowie aus dem Oberkasten *C*. Zur Führung der einzelnen Kästen dienen wieder die einzelnen Schlüsselkanten v_1. Will man diese Form in Lehm herstellen, so bedingte dieses einen anderen Aufbau der Form. Hierbei wird man den Hohlraum O, Abb. 638 durch einen Kern herstellen und diesen wieder im Oberkasten anhängen. Eine Lehmform wäre ohne Zweifel besser, aber es gibt noch eine Reihe kleiner Gießereien, welche auf Lehmarbeit gar nicht eingestellt sind, darum wurde diese etwas umständliche Formart behandelt.

79. Verbindungsstück mit zwei Stutzen.

Abb. 652 zeigt ein Verbindungsstück von 400 × 400 mm lichtem Durchgang mit einem runden unteren Stutzen und einem rechteckigen seitlichen Stutzen. Um eine genaue Gegenüberstellung zwischen Lehm- und Holzmodell zu bekommen, sollen die Modellkosten nachstehend berechnet werden, jedoch ohne Kernkastenarbeit, da diese auch bei einem Lehmmodell erforderlich ist. Die Modellkosten setzen sich zusammen, mit Ausnahme der beiden Stutzen, welche auch für das Lehmmodell aus Holz hergestellt werden, aus:

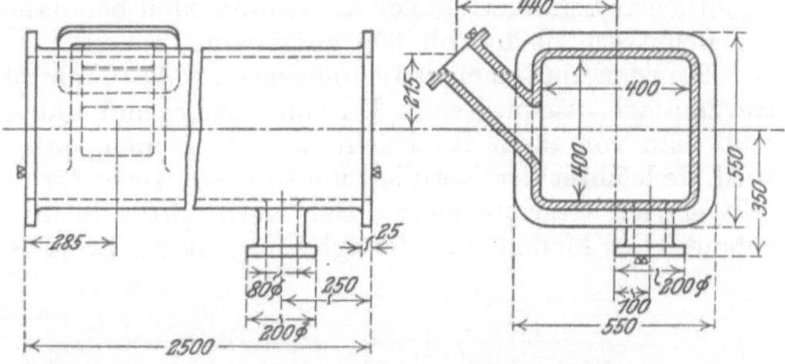

Abb. 652. Werkstattzeichnung zu einem Verbindungsstück mit zwei Stutzen.

Kiefernholz 0,350cbm, je qm 165 M. ..	57,75 M.
Arbeitslohn 18 Stdn. zu 1,20 M.	21,60 „
80% Unkostenzuschlag	17,28 „
Lack, Leim, Schrauben, Losschlageisen	20,00 „
Maschinenarbeit $2^1/_2$ Stdn. zu 4,50 M. .	11,25 „
Gesamtkosten	127,88 „
Abgerundet:	128,00 M.

Diese Modellkosten können bei Herstellung eines Lehmmodells erheblich ermäßigt werden.

Abb. 653 zeigt bei B den an das Lehmmodell anzusetzenden rechteckigen Stutzen und bei C den runden Modellstutzen. Die Kernmarke c am rechteckigen Stutzen B muß aus formtechnischen Gründen abnehmbar sein und erhält darum eine Schwalbenschwanzführung. Auch empfiehlt es sich, den Stutzen B am unteren Ende

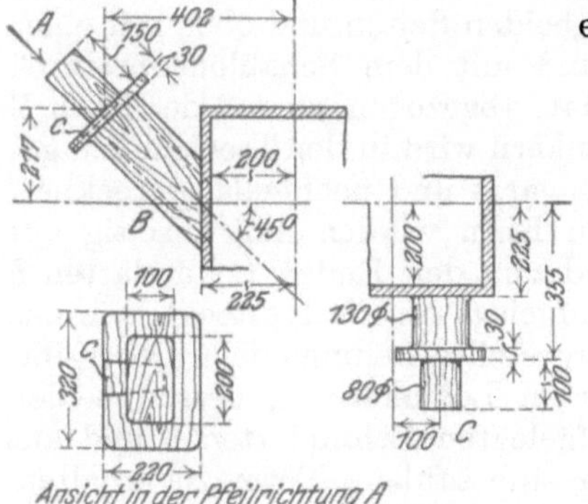

Abb. 653. Modellaufriß der beiden Stutzen nach Abb. 652.

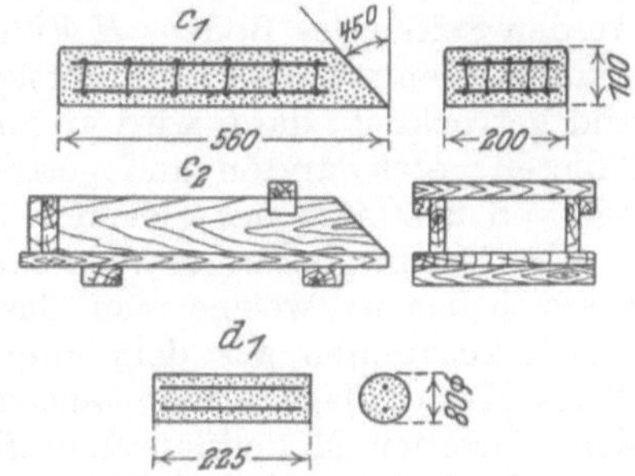

Abb. 654. Kerne und Kernkasten zum Lehmmodell.

mit einigen Löchern zu versehen, damit der Former ihn besser am Lehmmodell befestigen kann.

Für diese beiden Stutzen sind entsprechende Kerne erforderlich, und zwar zunächst ein rechteckiger Kern nach c_1 (Abb. 654), der im Kernkasten c_2 aufgestampft wird. Um dem Kern einen Halt zu geben, sind Kerneisen einzulegen, ferner ein runder Kern d_1, der auf der Maschine hergestellt werden kann. Wo keine Kernmaschinen vorhanden sind, haben die Gießereien meistens Kernkasten mit entsprechenden Bohrungen auf Lager. In diesen runden Kern legt man zwei Wachsschnüre ein, damit beim Ausgießen der Form die Luft aus dem Kern entweichen kann.

Man hat bei der Verwendung eines Lehmmodells den Vorteil, daß man den eigentlichen Lehmkern gleich als Lehmmodell benutzen kann. Es wird also zuerst der Lehmkern nach Abb. 655 aufgebaut.

Bei dem Aufbau eines Lehmkernes von 2510 mm plus beiderseits etwa 300 mm Kernauflage, also insgesamt 3110 mm Länge und 400 × 400 mm Breite und Höhe, muß man vor allem Rücksicht darauf nehmen, daß das Gewicht nicht zu groß wird. Je leichter der Kern ist, um so besser ist es für die Form, und um so leichter läßt er sich transportieren. Der Kern wird wie im folgenden beschrieben aufgebaut. Der Modellbauer fertigt zunächst ein Brett H nach Abb. 655 an, welches

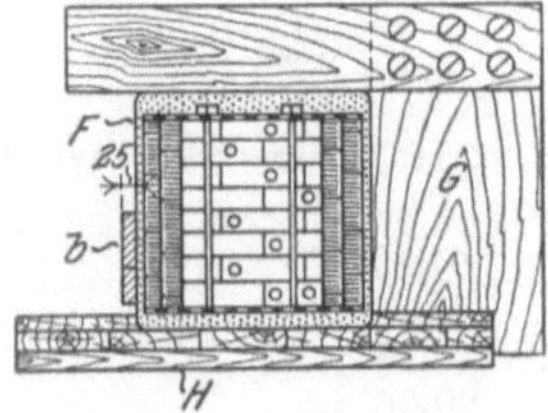

Abb. 655. Aufbau des Lehmkernes.

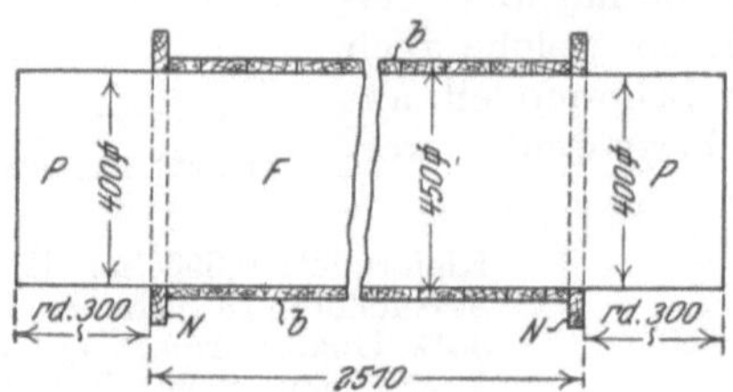

Abb. 656. Lehmmodell.

eine dem Radius der Kernabrundung entsprechende Ausbauchung hat. Die Kernmitte muß genau in der Brettmitte liegen. In diese Ausbauchung in Brett H legt der Kernmacher eine Lehmschicht von 15—20 mm Stärke ein und auf diese Lehmschicht einen Rost mit aufrechtstehenden Schrauben. Nun wird der Kern mit Lehmsteinen in einer Breite von etwa 360 mm und etwa 350 mm hoch auf eine Länge von 3610 mm hohl aufgebaut, dann wird oben eine zweite Eisenplatte oder ein Rost aufgelegt, und beide Roste werden durch acht bis zehn Schrauben fest zusammengezogen, so daß die aufgemauerten Lehmsteine einen Halt bekommen. Der so roh aufgemauerte Kern wird nun an den beiden Seiten und oben mit einer entsprechend starken Lehmschicht bekleidet und mit dem Schablonenbrett G, welches an den Seiten des Bodens H Führung hat, abgezogen, so daß der Kern F genau gerade werden muß. Der nun fertige Lehmkern wird in den Trockenofen geschafft und getrocknet; dann wird er gut geschwärzt und nochmals getrocknet.

Auf diesen geschwärzten und getrockneten Kern werden nun allseitig auf eine Länge von 2450 mm mit gleichem Abstand von den Enden Lehmplatten b in Stärke von 25 mm gleich der Wandstärke aufgelegt und festgesteckt, wie aus Abb. 656 ersichtlich ist, welche auch das so hergestellte Lehmmodell wiedergibt. Es setzt sich zusammen aus dem aufgemauerten Lehmkern F, dessen beiden Enden P als Kernauflage dienen, aus den aufgelegten Lehmplatten b und aus den beiden hölzernen Modellflanschen H. Um eine saubere Form zu erhalten, lackiert man das Lehmmodell ein- bis zweimal mit rotem Modellack. Da es etwas schwierig ist, die beiden Modellflanschen H (Abb. 657) über die Kernmarken P

am Lehmmodell (nach Abb. 656) überzustecken, trennt man die beiden Rahmen *H* diagonal nach *f*—*f*, so daß die Flanschen von der Seite aus auf das Lehmmodell aufgesteckt werden können. Man sollte nie versäumen, fertige Lehmmodelle erst durch den Modellbauer nachprüfen zu lassen, bevor man sie dem Former übergibt. Das Aufsetzen der Flanschen *H* auf das Lehmmodell *F* nach Abb. 656 ist Sache des Modellbauers, damit die beiden Flanschen genau rechtwinklig zum Modellkörper liegen. Weiter hat der Modellbauer die beiden Stutzenmitten von 285 plus 5 mm Bearbeitungszugabe und 250 plus 5 mm nach Abb. 652 auf den Lehmmodellkörper nach Abb. 656 anzuzeichnen, damit der Former diese Arbeit nicht zu erledigen hat und Fehler vermieden werden. Denn der Modellbauer ist für die Richtigkeit des Lehmmodells verantwortlich.

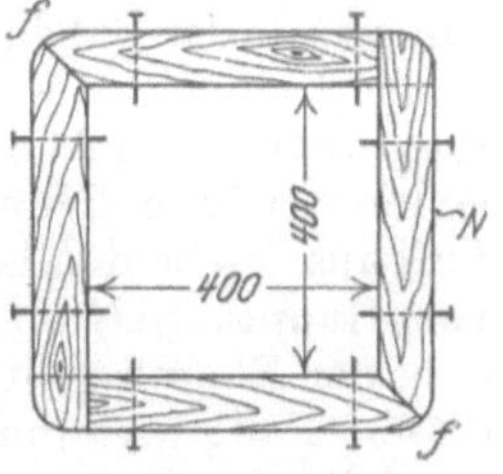

Abb. 657. Modellflanschen „*H*".

Der Aufbau der Form erfordert größte Genauigkeit und geht wie nachstehend beschrieben vor sich:

Der Former ebnet seinen Herd *D* (Abb. 658, Gießereiboden), befestigt ein oder zwei gerade Lineale *a* auf dem Herd und zieht mit der Schablone *E* eine muldenförmige Vertiefung, die der unteren Flucht des Lehmmodells entspricht, in den Herd *D* ein. Sodann befestigt der Modellbauer den Modellstutzen *C* Abb. 659 durch Anstecken an das Lehmmodell an die angezeichnete Stelle und der Former schneidet unter dem Stutzen einen Sandballen *K* an, so daß der Stutzen selbst zur Hälfte im Ballen liegt. Um nun dem Ballen *K* eine genaue Führung zu geben, muß er bei *S* in den Herd *D* eingeführt werden. Weiter erhält er zur Versteifung einen Rost mit Anhängeeisen, damit er besser ausgehoben werden kann. Der Ballen wird gut mit Streusand belegt, damit er sich nicht mit dem Formsand des Oberkastens verbindet; dann wird der rechteckige Stutzen *B* genau aufgesetzt und der Oberkasten aufgestampft.

Um den Stutzen *B* aus der Form zu bekommen und beim Fertigmachen der Form den Kern einlegen zu können, muß auch am Oberkasten ein Ballen angeschnitten werden. Dieser Ballen muß wieder zweiteilig sein, wenn man überhaupt den Kern in die Form bringen will.

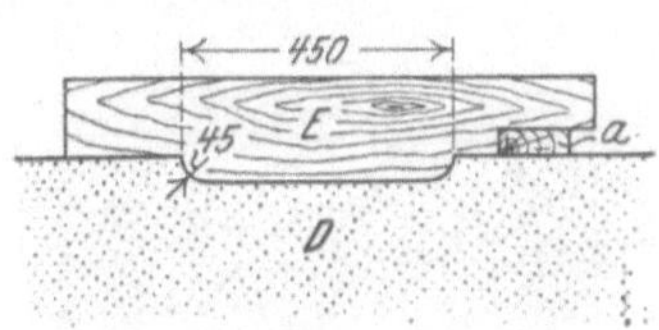

Abb. 658. Ausschablonieren des Herdes zum Einlegen des Modells.

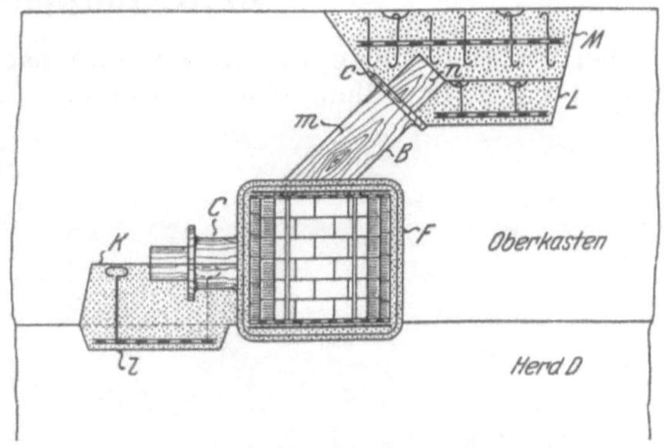

Abb. 659. Lehmmodell eingeformt.

Beim Ausheben des Modells aus der Form wird zuerst der Ballen *K* entfernt, dann die Kernmarke *c* abgezogen, nun der Ballen *L* ausgehoben und der Stutzen *B* mit Flansch aus dem Oberkasten gezogen. Nunmehr wird der Oberkasten abgehoben, so daß der Stutzen *C* mit dem Lehmmodell frei liegt. Nun wird der Stutzen *C*, das Lehmmodell *F* und dann der Ballen *K* entfernt. Man könnte den Ballen *K* auch fest auf den Herd aufstampfen, man müßte aber dann den Oberkasten über den Ballen führen, wenn man die

Form zudeckt. So ist es immer noch möglich, wenn der runde Kern in die Form eingelegt ist, den Ballen am Oberkasten anzuhängen.

Das Lehmmodell wird nunmehr wieder zum Kern *F* (Abb. 655) hergerichtet, indem die Modellflanschen *H* und die Lehmplatten *b* entfernt werden. Der Kern wird dann nochmals geschwärzt.

Beim Abdecken der Form, also beim Fertigmachen zum Gießen, wird zuerst der Kern *F* wieder auf den Herd, und zwar jetzt in die Kernführungen, eingelegt, dann der Ballen *K* eingesetzt, der runde Kern d_1 (Abb. 654) eingelegt, dann der Oberkasten aufgesetzt, der Ballen *L* eingesetzt und der Kern c_1 (Abb. 654) in die Kernführung im Ballen *L* eingelegt, wobei vorher nach der unteren Seite des Kernes hin noch einige Kernstützen von 25 mm Höhe anzustecken sind, da sonst der Kern keinen Halt bekommen würde. Nun wird der Ballen *M* eingesetzt und oben fest verstampft. Die Luft aus den beiden Kernen c_1 und d_1 (Abb. 654) wird nach oben abgeführt, die Luft vom Hauptkern *F* am besten seitlich, da der Kern hohl ist. Gegossen wird von unten, d. h. der Einguß geht durch den Oberkasten und wird am Herd angeschnitten. In diesem Falle wird man von zwei Seiten gießen, da es sich um ein großes Gußstück handelt. Die Steiger kommen bekanntlich an die höchsten Stellen.

Wenn man nun die Kosten des Lehm- und des Holzmodells vergleicht, so kann man allerdings nicht die gesamten Modellkosten für den Modellhauptkörper in Höhe von 128 M. abstreichen, da die Lehmplatten auch hergestellt und aufgesteckt werden müssen, außerdem der Modellbauer etwas am Lehmmodell zu arbeiten hat. Aber immerhin kann man mit 65—70% Ersparnis der angegebenen Summe rechnen. Hierzu kommen noch die Transport- und Lagerkosten für ein großes Modell, welche ebenfalls fortfallen. Derartig schwere Kerne, insbesondere Lehmkerne, wenn man sie nicht im Oberkasten anhängen kann, dürfen beim Einlegen in die Form nicht nachsacken, man muß sie also an den freitragenden Enden auf kräftige in die Form eingestampfte U-Eisen auflegen, da die Kernstützen allein solche schwere Kerne nicht halten.

80. Grundplatte[1].

Bei der Herstellung zur Grundplatte nach Abb. 660 würden die Modellkosten bei der Herstellung eines vollständigen Modells in keinem richtigen Verhältnis zu dem Wert eines einzelnen Gußstückes stehen.

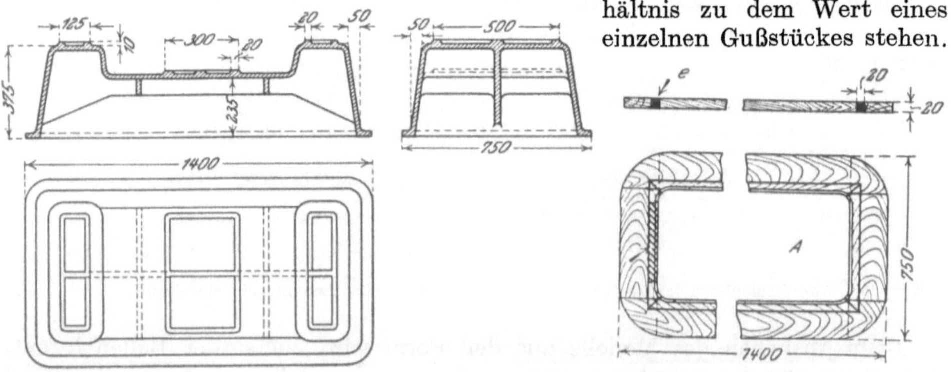

Abb. 660. Werkstattzeichnung zu einer Grundplatte von 20 mm Wandstärke.

Abb. 661. Flanschrahmen.

Selbst wenn dem Former durch Ausschablonieren der Form etwas Mehrarbeit entsteht, dürften dadurch immer noch Ersparnisse erzielt werden.

[1] Vom Verfasser in der Zeitschrift „Die Gießerei" 1930 veröffentlicht.

Für die Grundplatte nach Abb. 660 dürfte für den Durchschnittsmodellbauer ein Modellaufriß nicht nötig sein, da die Arbeit nicht sehr schwierig ist.

Da die oberen Lagerflächen der Grundplatte bearbeitet werden, müssen diese in der Form nach unten gegossen werden; dieser Formrichtung entsprechend hat der Modellbauer seine Schablonen und Modelleinzelteile anzufertigen.

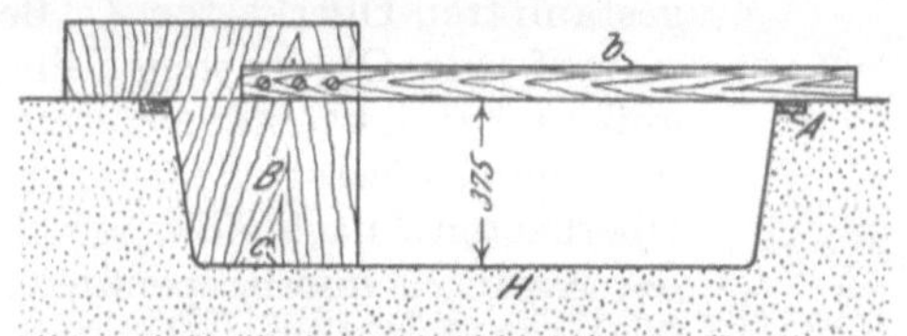

Abb. 662. Ausschablonieren des Herdes zum Aufstampfen des Oberkastens.

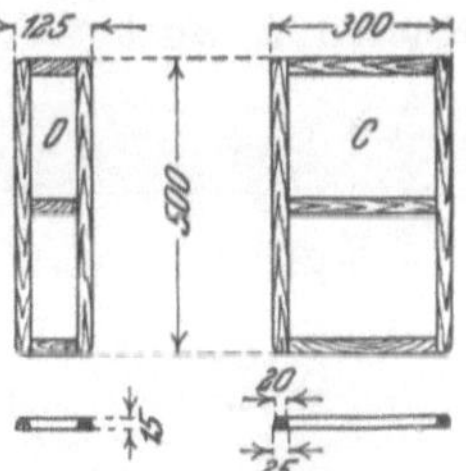

Abb. 663. Arbeitsflächen.

Zur Herstellung der Form sind dem Former zur Verfügung zu stellen: ein Modellrahmen A von den äußeren Abmessungen des Gußstücks mit angesteckten Leisten e nach Abb. 661, ein Schablonenbrett B zum Ausstampfen des Oberkastens mit Führungsleisten b nach Abb. 662, ein Rahmen C und ein Rahmen D für die Arbeitsflächen der Grundplatte nach Abb. 663, ein Aufstampfkasten E mit Führungsstück d nach Abb. 664, ein Rippenkreuz F nach Abb. 665 und zwei Einbaustücke G mit Führungstück e nach Abb. 666. Bei der Herstellung der einzelnen Modellteile muß neben den Maßen auch noch die Einformart der einzelnen Modellteile berücksichtigt werden.

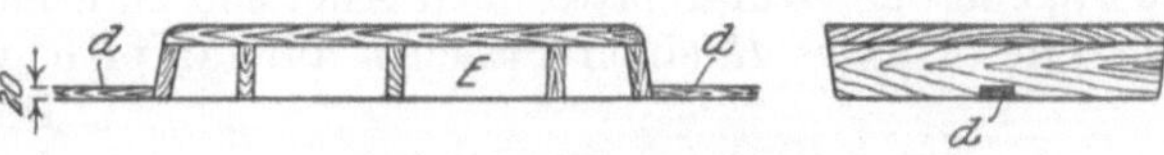

Abb. 664. Kasten zum Einbau in den Herd.

Die Herstellung der Form geht wie folgt vor sich: Der Former stampft den Herd H (Abb. 662) auf, und zwar derart, daß er einen Kasten aus Blechen oder Brettern von etwa 1100 mm Länge und 450 mm Breite in den ausgeschaufelten Herd stellt und um die rechteckige Verschalung herum aufstampft. Nun wird die Verschalung entfernt und der Modellrahmen A mit angestifteten Leisten e (Abb. 661) in den Herd H, wie aus Abb. 662 ersichtlich, eingestampft. Da die Schräge des Gußstückes nach Abb. 660 an allen Seiten gleich ist, kann man mit dem Schablonenbrett B den Herd H (Abb. 662) ausschablonieren. Als Führungskante der Schablone dient die innere Kante des Modellrahmens A. Die Tiefe des Herdes, also die Kante c der Schablone B entspricht der Gesamthöhe des Gußstückes zuzüglich der Bearbeitungsflächen nach Abb. 663. Damit die Schablone B beim Ausschablonieren des Herdes H sich stets in horizontaler Lage bewegt, erhält sie eine Führungsleiste b, welche auf der entgegengesetzten Seite auf dem Rahmen A geführt wird.

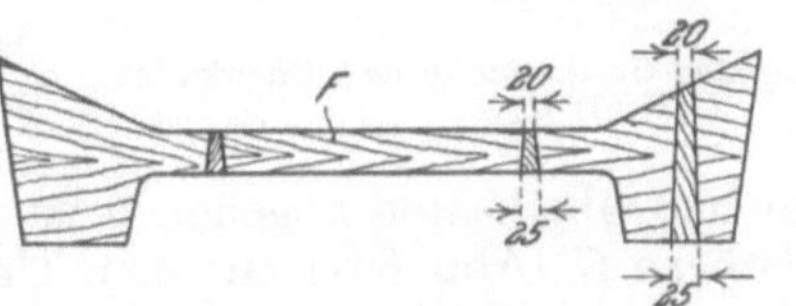

Abb. 665. Verstärkungsrippen.

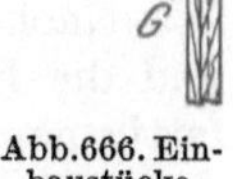

Abb. 666. Einbaustücke.

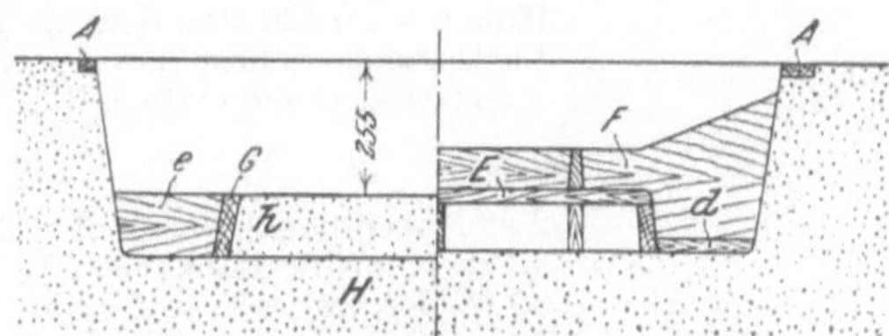

Abb. 667. Rechts: Herd nach Abb. 668. Links: Fertig ausschablonierter Herd.

In diesen ausschablonierten Herd *H* wird nun der Kasten *E* mit den Führungsleisten *d* nach Abb. 664 eingelegt. Die Leisten *d* dienen dazu, dem Kasten *E* die richtige Lage in der Form zu geben; die Rahmenleisten sind 20 mm stark; die Sohle des Herdes wird entsprechend dieser Leistenstärke aufgestampft. Über den Kasten *E* wird das Modellkreuz *F* (Abb. 665) gelegt, wie Abb. 667 rechts zeigt.

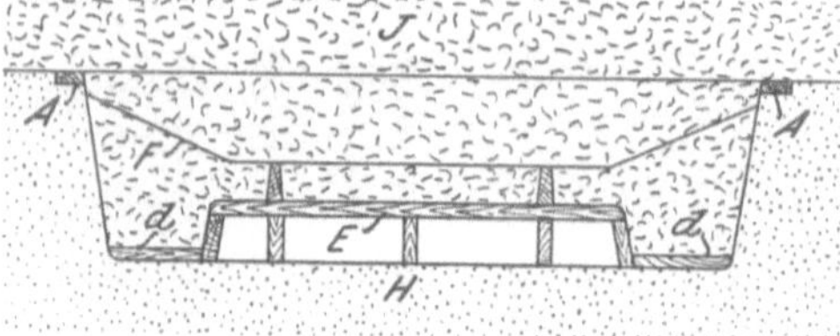

Abb. 668. Im Herd aufgestampfter Oberkasten.

Abb. 668 zeigt den im Herd *H* aufgestampften Oberkasten *J*. Beim Aufstampfen des Oberkastens *J* sind die Einguß- und Steigtrichter anzusetzen. Nach Erledigung dieses Arbeitsganges wird der Oberkasten *J* nach Abb. 668 abgedeckt, der Kasten *E* mit Rippenkreuz *F* (Abb. 667) aus dem Herd entfernt und ebenfalls die Leisten *e* aus dem Modellrahmen *A* (Abb. 661) abgenommen. Nun nimmt der Former wieder seine Schablone *B* (Abb. 662) und zieht damit aus dem Herd *H*, wie Abb. 667 links zeigt, die Eisenstärke ab. Um nun die Sattelvertiefung an der Oberfläche der Grundplatte nach Abb. 660 zu erhalten, muß der Former auf der Sohle des Herdes *H* einen Ballen *h* aufstampfen, wie Abb. 667 links zeigt.

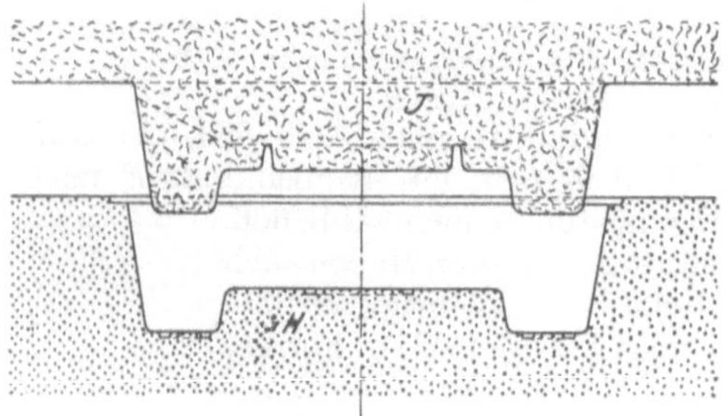

Abb. 669. Abgedeckter Oberkasten *J* und Unterkasten (Herd) *H*.

Damit dieser Ballen in die richtige Lage kommt, stellt man an den beiden Längsseiten im Herd die beiden Keilstücke *G* mit Leiste *e* in den Herd ein und stampft zwischen den Keilstücken den Ballen *h* im Herd *H* auf, wie Abb. 667 links zeigt. Nachdem die Keilstücke entfernt sind, werden die Kanten und Ecken in der Form abgerundet und die drei Arbeitsflächen (einmal *C* und zweimal *D*) nach Abb. 663 in den Herd eingeschnitten.

Nachdem der Oberkasten abgehoben ist, wird der Modellrahmen (Abb. 661) und die Keilstücke *G* (Abb. 667) aus dem Unterkasten entfernt, die Form gießfertig gemacht.

Diese kurzen Ausführungen zeigen, mit welchen einfachen Mitteln man oft eine Form aufbauen kann. Ein vollständiges Modell kostet ungefähr:

Material:

Holz etwa 0,120 cbm Kiefern, je cbm 160,— M.	19,20 M.
Lack, Leim, Schrauben, Lederhohlkehlen und sonstiges Kleinmaterial	15,— „

Löhne:

2 st Maschinenarbeit je 3,— M.	6,— „
35 st Lohn für Bankarbeit je 1,—M.	25,— „
80 % Regiespesen auf Lohn	24,80 „
5 % für Materialverlust von 34,20 M.	1,70 „
	91,70 M.

Bei der Bestellung des Modells in einer Modellfabrik dürfte sich der Preis noch höher stellen, da in diesem Falle die Regiespesen wohl über 80% liegen würden, und auch noch 15% Verdienst hinzukämen.

Die Modellkosten für Schablone- und Modelleinzelteile für die besprochene Ausführung setzen sich zusammen:

Material:	
Holz etwa 0,100 cbm Kiefern, je cbm 160,— M.	16,— M.
Leim, Schrauben, Lack und sonstiges Kleinmaterial	7,— „
Löhne:	
1 st Maschinenarbeit	3,— „
15 st Bankarbeit je 1,— M.	15,— „
80 % Regiespesen auf Lohn	14,40 „
5 % Materialverlust von 23,— M.	1,15 „
	56,55 M.

Es besteht also zwischen einem vollständigen Holzmodell und den beschriebenen Schablonenarbeiten ein Preisunterschied von 35,15 M. oder 38,38%. Selbst wenn der Former für Mehrarbeit noch 6 Stunden je 1 M. = 6 M. + 100% Zuschlag = 12 M. bekommt, so ergibt sich noch eine Ersparnis von über 20 M. Wenn auch dieser Betrag nicht allzusehr ins Gewicht fällt, so muß noch berücksichtigt werden, daß der Modellbauer in den zwanzig ersparten Stunden andere Arbeiten verrichten kann, womit die allgemeinen Modellkosten noch weiter gedrückt werden können.

Das Maschinen-Zeichnen. Begründung und Veranschaulichung der sachlich notwendigen zeichnerischen Darstellungen und ihres Zusammenhanges mit der praktischen Ausführung. Von Prof. **A. Riedler,** Berlin. Zweite, neubearbeitete Auflage. Mit 436 Textfiguren. VIII, 234 Seiten. 1913. Zweiter, unveränderter Neudruck 1923. Gebunden RM 9.—

Für den Konstruktionstisch. Leitfaden zur Anfertigung von Maschinenzeichnungen. Von Dipl.-Ing. **W. Leuckert,** Berlin, und Dipl.-Ing. **H. W. Hiller,** Berlin. Zweite, verbesserte und vermehrte Auflage. Mit 44 Abbildungen im Text, 15 Normblättern und 3 Tafeln. IV, 62 Seiten. 1927. RM 3.60

Das Maschinenzeichnen des Konstrukteurs. Von Dipl.-Ing. **C. Volk,** Direktor der Beuth-Schule, Privatdozent an der Technischen Hochschule, Berlin. Dritte, verbesserte Auflage. Mit 250 Abbildungen. V, 76 Seiten. 1929. RM 3.—

Die maschinentechnischen Bauformen und das Skizzieren in Perspektive. Von Dipl.-Ing. **C. Volk,** Direktor der Beuth-Schule, Privatdozent an der Technischen Hochschule, Berlin. Zugleich fünfte Auflage des Buches „Das Skizzieren von Maschinenteilen in Perspektive". Mit 100 in den Text gedruckten Skizzen. VI, 49 Seiten. 1930. RM 2.60

Maschinenbau und graphische Darstellung. Einführung in die Graphostatik und Diagrammentwicklung. Von Dipl.-Ing. **W. Leuckert,** Berlin und Dipl.-Ing. **H. W. Hiller,** Berlin. Zweite, verbesserte und vermehrte Auflage. Mit 72 Textabbildungen und 2 Tafeln. VI, 90 Seiten. 1922. RM 1.80

Freytags Hilfsbuch für den Maschinenbau für Maschineningenieure sowie für den Unterricht an technischen Lehranstalten. Unter Mitarbeit von Fachleuten herausgegeben von Professor **P. Gerlach,** Chemnitz. Achte, teilweise vollständig umgearbeitete Auflage. Mit 2673 in den Text gedruckten Abbildungen und 4 Konstruktionstafeln. XII, 1562 Seiten. 1930. Gebunden RM 24.—
Bei Bezug von mindestens 25 Expl. an je RM 20.—

Praktikantenausbildung für Maschinenbau und Elektrotechnik. Ein Hilfsbuch für die Werkstattausbildung zum Ingenieur. Von Dipl.-Ing. **F. zur Nedden.** Dritte Auflage des Buches „Das praktische Jahr". Auf Veranlassung und unter Mitwirkung des Deutschen Ausschusses für Technisches Schulwesen neu bearbeitet von **Herwarth von Renesse.** VIII, 169 Seiten. 1930.
RM 4.50; gebunden RM 5.75

Technisches Denken und Schaffen. Eine leichtverständliche Einführung in die Technik. Von Prof. Dipl.-Ing. **Georg v. Hanffstengel,** Charlottenburg. Vierte, neubearbeitete Auflage. Mit 175 Textabbildungen. XII, 228 Seiten. 1927.
Gebunden RM 6.90

Holzbearbeitungsmaschinen und Holzbearbeitung des In- und Auslandes. Nach dem heutigen Stande der Technik. Von **J. Gillrath,** Betriebsingenieur. Mit 611 Textabbildungen. VII, 588 Seiten. 1929. Gebunden RM 31.50

Mechanische Technologie für Maschinentechniker. (Spanlose Formung.) Von Dr.-Ing. **Willy Pockrandt,** z. Zt. komm. Oberstudiendirektor bei der Staatlichen Maschinenbau- und Hüttenschule Gleiwitz. Mit 263 Textabbildungen. VII, 292 Seiten. 1929. RM 13.—; gebunden RM 14.50

Einzelkonstruktionen aus dem Maschinenbau. Herausgegeben von Dipl.-Ing. **C. Volk,** Direktor der Beuth-Schule, Privatdozent an der Technischen Hochschule zu Berlin.

Erstes Heft: **Die Zylinder ortfester Dampfmaschinen.** Von Ingenieur H. Frey, Berlin-Waidmannslust. Zweite, erweiterte, auch Höchstdruck und Gleichstrom umfassende Auflage. Mit 131 Textabbildungen. IV, 42 Seiten. 1927. RM 3.—

Zweites Heft: **Kolben.** I. Dampfmaschinen- und Gebläsekolben. Von Dipl.-Ing. C. Volk, Berlin. II. Gasmaschinen- und Pumpenkolben. Von A. Eckardt, Deutz. Zweite, verbesserte Auflage, bearbeitet von C. Volk. Mit 252 Textabbildungen. V, 77 Seiten. 1923. RM 3.60

Drittes Heft: **Zahnräder.** I. Teil: Stirn- und Kegelräder mit geraden Zähnen. Von Professor Dr. A. Schiebel, Prag. Dritte, neubearbeitete Auflage. Mit 159 Textabbildungen. VI, 132 Seiten. 1930. RM 10.—

Viertes Heft: **Die Wälzlager, Kugel- und Rollenlager.** Unter Mitwirkung des Herausgebers bearbeitet von Ingenieur Hans Behr, Berlin (Berechnung, Konstruktion und Herstellung der Wälzlager) und Oberingenieur Max Gohlke, Schweinfurt (Verwendung der Wälzlager). Zugleich zweite Auflage des von W. Ahrens, Winterthur, verfaßten Buches „Die Kugellager und ihre Verwendung im Maschinenbau". Mit 250 Textabbildungen. V, 126 Seiten. 1925. RM 7.20

Fünftes Heft: **Zahnräder.** II. Teil: Räder mit schrägen Zähnen (Räder mit Schraubenzähnen und Schneckengetriebe). Von Professor Dr. A. Schiebel, Prag. Zweite, vermehrte Auflage. Mit 137 Textfiguren. VI, 128 Seiten. 1923. RM 5.50

Sechstes Heft: **Schubstangen und Kreuzköpfe.** Von Ingenieur H. Frey, Berlin-Waidmannslust. Zweite, erweiterte Auflage. Mit 158 Textabbildungen. IV, 48 Seiten. 1929. RM 4.20

Siebentes Heft: **Sperrwerke und Bremsen.** Von Dipl.-Ing. Richard Hänchen, Berlin. Mit 188 Textabbildungen. V, 94 Seiten. 1930. RM. 9.60

Achtes Heft: **Zapfen und Gleitlager.** Von Professor Dr. A. Schiebel, Prag. In Vorbereitung.

Neuntes Heft: **Konstruktion und Entwurf von Rohrleitungen.** In Vorbereitung.

Zehntes Heft: **Die Bauteile der Dampfturbinen.** Von Dr.-Ing. Georg Karrass, Berlin-Steglitz. Mit 143 Textabbildungen. VI, 99 Seiten. 1927. RM 10.—

Elftes Heft: **Kupplungen bzw. Reibungskupplungen.** Von Oberingenieur Dr.-Ing. E. A. vom Ende, Charlottenburg. In Vorbereitung.

Modelltischlerei. Von **Richard Löwer.**

Erster Teil: **Allgemeines. — Einfachere Modelle.** (Werkstattbücher, Heft 14.) Mit 106 Textfiguren sowie 5 Formularen und Tabellen. 53 Seiten. 1924. RM 2.—

Zweiter Teil: **Beispiele von Modellen und Schablonen zum Formen.** (Werkstattbücher, Heft 17.) Mit 163 Textfiguren. 48 Seiten. 1925. RM 2.—

Modell- und Modellplattenherstellung für die Maschinenformerei. Von **Fr.** und **Fe. Brobeck.** (Werkstattbücher, Heft 37.) Mit 234 Figuren im Text. 55 Seiten. 1929. RM 2.—

Gesunder Guß. Eine Anleitung für Konstrukteure und Gießer, Fehlguß zu verhindern. Von Prof. Dr. techn. **Erdmann Kothny.** (Werkstattbücher, Heft 30.) Mit 125 Figuren im Text und 14 Tabellen. 70 Seiten. 1927. RM 2.—

Stahl- und Temperguß. Ihre Herstellung, Zusammensetzung, Eigenschaften und Verwendung. Von Prof. Dr. techn. **Erdmann Kothny.** (Werkstattbücher, Heft 24.) Mit 55 Figuren im Text und 23 Tabellen. 68 Seiten. 1926. RM 2.—

Das Gußeisen. Seine Herstellung, Zusammensetzung, Eigenschaften und Verwendung. Von **Joh. Mehrtens.** (Werkstattbücher, Heft 19.) Mit 15 Textfiguren. 66 Seiten. 1925. RM 2.—

Eisenguß in Dauerformen. Von Dr.-Ing. **Friedrich Janssen,** Gießerei-Ingenieur. Mit 63 Abbildungen im Text. VI, 92 Seiten. 1930. RM 10.50

Die Formstoffe der Eisen- und Stahlgießerei. Ihr Wesen, ihre Prüfung und Aufbereitung. Von **Carl Irresberger.** Mit 241 Textabbildungen. V, 245 Seiten. 1920. RM 10.—

Was muß der Maschineningenieur von der Eisengießerei wissen? Herausgegeben von Dr.-Ing. **A. Lischka †,** Mitglied der Geschäftsführung des Vereins Deutscher Eisengießereien, Gießereiverbands in Düsseldorf. Bearbeitet von Dipl.-Ing. **A. Blotenberg,** Oberingenieur **H. R. Henning,** Dipl.-Ing. **F. Janssen,** Dr.-Ing. **H. Jungbluth,** Oberingenieur **R. Lehmann,** Professor Dipl.-Ing. **U. Lohse.** (Schriften der Arbeitsgemeinschaft Deutscher Betriebsingenieure, Band VI.) Mit 243 Abbildungen im Text und auf 8 Tafeln sowie 38 Tabellen. VI, 272 Seiten. 1929.

Gebunden RM 25.50